DISEÑANDO CULTURAS REGENERATIVAS

Daniel Christian Wahl

EcoHabitar
editorial

Publicado por:
Editorial EcoHabitar Sociedad Microcooperativa
Calle Abajo 1, bajos. 31480 Artieda, Navarra. España
T +34 948 577 384
gestion@ecohabitar.org
www.ecohabitar.org

Título en inglés: Designing Regenerative Cultures

Edición y coordinación: Toni Marín
Traducción: Eva Calleja
Revisión de textos: Miracles Delgado, Pepe Rojas y Nadia Calderón
Ilustración portada: Flavia Gargiulo Rosa www.flaviagargiulo.com

ISBN en papel: 978-84-946367-6-9
ISBN ePub: 978-84-946367-7-6
Depósito Legal: NA 2039-2020

Primeras reseñas del libro

"La vida en el planeta se ha mantenido a sí misma durante miles de millones de años regenerándose continuamente. Nuestra cultura industrial moderna ha interferido en esos procesos naturales hasta el punto de causar extinciones masivas de especies y amenazar nuestra propia supervivencia. Este libro es una valiosa contribución al importante debate sobre la cosmovisión y el sistema de valores que necesitamos para rediseñar nuestras empresas, economías y tecnologías, de hecho, toda nuestra cultura, para hacer que sean regenerativas y no destructivas".

Fritjof Capra, autor de The Web of Life (La trama de la vida), co-autor de The Systems View of Life (La visión sistémica de la vida).

"Para mí, una activista de toda la vida nutrida del pensamiento de sistemas y de enseñanzas budistas, este es uno de los libros más intelectualmente estimulantes y conmovedores que he leído en años. He tenido la sensación de estar bebiéndolo, con placer y sorpresa, sin haber sabido antes de qué estaba tan sedienta.

Al empezar preguntando y seguir preguntando durante todo el libro, Daniel atrapa la atención del lector, y dando ejemplo le libera de buscar, o de pretender saber, cualquier respuesta final. Este enfoque, es en sí mismo una lección excepcional sobre epistemología de sistemas, invita a la confianza, a la franqueza y a la reestructuración de la mente.

Entre los regalos de los que me siento especialmente agradecida están: Las herramientas conceptuales para percibir y vivir la experiencia de nuestra pertenencia mutua, y especialmente lo que he llegado a llamar la gran reciprocidad en el corazón del universo. La forma en la que se introduce a Goethe, Bortoft, Bateson, Maturana y Varela, y los conocimientos esenciales expuestos con economía y claridad. Las abundantes pruebas del Gran Giro, la transición múltiple en curso hacia una cultura que sustenta la vida y, especialmente valioso para aquellos con tendencias apocalípticas como yo misma, el "ciclo adaptativo" de sistemas resilientes, que muestra que en "el borde del caos" aparece la oportunidad para que emerja una mayor complejidad e inteligencia. Estas son solo unas de las pocas maneras en las que este extraordinario libro enriquecerá mis pensamientos, mis enseñanzas, y mi vida en nuestro mundo turbulento".

Joanna Macy, activista medioambiental, maestra de Budismo, teoría de sistemas generales, y ecología profunda, autora de *World as Lover, World as Self* (El mundo como amante, el mundo como uno mismo) y muchos otros libros.

"Este libro es un tesoro para todo aquel que esté buscando una guía para una vida más sostenible y un mapa para rediseñar nuestras sociedades, regenerar nuestras comunidades, ciudades y sociedades en harmonía con los sistemas naturales y con nuestro planeta.

Daniel Wahl tiene una amplia experiencia que compartir y los conocimientos contenidos en este precioso libro ayudarán a todos aquellos que aspiran a ser ciudadanos del mundo trabajando para nuestro futuro común".

Hazel Henderson, autor y presidente, Ethical Markets Media,
Certificada B. Corporación, USA & Brasil.

"Esta obra es una excelente incorporación a las publicaciones sobre diseño ecológico y seguramente será una pieza fundamental de las bases de un nuevo master en pensamiento de diseño ecológico en el Schumacher College. No solo contiene ideas valiosas sobre lo que el Dr. Wahl ha denominado Diseñando culturas regenerativas, sino lo que probablemente es más importante, nos ofrece nuevas y estimulantes maneras de mirar los problemas que persisten en nuestra cultura contemporánea, abriendo así nuevas formas de pensar y actuar en el futuro. Cada capítulo comienza con una pregunta importante como, "Por qué cultivar la resiliencia y la salud de sistemas completos" o "Por qué elegir una estrategia basada en el diseño" y lo que le sigue en cada caso son sugerencias para motivar un pensamiento más profundo. Este es un método de aprendizaje muy gratificante. Tengo muchas ganas de usar el libro del Dr. Wahl en conversaciones estimulantes con colegas y estudiantes".

Seaton Baxter, profesor de Pensamiento de Diseño Ecológico,
Schumacher College, UK.

"Las cosmovisiones cambian cuando las soluciones existentes ya no funcionan y los problemas que surgen necesitan abordarse de manera diferente. *Diseñando culturas regenerativas* es un faro que traza múltiples caminos hacia la pregunta constante e impaciente de nuestros tiempos, y... a recoger, incluir y hacer transcender las partes desperdigadas de un todo completo. Puede que el tiempo sitúe a *Diseñando culturas regenerativas* como la "obra maestra" de Daniel y una lectura obligada para todos aquellos que aspiran a estar al frente de la (r)evolución regenerativa".

May East, gerente general internacional, Gaia Education.

"Viviendo en una cultura de mensajes de texto, *Diseñando culturas regenerativas* es otra clase de mensaje de texto, un libro de texto esencial en nuestros tiempos, lleno de recursos, referencias, prácticas, métodos y sendas, y lo mejor de todo, de preguntas que podemos vivir internamente, solos y en compañía. Nuestro mundo se ha beneficiado de las contribuciones de autores y visionarios, activistas de base y emprendedores sociales, científicos modernos y sabios ancianos indígenas…Y sin embargo, el camino en solitario de los brillantes solo nos puede llevar hasta cierto punto. Existe una profunda necesidad y anhelo de una comunidad local y global de cuidados a todos los niveles y en todas las disciplinas. Daniel Wahl nos lleva allí con este completo "manifiesto", ofreciéndonos una imagen holística de un camino y de un mundo que podemos defender, en lugar del que parece abocado a la destrucción... Daniel teje una historia nueva/antigua ayudando, y sospecho que alentando, a los lectores a ver, respetar, aprender´, a ir más allá, como claramente ha hecho él, de las grandes mentes y corazones a los que hace referencia en todo momento. El libro contribuye a este despertar a medida que nos encontramos mirando a través de un calidoscopio de perspectivas y enseñanzas, lentes distintas moviéndose juntas en espiral a través de las cuales reflexionar y vivir en nuestro mundo. Puede servir como base de otro "gran giro", una guía para los próximos pasos que merece la pena dar. Muchos encontrarán una inspiración y una ayuda para vivir de la forma que sabemos que debemos, para vivir de la forma que sabemos que podemos si nuestra especie no solo quiere sobrevivir, sino prosperar en colaboración con todo lo vivo".

Virginia (Gigi) Coyle, co-autora de *The Way of Council* (La manera del consejo) y *The Box: Remembering the Gift* (La caja: recordando el don); co-creadora de la fundación Ojai, la School of Lost Borders y Beyond Boundaries.

"Daniel Wahl ha recogido una gran cantidad de información útil en una síntesis maestra. Eso ya es un logro importante, pero nos ha dado más que eso. *Diseñando culturas regenerativas* describe la entrada a un futuro posible y sobre todo necesario. No estamos abocados a la distopía futura. Tenemos, escribe, la capacidad de diseñar y organizar nuestras sociedades para proteger, mejorar, y celebrar la vida. El plan ha estado ahí todo el tiempo. La conciencia sobre nuestras posibilidades está creciendo. El arte y las ciencias del diseño ecológico están floreciendo. La elección, como siempre, es nuestra y de aquellos que nos seguirán".

David W. Orr, medioambientalista y profesor Paul Sears de Estudios Medioambientales y Política en el Oberlin College y profesor James Marsh en la Universidad de Vermont).

"Wahl capta a la perfección tanto la necesidad de regeneración como la abundancia que la acompaña. Es el llamado primordial para un mundo que enfrenta una crisis climática ".

Christiana Figueres, exsecretaria ejecutiva de la Convención Marco de las Naciones Unidas sobre el Cambio Climático.

"El libro de Daniel *Diseñando Cuylturas Regenerativas* es un manual maravilloso y bien referenciado para un nuevo paradigma".

Satish Kumar

Contenido

Si tuviera una hora para resolver un problema y mi vida dependiera de la solución, pasaría los primeros 55 minutos buscando la pregunta adecuada, porque una vez que conociera la pregunta adecuada, podría resolver el problema en menos de cinco minutos.

Atribuido a Albert Einstein

Prólogo ~ David W. Orr

Las culturas no se diseñan de arriba a abajo sino que en la mayoría de los casos crecen de manera orgánica de abajo a arriba. Intentamos entender los distintos acontecimientos a través de las lentes de la historia, de la sociología, de la antropología y, después del paso del tiempo, de la arqueología. A pesar de que las culturas no se pueden diseñar como algo completo y coherente, hemos adquirido la habilidad de diseñar partes como el sistema bancario, el sistema educativo o el próximo bloque de pisos. Sin embargo, las cosas que se crean así están principalmente hechas a medida de las estructuras de poder y riqueza existentes sin que se tengan en cuenta las otras partes o el largo plazo. La incoherencia resultante es fuente de gran perplejidad para los expertos.

De esta manera, después de varios milenios de prueba, error y casualidad, nuestro futuro está en peligro. Nos dirigimos hacia un mundo de quizá unos once mil millones de personas, divididas por etnias, religiones, ingresos y nacionalidades. No nos gustamos mucho entre nosotros y las posibilidades de conflictos letales son muchas. Estamos perdiendo el control a medida que las naciones estado se ven impotentes ante los desafíos de cárteles de droga, delincuentes informáticos y organizaciones terroristas. Cada vez estamos más en las redes, interconectados y mutuamente dependientes pero a menudo somos incapaces de encontrar un propósito común y de actuar para el bien común. Estamos atrapados entre las fuerzas centrípetas y centrifugas de la postmodernidad. Y el ritmo del cambio tecnológico está acelerándose, dándonos poco tiempo, o incluso poca inclinación, para la reflexión. Sin embargo, estamos cambiando el clima rápidamente, extinguiendo especies, acidificando océanos y destruyendo ecologías enteras.

Contra este trasfondo, Daniel Wahl propone Diseñando culturas regenerativas. La visión de un futuro diseñado es fácil de desechar como otro plan utópico con casi las mismas oportunidades de tener éxito que el marxismo o furierismo del siglo XIX. Aun así, las diferencias son muchas.

Primero, a diferencia de todas las eras anteriores, sabemos con seguridad que lo mismo de siempre será un suicidio. Esto se ha dicho tan a menudo y durante tanto tiempo como para parecer algo trivial, que tiene el efecto de inducir a la narcosis masiva. Desafortunadamente es verdad y deberíamos prestar atención.

Segundo, la escala de nuestro problema es global; no existe ningún lugar seguro en toda la Tierra.

Tercero, como describe Wahl, en términos generales el arte del diseño ecológico está floreciendo. Está transformando la agricultura, la construcción, el transporte, la fabricación y la planificación de un modo favorable para la ecología y los sistemas de la Tierra. Sus características comunes son el uso de la naturaleza como modelo para el diseño, el máximo aprovechamiento de la energía solar, la conservación de la diversidad biológica y cultural, y la contabilidad de coste total. El diseño ecológico ya no es una posibilidad distante, está sucediendo por todo el mundo. Es práctico y no teórico. Tiene importantes consecuencias políticas, aunque carece de ideología, ni liberal ni conservadora, está simplemente orientada hacia el futuro. También está afectando a la economía, a la contabilidad y al comportamiento de inversores y multinacionales. Pero el diseño ecológico todavía tiene que cambiar la política y calibrar la gobernanza con los sistemas y los procesos ecológicos.

Cuarto, el diseño ecológico trasciende a la experiencia occidental. No es un sinónimo de ingeniería ni de ciencia. Más bien, es un compendio de toda la experiencia humana en agricultura, construcción, ingeniería, planificación y manufactura. La antigua granja javanesa o el sistema de riego balinés, por ejemplo, han demostrado una habilidad excepcional para el diseño, que en cierta manera excede a la nuestra. Esto es así porque, en parte, el diseño de flujo de recursos de agua y de materiales coincidió con normas culturales y religiosas que nosotros, en nuestro mundo compartimentado, encontramos incomprensibles. El diseño nativo, en su máxima expresión, incluía a humanos, animales, tierra y agua en sistemas completos ordenados por sistemas religiosos complejos. Los fallos fueron muchos, pero los resultados a menudo perduraron durante siglos. El hecho es que hay mucho que aprender sobre el diseño de sistemas completos de otras culturas y de otros tiempos.

Quinto, el diseño es una revolución de sistemas que es el arte de ver las cosas en su totalidad y de considerar nuestras acciones junto con sus posibles consecuencias. Teniendo en cuenta la complejidad de todos los sistemas y nuestra irremediable ignorancia, una perspectiva sistémica requiere humildad y precaución. Requiere trabajar a una escala más pequeña, por ejemplo, la vecindad, la granja, la fábrica, antes de generalizar a sistemas de mayor escala. Cambiar de escala también cambia el sistema y así sucesivamente. Pensar en sistemas durante largos periodos de tiempo es la revolución de nuestro tiempo. Todos nuestros aparatos e inventos deslucen en comparación. Como Wahl describe hábilmente, formamos parte de conjuntos más grandes, nadie ni ninguna organización puede ser una isla en sí misma. El resultado es que el pensamiento sistémico nos acerca al interés propio bien entendido con el que llegamos a comprender que nuestro bienestar y el florecimiento humano es colectivo y no individual; es a largo plazo, y no a corto plazo.

Sexto, se reconozca o no, el pensamiento sistémico está emparentado con el significado esencial de la religión, "ligar fuertemente" en latín. Nosotros, que vivimos en una cultura secular, tendemos a no ver la conexión, no obstante, es ineludible. La "ética de la tierra" de Aldo Leopold y las reglas del comportamiento decente prescritas en cada religión axial mantienen más de una similitud casual con las reglas del diseño ilustrado. Somos los guardianes de nuestro hermano y también de los osos, de las ballenas, de los pájaros, de los suelos, de los árboles, de la tierra y del agua y ellos son los nuestros. El sistema entero es consciente, y está impregnado de consideración.

La palabra "regenerativo" del título de este libro significa un compromiso con los procesos vitales inherentes al diseño ecológico. Eso también es recíproco, mutuo e ineludible. Asimismo asume la orden del escritor del Deuteronomio de "elegir la vida" [30:19]. Ya sea por propio interés o por obligación, la orden requiere que comprendamos y valoremos la vida y los procesos vitales, que nos convirtamos en guardianes ecológicamente competentes de la tierra, de la vida salvaje, de los suelos, del agua, y que nos importen.

Daniel Wahl ha recopilado una gran cantidad de información útil en una síntesis maestra. Solo eso es un logro importante, pero además nos da más que eso. *Diseñando culturas regenerativas* describe la entrada a un futuro posible y sobre todo necesario. No estamos abocados a la distopía futura. Tenemos, escribe, la capacidad de diseñar y organizar nuestras sociedades para proteger, mejorar, y celebrar la vida. El plan ha estado ahí todo el tiempo. La conciencia sobre nuestras posibilidades está creciendo. El arte y las ciencias del diseño ecológico están floreciendo. La elección, como siempre, es nuestra y de aquellos que nos seguirán".

David W. Orr. Medioambientalista. Catedrático Eminente de Paul Sears de Estudios Medioambientales y Política, en el Oberlin College y Catedrático en James Marsh de la Universidad de Vermont.

Prólogo ~ Graham Leicester

Este libro trata de la vida y del amor a la vida. También es un libro animado por preguntas en lugar de respuestas.

Un momento de reflexión sobre nuestras vidas nos ayuda a darnos cuenta de la razón por la que esto debe ser así. Somos criaturas reflexivas, siempre cuestionando, siempre conscientes de que cada avance en los conocimientos amplía el ámbito de nuestra ignorancia: ¿Por qué otra razón el "conocimiento escaso" es "algo peligroso"? Todos nosotros vivimos con dudas más o menos reconocidas, más o menos conscientes, siempre creativas.

Por una parte, hemos aprendido a disfrutar de ellas, a reconocer la mente inquisitiva y la curiosidad como motores del progreso, incluso en aquellos dominios, como la ciencia, que aparentemente están más aferrados a la certeza. Como expresó el filósofo Alfred North Whitehead, la vida es, en sí misma, "un avance creativo hacia la novedad".

Sin embargo, a otro nivel vemos, y sentimos, aparecer nubes de tormenta. Daniel Wahl nos recuerda que desde principios de los 70*, la humanidad ha estado extrayendo de los sistemas vitales más de lo que puede regenerar. Ya hemos traspasado o estamos en peligro de atravesar un número crítico de "límites planetarios", los sistemas que permiten la vida en la Tierra. Inevitablemente, este conocimiento nos produce más ansiedad y nos hace exigir respuestas.

El problema es que, a no ser que unamos estas dos condiciones, la exploración expansiva y la ansiedad de alcanzar una conclusión, ambas igualmente presentes en la mayoría de nuestras vidas, nos arriesgamos a dedicar nuestras energías a encontrar la solución perfecta al problema equivocado.

Don Michael, Profesor Adjunto de Planificación y Políticas Públicas y de Psicología en la Universidad de Michigan, escribió sobre "el compromiso tentativo" en su ensayo final: la necesidad de reconocer "nuestra vulnerabilidad, nuestra condición finita, nuestra inevitable ignorancia" y, aun así, comprometernos a la acción, al cambio, a la esperanza: "porque uno espera poder cambiar algo a pesar de todo lo que impide cambiarlo".

Este es el espíritu del libro de Daniel. En todo momento nos invita a tener una visión más amplia. A no vernos como individuos sino como parte de un patrón de relaciones con otros, a no ver ese patrón de relaciones como algo separado sino como parte de los sistemas vitales más extensos de la naturaleza, a no ver estos patrones como estructuras estables sino como algo que evoluciona

---

* 1.970.

constantemente, procesos emergentes que se extienden durante generaciones, durante eones, durante siglos.

Al mismo tiempo, nos invita a focalizarnos en nuestras propias acciones, en nuestras propias vidas, en los "compromisos tentativos" que podamos asumir, que estamos asumiendo, frente a los grandes retos a los que nos enfrentamos. El lector que busque respuestas las encontrará aquí en abundancia: contextos para tratar de entender la amplia visión del Modelo de Sistemas Mundial y de los Tres Horizontes, y principios para una actuación más efectiva desde diversas disciplinas, que van desde la alfabetización ecológica a la permacultura, desde la biomímesis a la conciencia, todo ello combinado en la idea del diseño como disciplina donde la teoría se encuentra con la práctica. Los eruditos de la acción eficaz están profusamente presentes y citados. Ejemplos brillantes, incluso de la extensa experiencia personal de Daniel, quedan como prueba y respaldan su convicción de que "se avecina una transformación cultural profunda".

Apoyar esta renovación cultural implica actuar tanto de cuidadores para esta cultura moribunda, como de comadronas para la nueva. Esta es la práctica de la "innovación transformadora" y Daniel captura esta tarea dual en la pregunta central de su libro: "¿Cómo mantenemos las luces encendidas, evitamos la revolución y la agitación, mantenemos a los niños en la escuela y a la gente trabajando, y, aun así, nos las arreglamos para transformar fundamentalmente la presencia humana en el planeta Tierra, antes de que "lo mismo de siempre" nos conduzca hacia el cambio climático descontrolado, una biosfera drásticamente empobrecida y la pronta desaparición de nuestra especie?".

Con mano experta, este libro hace un mapa del territorio en el que encontraremos respuestas eficaces a este problema. No obstante, es nuestra responsabilidad dar los primeros pasos de este viaje. En muchas de las publicaciones sobre cambios transformadores esa metáfora reproduce, con facilidad e inconscientemente, la revisión de la narrativa mítica de Joseph Campbell: el viaje del héroe. Eso a su vez alimenta una demanda de un "liderazgo heroico", un "emprendimiento heroico" y otras formas de auto sacrificio heroico en busca de objetivos que cambien el mundo.

Daniel evita la trampa ofreciéndonos una metáfora completamente diferente para el viaje: el peregrino. La imagen habla del espíritu de la humildad y del compromiso disciplinado que brilla en todo este libro. Daniel ha elegido vivir su propia vida como "un creativo cultural, un diseñador de transición y un activista revolucionario en la cocreación de culturas regenerativas". Este no es el camino de lo fácil y del ocio, sino que es el viaje del peregrino.

La metáfora me recuerda a la obra maestra espiritual de John Bunyan de finales del siglo diecisiete, *Pilgrim's Progress* (El progreso del Peregrino), relata el viaje alegórico de cada hombre "desde este mundo al que está por venir" a través del personaje del peregrino Christian. El libro nos ofrece un mapa metafórico que sale de la "ciudad de la destrucción", pasa a través de "la ciénaga de la infelicidad", dirigiéndose hacia "la ciudad celestial", además de un conjunto de recursos para el viaje. Este libro posee parte de la misma cualidad inspiradora y práctica. Quizá no sea una coincidencia encontrar que el segundo nombre de Daniel es Christian.

Graham Leicester es Director del Foro International Futures.

Introducción

No sé tú, pero yo me sentí decepcionado con la manera en la que la humanidad entró en el nuevo milenio. No hablo de los últimos 15 años. Mirando atrás esos años se podrían resumir en "el vaso está lleno". La mitad del vaso está lleno de historias de esperanza y de bondad humana y la otra mitad llena de desesperanza por lo que todavía nos estamos haciendo el uno al otro y a la Tierra. No, hablo del verdadero comienzo del milenio.

Tuvimos una oportunidad como especie, como humanidad, de unirnos y reflexionar sobre la historia hasta ese momento, estudiar la situación, escuchar lo que realmente queremos para nosotros, nuestras familias, los lugares y las comunidades que nos importan. Un proceso así, de escucha profunda y planteando cuestiones importantes entre todos podría haber ayudado a crear una base para una visualización conjunta del futuro, un futuro que nos gustaría crear juntos como una familia humana.

Si, hubo una Evaluación de Ecosistemas del Milenio. Le dio a nuestra especie un "suspenso" bastante alarmante en administración planetaria; y si, hubo Objetivos de Desarrollo del Milenio (ODM) con los que llegaron a estar de acuerdo las Naciones Unidas. Esperemos que podamos mostrar más entusiasmo colectivo por los nuevos Objetivos de Desarrollo Sostenible (ODS). El proceso más esperanzador y considerado que ocurrió en vísperas del nuevo milenio, en términos de diálogo significativo sobre los valores compartidos de la humanidad y sus aspiraciones, fue la creación de la *Carta de la Tierra*. Desafortunadamente pocos jefes de estado, y lo que es más importante, pocos de nosotros, le prestamos atención o le dimos la importancia que merecía. En líneas generales empezamos el siglo XXI básicamente siguiendo con "lo mismo de siempre" en lugar de iniciando un dialogo global multicultural sobre las realidades de mayor alcance de la vida juntos en un planeta finito, enfrentados a una complejidad creciente y a la incertidumbre.

Yo empecé el siglo XXI comprometiéndome conmigo mismo. Haría todo lo posible por ser una solución en lugar de un problema. En un principio esto me llevó a matricularme en un master de ciencia holística en el Schumacher College, que trajo consigo una beca de la universidad de Dundee donde escribí mi tesis doctoral sobre *Diseño para la salud humana y planetaria* que exploraba una perspectiva participativa en la complejidad y la sostenibilidad. En 2006, visite al profesor David W. Orr, que había sido mi examinador del doctorado, en su casa de Oberlin, Ohio. Le entrevisté sobre su visión del diseño ecológico como disciplina integradora que podría permitirnos la transición hacia la sostenibilidad. En esa conversación plantó la semilla de este libro

Sugirió que para cocrear con éxito una historia con el suficiente significado para guiarnos a través de esa transición "tendremos que decidir no solo cómo hacernos más sostenibles, sino porqué merece la pena nuestra sostenibilidad. Eso es algo mucho más difícil". Durante el proceso nos veremos confrontados por cuestiones de significado mucho más profundo: "¿Quiénes somos? ¿Qué somos? ¿Nuestro papel en este planeta era solamente extraer carbono del suelo y emitirlo a la atmósfera y luego morir? ¿Era eso lo que somos?" Añadió: "Si nuestro debate no va más allá del lenguaje de la economía neoclásica, ¡estamos perdidos! Porque no puedes exponer un argumento económico para la supervivencia humana, tienes que exponer un argumento espiritual para la supervivencia humana. Nos lo merecemos, y somos merecedores de ello en un sentido más elevado".

Debemos plantear las preguntas más profundas de *por qué* vale la pena nuestra sostenibilidad. Nuestras respuestas conformarán las bases para plantearnos preguntas más funcionales y cómo ponemos en marcha respuestas y soluciones provisionales. Este planteamiento más profundo dará forma a *cómo*, a la manera en que podríamos emprender acciones inteligentes que nos ayuden a hacer la transición hacia culturas regenerativas. Empezar por el *por qué* nos ayudará a entender nuestra motivación, intención y objetivos más profundos. Necesitamos cuestionar las creencias que dan forma a nuestra cosmovisión. Solo empezando por el *por qué* seremos capaces de servir de inspiración a los demás para que cambien su comportamiento y para que creen juntos culturas regenerativas.

Lo que importa con más urgencia es que nos unamos para tener conversaciones sobre qué futuro queremos para la humanidad, necesitamos reflexionar sobre cómo tendremos que cambiar individual y colectivamente para crear este futuro. Al plantear tales preguntas juntos llegaremos a entender que tendremos que colaborar como especie y aprender a trascender y a incluir nuestras diferencias si queremos un futuro próspero para toda la humanidad. Necesitamos plantear preguntas importantes sobre *por qué* y *qué pasaría sí*. Necesitamos redescubrir los intereses comunes de la comunidad humana. Esto nos permitirá crear juntos un futuro que merezca la pena vivir. Necesitamos un discurso colectivo sobre *quiénes* somos y *por qué* merecemos ser sostenidos, una historia compartida lo suficientemente poderosa para mantener nuestro espíritu innovador, creativo y colaborativo mientras planteamos preguntas sobre el *qué, cómo, cuándo y dónde*.

Comencé el nuevo milenio prometiéndome a mí mismo escuchar más profundamente; escuchar por qué tan poca gente estaba dando el paso hacia la transformación necesaria para el futuro; escuchar por qué se estaban comportando así, cómo veían el mundo, por qué tantas de sus historias terminaban con "así es como es" o "eso no es más que naturaleza humana". También me prometí que prestaría especial atención a la clase de preguntas que podríamos hacernos a nosotros mismos en el largo viaje de aprendizaje hacia un futuro más sostenible, regenerativo y próspero.

Este libro trata de lo que he aprendido escuchando y viviendo profundamente esas preguntas. Explora cómo podríamos *vivir* nuestro camino en lugar de conocer nuestro camino al futuro, cómo podríamos dejar de perseguir el espejismo de la certeza y el control en un mundo complejo e impredecible. ¿Cómo podemos colaborar en la creación de culturas regenerativos diversas adaptadas a las condiciones bioculturales únicas del lugar? ¿Cómo podemos crear las condiciones favorables para la vida?

Daniel Christian Wahl
Es Molinar, Mallorca
20 de agosto, 2015.

CAPÍTULO 1

Vivir las preguntas: ¿Por qué cambiar ahora de narrativa?

> …ten paciencia con todo lo que hay sin resolver en tu corazón e intenta amar las preguntas por sí mismas, como si fuesen habitaciones cerradas o libros escritos en un idioma extranjero. No busques respuestas que no se puedan dar ahora, porque no serías capaz de vivirlas. *La cuestión es vivirlo todo.* Vive las preguntas ahora. Quizá entonces, algún día en el futuro, gradualmente, sin siquiera darte cuenta, vivirás tu camino a la respuesta.
>
> Rainer Maria Rilke (1903)

Nuestra cultura está obsesionada con las soluciones fáciles y las respuestas inmediatas. El tiempo es valioso y no queremos malgastarlo preocupándonos de las preguntas. El credo es: ¡seamos prácticos y no perdamos tiempo con la teoría o la filosofía! Pero ¿cómo se puede perder el tiempo con el *"amor a la sabiduría"*? ¿No es la sabiduría la que nos ayudará a marcar el camino hacia un futuro incierto e impredecible? ¿No necesitamos la sabiduría desesperadamente para responder inteligentemente a las múltiples crisis que convergen a nuestro alrededor? Con sabiduría podemos ver esas crisis sanadoras como motores de una transformación cultural más profunda, que ya está ocurriendo en muchos lugares del mundo y que está extendiéndose rápidamente, retándonos a abandonar nuestros modelos mentales obsoletos y el discurso sobre quienes somos que ya no nos sirve.

Las preguntas, más que las respuestas, son la senda hacia la sabiduría colectiva

Al vivir y amar las preguntas con más profundidad podemos redescubrir la belleza y la abundancia que nos rodean, encontrar el significado profundo de pertenencia al universo, la profunda alegría de cultivar relaciones con todas formas de vida, y la profunda satisfacción de cocrear una vida más próspera y saludable para todos. Las preguntas, más que las respuestas, son la senda hacia la sabiduría colectiva. Las preguntas pueden desatar conversaciones culturalmente creativas que transformen la visión que tenemos de nosotros mismos y de nuestras relaciones con el mundo. Con esto en mente, todo cambia instantáneamente.

En una cultura que demanda respuestas definitivas, las preguntas solo parecen tener una importancia transitoria, su fin es llevarnos a las respuestas. Pero, frente al cambio constante y rápido y a la incertidumbre, ¿no serán las preguntas en lugar de las respuestas las que ofrezcan una brújula más apropiada? La historia nos muestra muchos ejemplos de cómo las soluciones pasadas se convierten en los problemas actuales, por esta razón, quizá, las respuestas sean los medios transitorios que nos ayuden a plantear mejores preguntas. ¿No deberíamos intentar plantear las preguntas correctas en lugar de obsesionarnos con las respuestas rápidas? Igualmente, al favorecer la práctica sobre la teoría, ¿no estamos demostrando la manera en la que hemos quedado ciegos ante el hecho de que cualquier acción práctica está basada en nuestras ideas y creencias sobre el mundo, seamos conscientes o no de ellas? La separación entre la teoría y la práctica es falsa; no son opuestos, sino los dos lados de la misma moneda. No podemos actuar de manera inteligente sin encontrarle sentido al mundo y encontrar sentido al mundo es, en sí mismo, una acción profundamente práctica que conforma cómo experimentamos la realidad, cómo actuamos y las relaciones que formamos. Sin cuestionar nuestra cosmovisión y el discurso que ha dado forma a nuestra cultura, ¿no es posible que repitamos los mismos errores una y otra vez?

Prácticamente cada estructura e institución que nos rodea necesita innovación, rediseño y transformación. Necesitamos cambios transformadores a nivel local, regional, nacional y global en la educación, la gobernanza, la industria, el transporte, las infraestructuras, los sistemas energéticos, el control y provisión del agua, los sistemas agrícolas y alimentarios, los sistemas de salud y también los sistemas sociales. Para permitir que la innovación transformadora despliegue su potencial creativo necesitamos rediseñar el sistema económico y financiero en todos los niveles desde el local al global. Pero la transformación más fundamental que debe tener lugar antes de empezar a "rediseñar la presencia humana en la tierra" es cuestionar profundamente nuestra manera de pensar, nuestra cosmovisión y nuestro sistema de valores. Los cambios fundamentales en nuestros modelos mentales, creencias básicas y suposiciones sobre la naturaleza de la realidad afectarán al *cómo, qué y por qué* diseñamos, las necesidades que percibimos, las preguntas que planteamos y, por tanto, a las soluciones o respuestas que propongamos.

Creo que se avecina una transformación cultural profunda. La humanidad se está despertando ante la complejidad de los retos que le esperan. Una clase nueva de individuo y de liderazgo colectivo está emergiendo en las empresas, en la sociedad civil y en la gobernanza. Tras siglos de ver escasez y competencia por todos lados, nos estamos despertando a la abundancia que se revela a través de la colaboración y del reparto. A lo largo de este libro exploraremos las maneras en las que muchos, por todo el mundo, ya están trabajando en soluciones tecnológicas, sociales, económicas y ecológicas que sirvan a toda la humanidad y regeneren ecosistemas dañados.

En un planeta superpoblado y haciendo frente a la amenaza de un cambio climático descontrolado y a la escasez de muchos recursos no renovables de los que actualmente dependemos, somos cada vez más conscientes de nuestra interdependencia. Para que nuestra especie no solo sobreviva, sino que prospere, dependemos el uno del otro y del sistema de soporte vital planetario. Mientras que muchos de nuestros sistemas económicos y políticos actuales fueron diseñados con la mentalidad de que unos ganan mientras que otros pierden (suma cero), estamos empezando a entender que todos perderemos a medio y largo plazo si no mantenemos y regeneramos el funcionamiento sano de los ecosistemas, reducimos la cruel desigualdad que existe en todo el mundo y cultivamos la cohesión social y la solidaridad internacional con culturas de colaboración.

Para cambiar de una cultura de suma cero (unos ganan otros pierden) a una cultura sin suma cero (todos ganan, doble beneficio) se requiere una extensa colaboración para asegurarnos de que la naturaleza también gana (triple beneficio) y que gana en primer lugar, porque es proveedora de la abundancia de la que dependemos. Solo si colaboramos para crear un planeta más sano, diverso, vibrante y bioproductivo seremos capaces de crear culturas regenerativas en las que nada quede atrás y todos ganemos.

Las culturas de triple beneficio aseguran que la vida puede continuar evolucionando para conseguir que aumente la diversidad, la complejidad, la bioproductividad y la resiliencia. Podemos entender el triple beneficio de las culturas regenerativas como los beneficios individuales, colectivos y planetarios creados a través de soluciones sistémicas que cultivan la salud y el bienestar social, ecológico y económico.

La humanidad está empezando a explorar un suelo fértil creando soluciones de triple beneficio que impulsen la regeneración cultural, ecológica y económica. Las soluciones innovadoras, de triple beneficio, integradoras, en diseños de sistemas comprendidos como un todo, tratan sobre la creación de una abundancia compartida aprovechando las ventajas de la colaboración. Tales innovaciones optimizan el sistema en su conjunto, en lugar de maximizar ganancias económicas a corto plazo de unos pocos frente al detrimento económico, social y ecológico de muchos.

El cambio climático es solo una de las crisis convergentes que requieren una respuesta global coordinada que no es otra cosa que la transformación civilizatoria. La humanidad se está enfrentando a retos sin precedentes y a oportunidades incomparables. "Lo mismo de siempre" ya no es una opción. El cambio y la transformación son inevitables.

La humanidad se está enfrentando a cuestiones importantes: ¿Seremos capaces de guiarnos de una manera creativa por este periodo de transformación cultural? ¿Nos las arreglaremos para cocrear una civilización humana regenerativa que sustente la vida expresada en una diversidad vibrante de culturas globalmente colaborativas adaptadas localmente? Desconoceremos las respuestas a estas preguntas durante décadas, sin embargo, definirán el futuro de la humanidad y el futuro de la vida en la Tierra. Sí, necesitamos respuestas y necesitamos seguir experimentando con posibles soluciones. Ambas son maneras excelentes para ayudarnos a aprender de nuestros errores y a plantear mejores preguntas. Sin embargo, muchas de las preguntas y las soluciones con las que estamos trabajando están basadas en suposiciones erróneas sobre nuestras prioridades reales y sobre nuestras verdaderas necesidades. Haríamos bien en seguir el consejo de Einstein y pasar más tiempo asegurándonos de que estamos planteando las preguntas adecuadas antes de tener prisa en ofrecer soluciones que solo prolongarán lo mismo de siempre, o en parchear los síntomas de un sistema basado en suposiciones erróneas y que continuará fallando hasta que iniciemos cambios más profundos al plantear preguntas más profundas.

Vivir las preguntas con más profundidad es el sistema de guía cultural que nos ayudará a desplegar el poder de la innovación de transformación social y tecnológica en la transición hacia culturas regenerativas. Las preguntas son invitaciones a conversaciones en los consejos de administración, en los grupos comunitarios y en las instituciones gubernamentales. Las preguntas son maneras de construir puentes entre los diferentes sectores y disciplinas que compartimentan nuestro conocimiento. Las preguntas, y las conversaciones que provocan, pueden dar rienda suelta a la inteligencia colectiva y ayudarnos a valorar perspectivas múltiples. Vivir las preguntas, la escucha profunda y aprender de los distintos saberes, son formas de transformar conciencias para así crear cambios culturales y de comportamiento. Vivir las preguntas con más profundidad puede llevarnos a una cultura regenerativa de igualdad, sostenibilidad y justicia. Este libro es una invitación a la conversación y una llamada a vivir las preguntas con más profundidad. Plantea muchas cuestiones; allí donde se ofrecen respuestas y soluciones, por favor entendedlas como invitaciones a cuestionar su importancia en la transición hacia culturas regenerativas.

Una primera reacción a la invitación de "vivir las preguntas" puede ser: no hay tiempo para eso ante la urgencia de la crisis climática y de muchas otras situaciones que requieren cambios ahora. Pero, precisamente debido a esta urgencia necesitamos examinar las preguntas que estamos planteando con más profundidad. Solo con hacer lo incorrecto más correcto ya no es suficiente. Necesitamos cuestionar suposiciones básicas, cosmovisiones y sistemas de valores, poniendo atención en lo que sirve a la humanidad y a la vida y lo que no.

Si la desintegración y la necesidad de cambio que vemos a nuestro alrededor es el resultado directo de una manera inapropiada de vernos a nosotros mismos, de la historia que contamos sobre quiénes somos y sobre el sentido que damos a nuestra existencia, entonces la transformación cultural tiene que empezar con transformar la manera que vemos y pensamos. Tenemos que cambiar nuestra narrativa cultural, y podemos hacerlo mediante conversaciones culturalmente creativas que surjan al plantear preguntas más profundas. Al vivir las preguntas empezaremos a ver, pensar y vivir de manera diferente; y al vivir de manera diferente podremos generar un mundo diferente. Juntos somos capaces de crear una presencia humana regenerativa en la Tierra.

Una especie joven que madura

Está surgiendo una nueva narrativa cultural que une a la humanidad en nuestra interdependencia con una comunidad de la vida más amplia. Esta narrativa nueva y antigua de interser con la vida, y *como* vida, está llevando a individuos y a comunidades de todo el mundo a crear culturas diversas, prósperas y adaptadas localmente en una colaboración global. Los patrones de una cultura regenerativa están empezando a surgir como una "expresión de la vida en proceso de transformarse a sí misma". Václav Havel vio la necesidad de dicha transformación social cuando escribió en *The Power of the Powerless* (El poder de los indefensos):

> Un cambio genuino, profundo y duradero a mejor [...] ya no puede ser el resultado de la victoria [...] de ninguna concepción política en particular, que, en última instancia, solo puede ser externo, es decir, una concepción estructural o sistémica. Más que nunca, este cambio tendrá que derivar de la existencia humana, de la reconstrucción fundamental de la posición de las personas en el mundo, en sus relaciones mutuas y en el universo. Si se va a crear un modelo político y económico mejor, entonces, quizá [...] deberá derivar de cambios existenciales y morales profundos de la sociedad. Esto no es algo que se puede diseñar y presentar como un coche nuevo. Si va a ser algo más que una nueva variación de la vieja degeneración, debe ser, sobre todo, una expresión de la vida en proceso de transformarse a sí misma. Un sistema mejor no asegurará automáticamente una vida mejor. De hecho lo contrario es lo acertado: solo creando una vida mejor se puede desarrollar un sistema mejor.
>
> Václav Havel (1985: 30)

La humanidad se está haciendo adulta y necesita una "narrativa nueva" que sea lo suficientemente poderosa y significativa como para galvanizar la colaboración global y guiar una respuesta colectiva a las crisis convergentes a las que nos enfrentamos. Las respuestas transformadoras, a nivel personal y colectivo, tienen lugar cuando cuestionamos profundamente formas arraigadas de ser y de ver y en el proceso empezamos a reinventarnos. Haciendo eso también cambiamos nuestra participación en la formación de la cultura mediante nuestra interacción con el mundo que nos rodea.

Desde una perspectiva a largo plazo, somos una especie relativamente joven en este planeta que está en un proceso de maduración colectiva, esto requiere que redefinamos la manera que tenemos de entender nuestra relación con el resto de la vida en la Tierra, encarando las diferentes opciones de cada colapso o transformación profunda. La historia que contamos sobre la humanidad, quiénes somos, para qué estamos aquí y hacia dónde vamos, ya no nos sirve como brújula moral.

Igual que un adolescente que llega a la mayoría de edad debe aprender a no seguir exigiendo a la familia y a la sociedad, y contribuir de una manera más significativa, la humanidad ya no puede continuar extrayendo de los almacenes naturales de la Tierra. Debemos aprender a vivir dentro de los límites de la capacidad bioproductiva de la Tierra y a utilizar la energía solar actual en lugar de luz solar antigua (almacenada en la corteza terrestre en forma de petróleo, gas y carbón) para abastecernos de energía. Al pasar de nuestra fase juvenil, a veces imprudente y egocéntrica como especie joven, a ser un miembro maduro de la comunidad viva de la Tierra, estamos llamados a convertirnos en miembros productivos de esta comunidad y a ser responsables de su salud y bienestar.

Ser un miembro maduro de la comunidad implica cambiar a una forma de interés propio bien entendido que llegue a cuestionar la noción del ser separado y aislado hasta su mismo corazón. En el sistema planetario interconectado e interdependiente del que participamos, la mejor manera de cuidar de uno mismo y de nuestros seres más cercanos es empezar a preocuparse más por el beneficio de lo colectivo (toda forma de vida). Metafóricamente hablando, todos estamos en el mismo barco: nuestro sistema de soporte vital planetario, o en palabras de Buckminster Fuller "la nave Tierra". La mentalidad del "ellos contra nosotros", que durante demasiado tiempo ha definido la política entre naciones, empresas y personas, es profundamente anacrónica.

Toda la humanidad está enfrentada a un caos climático inminente y a la degradación de las funciones de los ecosistemas que son vitales para la supervivencia de nuestra especie y de muchas otras. No encontraremos soluciones a estos problemas si continuamos basando nuestro pensamiento en las mismas suposiciones erróneas sobre la naturaleza del ser y del mundo que lo creó en primera instancia. Necesitamos una nueva forma de pensar, una consciencia nueva, una historia cultural nueva; solo seremos capaces de entender las preguntas al ver, con más claridad, las necesidades subyacentes que tenemos que cubrir. Si actuamos sin cuestionar profundamente es posible que tratemos los síntomas en lugar de las causas. Esto prolongará y empeorará la crisis en lugar de resolverla.

Incluso diferencias sutiles en el uso de las palabras afectan a la manera en la que cocreamos cultura. Por ejemplo, referirnos a los procesos naturales de purificación de agua, captura de luz solar y dióxido de carbono en forma de biomasa, la construcción de suelos fértiles, la detención de la erosión o la regulación del clima como "servicios ecosistémicos" (p. ej. Costanza *et al*, 2013), es una estrategia útil para asegurarnos de que esos servicios están incluidos en nuestra contabilidad económica y son reconocidos como la fuente principal de creación de valor mientras proporcionen servicios a la humanidad. Por otra parte, de manera implícita, las palabras "servicios ecosistémicos" confieren un sentido de utilidad a la naturaleza como si estos procesos solo tuvieran valor mientras dan servicio a la humanidad. Sin embargo, al usar el término "funciones ecosistémicas" se reconoce que son funciones vitales que permiten la continuidad de la evolución de la vida en su totalidad. Las cosmovisiones se crean y se transforman al prestar atención a la manera en la que damos forma a las experiencias y reforzamos perspectivas a través de las palabras y de las metáforas que utilizamos.

La humanidad se está enfrentando a la crisis terminal de una cosmovisión caduca. Esta crisis se pone de manifiesto de muchas y diferentes maneras, por ejemplo, en el sistema económico y monetario que no sirve en un planeta superpoblado con sus recursos no renovables menguados. Estamos siendo testigos de un desmoronamiento social en comunidades de todo el mundo como resultado de la creciente desigualdad y del culto al individualismo competitivo. Nos enfrentamos a una crisis de gobernanza a medida que las economías más grandes del mundo ya no están definidas por una identidad nacional o cultural y se han convertido en multinacionales que buscan maximizar el beneficio a corto plazo externalizando los daños colaterales. Continuamos bajo la amenaza de una crisis de extremismo religioso y de guerra, porque tendemos a prestar más atención a nuestras diferencias que a nuestra humanidad y destino común en un planeta en crisis.

Tendremos que redefinir cómo nos vemos a nosotros mismos y a nuestras relaciones con otros y con el resto de la comunidad de seres vivos de la Tierra. Solo cambiando nuestra narrativa cultural podremos transformar nuestra visión del futuro, y sanar nuestra relación con la vida como un todo. Como una fiebre que alcanza su punto más alto y remite justo antes de que el paciente comience a recuperarse, las múltiples crisis no tienen que considerarse como algo totalmente negativo. Podemos replantearlas como una "crisis buena" (Pigem, 2009) si hacemos caso de las claras señales que anuncian que el cambio y la transformación son ahora inevitables y que están en camino, y si llegamos a ver las numerosas crisis que convergen como retos creativos para madurar y evolucionar hacia una conciencia planetaria.

Cambiar la idea de nuestra separación

Creo firmemente que las múltiples crisis a las que nos enfrentamos son síntomas de nuestro hábito patológico de vernos y sentirnos como algo separado de la naturaleza, del uno del otro y del resto de la comunidad de la vida. Las crisis son también indicadoras de que el proceso de sanación ya está en curso. En *Blessed Unrest* (Bendita inquietud), Paul Hawken (2007) describe cómo, por todo el mundo, decenas de miles y posiblemente cientos de miles de organizaciones de la sociedad civil, grupos comunitarios, redes de activistas, emprendedores e innovadores sociales están trabajando por un futuro más justo, igualitario y sostenible en el que la humanidad pueda prosperar y en el que la cultura sea una fuerza regenerativa en lugar de destructiva. De una manera muy acertada, se denomina este creciente movimiento global emergente como la respuesta inmunitaria de nuestro planeta.

> […] estamos en un umbral de la existencia humana, un cambio fundamental en la comprensión de nuestra relación mutua y con la naturaleza. Desde un mundo creado para el privilegio nos estamos dirigiendo a un mundo creado para la comunidad. El impulso actual de la historia es demasiado maleable para ser etiquetado, pero están surgiendo ideas a nivel mundial en respuesta a las crisis encadenadas y al sufrimiento humano. Estas ideas incluyen la necesidad de un cambio social radical, de reinventar la economía basada en el mercado, del empoderamiento de las mujeres, del activismo a todos los niveles y de la necesidad de un control económico local. Se están produciendo insistentes llamadas a la autonomía, se apela a una nueva ética de recursos basada en la tradición de los comunales, se está exigiendo el restablecimiento de culturas primarias frente a la hegemonía corporativa, y existe una demanda creciente de transparencia total en la toma de decisiones políticas y corporativas.
>
> Paul Hawken (2007: 194)

Todas estas tendencias son la prueba de que el mundo está plagado de múltiples crisis que convergen y que están empeorando rápidamente y de que algo nuevo y milagroso quiere nacer. Como dijo Arundhati Roy con tanta elocuencia: "Otro mundo no es solo posible, sino que ya está de camino. En los días silenciosos puedo escucharle respirar". Si nos tomamos nuestro tiempo para encontrar las preguntas adecuadas, para vivir las preguntas con más profundidad tanto individual como colectivamente, no solo podremos escuchar respirar al nuevo mundo, sino que nos daremos cuenta de que con cada aliento somos partícipes de las redes que están concibiendo este nuevo mundo.

Recientemente, Charles Eisenstein ofreció un lúcido análisis de los muchos aspectos de la "nueva narrativa" que estamos empezando a contar sobre nosotros en su libro *The More Beautiful World Our Hearts Know is Possible* (El mundo más bello que nuestros corazones saben que es posible) (2013). Contrasta la "narrativa de la separación" (pág. 1) que nos aboca a sentirnos aislados, alienados e insuficientes, por ello a competir entre nosotros y a dominar la vida para nuestra ventaja, con la "narrativa del interser" (pág. 15) que reconoce nuestra naturaleza relacional y nuestra interdependencia.

A medida que los límites de la perspectiva de la separación se hacen cada vez más evidentes, y a medida que nos encontramos rodeados de ejemplos de la decadencia, desesperanza y sufrimiento que está causando la dominación cultural, estamos empezando a buscar alternativas viables, formas diferentes de *estar-en-el-mundo*. Estamos entrando en la "narrativa del interser". Esta narrativa nos invita a hacernos preguntas profundas: ¿Quién soy? ¿Qué me hace sentir completamente vivo? ¿Cuáles son las necesidades profundas que subyacen a mis necesidades percibidas? ¿Cuál es mi papel? ¿Cómo puedo contribuir a crear un mundo más alegre y cocreativo que tenga sentido?

> En medio de todos los llamamientos apocalípticos a cambiar nuestra manera de pensar, recordemos que estamos tratando de crear un mundo más bello, y no de mantener el actual cada vez con más sacrificio. No solo buscamos sobrevivir. No solo estamos frente a la fatalidad; estamos frente a una posibilidad gloriosa. No estamos ofreciendo a la gente un mundo de carencias, un mundo de sacrificio, un mundo en el que tendrás menos alegría y más sufrimiento, no, estamos ofreciendo un mundo de belleza, de más alegría, de más conexión, de más amor, de más satisfacción, de más exuberancia, de más ocio, de más música, de más bailes y de más celebración. Las ideas más inspiradoras que hayas tenido sobre cómo puede ser la vida, eso es lo que estamos ofreciendo.
>
> Charles Eisenstein (2013: 159)

Cuestionar ideologías peligrosas

> ¿Dónde está la vida que hemos perdido en vivir?
> ¿Dónde está la sabiduría que hemos perdido con el conocimiento?
> ¿Dónde está el conocimiento que hemos perdido con la información?
> [...]
> ¿Qué vida tienes, si no compartes tu vida?
> No hay vida si no es en comunidad [...]
> Cuando el Forastero diga: "¿Cuál es el sentido de esta ciudad?
> ¿Estáis juntos porque os amáis los unos a los otros?"
> ¿Qué contestaréis? "¿Estamos todos juntos para sacar dinero los unos

de los otros?" o "¿Esto es una comunidad?"
Oh alma mía, prepárate para el advenimiento del Forastero.
Prepárate para él que sabe cómo hacer preguntas.

T.S. Eliot (1934)

Un problema con esta idea de que la naturaleza y la cultura están separadas es que nos ha predispuesto a crear culturas que explotan y degradan los ecosistemas. Las culturas que explotan y degeneran tienden a tener sistemas económicos centrados en las nociones de escasez y de ventaja competitiva, mientras que las culturas regenerativas comprenden la manera en la que la ventaja colaborativa puede promover la abundancia compartida.

Nuestro sistema económico actual no respeta los límites planetarios

Hemos creado una civilización cada vez más global que, principalmente, está conformada por las normas de un sistema económico que tiene poca o nula consideración por los procesos fundamentales que mantienen el funcionamiento sano de los sistemas ecológicos. Nuestro actual sistema económico no respeta los límites planetarios. La economía convencional justifica la sobreexplotación de recursos a corto plazo sin tener en cuenta los efectos a largo plazo para las funciones vitales de los ecosistemas de los que depende la vida. La peligrosa ideología de la economía neoclásica ofrece argumentos económicos para sustituir la diversidad por monocultivos, justificando e incorporando estructuralmente de esta manera la competencia. Esta actividad conduce a la erosión de la resiliencia natural (que se basa en redundancias a múltiples niveles) en la búsqueda de "economías de escala" y "ventajas competitivas" en un mercado globalizado. Este sistema ha funcionado bien para unos pocos, a costa de muchos y ha provocado la degradación de comunidades y ecosistemas por todo el mundo.

Nos hemos acostumbrado a usar las palabras "redundante" y "redundancia" para hablar de lo superfluo y lo innecesario; sin embargo, en sistemas vivos las redundancias sistémicas en y a través de escalas múltiples son vitales, descentralizar funciones importantes distribuyéndolas por todo el sistema hace que el sistema sea más resiliente. Es mucho más difícil alterar las funciones vitales si están distribuidas y descentralizadas (realizadas simultáneamente a escalas y posiciones múltiples) que si esas funciones se realizan en una sola posición a gran escala y centralizadas (lo cual maximiza las economías de escala y la eficacia, pero sacrifica la resiliencia y la flexibilidad). Volveremos a tratar esto en los Capítulos 2 y 4.

Oikos (οἶκος) significa "hogar" o "casa". *Logos* (λόγος) significa "lo que se dice de" o "el estudio de". Por consiguiente, el papel de la ecología es ofrecer un entendimiento más profundo del hogar de la vida y también la participación de la humanidad en ella. La combinación de oikos con *nomos* (νόμ-ος) que significa "regla" o "ley" indica que el papel de la economía es establecer las reglas apropiadas para la "gestión del hogar". Claramente, las reglas sobre cómo administrar los recursos de la Tierra (economía) deberían basarse en una profunda comprensión de las funciones que sustentan la vida de los ecosistemas y de la Tierra (ecología). Sin embargo, la narrativa de la escasez y la competición que forma las bases dogmáticas de la ideología dominante de la economía se estableció antes de que la ecología fuera inventada. Un sistema económico al servicio de las generaciones actuales y futuras deberá estar basado en una comprensión ecológica de la interconexión y de la interdependencia. Hemos inventado un sistema económico que va totalmente en contra de las reglas básicas de la supervivencia a largo plazo de cualquier sistema viviente. La buena noticia es que, ya que nosotros inventamos las reglas de la economía, ¡también podemos reinventarlas!

La ecología es el estudio del funcionamiento sano y del cambio y adaptación continua de los ecosistemas y de la biosfera. Estas dinámicas no están abiertas a discusión y compromiso político. Tratan sobre cómo la vida crea condiciones que favorecen la vida. Por otra parte, las reglas económicas que tenemos actualmente para gestionar nuestro hogar están hechas al 100% por nosotros, por eso, pueden ser fácilmente abandonadas en base a que son insuficientes y anacrónicas. Somos libres de ignorarlas para favorecer un sistema económico nuevo que se base en la supervivencia a largo plazo del hogar y en la comprensión ecológica para realizar una gestión más sensata que la del sistema actual, que es autodestructivo y estructuralmente disfuncional. Contrariamente a lo que muchos economistas nos harán creer, ¡la economía no es una ciencia! *En su forma actual, la economía se ha convertido en una ideología peligrosa.*

A pesar de esto, culpar a economistas equivocados no nos sacará de este lío. Todos estamos en el mismo barco. No olvidemos que aquellos que están estableciendo las reglas del sistema han sido directa o indirectamente contratados por nosotros y cobran de nuestros impuestos. Hemos invitado a entrar a los flautistas, pero les hemos permitido dirigir la orquesta, y ahora estamos bailando su música como si fuese la única posible. Pero otra economía es posible y ya se está desarrollando y explorando bajo nombres tan diversos como "nueva economía"*, "economía de condición estable" (p. ej. Daly, 1991), "economía circular", (p. ej. Boulding, 1966), o "economía ecológica" (p. ej. Constanza, 1991). Si dejamos de bailar esa canción fatídica de la economía de escasez y competencia y empezamos a tararear colectivamente una diferente, podemos empezar a transformar la manera en la que habitamos nuestra casa común, el planeta Tierra, de manera que no dañemos la salud y la resiliencia del sistema de soporte vital del que dependemos. *Podemos*

---

* Dondequiera que aparezca un asterisco hay más información disponible en línea en www.ecohabitar.org/disenando-culturas-regenerativas-recursos-adicionales

y *debemos* crear reglas económicas y compartir la abundancia de la naturaleza de una manera colaborativa e incentivar a empresas y comunidades para regenerar de manera continuada los recursos básicos de los que dependemos.

Necesitamos iniciar conversaciones culturalmente creativas sobre qué clase de cambios en nuestro sistema económico actual tienen más posibilidades de proporcionar un futuro próspero y deseable para *todas* nuestras sociedades y para *toda* la humanidad. Todos somos parte, y participantes, del sistema que hemos ayudado a cocrear (o, por lo menos, al que calladamente hemos consentido mantener). No merece la pena culpar a "otros", a una falta de liderazgo político, a ejecutivos corporativos codiciosos, a leyes y regulaciones inadecuadas o a una educación insuficiente, ya que todos hemos contribuido, y estamos contribuyendo, a que las cosas sean como son. Todos nosotros, cuando gastamos dinero, trabajamos, educamos a nuestros hijos, elegimos a nuestros representantes políticos, y participamos en nuestras sociedades, estamos siendo cómplices del *statu quo* hasta que elegimos actuar conscientemente como "creativos culturales" (Ray & Anderson, 2000) de un futuro próspero para las generaciones actuales y futuras. ¡El cambio empieza en nosotros! Empieza con conversaciones con nuestros vecinos, colegas, amigos y con nuestras comunidades, haciendo preguntas más profundas y teniendo la voluntad de vivirlas:

P ¿Qué clase de mundo queremos dejar a nuestros hijos y a los hijos de nuestros hijos?

P ¿Por qué seguimos en guerra entre nosotros y con la naturaleza?

P ¿Por qué permitimos que un sistema económico que ya no sirve para la supervivencia a largo plazo de nuestra especie o al bienestar de nuestras sociedades dicte la manera en la que hacemos negocios y nos relacionamos?

P ¿Por qué dejamos que nuestros líderes políticos nos convenzan de que gastar grandes cantidades de nuestros presupuestos nacionales en armas y en la preparación de guerras es una necesidad, cuando sabemos que esos fondos nos proporcionarían el acceso al agua, educación, alimentos y una vida digna para toda la humanidad, desarmando de esta manera las causas principales de guerras y conflictos?

P ¿Cómo podemos satisfacer las necesidades básicas de todos mientras, simultáneamente, aseguramos nuestro futuro común protegiendo la biodiversidad, estabilizando los patrones climáticos y creando culturas humanas prósperas que regeneren la bioproductividad del planeta?

Preguntas como estas nos invitan a pensar de manera sistemática en escalas más largas de tiempo y a poner atención a las relaciones y al contexto, en lugar de precipitarnos a encontrar respuestas rápidas y soluciones mágicas. Preguntas como estas ya están impulsando la reinvención de la economía, la cocreación de expresiones diversas de una nueva narrativa del interser, y la transición hacia culturas regenerativas. Al cuestionar las ideologías peligrosas que ya no nos sirven damos el primer paso para definir colectivamente la clase de preguntas que podrían ayudarnos a vivir alternativas más viables y a ayudarnos a crear culturas regenerativas en todas partes. Trataremos este tema con más detenimiento en el Capítulo 7.

Hacer frente a la complejidad significa familiarizarnos con la incertidumbre y la ambigüedad

> ¡Qué Dios nos mantenga alejados
> de una visión única
> y del Sueño de Newton!
>
> William Blake (1802)

Nuestra forma de pensar dominante en contrarios duales no nos deja ver la unidad subyacente. La naturaleza casi nunca es blanca o negra; principalmente tiene que ver con escalas de gris. La manera en la que tratamos de establecer la certidumbre es definiendo una forma particular de ver y restringiendo los límites del sistema en cuestión. El resultado es la ilusión de certeza. Es una técnica útil. La física de Newton ha ayudado a desarrollar todo tipo de técnicas útiles, aunque llevemos tiempo sabiendo que es una representación limitada del mundo natural. Como dijo Werner Heisenberg: "Lo que observamos no es la naturaleza, sino la naturaleza expuesta a nuestro método de cuestionamiento".

Haríamos bien en entender que cualquier perspectiva, sin importar qué ciencia o filosofía la apoya, sin importar lo multidisciplinar e inclusiva que intente ser, sin importar cuantas investigaciones la sustentan -cualquier perspectiva es una visión limitada de la complejidad subyacente-. Para familiarizarnos con la incertidumbre necesitamos dejar atrás nuestra necesidad de predicción y control. Casi la totalidad de la causalidad en la naturaleza no es lineal, de forma que el efecto no sigue a la causa en un sentido lineal. Debido a una interconexión absoluta, a interactuaciones sistémicas y a bucles de retroalimentación, la mayoría de las veces, la causalidad es circular en lugar de lineal. Los efectos se convierten en causas, y las causas son los efectos de otros sistemas dinámicos.

En 2001, mientras estudiaba mi Máster en Ciencia Holística, tuve el privilegio de que el profesor Brian Goodwin, miembro fundador del Instituto de Estudios de la Complejidad de Santa Fe y una autoridad en ese campo, me guiase en la comprensión de la complejidad. Brian me enseñó que cualquier sistema que esté constituido por tres o más variables que interactúan entre sí, es más apropiado describirlo a través de matemáticas no lineales y que debería considerarse como un sistema de dinámica compleja. Una de las propiedades que definen a los sistemas de dinámica compleja es que son básicamente impredecibles e incontrolables (más allá de las condiciones controladas de laboratorio). Es por esto por lo que la incertidumbre y la ambigüedad son características fundamentales de nuestras vidas y del mundo natural, esto incluye a la cultura humana, a la sociedad y a nuestro sistema económico.

Brian argumentaba que, debido a que los sistemas naturales, sociales y económicos se entienden mejor como sistemas de dinámica compleja, podemos abandonar nuestros vanos intentos de predecir y de controlar estos sistemas. No somos observadores "objetivos" fuera de estos sistemas intentando manipularlos más eficazmente: somos siempre partícipes. Sugirió que las percepciones de la ciencia de la complejidad nos invitan a cambiar nuestra actitud y nuestros objetivos por una apropiada participación en estos sistemas, como agentes subjetivos y cocreativos. Nuestro objetivo debería ser entender mejor la dinámica subyacente para facilitar que se den las propiedades positivas o deseadas -emergiendo a través de las cualidades de las interrelaciones en el sistema y la calidad de información que fluye a través de él. Tenemos que familiarizarnos con la incertidumbre y la ambigüedad porque han venido para quedarse.

A medida que el radio del círculo de lo que conocemos se expande, nos hacemos conscientes de la creciente circunferencia de nuestra propia ignorancia. Tenemos que aceptar el hecho de que el conocimiento y la información, por muy detallada que sea, será una base insuficiente e incierta para guiarnos en la senda hacia el futuro. Aumentaremos nuestras oportunidades de éxito si tenemos la sabiduría y la humildad de aceptar nuestra propia ignorancia, celebrar la ambigüedad y hacernos amigos de la incertidumbre. En la mayoría de los casos, la certeza no es una opción. Se nos invita a "vivir las preguntas con más profundidad", y a continuar la conversación sobre si todavía estamos en el camino adecuado. Se nos anima a relacionarnos y a escuchar profundamente, para que podamos dejar de estar en guerra con nosotros mismos y con el planeta.

Hace más de 2.500 años, Pericles recordó a sus compatriotas atenienses que: "Puede que no seamos capaces de predecir el futuro, pero podemos prepararnos para él". En nuestro viaje de aprendizaje hacia la supervivencia humana y en nuestra búsqueda de culturas regenerativas prósperas, todas las respuestas y soluciones serán, en el mejor de los casos, parciales y temporales. Sin embargo, al plantear repetidamente las preguntas guía adecuadas, y entablando conversaciones sobre nuestro futuro colectivo en todas las comunidades de las que participamos, puede que seamos capaces de encontrar un conjunto de patrones y de guías que nos ayudarán a crear una cultura capaz del aprendizaje y de una transformación innovadora. Vivir las preguntas juntos es una manera efectiva de prepararnos para un futuro impredecible.

Este libro es mi exploración subjetiva de preguntas que podrían ayudarnos a hacer un mapa de nuestro camino hacia un futuro más deseable, inclusivo, pacífico y sostenible. Explora la manera en la que estas preguntas pueden catalizar la clase de innovación transformadora que podría ayudarnos a crear culturas regenerativas antes de que los efectos colaterales no intencionados nos conduzcan a la pronta desaparición de nuestra especie y de arrastrar con ella a la mayor parte de la diversidad de la vida. Una pregunta importante que vivir mientras reconocemos los límites de nuestro conocimiento y nos familiarizamos con la incertidumbre y la ambigüedad es:

¿Qué innovaciones culturales, sociales y qué innovaciones y transformaciones tecnológicas nos ayudarán a llevar la actividad humana y el sistema de soporte vital del planeta a una relación regenerativa de apoyo mutuo en lugar de a una relación erosiva y destructiva?

Mi propia práctica de vivir las preguntas ha sido conformada en gran medida por la amplia diversidad de líderes de pensamiento y de especialistas que me han guiado e inspirado. Entre ellos están mis colegas del International Futures Forum (IFF) (Foro Internacional de Futuros). En Ten Things to Do in a Conceptual Emergency, (Diez cosas para hacer en una emergencia conceptual), el director del IFF, Graham Leicester, y la miembro fundadora, Maureen O´Hara (2009) sugieren sendas para encontrar una respuesta transformadora que nos instan a preguntar:

P ¿Cómo diseñamos para la transición hacia un nuevo mundo?

P ¿Qué otras cosmovisiones podrían ayudar a conformar una respuesta inteligente?

P ¿Qué podemos aprender al dejar atrás el mito del control?

P ¿Qué podemos aprender desde una nueva percepción del presente?

P ¿Qué podemos aprender de confiar más profundamente en nuestra experiencia subjetiva?

P ¿Qué podemos aprender desde una perspectiva más a largo plazo?

P ¿Cómo sería una acción más profunda?

P ¿Qué nueva integración de organizaciones deberíamos formar y apoyar?

P ¿Cómo podemos practicar la acupuntura social?

P ¿Cómo mantenemos redes de esperanza?

La idea de "integración de organizaciones" se refiere al desafío con el que nos encontramos cuando los límites tradicionales en torno a organizaciones se diluyen a medida que nos centramos más en la colaboración (alianzas, redes, asociaciones y subcontrataciones). Nos estamos alejando de organizaciones y empresas separadas para dirigirnos hacia ecologías interconectadas de colaboración que tejen empresas y organizaciones en asociaciones de beneficio mutuo.

La noción de "acupuntura social" se refiere al efecto catalítico transformador que pueden tener intervenciones a pequeña escala, bien dirigidas y diseñadas de manera creativa, incluso en sistemas grandes y complejos. Metafóricamente hablando, colocar la aguja del cambio transformador en el lugar correcto y en el meridiano correcto de la creación de significados culturales, puede desbloquear la energía acumulada y catalizar el cambio social y la transformación cultural.

Cuidar de la Tierra es cuidarnos a nosotros mismos y a nuestra comunidad

Preocuparse por la Tierra y por el futuro común de la vida no requiere ninguna forma de espiritualidad motivada por el altruismo, una vez que somos conscientes de la interdependencia sistémica de la que depende nuestra supervivencia. La motivación que necesita la gente inteligente y consciente para transformar "lo mismo de siempre" puede ser simplemente una forma de interés propio bien entendido. Una vez que empezamos a practicar el cuidado de otros (humanos y otras especies) de la misma manera que nos cuidamos a nosotros mismos, empezamos a darnos cuenta de que la experiencia de un yo separado es una perspectiva limitada y que, de hecho, somos seres relacionales en un mundo donde todo afecta a todo lo demás y, como resultado, el cuidado de otros es el cuidado propio. La palabra "individual" nos recuerda que somos indivisibles del todo. Somos participantes del todo y de la expresión de la vida.

La manera de cuidarnos y de cuidar de nuestras familias, la manera de mantener este cuidado y a las futuras generaciones de seres humanos es cuidando *de la vida en su totalidad*. Hacer uso de las enseñanzas espirituales o reconectar con lo sagrado para llenar esta percepción con un significado más profundo es nuestra elección, no un requerimiento. En su esencia, todas las tradiciones espirituales del mundo y los textos sagrados reflexionan sobre la cuestión de las relaciones adecuadas entre el mundo y el yo. Así que, quizás la manera de desarmar el fanatismo y el separatismo religioso podría ser revisitando estas tradiciones de sabiduría y explorando su mensaje común sobre la manera de vivir en una correcta armonía entre nosotros y con la Tierra. Nuestro futuro depende de la salud de los ecosistemas. La salud de la biosfera y el futuro de la humanidad son inseparables. Hace más de sesenta años Albert Einstein vio el desafío futuro:

> Un ser humano es parte de un todo, al que llamamos "universo", una parte limitada en el tiempo y el espacio. Él se experimenta a sí mismo, sus pensamientos y sensaciones como algo separado del resto, una especie de ilusión óptica de su consciencia. Esta ilusión es una especie de prisión para nosotros, que nos restringe a nuestros deseos personales y al afecto de unas cuantas personas cercanas a nosotros. Nuestra tarea debe ser liberarnos de esta prisión ampliando nuestro círculo de compasión para abrazar a todas las criaturas vivientes y a toda la naturaleza...
>
> Albert Einstein (1950)

Einstein comprendió las limitaciones que nos imponemos con nuestra manera de pensar, que determina en qué nos centramos y cómo vemos el mundo. Nos pidió que nos preguntáramos quienes somos y sobre nuestra relación con toda la vida y con el universo en su totalidad. Einstein nos invitó a explorar una perspectiva más sistémica, un pensamiento holístico y una consciencia integradora que reconozca una participación íntima con el universo, como un todo en continua transformación y fundamentalmente interconectado, que se manifiesta en patrones de energía, materia y consciencia. Desde este punto de vista, materia y consciencia, materia y vida, materia y mente, materia y espíritu no están separados sino entrelazados.

No podemos esperar que nuestros métodos científicos nos ofrezcan pruebas irrefutables para dichas afirmaciones, ya que la idea de ser capaces de probar algo basado en datos objetivos e investigaciones es, en sí misma, parte del discurso de la narrativa de la separación. Sin embargo, podemos adentrarnos en el espacio entre los diferentes relatos y reconocer las múltiples formas de conocimiento, sin desechar la perspectiva científica reduccionista ni la perspectiva holística participativa. Si somos capaces de no anticipar juicios desde las tendencias dogmáticas de nuestra cosmovisión dominante y de abrirnos a experimentar la realidad de una forma nueva, estas son algunas de las preguntas especulativas en las que podríamos querer vivir:

P ¿Y si la consciencia, y no la materia, fuera lo más importante?

P ¿Y si la más asombrosa innovación evolutiva y la razón de ser de nuestra especie, lo que nos salva, fuera que, a través de nosotros, el todo transformador (el Universo) fuese capaz de reconocerse y de llegar a ser consciente de sí mismo?

En *The Passion of the Western Mind* (La pasión de la mente occidental), Richard Tarnas (1996) exploró la evolución de nuestra cosmovisión occidental dominante y mostró que en los últimos 200 años ha surgido una perspectiva alternativa que está basada en la "convicción fundamental de que, en última instancia, la relación de la mente humana con el mundo no es dual sino participativa" (pág. 433). Desde esta perspectiva "la mente humana es, en última instancia, el órgano que posee el mundo para manifestarse" (pág. 434).

Como expresó T.S. Eliot en *"Little Gidding"*: "No cesaremos de explorar, y el fin de todas nuestras búsquedas será llegar al lugar desde el que partimos, y conocer ese lugar por vez primera". Así que ¿merece la pena nuestra sostenibilidad? La vida en la Tierra continuará sin nosotros. A pesar de eso ¿no será un lugar mucho más empobrecido sin una especie capaz de reflexionar sobre el milagro de la evolución de la vida y capaz de fascinarse con la belleza de este precioso planeta? Tenemos que ser honestos con nosotros mismos. Incluso dedicando nuestras vidas a la creación de culturas regenerativas y de un futuro más sostenible, no estamos "salvando el planeta" o "salvando la vida en la Tierra". Ambos continuarán mucho después de que nuestra especie se encuentre con su casi inevitable destino de extinción. Aun así, no tenemos que acelerar activamente nuestra propia desaparición, como llevamos haciendo con esfuerzos redoblados desde la revolución industrial.

P ¿No sería mejor cuidar de toda la vida y del sistema de soporte vital planetario, de manera que se asegure que nuestra especie, relativamente joven, tenga su oportunidad de vivir hasta la madurez y la sabiduría?

Piensa en toda la creatividad y belleza que ya hemos sido capaces de expresar a través de nuestra diversidad de culturas y de su arte, ciencia, literatura, música, historias y tradiciones culturales. La humanidad ya ha creado una multitud de reflejos de lo supremo en lo íntimo. ¿No tienes también curiosidad de lo que nuestra especie podría ser capaz de conseguir si "ampliamos nuestros círculos de compasión para aceptar a todas las criaturas vivientes y al conjunto de la naturaleza"?

Al cuidar de la Tierra y de todo lo vivo, nos cuidamos a nosotros mismos. Al aceptar nuestra propia naturaleza como una expresión de la naturaleza en general, la humanidad puede convertirse en una fuerza de sanación consciente. Sin olvidar los límites de nuestro propio saber, podemos empezar a contribuir humildemente al florecimiento en lugar de al empobrecimiento de la vida. Superar el dolor y el aislamiento de la narrativa de separación implica aprender a querernos a nosotros mismos para amar la vida más plenamente. Al cocrear culturas regenerativas estamos salvando a nuestra especie de una extinción prematura y trágica. ¡Démosle a nuestra joven especie su oportunidad de alcanzar su maravilloso potencial! Imagina qué belleza podríamos cocrear. ¡Hagámoslo por la vida! ¡Hagámoslo por la belleza! Y lo más importante: ¡hagámoslo con amor, humildad, compasión y gratitud!

En su libro, notablemente comprensivo y perspicaz "La pasión de la mente occidental: comprender las ideas que han dado forma a nuestra visión del mundo" el profesor Richard Tarnas (1996), del Instituto de Estudios Integrales de California, explora cómo nuestra concepción y percepción de la naturaleza y nuestra relación con la naturaleza ha cambiado desde la época de la filosofía griega primitiva y a lo largo de la Edad Media y el período escolástico, el Renacimiento, la Revolución Científica, hasta la filosofía y la ciencia modernas. Tarnas enfatiza que, "aunque la posición epistemológica cartesiana-kantiana ha sido el paradigma dominante de la mente moderna, no ha sido el único" y argumenta que con la obra de Goethe, Schiller, Schelling, Hegel, Coleridge, Emerson y Rudolf Steiner una epistemología alternativa consistente, pero expresada de manera diversa, comenzó a emerger basada en la "convicción fundamental de que la relación de la mente humana con el mundo natural en última instancia no era dualista sino participativa" (Tarnas, 1996, p.433).

Esta forma alternativa de conocer no contradice la epistemología kantiana, sino que la incluye y la trasciende. Reconoce la afirmación de Kant de que todo conocimiento humano de la naturaleza o del mundo está determinado, en última instancia, por principios subjetivos; "Pero en lugar de considerar estos principios como pertenecientes en última instancia al sujeto humano separado y, por lo tanto, no basados en el mundo natural independiente de la cognición humana, esta concepción participativa sostuvo que estos principios subjetivos son de hecho una expresión del propio ser del mundo, y que la mente humana es, en última instancia, el órgano del propio proceso de autorrevelación del mundo "(Tarnas, 1996, p. 434). Tarnas explica:

"Desde este punto de vista, la realidad esencial de la naturaleza no es separada, autónoma y completa en sí misma, de modo que la mente humana pueda examinarla "objetivamente" y registrarla desde afuera. Más bien, la verdad que se despliega de la naturaleza surge solo con la participación activa de la mente humana. La realidad de la naturaleza no es meramente fenoménica, ni es independiente y objetiva; más bien, es algo que surge a través del acto mismo de la cognición humana. La naturaleza se vuelve inteligible para sí misma a través de la mente humana. En esta perspectiva, la naturaleza lo impregna todo y la mente humana en toda su plenitud es, en sí misma, una expresión del ser esencial de la naturaleza". Richard Tarnas, 1996, p.434.

Tarnas enfatiza que esta epistemología participativa que Goethe, Hegel, Steiner y otros, expresaron de maneras diferentes pero relacionadas, no es una forma de regresión a la ingenua mística de la participación. Más bien, es una forma de conocimiento que puede considerarse como una síntesis dialéctica de la larga evolución desde la consciencia primordial indiferenciada y el mundo encantado de los primeros humanos cuando todo era sagrado y vivo hasta la alienación dualista entre el yo y el mundo, mente. y cuerpo, humanidad y naturaleza, para luego llegar a una cosmovisión participativa que abraza la paradoja de estar, al mismo tiempo (aparentemente), separados y fundamentalmente interconectados con la naturaleza.

Al ser, somos un yo individual y una parte integral de la emergencia del todo al mismo tiempo. Esta epistemología participativa "incorpora la comprensión posmoderna del conocimiento y, sin embargo, va más allá", ya que "se reconoce plenamente el carácter interpretativo y constructivo de la cognición humana, pero la relación íntima, interpenetrante y omnipresente de la naturaleza con el ser humano y la mente humana permite que la consecuencia kantiana de la alienación epistemológica debe superarse por completo "(Tarnas, 1996, p. 435).

Podemos reconocer la diferencia y celebrar la diversidad sin quedarnos atrapados en la alienación de la separación. Las cualidades que definen la unicidad del "otro" surgen cuando el yo toma una perspectiva desde la cual "observar" el mundo. La separación percibida surge a través de una forma de ver, pero el mundo no deja de ser íntegro. Todo es una expresión del proceso unificador, viviente, evolutivo y consciente que podemos elegir llamar Naturaleza, Universo, Dios, el Último, el Todo o el Uno. No hay nada fuera de él, ni en el espacio ni en el tiempo, ya que solo surgen a través de una experiencia participativa de este proceso.

La percepción de la separación y la experiencia del yo y el mundo -sujeto y objeto- son propiedades emergentes válidas e importantes de nuestra participación en y como el Uno. Al aceptar la aparente paradoja de que en nuestra propia experiencia de separación se encuentra la prueba de nuestra pertenencia, podemos aprender a celebrar la diversidad y la diferencia como expresiones de nuestra unidad subyacente.

Para que el Uno se conozca a sí mismo tiene que dividirse para tener una perspectiva de sí mismo. Esta primera distinción hace posible la experiencia y la participación. Creamos la ilusión de nuestra separación como sujetos experimentadores en el mismo acto de relacionarnos con el proceso unificador al distinguir los objetos de nuestra experiencia. Precisamente porque podemos experimentar la naturaleza, somos parte de ella y no estamos separados de ella.

La percepción de la separación y la experiencia del yo y el mundo - sujeto y objeto - son propiedades emergentes válidas e importantes de nuestra participación en y como el Uno. Al aceptar la aparente paradoja de que en nuestra propia experiencia de separación se encuentra la prueba de nuestra pertenencia, podemos aprender a celebrar la diversidad y la diferencia como expresiones de nuestra unidad subyacente.

Podemos encontrar paz y descanso en la certeza de que con todo nuestro esfuerzo, el ir a alguna parte y la pasión creativa para cocrear una cultura regenerativa, estamos -en cada momento- llegando exactamente a donde necesitamos estar, la eterna transformación del ahora en el momento presente. Nuestro nivel de conciencia afecta el cómo percibimos este momento. Nuestra narrativa colectiva sobre quiénes somos y qué futuro queremos, afecta al futuro que surge.

El escritor francés Marcel Proust nos recordó que "el verdadero viaje del descubrimiento no radica en buscar nuevos paisajes, sino en ver con nuevos ojos". El viaje hacia una cultura regenerativa trata de abrazar a la naturaleza como la base de nuestro ser, vernos a nosotros mismos y, por lo tanto, a todo con nuevos ojos. Una vez que lo hagamos, expresaremos nuestra experiencia de esta nueva relación íntima de pertenencia al Universo y a la Naturaleza de formas maravillosamente diversas y creativas.

> Porque la pasión más profunda de la mente occidental ha sido reunirse con la base de su propio ser. El impulso de la conciencia masculina de Occidente ha sido su búsqueda dialéctica no solo de realizarse, de forjar su propia autonomía, sino también, y finalmente, de reconciliarse con el gran principio femenino, y así redescubrir su conexión con el todo.
>
> Richard Tarnas (1996, p. 443)

Un intelecto brillante que promueve la ciencia y la tecnología que lucha por un "mundo mejor" y un corazón afectuoso que se siente profundamente conectado con toda la vida, que celebra la perfección de todo lo que es, no son mutuamente excluyentes. He conocido a muchas mujeres y hombres que han integrado los dones del corazón y la mente en su propio camino como creativos culturales de una humanidad que se preocupan por la naturaleza con humildad, brillantez creativa y pleno reconocimiento de nuestro parentesco con toda la vida.

Nuestro camino hacia el futuro es de síntesis. Así como nuestra experiencia de un yo separado es lo que Einstein llamó "una especie de ilusión óptica de nuestra conciencia", nuestra experiencia del tiempo también es una ilusión. Nos hace experimentar la transición hacia una cultura regenerativa como un viaje en el tiempo más que como una llegada a donde ya estamos: haciendo surgir un mundo, viviendo las preguntas juntos.

Despierta para descubrir que eres los ojos del mundo

La "teoría de Santiago sobre la cognición" propuesta por los biólogos y neurocientíficos chilenos Humberto Maturana y Francisco Varela ofrece una manera científica de entender el proceso por el cual los sistemas vitales practican la "autopoiesis" (autocreación o autogeneración) entrando en relaciones que distinguen el yo del otro sin perder su interconectividad fundamental con su medio.

El acto del "acoplamiento estructural", o relación con el otro, permite al sistema vital definirse en relación con su medio como algo separado y sin embargo conectado. Lo que es más importante, el medio que se define por el acto inicial de distinción del yo y del otro provoca cambios en el sistema vital que el mismo sistema define como desencadenantes de cambios internos. Maturana y Varela argumentan que, básicamente, este es un acto de cognición (que no requiere de un sistema nervioso y, por ello, es posible en todas las formas de vida). La cognición no es una representación de un mundo que existe de manera independiente, sino el acto de *creación de un mundo* por medio de procesos de *vivir como relación*. Desde esta perspectiva, la cognición es el proceso básico de la vida.

En *El árbol del conocimiento*, Maturana y Varela sugieren que a medida que empezamos a entender cómo conocemos, tenemos que darnos cuenta de que "el mundo que todos ven no es el mundo sino un mundo que creamos con otros". El mundo tal y como lo conocemos surge de la manera en la que nos relacionamos los unos con los otros y con procesos naturales más amplios. Esto condujo a Maturana y a Varela a la conclusión obvia de "que el mundo será diferente solo si vivimos de manera diferente" (Maturana & Varela, 1987: 245). En la *Biología del amor* Maturana escribe:

> El amor es nuestra condición natural y es la negación del amor lo que [sic] requiere de todos nuestros esfuerzos racionales, pero ¿para qué, si la vida es mucho mejor con amor que con agresión? El amor no necesita aprenderse, puede permitirse o negarse, pero no necesita aprenderse, porque es nuestro fundamento biológico y el único fundamento de la conservación de nuestro ser y también de nuestro bien estar.
>
> Humberto Maturana & Gerda Verden-Zoller (1996)

¿Es nuestra capacidad de amar lo que hace que merezca la pena que la humanidad sea sostenida? No somos la cúspide de la evolución, sino participantes de sus procesos, participantes conscientes capaces de la autointrospección. Estamos empezando a entender la consciencia y en este proceso empezamos a darnos cuenta de nuestra íntima comunión y de nuestro entrelazamiento con todo lo que existe. Todo ser vivo refleja el todo, el universo en evolución y transformación, y a través de él a sí mismo a su propia y única manera. Algunas teorías de la conciencia sugieren que solo los seres humanos son capaces de la autoconsciencia y de la autoinstrospección. No conocemos ninguna otra especie que escriba poesía o componga música para reflejar la emoción unificadora a la que llamamos amor, tampoco sabemos cómo una secuoya siente el pasar de las estaciones, o cómo un pingüino emperador experimenta subjetivamente los primeros rayos de sol después del invierno antártico. Pero ¿no hay algo que merezca la pena sostener de una especie que puede hacerse tales preguntas? El amor y la empatía amplían nuestros círculos de compasión.

La evolución de la consciencia es, a la vez, un viaje personal que todos somos capaces de experimentar a lo largo de nuestras vidas y un viaje a nivel colectivo. Estamos en un viaje que va desde la "participación original" de las tribus indígenas que lo perciben todo como vivo y como relaciones llenas de sentido, a la "separación del yo y del mundo" (naturaleza y cultura) que nos trajo la ilustración y los diversos beneficios de la ciencia y la tecnología basados en el razonamiento analítico; el paso siguiente nos lleva a una nueva clase de "participación final", como la llamó Owen Barfield (1988: 133-134), que expresa una síntesis de ambas perspectivas. Somos parte integral de la naturaleza y hemos evolucionado hacia la consciencia introspectiva y al libre albedrío, que nos permite elegir participar en los procesos de la vida de una manera destructiva o de apoyo creativo (regenerativa).

Crear una cultura regenerativa

Lo que está en juego es el futuro de nuestra especie, de la mayor parte de la diversidad de vida y de la evolución continua de la consciencia. Si conseguimos este "salto trascendental" (Graves, 1974) en la autoconsciencia humana, lo que nos espera es la promesa de una civilización verdaderamente regenerativa, colaboradora, justa, pacífica e igualitaria que florece y prospera en sus diversas expresiones culturales y artísticas, al tiempo que restaura ecosistemas y regenera la resiliencia local y globalmente. Lo mejor de nuestra música, arte, poesía y tecnología será una expresión elegante de la unidad simbiótica entre la naturaleza y la cultura. Somos capaces de contemplar la "historia del universo" como nuestra propia historia, la historia de la vida en evolución. Estamos despertando individual y colectivamente para descubrir que el mundo se conoce y se ama a través de nuestros ojos y corazones. ¿Qué clase de cultura crearemos para expresar esta sabiduría? Hacernos conscientes de nuestro interser con el mundo nos recuerda nuestra comunión con todo lo vivo como un reflejo de nuestro ser más completo. Siendo como somos seres relacionales conscientes, el amor por la vida es nuestro estado natural.

El biólogo evolucionista E.O. Wilson (1986), inspirado por el psicólogo Erich Fromm (1956), sugirió que los seres humanos, como expresiones de procesos vitales, tienen una tendencia innata a sentirse atraídos por todos los demás seres vivos. Denominó este amor por la vida y esta atracción por otras formas de vida *"biofilia"*. El movimiento de "ecología profunda" iniciado por el filósofo noruego Arne Næss (1988) denomina la comprensión de nuestro propio yo como un reflejo relacional de una comunidad de vida más amplia, "nuestro yo ecológico", y lo considera la base para la acción responsable a partir del interés propio bien entendido.

Creamos un mundo en relación con el "otro" y sin ese "otro" (que es un reflejo de nuestro yo más completo) no podríamos existir. La "teoría de Santiago sobre la cognición", como hemos visto, replantea características duales como el yo y el mundo a modo de polaridades de un todo interconectado que toma forma por la distinción sin separación. Como ha expresado otro de mis estimados mentores y amigos, Satish Kumar, editor de *Resurgence* y cofundador del Schumacher College: "Tú eres, por tanto yo soy" (2002). O, en palabras de una canción de los Grateful Dead: "¡Despierta para descubrir que eres los ojos del mundo!".

En las culturas regenerativas, el desarrollo personal y la evolución de la consciencia se acelerarán. Al dejar de estar paralizados por el ciclo de separación alimentada por el miedo, por la escasez y por la lucha por el control y el poder, empezaremos a desarrollar el potencial de una cultura de creatividad compasiva, empática y colaborativa y de una abundancia compartida, motivada por la biofilia, nuestro amor innato por todas las formas de vida. La narrativa de la separación del resto de lo vivo y del distanciamiento de la sabiduría de la naturaleza está empezando a ceder paso a un discurso que celebra nuestra comunión con la naturaleza como esencia misma de nuestro ser. Nuestra percepción consciente subjetiva del todo transformador (a pesar de ser limitado) es un reflejo importante y válido de ese todo que llega a conocerse a sí mismo *a través* de todos nosotros y *como* todos nosotros. Al vivir las preguntas juntos, podemos aprender a apreciar perspectivas múltiples y ganar una comprensión compartida de nuestra participación en ese todo.

Hasta ahora, la mayoría de las pruebas de la evolución sana de la consciencia humana y del desarrollo personal (p. ej. Graves, 1974; Wilber, 2001) indican que nadie nace con una consciencia holística y planetaria y con la consciencia plena del cosurgimiento del yo y del mundo. Por esto, todos los estados pasados y presentes y los estados de consciencia (ver Combs, 2002 & 2009) tienen que ser bienvenidos ya que forman los peldaños de nuestro desarrollo personal como individuos, además de ser expresiones de la evolución de la consciencia de nuestra especie.

Una cultura regenerativa tendrá que facilitar el desarrollo personal sano de las perspectivas del yo de un ser humano desde la egocéntrica, a la socio-céntrica, a la especie-céntrica, hasta la biocéntrica y a la cosmo-céntrica. Esto implica prestar atención a la manera en la que nuestra cultura y educación dan forma a nuestra cosmovisión y a nuestro sistema de valores. Necesitamos incentivar el aprendizaje constante y el desarrollo personal a través de procesos comunitarios de apoyo y de un diálogo continuo, de preguntas guiadas en lugar de respuestas. Necesitamos vivir estas preguntas individual y colectivamente para cocrear un nuevo discurso. A medida que las múltiples crisis convergentes a las que nos enfrentamos crean una transformación acelerada del clima, en la que el cambio ya no es una posibilidad que podamos considerar sino una consecuencia inevitable de nuestras acciones colectivas, estamos llamados a abandonar la mentalidad que en primera instancia creó estas crisis. Al hacer esto, nos someteremos a un rito de iniciación a nivel de especie que nos ofrecerá una perspectiva nueva y más madura sobre nuestra intimidad y nuestra responsabilidad para con todo lo vivo. Estamos "llegando a casa" (Kelly, 2010).

La creación de diferentes culturas regenerativas unidas de manera colaborativa en una civilización regenerativa es el único futuro viable abierto ante nosotros a medida que entramos en la "era planetaria". Nuestro desafío colectivo es crear culturas capaces de continuar aprendiendo frente a la complejidad, al no-saber y al cambio constante. Tenemos una oportunidad creativa de dar a luz una cultura humana que sea suficientemente madura para expresar el conocimiento de que la vida crea las condiciones que favorecen la vida en todos sus diseños, sistemas y procesos. *Podemos* cocrear un mundo que funcione para toda la humanidad y para todo lo vivo. Somos capaces de expresiones culturales vibrantes y diversas del conocimiento profundamente transformador de que *somos los ojos del mundo.*

El "porqué" nos guiará al "qué" y al "cómo"

> Estamos distraídos de la distracción por la distracción,
> Llenos de fantasías y vacíos de sentido.
>
> T.S. Eliot (1943)

En Start with Why (Empieza con el por qué), Simon Sinek (2011) explica cómo Martin Luther King, Mahatma Gandhi y Nelson Mandela fueron capaces de impulsar cambios culturales a gran escala de manera no violenta. El denominador común es que articularon su visión desde el *por qué*, hasta el *cómo* y al *qué*. Los líderes inspiradores primero empiezan presentando sus creencias, haciendo explícita su cosmovisión y su motivación. Sinek sugiere que una vez que tenemos claro el *por qué*, podemos definir valores que guiarán nuestro comportamiento y conformarán los sistemas y los procesos que vayamos a establecer. El *por qué* define el *cómo* de una manera orientada a la acción. En resumen, el *por qué* ofrece un objetivo, una causa o una creencia, el *cómo* expresa los valores que guían nuestras acciones y *cómo* intentamos manifestar el objetivo más elevado en acciones, y el *qué* se refiere al resultado de esas acciones. El gurú del diseño Tim Brown, CEO de IDEO, escribe en *Change by Design* (Diseñar el cambio) "No me preguntes *¿qué?* pregúntame *¿por qué?*" y continua: "preguntar *¿por qué?* es una oportunidad de reformular un problema, redefinir los límites y preparar el terreno para una respuesta más innovadora. [...] No hay nada más frustrante que encontrar la respuesta correcta a la pregunta equivocada" (2009: 236-237). Warren Berger nos recuerda el poder de la indagación, animándonos a plantear "preguntas bellas" usando el *¿por qué?* y el *¿qué pasaría sí?* como la senda hacia la innovación revolucionaria. El arte de plantear preguntas bellas trata de i) desafiar suposiciones, ii) indagar sobre cosas que normalmente damos por hechas, y iii) preguntarnos sobre las nuevas posibilidades (Berger, 2014).

La práctica de *vivir las preguntas juntos* comienza al preguntarte con frecuencia a ti mismo y a los otros: ¿Estamos haciendo las preguntas correctas? ¿Qué pregunta nos ayudará a tomar decisiones más inteligentes? ¿Y si hacemos las cosas de manera diferente? ¿Qué conforma nuestra perspectiva actual? Si respondemos a la pregunta de "por qué merece la pena que la especie humana sea sostenida" de una manera neodarwinista, como por ejemplo, "porque somos la especie más inteligente y competitiva y por ello deberíamos continuar explotando la naturaleza para nuestro beneficio", es muy poco probable que encontremos respuestas oportunas al cambio climático y a la degradación de ecosistemas, y nos veremos abocados a una crisis ecológica, social y económica cada vez más grave. Viviremos un futuro muy diferente si contestamos a las preguntas de manera diferente: somos participantes cocreativos de un proceso de 14 mil millones de años en el que el universo se hace consciente de sí mismo. Somos una especie clave capaz de crear condiciones que favorecen la vida. Podemos diseñar para los humanos, los ecosistemas y la salud planetaria, y cultivar la resiliencia, la adaptabilidad, la transformación y la vitalidad. Nos preocupamos, somos seres compasivos capaces de amar y de expresar esta emoción unificadora a través de la poesía, la música y el arte. Como todas las demás especies somos un regalo de la vida a la vida, creamos sentido al relacionarnos siendo parte de ella y a través de ella.

En una conversación que mantuve con el profesor David W. Orr en 2006, me sugirió que debemos preguntar por qué merece la pena que la humanidad sea sostenida antes de empezar a considerar cómo podríamos hacerlo (ver la introducción). Lo hizo como respuesta a una pregunta que yo le había hecho sobre el papel de la espiritualidad en la transformación cultural y en la transición futura. David empezó a contestar diciendo:

> Los humanos son inevitablemente espirituales y la cuestión no es si lo somos, sino si somos auténticamente espirituales o no. Brota de nosotros. Somos criaturas que buscamos un sentido a la vida, y si el sentido más elevado de mi vida es el futbol, haré del futbol mi religión y dirigirá mi vida. Dará sentido, solemnidad y dirección a mi vida. Lo que sucede es que es una mala religión. Podría hacer del medioambientalismo mi religión. Pero también resulta ser una mala religión. No podemos evitar convertir algo en un sistema de creencias y podríamos debatir porqué es así. Lo vemos en las primeras pinturas encontradas en cuevas. Es parte de la humanidad. Tan pronto como identificamos a la especie humana, vemos a una especie intentando entender: ¿Qué quiere decir esto? ¿Dónde estamos? ¿Cómo llegamos aquí? Ves que se hacen estas preguntas. Aparecen en la filosofía antigua, en el arte primitivo. Eso es lo que significa ser humano.
>
> David W. Orr, comentario personal (2006)

Hizo hincapié en que preguntar "por qué deberíamos sostener a la humanidad" no es una pregunta de debate vacía, y nos lleva al centro de la espiritualidad. ¿Cuál es nuestra deuda? ¿De qué manera estamos obligados? ¿Qué le debemos al futuro lejano? ¿Qué le debemos al pasado lejano? ¿Qué implica para nosotros ser cuidadores o administradores? Encontrar respuestas a todas estas preguntas puede ayudarnos a recontextualizar nuestra existencia en un universo lleno de sentido enraizado en nuestro interser. Más allá de todos los dogmas religiosos o denominaciones de fe, más allá de todas nuestras diferencias, podemos encontrar un denominador común en la comunión con nuestro interser mutuo y con todo lo vivo. El futuro de nuestra especie depende de encontrar un nivel superior *como* humanidad, *como* naturaleza, *como* vida, *como* expresiones de un todo vivo y transformador capaz de la introspección.

Todos los grupos religiosos del mundo podrían expresar la meta-narrativa del interser de distintas maneras sin estar en contra de sus escrituras fundacionales. En el corazón de la espiritualidad y en el origen de todas las religiones radica un proceso para encontrar sentido a la relación entre lo íntimo y lo supremo. En *Lámparas de fuego, el espíritu de la religión*, Juan Mascaró ofrece una síntesis de la esencia espiritual de la religión a través de pasajes seleccionados del Hinduismo, del Budismo, del Jainismo, del Confucianismo, del Sintoísmo, del Judaísmo, del Cristianismo, del Islamismo y del Sijismo. Mascaró creía en la recuperación de un humanismo profundo para unificar a la humanidad más allá de sus diferencias (este y oeste, norte y sur) y ofreció su libro con la esperanza de que se convertiría en "una luz en la oscuridad profunda y un refugio en la tormenta" (1961:9-11).

Frente a los atroces intentos de justificar la barbaridad inhumana con la rectitud equivocada del fundamentalismo religioso que incita a cometer crímenes contra la humanidad, por una parte, y a los cada vez más urgentes avisos de la comunidad científica de que hemos sobrepasado peligrosamente los límites planetarios y que nos estamos enfrentando a un cambio climático catastrófico, por otra, la humanidad necesita encontrar un común denominador para dar una respuesta coordinada y cooperativa. También debemos encontrar un nivel superior de sentido e intención compartida para que todos sepamos *por qué* estamos en esto juntos y *por qué* merece la pena trascender e incluir todas nuestras diferencias en busca de una visión compartida de *prosperidad conjunta.*

Espiritualidad, alma y soledad en la naturaleza

En diciembre de 2014 el "Centro de acción e investigación" del RSA (Royal Society para el Fomento de las Artes, las Manufacturas y el Comercio) publicó un informe sobre una conversación de dos años sobre la razón por la que necesitamos que la espiritualidad juegue un papel más importante en el dominio público. El informe argumenta que "el mandato espiritual es principalmente una experiencia, concretamente para conocerse a uno mismo lo más plenamente posible. Para muchos, esto significa empezar a ver más allá del ego y reconocer que se es parte de una totalidad, o al menos de algo más grande que uno mismo" (Rowson, 2014). En referencia a la epidemia de soledad asociada a la vida en la gran ciudad, el informe reflexiona: "Todos estamos rodeados de extraños que fácilmente podrían ser nuestros amigos, pero parece que carecemos del permiso cultural no solo para "conectar" -el opio del ciberespacio- sino para empatizar e interesarnos profundamente" (pág. 7). Intentando sanar las causas en lugar de los síntomas el informe apela a "que lo espiritual juegue un papel más importante en el dominio público, porque realza la importancia de la transformación personal, social y política" (pág. 8). Plantea esta importante pregunta: "¿Cómo podemos hablar de lo espiritual de manera que nos ayude a entender cómo vivir mejor?".

Reflexionando sobre la visión de Martin Luther King "el poder sin amor es temerario y abusivo, y el amor sin poder es sentimental y anémico" y su observación "es precisamente esta colisión de poder inmoral con la moralidad impotente lo que constituye la mayor crisis de nuestro tiempo" (ver también Kahane, 2010). El informe llama a la práctica espiritual de aprovechar "la fuente profunda de nuestro poder y amor" y a embarcarse "en el reto continuo de llevarlos juntos a la práctica" (Rowson, 2014: 59).

El Proyecto del RSA analizó cómo el cuestionamiento profundo de la naturaleza del amor crea un sentimiento de pertenencia. Indagar sobre la muerte nos ayuda a vivir una vida más profunda. Cuestionar la naturaleza de nuestro "ego" cataliza la transformación personal, y explorar la naturaleza del alma da sentido a nuestra vida y conforma nuestra expresión creativa (pág. 78). El informe sugiere que existe una necesidad de revitalizar la espiritualidad para abordar más profundamente los retos del siglo XXI. El cuestionamiento profundo de la naturaleza del alma, nos conducirá inevitablemente a redescubrir el alma de la naturaleza. Richard Tarnas escribe en *Cosmos y Psique*:

> No solo nuestra vida personal, sino la naturaleza misma del universo puede que nos exija ahora una nueva capacidad de autotrascendencia, tanto intelectual como moral, a fin de poder vivir la experiencia de una nueva dimensión de la belleza y de la inteligencia en el mundo, no una proyección de nuestro deseo de belleza y de dominio intelectual, sino un encuentro con la belleza y la inteligencia del todo, que se despliegan de modo imprevisible [...] el encuentro abierto con la realidad potencial de un anima mundi hace posible su reconocimiento. Desde este punto de vista, solo seremos capaces de comprender si nos abrimos a la posibilidad de que lo que tratamos de entender nos transforme y nos expanda.
>
> Richard Tarnas (2007: 487)

Las preguntas que nos invitan a explorar las relaciones entre lo íntimo y lo supremo pueden ayudarnos también a entender quiénes somos y a encontrar nuestro sitio en una comunidad de la vida más amplia y dentro de un cosmos vivo y transformador. Al vivir estas preguntas juntos, el proceso de encontrar sentido de manera colectiva frente a la incertidumbre puede convertirse en nuestra guía y conformar nuestra apropiada participación. Bill Plotkin describe el alma como nuestro "lugar supremo". David Whyte habla del alma como de "la mayor conversación que una persona es capaz de mantener con el mundo". Aquí "conversación" es la manera poética de decir relación [...], la mayor relación que puede tener una persona con el mundo es como la de su "lugar supremo" (2008: 36-37). Para encontrar nuestro lugar supremo en el mundo, debemos entablar una conversación más profunda entre nosotros, con la naturaleza y con el cosmos. Debemos explorar: ¿Cómo pertenecemos? ¿Dónde estamos? ¿Quiénes somos? ¿Que hemos venido a hacer? Viviendo estas preguntas con más profundidad puede que vivamos la respuesta a la pregunta: ¿Por qué merece la pena que seamos sostenidos?

Bill Plotkin ofrece su influyente libro *Nature and the Human Soul* (La naturaleza y el alma humana) como una contribución al intento global de crear una asociación viable entre los humanos y la Tierra y basa su exploración en tres premisas: i) una sociedad humana más madura requiere individuos humanos más maduros, ii) la naturaleza (incluyendo nuestra propia naturaleza más profunda, el alma) siempre ha proporcionado y todavía proporciona el mejor patrón para la madurez humana, y iii) todo ser humano tiene una relación única y mística con el mundo salvaje, y que el descubrimiento consciente y el cultivo de esa relación es la esencia de la verdadera mayoría de edad. Añade "la verdadera mayoría de edad está basada en la experiencia transpersonal, en la afiliación mística con la naturaleza, experimentada como una llamada sagrada, eso entonces se encarna en un trabajo infundido por el alma y en responsabilidades maduras". Plotkin expone un modelo para el desarrollo humano individual que ofrece "una narrativa sobre la manera en la que podemos crecer completos, en cada etapa de la vida, adoptando a la naturaleza y al alma como nuestras guías más sabias y confiables" y "una estrategia para la transformación cultural, una manera de progresar desde nuestras sociedades actuales egocéntricas (materialistas, antropocéntricas, basadas en la competencia, divididas en clases, propensas a la violencia, e insostenibles)".

Bill Plotkin explora la razón por la que ser verdaderamente humano solo es posible en una relación con el mundo natural y cómo nuestra alma y el alma de la naturaleza como nuestro ser expandido, no están separadas, sino que surgen juntas. "Todos los lugares y todas las cosas y todos los actos nos hablan, solo si tenemos oídos para escucharlos. De la misma manera tu alma, tu lugar supremo, evoca algo de ti, quiere algo de ti, te habla, a veces en voz baja, a veces con un rugido" (2008: 39). Habla de *"vivir la pregunta del alma"* haciendo referencia a la carta de Rilke a un joven poeta, citada al comienzo de este libro. En esta carta, Rilke anima al joven poeta a pasar tiempo en la naturaleza, prestando atención a las cosas pequeñas "que tan inesperadamente pueden convertirse en grandes, más allá de toda mensura"; y su consejo para encontrar nuestra tarea en el mundo es "entrar en ti mismo y probar las profundidades desde las que tu vida se eleva" (en Plotkin, 2008: 280). El estímulo para buscar la soledad y el conocimiento en la naturaleza y el consejo de interiorizarla se refuerzan mutuamente. En palabras de John Muir: "Solo fui a dar un paseo y terminé quedándome hasta la puesta de sol, porque al salir encontré que en realidad estaba entrando" (Knapp & Smith, 2005).

La ecología y la espiritualidad son los dos lados de una misma moneda, entender y encontrar el sentido de nuestro propio interser con el mundo, y nuestra interdependencia. Puedes entrar en una experiencia de plenitud y de sentido a través de la puerta del mundo natural o a través de la práctica espiritual. De hecho, en última instancia, no están separadas sino que son dos caminos hacia la misma *unidad* de existencia en y a través de relaciones. Una unidad que, la mayoría de las veces, experimentamos desde una perspectiva limitada creada por la "ilusión de la separación". Si queremos reconstruir esta unidad -el todo del que somos reflejo consciente- necesitamos hacerlo a través de la manera en la que juntos creamos sentido y a través de la historia que narramos acerca de nuestro interser. Dedicar tiempo a la soledad en la naturaleza salvaje nos ayuda a tener la mayor conversación de la que somos capaces de tener con el mundo. La comunión con la naturaleza salvaje nos ayuda a encarnar nuestro lugar supremo y actuar con sabiduría al reconocer nuestra hermandad con todo lo vivo.

Parker J. Palmer (2004) nos recuerda que "para entender el yo verdadero, que conoce quienes somos en nuestro interior y quienes somos en el mundo, necesitamos tanto la intimidad interior que viene de la soledad y la otredad que viene de la comunidad" (pág. 54). Palmer denomina el alma "esa esencia que da vida al ser humano, con su hambre de verdad y de justicia, de amor y de perdón" y continúa "cuando alcanzamos a ver el alma, podemos convertirnos en sanadores del mundo herido, en la familia, en el barrio, en el lugar de trabajo, en la vida política" (pág. 2). La escucha profunda puede ayudarnos a ver el alma: escuchando a nuestra voz interna, escuchando a nuestra comunidad, escuchando a la naturaleza salvaje, *prestando atención a la totalidad*. Sin prestar atención a la totalidad, la verdad y la belleza no encontraremos la respuesta a porqué merece la pena que los humanos seamos sostenidos -la clave de nuestra regeneración.

> En el norte, en tierra salvaje, siento la plenitud "escondida en todas las cosas" [Thomas Merton]. Está en el sabor de las bayas salvajes, en el olor del pino bañado por el sol, en el espectáculo de la aurora boreal, en el sonido del agua llegando a la orilla, señales de integridad de la roca madre que es eterna y está más allá de la duda. Y cuando vuelvo al mundo humano que es temporal y está plagado de dudas, tengo ojos nuevos para ver la plenitud escondida en mí y en mi especie y un corazón nuevo para amar incluso nuestras imperfecciones.
>
> Parker Palmer (2004: 5)

La sostenibilidad como proceso de aprendizaje: peregrinos y aprendices

La sostenibilidad no es un estado fijo que pueda conseguirse y luego mantenerse para siempre. La sostenibilidad es un proceso dinámico de evolución conjunta y un proceso comunitario de conversión y aprendizaje continuo sobre cómo participar de manera apropiada en el proceso constantemente transformador de mantenimiento de la vida, del que formamos parte y del que depende nuestro futuro. Si no planteamos las preguntas adecuadas, es muy fácil confundirse con la diversidad de respuestas que se ofrecen. Como profesionales en nuestro propio campo os habréis dado cuenta de que a menudo existe un número de "soluciones sostenibles de diseño" compitiendo para ser aplicadas a un problema específico. Es difícil hasta para los expertos, si no imposible, decidir con certeza qué respuesta ofrece la mejor solución.

Un ejemplo de "soluciones sostenibles" que compiten entre sí lo encontramos en el sistema de transporte por carretera del mañana: ¿Debería basarse en hidrógeno generado de manera renovable o en vehículos propulsados con energía eléctrica renovable? He conocido a muchos defensores informados y apasionados de ambas soluciones y, a veces, me he encontrado persuadido por una u otra debido a la fuerza de convicción y las pruebas presentadas por cualquiera de ellos.

Así mismo, existen muchos ejemplos de cómo los poderosos lobbies de las industrias petroquímicas, la agroindustria y las farmacéuticas han usado "pruebas científicas" y campañas bien fundadas de desinformación para vender al consumidor soluciones supuestamente sostenibles que en el mejor de los casos sostienen el crecimiento económico a corto plazo imprescindible para estas multinacionales, a costa de la población y del planeta. Un ejemplo de ello es la manera en la que los gigantes de la industria agraria han patentado las semillas genéticamente modificadas y han presionado a gobiernos nacionales a declarar ilegal la tradición de guardar semillas nativas, mientras gastan millones en campañas promocionándose como defensores de la seguridad alimentaria global. Sin duda, la diversidad de variedades locales de cultivos adaptados a las diferentes condiciones ecológicas y climáticas es un factor vital para la seguridad alimentaria. En una cultura de avaricia corporativa y desinformación insidiosa es difícil saber en qué experto confiar y qué solución propuesta merece la pena implementar.

Cualquier solución basada en tecnologías que necesiten energía y materiales siempre puede ser criticable en base a que estas soluciones tecnológicas no alcanzan a dar resultados duraderos, ya que (a nivel mundial) nos estamos quedando sin los materiales y la energía para implementar estas tecnologías y para mantener a largo plazo las infraestructuras asociadas. Nos estamos acercando a la escasez de muchos elementos químicos fundamentales que son la base de nuestra alta tecnología actual. Por ejemplo, el indio es un elemento raro de la tierra que es crucial para las tecnologías fotovoltaicas modernas y para las pantallas táctiles que está en la cada vez más larga lista de "elementos en peligro de extinción" publicada por la Royal Society of Chemistry (Davies, 2011). Al ritmo actual de consumo puede que muchos de estos "elementos en peligro de extinción" no estén disponibles entre los próximos 10 a 50 años (Cohen, 2007).

Al pensar en la implementación de soluciones sostenibles no solo tenemos que considerar la disponibilidad limitada de ciertos materiales fundamentales, sino también en la energía necesaria para desarrollar e implementar estas soluciones. En los últimos años la industria de los combustibles fósiles ha intentado silenciar el debate sobre el pico del petróleo con informes de nuevos descubrimientos. Tecnologías cada vez más caras, complicadas y peligrosas (p. ej. el fracking de petróleo de esquistos o la explotación de arenas bituminosas) están dando acceso a más combustibles fósiles almacenados en la corteza de

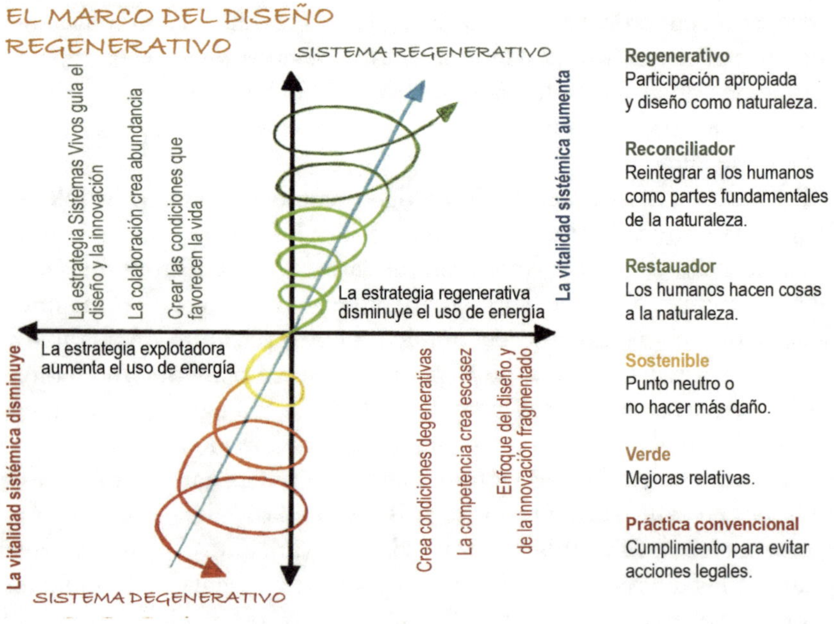

Figura 1: Adaptado de Reed (2006) con el permiso del autor.

la Tierra. El mensaje es: ¡todavía quedan muchos recursos de combustibles fósiles!

Esto es verdad, sin embargo estos informes no dicen que la "tasa de retorno energético" junto con los impactos medioambientales de la extracción y el uso de estas reservas, hará que el uso de estos combustibles sea poco rentable y poco factible. Y lo que es más importante todavía, el Grupo Intergubernamental de Expertos sobre el Cambio Climático deja claro que si quemamos las reservas de combustibles fósiles existentes afectaremos a los patrones del clima global de manera que podría desencadenar un cambio climático catastrófico. No importa la cantidad que queda de este "carbono no quemado" (Seguimiento de carbono, 2013), tenemos que cambiar a fuentes renovables de combustible y materiales mucho antes de que nos quedemos sin recursos fósiles. Como ha sugerido Bill McDonough: "La Edad de Piedra no terminó porque los humanos se quedaron sin piedras"; de la misma manera la edad de los combustibles fósiles tampoco terminará porque nos quedemos sin petróleo, carbón o gas. Es hora de que cambiemos a un uso regenerativo de recursos renovables.

Si tenemos en cuenta la velocidad actual de la innovación tecnológica, ciertamente podría ser posible conseguir mejoras radicales en eficiencia energética y de recursos que nos ayudarán en la transición hacia una cultura más sostenible, pero si vemos esta transición solo como un problema tecnológico es poco probable que creemos verdaderas culturas humanas regenerativas. Podríamos desarrollar nuevas nanotecnologías basadas en el grafeno que nos ayudaran a filtrar el agua, a almacenar energía e incluso a encontrar maneras más efectivas de acumular y distribuir energía renovable. Podríamos ser capaces de desarrollar una nueva cultura material basada en la fabricación de aditivos, si podemos cultivar materia prima orgánica para las tecnologías de impresión en 3D basadas en materiales renovables y en bioeconomía. Sin embargo, si no planteamos preguntas más profundas sobre nuestra cultura de consumo actual, su sistema de valores y su cosmovisión, es poco probable que usemos esas innovaciones tecnológicas para beneficio de la humanidad y de la vida a largo plazo.

La tecnología es una espada de doble filo. Incluso si las nuevas tecnologías "verdes" milagrosas vinieran corriendo a salvarnos, en el corto plazo, necesitamos algo más que innovación tecnológica para dirigir nuestro camino hacia un futuro incierto e impredecible. Necesitamos desarrollar una sensibilidad nueva hacia la manera en que la vida, en su totalidad, se sostiene a sí misma y florece en un planeta finito. Esa sensibilidad más profunda y la humildad de reconocer los límites de nuestro conocimiento son esenciales si esperamos aplicar nuestras capacidades tecnológicas con sabiduría y previsión.

Desde los años 50 nuestro sistema económico ha sido impulsado por el consumo creciente bajo la premisa de que más (crecimiento y consumo) es mejor. Necesitamos aprender de la clase de crecimiento que encontramos en los sistemas naturales, que sustituye el crecimiento cuantitativo por el crecimiento cualitativo a medida que el sistema madura (ver Capítulo 7). No es que más sea mejor, sino que ¡mejor es mejor! El cambio tecnológico es ahora tan rápido que también tendrá que abordar cuestiones éticas importantes:

P ¿Cuál es la mejor manera de aplicar el Principio de Precaución con respecto a las nuevas tecnologías que parecen prometedoras pero que podrían tener consecuencias medioambientales y sociales trascendentales si se usan a escala global?

P ¿Es inteligente desplegar de manera generalizada todas las tecnologías que son técnicamente viables, o deberíamos elegir con más cuidado cómo y para qué usamos nuestras capacidades tecnológicas?

P ¿Cómo elegimos con sensatez entre una "solución" técnica y otra, si la experiencia muestra que la mayoría de las soluciones actuales se convierten en los problemas del mañana?

P ¿Cómo permanecemos humildes y actuamos con "precaución" frente a la incertidumbre y al cambio constante?

Nunca alcanzaremos el "destino de la sostenibilidad". En su lugar, haríamos bien en prepararnos para un largo, y a veces sorprendente, viaje de aprendizaje que nos permitirá trazar nuestro camino hacia un futuro incierto. Para caminar por la senda hacia un futuro incierto deberíamos desarrollar la *actitud de un peregrino*, con respeto hacia todo lo vivo, con gratitud por la abundancia que podemos compartir a lo largo del camino, y con reverencia por la magnificencia de la participación en esta belleza. También haríamos bien en desarrollar la *actitud de un aprendiz*, reconociendo que la naturaleza en todas sus formas tiene mucho que enseñarnos, ya sea a través de nuestros semejantes o a través de la multitud de especies de este planeta. Como peregrinos y aprendices tenemos que estar dispuestos a preguntarnos y, a veces, abandonar el quienes somos por el quienes podríamos ser. Este es uno de los secretos de la innovación transformadora para una cultura regenerativa.

El viaje de aprendizaje que nos llevará más allá de la sostenibilidad y hacia una presencia humana regenerativa en la Tierra lo tendremos que recorrer con la humildad y la veneración por la vida de un peregrino y con el cuestionamiento y la mente abierta de un aprendiz. Si dejamos de recordarnos los límites de nuestro propio conocimiento y dejamos de ver el valor intrínseco (no solo útil) de todo lo vivo, perderemos nuestra capacidad de respuesta a lo que la naturaleza/vida tiene que enseñarnos. Si cesamos de entendernos como aprendices y empezamos a creer que tenemos respuestas permanentes que ofrecer, abandonaremos el camino de "vivir las preguntas" y corremos el riesgo de reprimir la creatividad, la capacidad adaptativa y la innovación transformadora.

¡La sostenibilidad no es suficiente, necesitamos culturas regenerativas!

La sostenibilidad por sí sola no es un objetivo adecuado. La palabra sostenibilidad en sí misma es inadecuada, porque no nos dice qué es lo que realmente estamos intentando sostener. En 2005, después de pasar dos años trabajando en mi tesis doctoral sobre diseño para la sostenibilidad, empecé a darme cuenta de que lo que realmente estamos intentando sostener es el patrón subyacente de salud, resiliencia y adaptabilidad que mantienen a este planeta en una condición en la que la vida en su totalidad pueda florecer. El diseño para la sostenibilidad es, en última instancia, el diseño para la salud humana y planetaria (Wahl, 2006b).

Una cultura humana regenerativa es saludable, resistente, y adaptable; se preocupa por el planeta y le importa la vida, consciente de que esta es la manera más efectiva de crear un futuro próspero para toda la humanidad. El concepto de resiliencia está estrechamente relacionado con la salud, en el sentido en el que describe la habilidad de recuperar funciones básicas vitales y reponerse de cualquier clase de desajuste o crisis. Cuando buscamos la sostenibilidad desde una perspectiva sistémica, estamos intentando sostener el patrón que conecta y fortalece al sistema en su conjunto. La sostenibilidad se refiere principalmente a la salud sistémica y a la resiliencia en diferentes dimensiones, desde la local a la regional y global.

Los sistemas complejos pueden enseñarnos que, como participantes de un sistema eco-psicosocial complejo que está sujeto a ciertos límites biofísicos, nuestro objetivo debe ser la participación apropiada, no la predicción y el control (Goodwin, 1999a). La mejor manera de aprender a cómo participar de manera apropiada es poner más atención en las relaciones e interacciones sistémicas, aspirar a mantener la resiliencia y la salud del sistema en su totalidad, fomentar la diversidad y las redundancias en múltiples dimensiones, y facilitar la emergencia positiva, atendiendo a la calidad de las conexiones y a los flujos de información en el sistema. Este libro explorará cómo puede hacerse.

Usar el principio de precaución

Una propuesta para guiar una acción inteligente ante una complejidad dinámica y el "no saber" es aplicar el Principio de Precaución como marco que pretende evitar, en la medida de lo posible, acciones que tendrán un efecto negativo en la salud humana y medioambiental en el futuro. Desde la Carta Mundial para la Naturaleza de 1982 de las Naciones Unidas, el Protocolo de Montreal sobre Salud de 1987, la Declaración de Rio de 1992, el Protocolo de Kyoto y Rio+20 de 2012 nos hemos comprometido a aplicar el Principio de Precaución una y otra vez.

La Declaración de Compromiso de Wingspread sobre el Principio de Precaución afirma: "Cuando una actividad amenaza dañar la salud humana o al medioambiente, se deben tomar medidas de precaución incluso si algunas de las relaciones causa-efecto no estén totalmente establecidas científicamente"

(Declaración Wingspread, 1998). El principio pone la carga de prueba, de que cierta acción no es dañina, en aquellos que proponen y ejecutan la acción, sin embargo, la práctica general continúa permitiendo que sigan sin control todas las acciones en las que (¡todavía!) no se hayan probado efectos dañinos potenciales. En pocas palabras, el Principio de Precaución se puede resumir de esta manera: sé precavido ante la incertidumbre. Y no lo estamos siendo.

Aunque grupos de alto nivel de la ONU y muchos gobiernos nacionales han considerado reiteradamente que el Principio de Precaución es una manera sensata de orientar las acciones, el día a día muestra que es muy difícil de implementar, ya que siempre existirá cierto grado de incertidumbre. El Principio de Precaución podría detener potencialmente la innovación sostenible y bloquear nuevas tecnologías que puedan ser beneficiosas en base a que no se puede probar con certeza que estas tecnologías no producirán efectos secundarios inesperados en el futuro, que puedan ser perjudiciales para la salud humana y medioambiental.

P ¿Por qué no animar a diseñadores, técnicos, políticos y profesionales de la planificación a que evalúen sus propuestas en base a su potencial regenerativo, restaurativo y de soporte vital?

P ¿Por qué no limitar la escala de implementación de cualquier innovación a nivel local y regional hasta que su impacto positivo se demuestre inequívocamente?

Pretender diseñar para una salud sistémica puede que no nos salve de efectos secundarios inesperados y de la incertidumbre, pero ofrece un camino de prueba y error hacia una cultura regenerativa. Necesitamos urgentemente un Juramento Hipocrático para el diseño, la tecnología y la planificación: ¡No hagas ningún daño! Para hacer este imperativo ético operativo necesitamos una intención salutogénica (generadora de salud) detrás de todo diseño, tecnología y planificación: *necesitamos diseñar para la salud humana, de los ecosistemas y del planeta.* De esta manera podremos transitar más rápidamente del insostenible "más de lo mismo" hacia innovaciones restauradoras y regenerativas que apoyen la transición hacia una cultura regenerativa. Hagámonos la siguiente pregunta:

P ¿Cómo creamos diseño, tecnología, planificación y decisiones políticas que permitan la salud humana, comunitaria y medioambiental?

Necesitamos responder al hecho de que la actividad humana durante los últimos siglos y milenios ha dañado el funcionamiento sano de los ecosistemas. La disponibilidad de recursos está disminuyendo por todo el mundo, en tanto que la demanda aumenta al tiempo que la población humana continúa expandiéndose y erosionando el funcionamiento de ecosistemas debido a diseños irresponsables y estilos de vida de consumo desenfrenado. Si afrontamos el reto de disminuir la demanda y el consumo a nivel mundial mientras reponemos recursos a través del diseño y la tecnología regenerativas, tendremos una oportunidad de salir del ojo del huracán y crear una civilización humana regenerativa. Este cambio implicará una transformación de los recursos naturales base de nuestra civilización, alejándonos de los combustibles fósiles y dirigiéndonos hacia recursos biológicos regenerados de manera renovable, junto a un aumento radical del reciclado y la productividad de recursos. Bill Reed ha planeado algunos de los cambios que serán necesarios para crear una cultura verdaderamente regenerativa.

> "En lugar de dañar menos al medioambiente, es necesario aprender cómo podemos participar de ese medioambiente -usar la salud de los sistemas ecológicos como base para el diseño. [...]. El salto significativo que tiene que dar nuestra cultura es cambiar de una cosmovisión fragmentada a un modelo mental de sistemas en su totalidad -encuadrar y entender las interrelaciones de los sistemas vivos de una manera integrada. Un enfoque local es una manera de alcanzar este entendimiento. [...] Nuestro papel, como diseñadores y depositarios es cambiar nuestra relación actual por una que cree un sistema completo de relaciones mutuamente beneficiosas."
>
> Bill Reed (2007: 674)

Reed calificó la "teoría de sistemas integrales" y el "pensamiento de sistemas vivos" como bases para un cambio hacia el modelo mental que necesitamos para crear una cultura regenerativa. En los Capítulos 3, 4 y 5, exploraremos más detalladamente estos cambios de perspectiva necesarios que van de la mano de una reformulación radical de lo que entendemos por sostenibilidad. Como explica Bill Reed: "La sostenibilidad es una progresión hacia la consciencia funcional de que todas las cosas están conectadas; que los sistemas comerciales, de construcción, sociales, geológicos y naturales son realmente un solo sistema integrado de relaciones; que esos sistemas son coparticipantes en la evolución de la vida" (2007). Una vez realicemos este cambio de perspectiva entenderemos la vida como "un proceso completo de continua evolución hacia unas relaciones más ricas, más diversas y mutualmente beneficiosas". Crear sistemas regenerativos no es simplemente un cambio técnico, económico ecológico o social: tiene que ir de la mano de un cambio subyacente en la manera de pensar sobre nosotros mismos, nuestras relaciones con los otros y con la vida como un todo.

La figura 1* muestra los diferentes cambios de perspectiva mientras transitamos desde el "más de lo mismo" hacia la creación de cultura regenerativa.

---

* Dondequiera que aparezca un asterisco hay más información disponible en línea en www.ecohabitar.org/disenando-culturas-regenerativas-recursos-adicionales

El objetivo de crear culturas regenerativas trasciende e incluye a la sostenibilidad. El diseño restaurador pretende restaurar la autorregulación sana de los ecosistemas locales, y el diseño reconciliador va más allá haciendo explícita la intervención anticipatoria de la humanidad en los procesos de la vida y en la unión de la naturaleza y la cultura. El diseño regenerativo crea culturas regenerativas capaces de aprender y transformarse continuamente anticipándose y dando respuesta a cambios inevitables. Las culturas regenerativas salvaguardan y cultivan la abundancia biocultural para las generaciones humanas futuras y para la vida como un todo.

La "narrativa de separación" está alcanzando los límites de su utilidad, y los efectos negativos de su cosmovisión y el comportamiento resultante están empezando a afectar a la vida en su totalidad. Al habernos convertido en una amenaza para la salud planetaria estamos aprendiendo a redescubrir nuestra relación íntima con toda forma de vida. La visión del Bill Reed de los sistemas regenerativos para una salud sistémica está en la misma línea que el trabajo pionero de gente como Patrick Geddes, Aldo Leopold, Lewis Mumford, Buckminster Fuller, Ian McHarg, E.F. Schumacher, John Todd, John Tillman Lyle, David W. Orr, Bill Mollison, David Holmgren y muchos otros que han explorado el diseño en el contexto de la salud para el sistema en su totalidad. Está surgiendo una nueva narrativa cultural, capaz de concebir y conformar una verdadera cultura regenerativa humana. Todavía no sabemos todos los detalles sobre cómo se manifestará exactamente esta cultura, y tampoco conocemos cómo podremos pasar de la situación actual del "mundo en crisis" hasta ese futuro próspero de una cultura regenerativa. Sin embargo, aspectos de este futuro ya están con nosotros.

Utilizando el lenguaje de "vieja narrativa" y "nueva narrativa" corremos el peligro de pensar en esta transformación cultural como la sustitución de la vieja narrativa por otra nueva. Esta separación entre contrarios es, en sí misma, parte de la "narrativa de separación" de la "vieja narrativa". La "nueva narrativa" no es una negación completa de la cosmovisión dominante actual. Incluye esta perspectiva, pero deja de considerarla la única, abriéndose a la validez y necesidad de múltiples maneras de conocimiento. Aceptar la incertidumbre y la ambigüedad nos hace valorar múltiples perspectivas sobre nuestra participación adecuada en la complejidad. Estas son perspectivas que dan valor y validez no solo a la "vieja narrativa" de separación, también a la "narrativa ancestral" de unidad con la Tierra y el cosmos. Estas son perspectivas que pueden ayudarnos a encontrar un camino regenerativo para ser seres humanos en profunda relación, reciprocidad y comunión con la vida como un todo, adquiriendo la conciencia de ser cocreadores de la "nueva narrativa" de la humanidad.

Nuestra impaciencia y urgencia en obtener respuestas, soluciones y conclusiones demasiado rápido es comprensible viendo el creciente sufrimiento individual, colectivo, social, cultural y ecológico, pero esta tendencia de favorecer respuestas en lugar de profundizar en las preguntas es en sí misma parte de la vieja narrativa de separación. En el arte de la transformación cultural innovativa se trata, en gran medida, de hacer las paces con el "no saber" y profundizar más en las cuestiones, asegurándonos de que estamos haciendo las preguntas correctas, poniendo atención en nuestras relaciones y en cómo podemos sacar adelante un mundo no solo por lo que hacemos, sino por la calidad de nuestro ser. Una cultura regenerativa surgirá de encontrar y vivir nuevas maneras de relacionarse con uno mismo, con la comunidad y con la vida como un todo. La base para la creación de culturas regenerativas es una invitación a *vivir las preguntas juntos*.

CAPÍTULO 2

¿Por qué elegir la innovación transformadora en lugar de la sostenible?

> Tanto para los pobres que viven en ecosistemas degradados, como para los llamados ecosistemas sanos del mundo desarrollado, parece ser necesario un cambio transformador. La humanidad no puede sobrevivir sin ecosistemas funcionales, y se necesita la participación de todos para actuar juntos como especie a escala planetaria.
>
> John D. Liu (2011: 24)

Clayton Christensen (1997) identificó dos clases de innovación radicalmente diferentes. La clase más común solo pretende mantener operativo durante más tiempo "lo mismo de siempre", mejorando la manera ya establecida de hacer las cosas y las estructuras sistémicas existentes. Ayuda a las empresas, organizaciones o culturas a seguir haciendo lo que hacen y lo que están acostumbrados a hacer, sin cambiar de manera fundamental los servicios, los productos o la estructura e identidad del sistema. Christensen lo denominó *"innovación sostenible"*, no porque sea "sostenible" sino porque sostiene "lo mismo de siempre" y ayuda a los sistemas establecidos a funcionar de la manera en la que están acostumbrados a hacerlo.

La segunda clase de innovación descrita por Christensen es la *"innovación disruptiva"*. Identificó una amplia gama de casos en los que las empresas se han visto superadas por competidores que han inventado un servicio o producto completamente nuevo, dejando obsoleta la oferta de esas empresas, en su sector industrial, que hacen "lo mismo de siempre". Esta clase de innovación es algo revolucionario que rompe las reglas del juego. La innovación disruptiva puede llevar a una empresa a competir con su propia oferta que es "lo mismo de siempre" de una manera revolucionaria. El reto está en cómo introducir la innovación disruptiva de una manera secuencial que permita a la empresa seguir funcionando mientras se prepara para sustituir su forma de trabajar y su tecnología y, al mismo tiempo, introducir la innovación que reinventa, rediseña y redefine "el nuevo lo mismo de siempre".

Mirándolo con más detalle podemos distinguir dos clases de innovación disruptiva cualitativamente diferentes. Está la clase que hace obsoletas ciertas tecnologías y productos al ofrecer una forma mejorada e innovadora de obtener mejores resultados que el sistema antiguo. Un ejemplo sencillo fue el cambio de cintas magnéticas por discos compactos para almacenar música. Esto afectó de manera importante a las empresas que todavía estaban intentando vender casetes, sin embargo las empresas que distribuían música pudieron permanecer más o menos igual. Otra clase de innovación disruptiva no solo hace obsoletas las viejas tecnologías, sino que inicia un proceso de transformación que lleva a las empresas a innovar hacia una nueva forma de hacer negocio y de ofrecer servicios y añadir valor. El cambio de los discos compactos a los archivos digitales descargables de Internet produjo cambios fundamentales en la industria de la música. Compañías establecidas se vieron forzadas a transformarse para seguir funcionando y empresas como Apple y Spotify fueron capaces de capitalizar estos importantes cambios al aprovechar la ventaja de ser los primeros.

En otras palabras, una forma de innovación disruptiva conduce a un cambio en la tecnología sin transformar la industria de manera fundamental. El segundo tipo ofrece un puente hacia una transformación cultural más profunda que llevará a la empresa, a la comunidad o a la sociedad a transformarse y reinventarse.

Basándose en el trabajo de Christensen, el International Futures Forum distingue un tercer tipo de innovación que describe el proceso de innovación, a largo plazo, de cambios fundamentales en la cultura y en la identidad. En el contexto de la sostenibilidad y la transición a una cultura restauradora, es esta clase de *"innovación transformadora"* la que nos interesa de manera particular.

> P ¿Cómo mantenemos las luces encendidas, evitamos revoluciones y agitación social, mantenemos a los niños en la escuela y a la gente trabajando, y aun así nos las arreglamos para transformar radicalmente la presencia humana en el planeta Tierra, antes de que "lo mismo de siempre" nos conduzca hacia el cambio climático descontrolado, una biosfera drásticamente empobrecida y la pronta desaparición de nuestra especie?

Metafóricamente hablando, nos encontramos ante el reto de rediseñar el avión en el que nos encontramos en mitad del vuelo. ¿Cómo seguimos satisfaciendo nuestras necesidades básicas mientras nos preparamos y experimentamos con la clase de cambio transformador que haga obsoleto "lo mismo de siempre", ofreciendo un futuro cualitativamente diferente? Solo experimentando con el cambio y aceptándolo podremos provocar la transformación. El cambio transformador requiere de nosotros, como individuos y como colectivo, que vivamos de manera diferente, en lugar de seguir repitiendo patrones de comportamiento dañinos y maneras de pensar que ya no nos sirven.

Ya hemos visto cómo vivimos entre dos narrativas, la de la separación y la del interser, y deberemos evaluar con cuidado qué aspectos de la vieja historia pueden continuar con nosotros, una vez que los recontextualicemos desde la perspectiva de la "nueva historia" del interser más inclusiva e integradora.

No sería muy inteligente desechar completamente todos los sistemas y procesos actuales. En estos tiempos de transición cultural tenemos que vivir las preguntas con más profundidad en lugar de tener prisa en encontrar respuestas y soluciones. La innovación hacia una transformación cultural para una cultura regenerativa, trata de encontrar el equilibrio perfecto entre la visualización y el diseño de nuestro futuro común y de dejarle surgir mientras prestamos especial atención a la manera en la que nos relacionamos con nosotros mismos, con nuestras comunidades y con el mundo. Una de las preguntas que debemos seguir haciéndonos es si estas relaciones son afectuosas, cariñosas y sanas, o si son opresivas, agresivas y patológicas. En la innovación transformadora es igual de importante escuchar profundamente aquello que quiere surgir, como realizar intervenciones conscientes e intencionadas para alejarnos de nuestra sociedad y cultura actual de crecimiento y de individualismo competitivo, para dirigirnos hacia una sociedad que mantenga la vida y hacia culturas verdaderamente regenerativas.

Vivimos en tiempos extraordinarios

Vivimos en tiempos extraordinarios y la transformación ya está sucediendo y acelerándose a nuestro alrededor. En casi todos los aspectos de nuestra vida las viejas estructuras se están desmoronando a medida que somos testigos de los efectos que está teniendo una innovación tecnológica sin precedentes. Todo esto está ocurriendo en el contexto de una población humana en constante aumento, de una profunda transformación social y económica en todos los continentes y, lo más apremiante de todo ello, una desestabilización peligrosa de los patrones climáticos globales y locales. Existe el consenso científico de que necesitamos actuar inmediatamente si queremos evitar los efectos catastróficos del clima en el futuro de la humanidad, en la diversidad de la vida y en el planeta entero. Cientos de miles de personas ya están muriendo cada año debido a fenómenos meteorológicos extremos relacionados con el cambio climático y millones han perdido sus hogares, pasan hambre o se ven forzados a emigrar. Los ecosistemas en todo mundo, y la biosfera en su conjunto, están alcanzando puntos de inflexión peligrosos. Los efectos prolongados de la sociedad de crecimiento industrial, adicta a los combustibles fósiles y a la rápida extracción de recursos no renovables, están chocando con los límites planetarios.

Nuestro actual sistema económico está estructuralmente supeditado a un crecimiento económico constante y ligado a un sistema financiero basado en la deuda, y a un sistema monetario que no está respaldado por un valor material real. Los intentos de resucitar este sistema estructuralmente disfuncional son cada vez más caros, debido a que los ciclos de crisis económicas y sus costosas recuperaciones (temporales) son cada vez más cortos.

Las continuas crisis económicas, junto con el miedo a la guerra y al terrorismo, han mantenido los temas climáticos y medioambientales en una posición demasiado baja en la lista de prioridades políticas. Cada vez más se está cuestionando si este sistema económico estructuralmente disfuncional podrá, alguna vez, proporcionar sostenibilidad. No solo los activistas antiglobalización están cuestionando el paradigma del crecimiento económico, también lo están haciendo personas en instituciones como el Banco Mundial (Soubbotina, 2000), centros de estudio gubernamentales (Jackson 2009a), el ámbito académico (p. ej. Victor, 2010; Jackson, 2009b) y el Foro Económico Mundial (2012).

Al mismo tiempo, cada vez es mayor la evidencia de que la desigualdad tiene devastadores efectos sociales y para la salud (Wilkinson, 1996, 2005; Wilkinson & Pickett, 2011; Stiglitz 2013); mientras la brecha continúa creciendo en todo el mundo. Los cambios demográficos están suponiendo un desafío para algunos países como Alemania y Japón con una población muy envejecida, mientras que otros países en América del Sur, Asia, África y Oriente Medio tienen una creciente población de jóvenes desencantados, con pobres perspectivas económicas y una educación inadecuada y que se enfrentan a un siglo convulso.

El creciente fundamentalismo y los conflictos por los recursos de petróleo, agua y tierra han provocado una serie de guerras que han causado crisis humanitarias en Oriente Medio, África y Europa, como es el creciente número de refugiados que anuncia otra era de migraciones masivas. Las migraciones provocadas por problemas medioambientales, políticos y económicos están aumentando, lo que conduce, potencialmente, a conflictos entre inmigrantes y poblaciones locales, y ayuda al resurgimiento de la xenofobia justo en el momento en el que la humanidad tiene que unirse para navegar por las turbulentas aguas del futuro.

Los problemas con el suministro de alimentos, agua y energía ya están provocando escasez localizada, hambre y conflicto en muchas partes del mundo. Sin embargo, algunas corporaciones multinacionales depredadoras todavía siguen agravando estos problemas en el interés de unos pocos, en lugar de ayudar a encontrar soluciones que protejan el común global y aseguren el acceso básico a las necesidades esenciales de toda la humanidad. La causa original de este comportamiento equivocado es el discurso de separación que justifica el comportamiento competitivo agresivo y genera una escasez artificial. Esta "vieja narrativa" es de la que todavía bebe nuestra cultura.

Los sistemas educativos y sanitarios de todo el mundo están sometidos a una enorme presión, debido a que se ven forzados a reinventarse y a reestructurarse mientras que, al mismo tiempo, mantienen y mejoran sus servicios en un clima económico difícil. Incluso en las naciones ricas privilegiadas la mayoría de los sistemas educativos todavía no han sido capaces de enfrentarse a la profunda reorganización de sus responsabilidades, ahora que la información y los conocimientos son más accesibles que nunca gracias a las nuevas tecnologías de la información. La mayoría de los graduados universitarios están equipados con conocimientos y habilidades que han caducado en el momento de su graduación, y son incapaces de captar las conexiones dentro del panorama general del mundo en el que habitan. La sobre-especialización ha limitado su capacidad de pensamiento integrador, lateral y holístico.

Es cierto que muchas generaciones han pensado que "vivían en tiempos extraordinarios", sin embargo, nunca antes en la historia de la humanidad ha habido tantas personas en la Tierra, tampoco hemos estado en posesión de tecnologías poderosas capaces de causar cambios catastróficos a gran escala en función de, tan solo, unas pocas decisiones desafortunadas y engañosas.

La transformación es inevitable y ya está en marcha

Las transformaciones que están en marcha en la actualidad remodelarán la presencia humana en la Tierra en menos de un siglo, y si queremos tener oportunidades necesitamos aprender la manera de ver los distintos procesos de cambio y las transformaciones como parte de una transición sistémica que somos incapaces de controlar, pero que podremos navegar con más sabiduría si aprendemos a formular las preguntas adecuadas.

Si cultivamos la capacidad de ver las interconexiones entre las diferentes crisis a las que nos enfrentamos, si aprendemos a prestar atención a las estructuras y narrativas sistémicas subyacentes que dirigen nuestro comportamiento actual, que es profundamente insostenible, puede que seamos capaces de equipar a las comunidades de todo el mundo con la capacidad de responder adecuadamente a los desafíos futuros a escala regional y local, mientras les ofrecemos un contexto global para la colaboración en la transición hacia culturas humanas regenerativas. Vivimos tiempos de oportunidades extraordinarias. El renacimiento y la ilustración fueron variaciones relativamente menores de algo ya existente en comparación con la transformación que ahora está en marcha. El nacimiento de culturas regenerativas y de una civilización humana regenerativa es la innovación transformadora más profunda que nuestra especie haya llevado a cabo desde que los cazadores-recolectores nómadas se transformaron en agricultores sedentarios, de ocho a cinco mil años atrás.

Los antiguos griegos tenían dos palabras para nombrar el concepto del tiempo: *chronos*, tiempo secuencial, cuantitativo, cronológico y *kairos*, que se refiere a los periodos extraordinarios en los que la cultura se transforma cualitativa y profundamente a medida que los individuos y los colectivos aprovechan el potencial de transformación del futuro en el momento presente. La caída del muro de Berlín y de la Unión Soviética, la transformación de Nelson Mandela de prisionero a presidente, el fin del Raj Británico gracias a la acción directa no violenta liderada por Gandhi, son ejemplos de momentos *kairos* que afectaron el curso de la historia. Ahora estamos en medio de un momento *kairos* a nivel de especie y a escala planetaria. La transformación es inevitable y ya está en marcha.

Los Tres Horizontes de la innovación y del cambio de cultura

En otoño de 2009, fui invitado a unirme al International Futures Forum (IFF) como integrante de un pequeño grupo de miembros de la "siguiente generación". El IFF es una red de colaboración internacional de gente comprometida a compartir sus experiencias y conocimientos para explorar "los desafíos complejos y confusos a los que se enfrenta el mundo" para "defender una respuesta transformadora a esos desafíos" y para "mejorar nuestra capacidad de acción eficaz".

Una perspectiva común que comparten los miembros del IFF es que necesitamos una estrategia más sistémica para abordar la complejidad de los problemas interconectados y de las oportunidades que tenemos delante. Otra convicción compartida es que, para responder de manera adecuada a los cambios que nos rodean, las organizaciones, las sociedades, las empresas y los gobiernos, no solo deben prestar atención a posibles respuestas a corto plazo para los síntomas de estas crisis, sino que también deben abordar las causas estructurales y sistémicas subyacentes que producen estos síntomas. Además, trabajar con sistemas complejos requiere de nosotros que abracemos la incertidumbre, el cambio y la imprevisibilidad. Nuestro objetivo es involucrar a las sociedades en un diálogo cultural más profundo que formule la clase de preguntas y proponga la clase de respuestas provisionales que nos lleven a la transformación cultural y al aprendizaje continuo.

Los miembros de IFF y otros profesionales de futuros (ver Hodgson y Sharpe, 2007; Curry y Hodgson, 2008; Sharpe, 2013) han estado colaborando en la creación del marco de los "Tres Horizontes" durante los últimos 10 años. "El pensamiento de los Tres Horizontes" es un método efectivo para facilitar y dar sentido a la transformación cultural y para explorar la innovación y la acción inteligente frente a la incertidumbre y el desconocimiento. El marco se ha aplicado en una variedad de contextos que incluyen el futuro de infraestructuras inteligentes en Gran Bretaña, la previsión tecnológica en la industria de la

TI, la innovación transformadora en el sistema educativo escocés, el futuro de la investigación del Alzheimer, el desarrollo de comunidades rurales y programas de liderazgo ejecutivo. Es una metodología versátil para invitar a las personas a explorar el futuro potencial del momento actual a través de diversas perspectivas que tenemos que considerar, si queremos guiar con sabiduría nuestro rumbo hacia un futuro impredecible.

El marco de los "Tres Horizontes" es una herramienta de previsión que puede ayudarnos a estructurar nuestro pensamiento sobre el futuro de manera que provoque la innovación. Describe tres patrones o maneras de hacer las cosas y cómo su prevalencia relativa y sus interacciones evolucionan a través del tiempo. El cambio desde el patrón establecido del primer horizonte hasta el surgimiento de patrones fundamentalmente nuevos en el tercero, tiene lugar pasando por la actividad de transición del segundo horizonte. El modelo no solo nos hace pensar en patrones interactivos, sino que, y lo que es más importante, "dirige la atención a los tres horizontes siempre existentes en el momento presente y al hecho de que tenemos pruebas sobre el futuro viendo cómo las personas (incluidos nosotros mismos) se están comportando ahora" (Sharpe, 2013: 2).

El marco nos ayuda a hacernos más conscientes de la manera en que nuestras intenciones y nuestro comportamiento individual y colectivo hoy, dan forma al futuro.

Figura 2: Adaptado de bit.ly/DRC229 con permiso de IFF.

Al planear tres maneras de relación con el futuro, desde las perspectivas de los tres horizontes, podemos incorporar el valor de cada una de ellas a la conversación como una vía generativa que promueva el entendimiento y la conciencia futura, como base de la acción colaborativa y de la innovación transformadora.

Creo que los tres horizontes ofrecen un marco importante para pensar sobre la innovación transformadora que puede usarse para facilitar la transición hacia culturas regenerativas. Nos puede ayudar a estructurar nuestra exploración colectiva a medida que empezamos a vivir las preguntas juntos, como participantes conscientes en esta transición. En este contexto, el primer horizonte (rojo) representa los sistemas prevalentes en la actualidad que están empezando a mostrar síntomas de declive y con ciclos de crisis cada vez más cortos con recuperaciones temporales, nunca fundamentales.

En otras palabras, el Horizonte 1 es "lo mismo de siempre", o *"el mundo en crisis"* (H1). Se caracteriza por la "innovación sostenible" que sigue con "lo mismo de siempre". El Horizonte 3 (verde) es cómo imaginamos un *"mundo viable"* (H3). Puede que no seamos capaces de definir este futuro con todo detalle ya que el futuro es siempre incierto, sin embargo, podemos intuir las transformaciones fundamentales que tenemos delante, y podemos prestar atención a experimentos sociales, ecológicos, económicos, culturales y tecnológicos que nos rodean y que podrían ser pequeñas áreas del futuro en el presente. El Horizonte 2 (azul) representa el *"mundo en transición"* (H2), es un espacio emprendedor y culturalmente creativo de innovaciones tecnológicas, económicas y culturalmente factibles que pueden alterar y transformar el Horizonte 1 en distintos grados y pueden tener efectos ecosociales regenerativos, neutrales o degenerativos.

En el punto donde estas innovaciones H2 se hacen más efectivas que las prácticas existentes comienzan a reemplazarse aspectos de "lo mismo de siempre". Sin embargo, algunas formas de "innovación disruptiva" son, en última instancia, absorbidas por el Horizonte 1 sin derivar en cambios fundamentales y transformadores, mientras que otras formas de "innovación disruptiva" se pueden considerar como un posible puente entre H1 y H3. Dentro del contexto de la transición hacia culturas regenerativas introducimos un valor preferente en nuestro uso de la metodología de los Tres Horizontes: las soluciones que crean condiciones que favorecen la vida y establecen patrones regenerativos reciben un valor más alto que aquellas que no la favorecen. En este libro hago referencia al Horizonte 3 como las perspectivas y patrones que intentan traer consigo un "mundo viable" (H3) de culturas regenerativas capaces de transformar de forma creativa y en continua exploración de las respuestas más adecuadas, hacia un contexto socio-ecológico que cambia rápidamente.

Cultivar la conciencia futura con las perspectivas de los Tres Horizontes

La esencia de la práctica de los Tres Horizontes es desarrollar tanto

> la conciencia individual como la compartida de los tres horizontes, verlos como perspectivas que deben entrar en el debate y trabajar con flexibilidad con las contribuciones que cada una de ellas hace al continuo proceso de renovación del que todos dependemos. Salimos de nuestra forma de pensar individual y entramos en un espacio compartido de posibilidades creativas.
>
> Bill Sharpe (2013: 29)

El Horizonte 1 está basado en prácticas que han funcionado durante mucho tiempo y tienen un contrastado historial basado en la experiencia pasada. El pensamiento H1, dominado por el discurso de separación, ha dado forma a la mayoría de las prácticas que parecen vitales para nuestra subsistencia. Nuestros sistemas educativos, nuestros sistemas productivos y de consumo, nuestros sistemas sanitarios, infraestructuras de comunicación, infraestructuras de transporte y vivienda... todos estos sistemas, y los servicios vitales que prestan, tendrán que ser transformados durante la transición hacia culturas regenerativas.

Desde el punto de vista del momento actual, el H3 describe las culturas regenerativas capaces del aprendizaje continuo y la transformación para adaptarse y anticiparse al cambio. Sin embargo, a medida que nos acercamos al tercer horizonte este retrocede, o mejor dicho, se transforma en respuesta a un cambio sistémico más amplio. Para cuando alcancemos la madurez cultural que describimos hoy en términos del tercer horizonte, este H3 habrá cambiado a un nuevo H1 y nos enfrentaremos a retos nuevos e impredecibles que requerirán que tomemos una nueva perspectiva del H3. La peregrinación hacia un futuro sostenible y regenerativo tiene una lista interminable de cumbres falsas. A medida que alcanzamos la cima de la cumbre verde (H3) en nuestro mapa de horizontes, nos encontramos en el terreno rojo de nuestro nuevo H1. Mirando hacia delante desde la consciencia futura veremos los nuevos segundo y tercer horizontes extenderse ante nosotros.

Debido a que el proceso de evolución y transformación cultural es continuo nunca llegaremos, ni nos mantendremos, en un escenario H3 para siempre. Aproximarse al tercer horizonte siempre implica reconocer nuestro "desconocimiento" y mantener la mentalidad de un aprendiz listo para aprender de la experiencia; lo suficientemente humilde para no considerar ninguna solución como definitiva; y abierto a reconocer las valiosas perspectivas de los tres horizontes.

Mientras que aspectos del H1 actual están obsoletos y son la causa original de prácticas insostenibles, otros aspectos del H1 también están ayudando a prestar servicios vitales sin los cuales nos enfrentaríamos a un colapso casi inmediato. La transformación tiene que darse mientras estos servicios vitales continúan prestándose. La humanidad no tiene la posibilidad de apagar las luces, salir de la habitación y empezar de nuevo en otra habitación más prometedora. Solo tenemos un planeta. Tenemos que encontrar maneras de transición de un *statu quo*, que ahora es profundamente insostenible, a uno nuevo. Las culturas sostenibles y regenerativas no son extremos a alcanzar, sino procesos continuos de aprendizaje colectivo. A medida que nos aproximamos al tercer horizonte es posible que nos sorprenda la aparición de nuevos retos. Para responder de manera inteligente a estos retos, las perspectivas ofrecidas por los tres horizontes ayudarán a orientar nuestros actos.

> El pensamiento de los Tres Horizontes transforma el potencial del momento presente revelando cada horizonte como una cualidad diferente del futuro en el presente, reflejando que actuamos de diferente manera para mantener lo conocido que para ser pioneros de lo nuevo.
>
> Bill Sharpe (2013: 10)

Para evitar la equivocación común de "tirar la fruta fresca con la madura", es importante ver todo lo que es valioso en el H1 y entender la importancia de su contribución para cocrear culturas regenerativas. Bill Sharpe compara la perspectiva del H1 al papel del *gerente* responsable de mantener las luces encendidas y la empresa operativa sin grandes perturbaciones en su funcionamiento básico. La perspectiva del H2 es la del *emprendedor* que ve la ventaja potencial de hacer las cosas de manera diferente, desafiando el *statu quo* de forma operativa, pero a menudo sin cuestionar la narrativa cultural que mantiene el H1. La perspectiva del H3 es la del *visionario* que llama a la transformación profunda hacia un mundo mejor (más justo, igualitario, próspero y sostenible).

En el contexto de la transición, el pensamiento H3 está conformado por una nueva narrativa cultural de interser y por la evidencia científica de nuestra interdependencia con el resto de los seres vivos. Como tal, define una nueva manera de ser y de relacionarse basada en un cambio fundamental de la cosmovisión, reconociendo las valiosas contribuciones de las perspectivas del H1 y del H2 y colocándolas en el contexto de una transformación ecosocial más amplia.

A la hora de planear una senda hacia culturas regenerativas que pretenden evitar perturbaciones y sufrimiento generalizados, necesitamos valorar el puente que ofrecen ciertos tipos de innovación del H2. Puede que la mayoría de los sistemas del H1 necesiten una transformación profunda, sin embargo, tienen que ser valorados como una base desde la que la innovación y la trasformación sea posible mientras evitamos los efectos, a menudo regresivos en lugar de evolutivos, de la revolución y del colapso sistémico.

La perspectiva del H3 está poblada de muchas y diferentes visiones del futuro. En el contexto de este libro me centro en aquellas que dan valor a la viabilidad y a la regeneración, aunque es importante estar abierto a las lecciones que podemos aprender de los tres horizontes y de la diversidad de perspectivas sobre el futuro que representan. Mantener la mente abierta y aprender de perspectivas múltiples nos puede ayudar a desarrollar una "consciencia futura" a medida que trazamos la senda a un futuro que siempre estará caracterizado por la aparición de nuevas circunstancias, algunas predeterminadas e inevitables, otras impredecibles.

Se necesitan visiones y experimentos diversos del H3 para llevar nuestra conversación colectiva sobre el futuro a un nivel inclusivo y participativo. Necesitamos cuestionar nuestro condicionamiento cultural y la miopía que causa el discurso cultural y educativo del H1. Los gerentes del H1 a veces pueden estar aferrados a hacer las cosas de una manera determinada y a una mentalidad específica (discurso de separación), una clase de profecía auto cumplida. Los visionarios del H3 nos sugieren ver el potencial y las posibilidades futuras más allá de la mentalidad rígida del H1 que se resiste al cambio, en particular aquellas clases de cambio que invitan a la transformación cultural.

El puente entre el H1 y el H3 se construye al prestar una atención más crítica al espacio de la innovación y al periodo de transición que abre el segundo horizonte. La perspectiva del H2 ve oportunidades en los defectos del H1 y tiene el objetivo de fundamentar las posibilidades visionarias del tercer horizonte con algunos de los pasos prácticos posteriores. Muchos de ellos son posibles "escalones" o innovaciones de transición. Debido a que la innovación del H2 tiene lugar en un clima económico y dentro de las estructuras de poder dominados por el H1, en última instancia muchas de las innovaciones propuestas por el H2 son secuestradas para servir a los objetivos del H1. Como el segundo horizonte trata de la experimentación y el emprendimiento, muchas de sus iniciativas fracasan ofreciendo oportunidades para el aprendizaje. Solo un pequeño porcentaje de las innovaciones consiguen construir un puente eficaz entre el H1 y el H3, permitiendo la implementación de las visiones elevadas del H3 con medidas tangibles, convincentes y "positivamente infecciosas".

El pensamiento de los Tres Horizontes nos permite reconocer lo que es valioso de las distintas perspectivas y de las distintas formas de relacionarse con el futuro de cada una de ellas. Nos ayuda a ver el futuro potencial y sus oportunidades desde el presente. Puede ayudarnos a formular preguntas más profundas a medida que entablemos conversaciones conformadas por la "consciencia futura" que transforme mentalidades rígidas en perspectivas valiosas.

> La transformación tiene lugar como el resultado que surge de todo lo que está sucediendo en el mundo, siempre hay un tercer horizonte emergente en cada nivel de la vida, desde el individuo al plantea y más allá. Algunas cosas serán resultado de una intención consciente,

> otras nos sorprenderán para bien o para mal. La manera en la que vivimos ahora una vez fue el tercer horizonte, en parte imaginado e intencionado, en gran medida desconocido. La consciencia futura no controlará el futuro, pero nos permitirá desarrollar nuestra capacidad para dar una respuesta transformadora a sus posibilidades.
>
> Bill Sharpe (2013: 15)

El pensamiento de los Tres Horizontes ofrece una metodología y una práctica para ver las cosas desde perspectivas múltiples y valorar la contribución de cada perspectiva a la manera en la que creamos un mundo juntos. El simple hecho de mantener una conversación utilizando el marco de los Tres Horizontes en tu grupo comunitario local, empresa, organización o ayuntamiento ya tiene, en sí mismo, el potencial para la innovación cultural transformadora.

Evaluar la innovación disruptiva en tiempo de transición

Es útil clasificar las innovaciones del H2 en dos categorías. La primera categoría se denomina H2 menos. Las innovaciones H2- cambian la tecnología utilizada y por ello perturban "lo mismo de siempre" temporalmente, pero no conducen a una transformación sistémica profunda. La segunda categoría es H2 más, las innovaciones H2+ ofrecen un puente al H3, produciendo un cambio estructural y la transformación del sistema en cuestión.

Por ejemplo, suministrar energía a la red nacional por medio de parques eólicos a gran escala es, por un lado, parte de la estrategia del H2+ de cambiar a un sistema basado en energía 100% renovable y por otra una innovación H2- aferrada a una mentalidad H1 ya que todavía mantiene la estructura de un sistema energético centralizado. Un ejemplo de innovación genuina del H2+ en este área sería una combinación de tecnologías de energía renovable diversa y descentralizada que combinen opciones de autoconsumo y de conexión a la red para aumentar la flexibilidad, la eficacia y la resiliencia de nuestro sistema energético en su conjunto. La figura 3 muestra cómo podemos evaluar la innovación potencialmente disruptiva dentro del contexto de la transición a largo plazo hacia culturas regenerativas, aplicando el marco de los Tres Horizontes.

Para los profesionales que pretenden facilitar la transición hacia culturas regenerativas, el arte de la transformación cultural evolutiva en lugar de revolucionaria es evitar el colapso de sistemas y su posterior reconstrucción y no descartar categóricamente la "vieja historia" (tirar la fruta fresca con la podrida), sino construir una "nueva historia" superando e incluyendo la "vieja historia". Para hacer esto con eficacia necesitamos ser capaces de distinguir entre innovaciones H2- y H2+, y estimular esta última como la forma de impulsar una transformación más profunda hacia una cultura regenerativa H3.

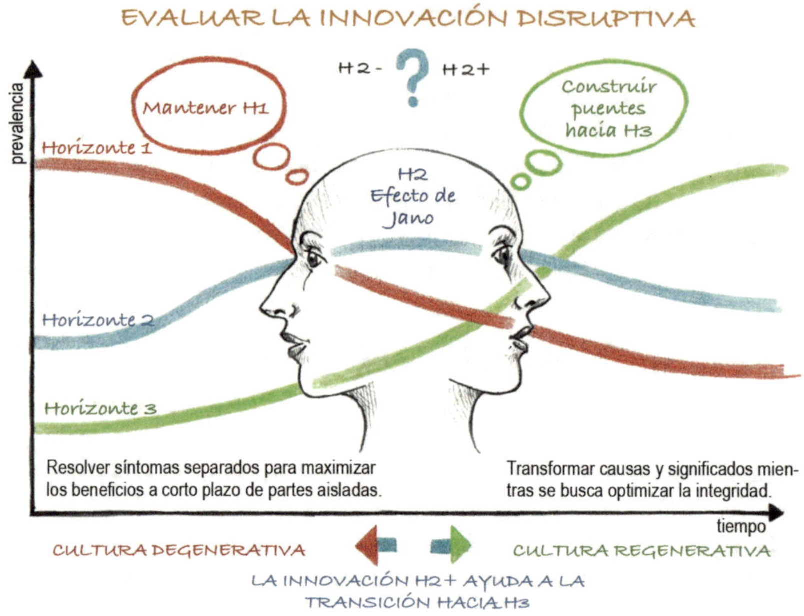

Figura 3: Adaptada de Bill Sharpe (2013) y ampliada, con el permiso del autor.

La clase de *innovación disruptiva* H2+ tiende a perturbar el H1 ("lo mismo de siempre") ofreciendo soluciones mejoradas que pueden darnos tiempo para evolucionar a una clase de innovación transformadora más profunda del H3. Los cambios generalizados, y culturalmente creativos de comportamiento y de cosmovisión, solo surgen si implicamos a todos aquellos que apuestan por mantener el *statu quo*, a aquellos que ven el potencial emprendedor de hacer las cosas de una manera diferente y a aquellos que pueden visualizar una cosmovisión y un cambio de valores capaces de crear una cultura más regenerativa. Estas tres perspectivas deben conformar un diálogo contínuo sobre nuestro futuro colectivo.

El pensamiento y la práctica de los Tres Horizontes es una invitación a alejarse de "mentalidades" rigurosamente sostenidas y defendidas para ser capaces de desarrollar una consciencia futura valorando las perspectivas de los tres horizontes. Como educador y asesor en sostenibilidad con un interés particular en construir puentes entre organizaciones, con el objetivo de encontrar intereses comunes para cocrear una economía y cultura regenerativas, he sido testigo de muchas discusiones estancadas en salas llenas de gente en las que todos querían hacer lo correcto. El pensamiento de los Tres Horizontes es una manera de descubrir intereses comunes y de avanzar juntos.

Es importante prestar atención e intentar apoyar ambos tipos de innovación, H2+ y H3, durante el turbulento periodo de transición en el que nos encontramos, aunque también necesitamos valorar las perspectivas de los innovadores del H1 y H2– que intentan cubrir las necesidades operativas básicas durante la transición. Si las luces se apagan, nos arriesgamos a entrar en el camino de la revolución y no en el de la evolución, lo que nos podría devolver al pensamiento anacrónico del ellos contra nosotros.

Con una mentalidad rígida, incluso los innovadores del H2+ y los visionarios del H3, tenderán a discutir entre ellos en lugar de ver que son poderosos aliados. Con demasiada frecuencia he visto a personas visionarias bienintencionadas perder el tiempo en discusiones que intentaban criticar las innovaciones H2+ por no ser suficientemente transformadoras. Las discusiones entre mentalidades rígidas tienden a comparar y contrastar la innovación transformadora más lenta y más compleja (que a menudo incluye la innovación social, el cambio de valores y de comportamiento, y el rediseño de la economía, la sociedad y la gobernanza) con los cambios tecnológicos que se pueden implementar con más rapidez en nuestros sistemas energéticos, de transporte o de producción. En mi opinión, necesitamos innovadores tecnológicos que desarrollen, por ejemplo, tecnologías nuevas de generación de energía eólica aerotransportada que requieran menos energía y materiales que las grandes turbinas, tanto como a innovadores que diseñen sistemas complementarios de intercambio y de divisas para posibilitar una economía cooperativa.

Es importante ser conscientes de que los tres horizontes están presentes en todos los puntos del eje. No se reemplazan completamente entre ellos, sino que, simplemente, cambia su "prevalencia" relativa (posición en el eje Y). Esto nos recuerda que debemos valorar con cuidado qué aspectos del "viejo sistema" merecen la pena salvar. Con demasiada frecuencia la humanidad rechaza el pasado en aras del "progreso". En respuesta a los aspectos disfuncionales del "lo mismo de siempre" a menudo balanceamos el péndulo demasiado y cambiamos de un extremo al otro, en lugar de mantener lo que es bueno y útil de lo viejo y combinarlo de una manera creativa con lo nuevo. La línea roja en el extremo derecho del diagrama representa estos aspectos y estructuras útiles del Horizonte 1 que merecen la pena mantener y transformar.

De igual manera, la línea verde del Horizonte 3 en la parte izquierda del diagrama nos recuerda que "el futuro ya está aquí, solo que no está distribuido uniformemente" como dijo el escritor de ciencia ficción William Gibson. Una manera de acelerar la transición hacia una cultura regenerativa es identificar estas áreas del futuro en el presente y trabajar para amplificar y extender las innovaciones transformadoras generadas por esos experimentos visionarios.

Tenemos ejemplos de experimentos de innovación transformadora por todas partes. Estas son solo algunas pocas áreas en las que es útil evaluar las innovaciones disruptivas (H2+/-) por su papel en la transición hacia culturas regenerativas: los campos del "consumo colaborativo", "la distribución de la producción", la innovación inspirada en la biología para el diseño de productos y procesos industriales, "la innovación P2P abierta"; "los sistemas de gobernanza sociocráticos" y "la justicia restauradora"; "los medios complementarios de intercambio" a escala local, regional, global; el trabajo en la "economía circular" y en la "economía regenerativa"; las iniciativas de transición en localidades y las ecoaldeas, además del trabajo en ecociudades y en planes de desarrollo bioregionales. La senda de la transformación cultural se recorre caminando con una mente abierta y con la voluntad de aprender los unos de los otros, de nuestros errores y de la vida en comunidad.

La innovación transformadora trata del cuestionamiento profundo

> La verdadera innovación ocurre cuando se unen por primera vez las cosas que habían estado separadas.
>
> Arthur Koestler y John Smythies (1969)

El tercer horizonte nos ofrece una visión de referencia a largo plazo y nos invita a ampliar los horizontes de tiempo en los que solemos pensar. En la búsqueda de un futuro sostenible y deseable haríamos bien en recordar la sabiduría de muchas culturas tradicionales que pensaban en periodos de tiempo mucho más largos que nuestra cultura moderna acelerada. Muchas culturas tradicionales tomaban decisiones importantes contando con las futuras generaciones. Por otro lado, la mayoría de las decisiones que se toman actualmente parecen buscar la maximización a corto plazo de parámetros de sistemas limitados, como por ejemplo el aumento del PIB de un año a otro o, como mucho, de un ciclo electoral al otro. La nación nativa americana Iroquesa tenía la famosa práctica de tomar cualquier decisión importante teniendo en mente sus posibles efectos hasta la séptima generación, todavía no nacida. Esta es la clase de sistema de referencia cultural y de civilización que puede crear culturas regenerativas.

Tenemos que volver a aprender lo que Peter Schwartz (1996) denominó el *Arte de la Visión a Largo Plazo* y el pensamiento de los Tres Horizontes es una buena manera de hacerlo. Como los constructores de las catedrales medievales, que tenían una visión del edificio que estaban construyendo a pesar de que nunca lo verían construido, necesitamos una visión inspiradora de la cultura regenerativa que nos gustaría cocrear, incluso si el viaje de la transformación cultural dura más que una vida o que una generación.

Será mejor que nos acostumbremos a la innovación transformadora constante y a la creación de nuevas estructuras de transición que puedan disolverse pronto para dejar paso a la siguiente adaptación creativa ante circunstancias cambiantes y ante otro ciclo de innovación transformadora. En mi opinión, el siglo XXI marcará una transformación de la cultura humana sin precedentes a medida que rediseñemos nuestra presencia en la Tierra para adaptarnos a la realidad ecológica de nuestro sistema de soporte vital planetario. La narrativa emergente del interser llegará a expresarse a sí misma en una diversidad calidoscópica de culturas regionales prósperas que desarrollen una nueva intimidad, reciprocidad y cuidado de sus ecosistemas locales como contribuyentes a la salud humana y planetaria.

Las transformaciones estructurales, culturales, tecnológicas, políticas, educativas y económicas no ocurrirán de una vez, sino que ocurrirán en una secuencia continua, a niveles diferentes y en regiones diferentes, en momentos diferentes y de maneras diferentes. Tanto la innovación transformadora del H2+ como la del H3 tienen el potencial de impulsar la evolución cultural desde nuestra sociedad actual de crecimiento industrial, de explotación de recursos y de competición social hacia una sociedad humana que sustente la vida *como cuidadora de la naturaleza*, cuidando la salud y la resiliencia sistémica por un interés propio bien entendido y basándose en la colaboración local, regional y global con el objetivo de optimizar el sistema para todos.

Nuestra especie, la inquisitiva *Homo sapiens sapiens*, está jugando con el peligro real de desencadenar efectos irreversibles descontrolados dentro de la biosfera que influirán en la vida en la Tierra durante muchos milenios. El viaje transformador hacia culturas humanas regenerativas, cómo llegamos allí, qué relaciones conformamos dentro de la familia humana y con los demás seres vivos, nuestra senda de aprendizaje y de transformación continuos a lo largo del camino, importa más que la llegada. De hecho, no existe una llegada al final de este camino, solo adaptación y transformación continua. Somos partícipes de la continua exploración de la novedad de la vida.

Las preguntas guía son una manera de planear el camino continuamente transformador más útiles que las respuestas fijas. Esto no significa no tener que proponer respuestas e implementar soluciones, simplemente tenemos que ser conscientes de que solo servirán temporalmente.

P ¿Cuáles son las suposiciones y las creencias básicas que conforman la manera en la que definimos el problema y ofrecemos soluciones?

P ¿Cuáles son las necesidades reales no cubiertas que están ocultas bajo las necesidades percibidas en las que nos centramos?

P ¿Cómo podemos trabajar de manera más eficaz con las personas afectadas y cómo las involucramos en la búsqueda de soluciones que funcionen para ellas?

P ¿Cómo podemos diseñar la flexibilidad y la capacidad para transformarnos y adaptarnos a las soluciones propuestas?

P ¿Qué podemos aprender de los procesos y patrones de la naturaleza para crear soluciones que refuercen, en lugar de que debiliten los ecosistemas locales y el sistema de soporte vital planetario?

P ¿Por qué nos centramos en este tema en particular y cómo se relaciona con su contexto más amplio (¿Estamos formulando la pregunta correcta?)?

P ¿Hay problemas relacionados que podríamos incluir para encontrar una manera más sistémica de abordar los múltiples temas interconectados a la vez?

P¿Cómo nos afecta a nosotros, a nuestra comunidad y al mundo lo que estamos proponiendo?

P ¿Qué implicaciones podría tener nuestra "solución" para las futuras generaciones?

P ¿Cómo nos mantenemos flexibles y seguimos aprendiendo de las retroalimentaciones sistémicas y de los efectos secundarios inesperados?

Sensibilidad a escala, singularidad del lugar y de la cultura local

Una manera de evitar, o al menos de minimizar, el riesgo de que las nuevas "soluciones" tengan consecuencias generalizadas no intencionadas y catastróficas, es limitar la escala de la experimentación. A una escala local y regional, la retroalimentación es más rápida y los límites ecológicos se pueden identificar con más inmediatez. Además, al centrarnos en una escala local y regional, podemos adaptar mejor las soluciones a las condiciones específicas de un lugar en particular. El diseño que busca cubrir necesidades humanas básicas a un nivel comunitario local/regional también crea redundancias sistémicas, por lo que los cambios impredecibles en un lugar tienen menos posibilidades de provocar efectos dominó en otros lugares. En el dogma de la economía neoclásica se evita la redundancia debido a que la economía de escala acostumbra a aumentar los beneficios de unos pocos en detrimento sistémico de muchos.

Sin embargo, si buscamos crear economías circulares basadas en lo local, lo renovable, los recursos biológicos, la redundancia se convierte en un ingrediente vital de las economías locales dinámicas y de la resiliencia regional.

Las buenas soluciones y las respuestas adecuadas podrían ser conformadas por el intercambio de conocimientos globales, pero nacen de las condiciones únicas de un lugar específico y de su cultura particular. Formular bien las preguntas hace que la mejor práctica sea transferible de una región a otra, convirtiendo los ejemplos de "mejor práctica" en metodologías de "mejor proceso". Las preguntas adecuadas pueden ayudar a guiar la transformación cultural a largo plazo, permitiéndonos identificar aquellas soluciones pasadas que se han convertido en problemas e invitar a una innovación más transformadora. La mayoría de las soluciones y respuestas son temporales, pero las buenas preguntas pueden guiarnos en el largo plazo. Las preguntas guía adecuadas pueden ayudarnos a valorar cuando las soluciones pasadas comienzan a convertirse en problemas presentes, porque ya no reflejan o abordan adecuadamente las circunstancias actuales.

La resolución creativa de problemas en una cultura regenerativa no trata solo de encontrar respuestas a las necesidades actuales, sino que también trata de ayudarnos a formular mejores preguntas. Lo ideal sería que estas preguntas nos ayudasen a aprender algo sobre nosotros mismos y sobre nuestras relaciones en un contexto más amplio. A medida que empezamos a entender las deficiencias de las soluciones pasadas a la luz de una mayor conciencia sistémica, empezamos a desarrollar una nueva conciencia social y ecológica. La innovación transformadora promueve el aprendizaje continuo en individuos y comunidades.

Necesitamos cocrear modelos diversos para soluciones sistémicas a escala local y regional. Algunas de ellas nos darán información a través de sus éxitos y otras a través de sus fracasos. Como dijo tan acertadamente Thomas J. Watson Sr. presidente de IBM durante 42 años: "Si quieres tener éxito, duplica tu índice de fracasos". El tiempo de respuesta y los ciclos de innovación transformadora pueden ser más rápidos a escala local. Si quieres adaptarte e influenciar eficazmente el cambio económico, social, cultural y medioambiental empieza con experimentos a pequeña escala que te den una respuesta rápida para ver qué funciona y qué no. El cuestionamiento profundo sobre las necesidades reales subyacentes o percibidas que nos hacen identificar y enmarcar un "problema" a priori, podría llevarnos a descubrir que estamos tratando los síntomas y no las causas.

A veces, la respuesta del sistema en cuestión (por ejemplo, de tu comunidad local) podría ser que una solución más eficaz y transformadora solo podría darse en la escala siguiente, la escala regional. Necesitamos una nueva sensibilidad sobre qué problemas resolver en cada escala. Quizá deberíamos preguntarnos:

P ¿Cómo creamos experimentos funcionales y casos prácticos de transición hacia culturas regenerativas, en una escala en la que la respuesta sea lo suficientemente rápida para que podamos aprender de los errores, antes de que efectos secundarios no deseados deriven en una catástrofe y en el colapso sistémico?

P ¿Cómo distinguimos qué temas y problemas se resuelven mejor en cada escala, construyendo resiliencia local y regional a través de redundancias e independencia, al mismo tiempo que cultivamos la colaboración regional e interregional en asuntos nacionales y globales?

Las soluciones que propongamos a escala local, regional, nacional y global tendrán que estar interconectadas de tal manera que se refuercen y se apoyen mutuamente. La política y los gobiernos necesitan permitir la resolución de problemas locales y regionales, en lugar de impedirla con reglas generalizadas que no reflejan adecuadamente las condiciones locales de un ecosistema y de una cultura específica. Prestar especial atención a la singularidad del lugar y de la cultura regional, revela oportunidades para una innovación transformadora y para la conservación de la diversidad biocultural.

Por todo el mundo nuestros ancestros desarrollaron expresiones culturales únicas, conformadas por una querencia del lugar y una reciprocidad profunda con las condiciones ecológicas, geológicas y climáticas de ese lugar en particular. La escala local y regional no es solo la escala en la que podemos actuar con más eficacia para conservar la diversidad biológica, también es la escala en la que podemos conservar la diversidad cultural y nativa, la sabiduría local como expresión de vida en conexión duradera con la singularidad de cualquier lugar determinado.

Se puede aprender mucho de ese conocimiento basado en el lugar. Al mismo tiempo debemos ser conscientes de que la mayoría de las culturas locales ya han sufrido una profunda transformación y erosión de la tradición local y del lenguaje. Necesitamos valorar el conocimiento y la cultura tradicional basada en el lugar, sin caer en las trampas de un resurgimiento del regionalismo radical y de un provincialismo corto de miras. Necesitamos valorar las soluciones locales y regionales apoyadas por una colaboración y un intercambio de conocimientos global. Una cultura humana regenerativa estará adaptada localmente y conectada a nivel global. El futuro será glo-cal, activado por redes colaborativas entre iguales y por la innovación social.

El poder transformador de la innovación social

> Los resultados de la innovación social están en todas partes. Los grupos de autoayuda y la autoconstrucción de viviendas, las líneas

> telefónicas de ayuda y los maratones televisivos para recaudar fondos, las guarderías vecinales y la vigilancia vecinal; Wikipedia y la universidad abierta; la medicina complementaria, la sanidad y las residencias holísticas; los microcréditos y las cooperativas de consumo, las tiendas benéficas y el movimiento de comercio justo; programas de viviendas de cero emisiones y parques eólicos comunales; la justicia restauradora y los tribunales comunitarios. Todos son ejemplos de innovación social, ideas nuevas que funcionan para cubrir necesidades urgentes no satisfechas y para mejorar la vida de las personas.
>
> Geoff Mulgan (2007: 7)

Una de las áreas más prometedoras de la innovación transformadora para una cultura regenerativa es la aparición generalizada de la innovación social en sus diversas expresiones por todo el mundo. Es difícil ofrecer una sola definición de innovación social que sirva para todos los que están implicados en este impulso poderoso de transformación cultural. Los ejemplos de innovaciones sociales son tan diversos como los distintos agentes del cambio que los han creado. La innovación social es un fenómeno intersectorial, que incluye el "consumo colaborativo", los modelos de empresa, las nuevas estrategias para ayudar a la gente a ayudarse a sí misma a través de microcréditos, como los creados por Muhammad Yunus, préstamos entre iguales o páginas web de micromecenazgo como Zopa o Kickstarter o la coproducción de servicios sociales mediante la colaboración entre gobiernos locales, proveedores de servicios y usuarios. Estas aplicaciones tan diversas impulsan la innovación transformadora en empresas, en la sociedad civil y en gobiernos, y lo que es incluso más emocionante, en el fértil terreno que se encuentra entre estos sectores. *The Open Book of Social Innovation* (El libro abierto de la innovación social) (Murray *et al.*, 2010), ofrece una excelente introducción al amplio campo de la innovación social junto con numerosos ejemplos que ilustran las diferentes estrategias y metodologías que utilizan los innovadores sociales para crear iniciativas y empresas eficaces.

El "emprendimiento social" es una disciplina incluida en la "innovación social". No toda innovación social está orientada a la empresa. En general, la "innovación social" puede entenderse como cualquier iniciativa que utiliza métodos innovadores y experimentales para abordar uno o muchos de los problemas a los que nos enfrentamos (sociales, ecológicos, económicos, culturales), para mejorar la vida de las personas, la resiliencia comunitaria y la salud de los ecosistemas. El "emprendimiento social" hace lo mismo, pero usa modelos de empresa innovadores, por ejemplo, la provisión de bienes o servicios que ayudan a ligar necesidades no satisfechas con la capacidad sobrante, a través de la resolución de problemas de triple beneficio.

El objetivo principal de un proyecto social o una empresa social es tener un impacto social y/o medioambiental positivo y contribuir al bienestar de la sociedad y de las comunidades locales. En lugar de buscar la generación de beneficios para los propietarios y los accionistas por encima de unos sueldos razonables para aquellos que dirigen la empresa, los excedentes de proyectos sociales se reinvierten, principalmente, en la mejora de la capacidad de la empresa para conseguir su impacto social de manera más eficaz. Permíteme que ilustre esta distinción con dos breves ejemplos: Avaaz y Zopa.

Avaaz se describe como: "un movimiento global *online* que da poder político a la gente para tomar decisiones en cualquier lugar". Lanzada en 2007, a principios de junio 2015 Avaaz había conectado a 41,5 millones de personas en 194 países de todo el mundo. Está dirigida por un pequeño equipo descentralizado presente en seis continentes y que hace campaña en 15 idiomas. Avaaz empodera a una gran diversidad de ciudadanos globales preocupados que actúan en asuntos locales, regionales y globales urgentes. Permite, a la gente, firmar peticiones globales sobre una amplia serie de temas sociales, económicos y medioambientales. Luego las presentan ante los políticos responsables de tomar las decisiones o de ratificar las políticas. Las campañas de colaboración abierta (crowdsourced) están respaldadas por voluntarios locales que participan en la acción directa y en manifestaciones que hacen visible el apoyo global a la campaña en los medios de comunicación locales y globales.

Desde campañas para detener la deforestación, mantener Internet libre de censura, apoyar los derechos a la tierra de comunidades indígenas e iniciativas para proteger la biodiversidad, hasta defender el fin de la violencia contra las mujeres, el activismo pacifista y las campañas en respuesta al cambio climático o contra las prácticas destructivas de las multinacionales de la agroindustria, de la industria farmacéutica o de las petroquímicas, Avaaz ha luchado y ganado muchas campañas con un impacto considerable a escala global, regional y local. Está financiada enteramente por donaciones *online* de sus miembros. Esto ayuda a mantener su independencia absoluta frente a los grupos de presión de grandes corporaciones y políticas gubernamentales. Avaaz es un ejemplo de innovación social que no es una empresa social, sino una que financia sus actividades a través de una red global de simpatizantes que valoran su trabajo por el beneficio de la población y del planeta.

Un ejemplo de innovación social basado en un modelo de negocio de iniciativa social es Zopa, un servicio social de préstamos entre particulares de Gran Bretaña. Desde su lanzamiento en 2005, Zopa ha posibilitado más de 900 millones de libras de préstamos entre particulares al conectar prestamistas y prestatarios directamente a través de su página web. Su modelo de negocio de préstamos hace que pueda ofrecer intereses más altos a los ahorradores y préstamos con bajo interés a quienes solicitan el préstamo. Para junio de 2015, Zopa había conectado a más de 59.000 prestamistas con más de 110.000 prestatarios y el Moneywise Customer Awards la ha votado durante seis años consecutivos como el "proveedor de préstamos personales de mayor confianza".

Zopa se salta a los grandes bancos, con sus elevados gastos y comisiones por servicios, al conectar a prestamistas y prestatarios directamente y al crear una base de confianza por medio de la "salvaguardia Zopa", que cubre a los prestamistas en caso de que los prestatarios no puedan pagar. Una tasa baja y transparente permite a la empresa social ofrecer el servicio, pagar a sus 97 empleados e invertir en el desarrollo de sus servicios. Los ahorradores pagan una tasa del 1% anual y los prestatarios pagan una pequeña tasa una vez que su préstamo está aprobado. Muchos de estos préstamos los usan innovadores sociales para establecerse como autónomos o para poner en marcha pequeñas empresas con un beneficio social, medioambiental o para la comunidad local.

No debe subestimarse el potencial de la innovación social y del emprendimiento social como impulsores de innovación transformadora y cambio cultural. Estas sendas ofrecen una vía participativa, de respuesta local y colaboración global, para abordar algunos de los temas más urgentes. El campo de la innovación social está cambiando constantemente. Su propia naturaleza, como un tipo de innovación transformadora, es romper con la manera establecida de hacer las cosas y cuestionar los patrones establecidos y las suposiciones caducas para encontrar maneras nuevas y más adecuadas de resolver los problemas sociales (Buckland & Murillo, 2013: 158). Existen muchas fundaciones, institutos académicos y organizaciones de sociedad civil que han puesto en marcha programas excelentes para quienes quieren aprender más sobre innovación social y emprendimiento social.*

Consumo colaborativo y colaboración entre iguales

El campo del consumo colaborativo es una de las áreas de la innovación social que más me entusiasma. En *What's Mine is Yours* (Lo mío es tuyo) Rachel Botsman y Roo Rogers (2011) ofrecen una introducción a esta estrategia para cambiar a una cultura participativa que está evolucionando con rapidez. Existen principalmente dos maneras diferentes de implicarse en el consumo colaborativo, como un "proveedor", que ofrece activos para prestar, alquilar o compartir, o como un "usuario", que alquila, toma prestado o comparte los activos ofrecidos por los proveedores (pág. 70):

> El intercambio, los bancos de tiempo, los sistemas monetarios locales (LETS), el trueque, el préstamo social, la moneda P2P, el intercambio de herramientas, el uso compartido de la tierra, el intercambio de ropa, el uso compartido de juguetes, el uso compartido de espacios de trabajo, la vivienda compartida, el trabajo compartido, CouchSurfing,

> el uso compartido de coches, el micromecenazgo, el uso compartido de bicicletas, los vehículos compartidos, las cooperativas de consumo, el autobús escolar a pie, las microguarderías compartidas, el alquiler entre iguales, y la lista no acaba aquí, son todos ejemplos de consumo colaborativo. Algunos de estos puede que resulten conocidos, otros no, pero todos están viviendo un crecimiento importante. Aunque estos ejemplos varían en escala, madurez y objetivos pueden clasificarse en tres sistemas: sistemas de productos y servicios, mercados de distribución y estilos de vida colaborativos.
>
> Botsman & Rogers (2011: 71)

Uno de los cambios subyacentes de la cosmovisión y del pensamiento, es el pasar de la necesidad de poseer a simplemente preferir tener acceso a bienes y servicios compartidos. Un "sistema de productos y servicios" (SPS) permite a las personas recibir los beneficios de un producto sin la necesidad de poseerlo. El uso compartido de coches, de lugares de trabajo o de lavanderías, por ejemplo, permite a las personas usar productos propiedad de los proveedores del servicio por una tarifa de uso. Otra clase de SPS permite a las personas compartir o alquilar objetos de propiedad privada a través de un mercado P2P (entre iguales), por ejemplo empresas como Zilok o Erento. El mercado global-local de artes y oficios. Esto permite a pequeños artesanos de cualquier parte tener acceso al mercado global; mientras que *mercados de redistribución* como eBay y Around Again permiten que los bienes que el propietario original ya no necesita sean reutilizados en otro lugar. Se han puesto en marcha muchas empresas especialistas de redistribución online, que van desde el comercio de libros (readitswapit) y ropa de bebe (tradingcradles), a artículos de moda (swapstyle). Páginas web como Gumtree y Craigslist ofrecen una amplia variedad de artículos para la venta, el intercambio, además de anuncios de trabajo, servicios comunitarios y otros.*

La tercera clase de consumo colaborativo identificado por Botsman y Rogers, como *"estilos de vida colaborativos"* amplía el intercambio P2P de bienes físicos para compartir el tiempo, las habilidades, el espacio y el dinero. Tanto el SPS como los "mercados de redistribución" posibilitan "estilos de vida colaborativos" que usan sistemas híbridos de los tres tipos de consumo colaborativo. Los "estilos de vida colaborativos" generan el beneficio adicional de los intercambios a escala local o regional, creando conexiones humanas más allá de las plataformas virtuales, al combinar la capacidad sobrante con las necesidades no satisfechas. Los ejemplos van desde los espacios de trabajo compartidos, como las redes globales de ImpactHubs, al uso compartido de la tierra para la agricultura (p. ej. Landshare), la horticultura (p. ej. Edinburgh Garden Partners) y los productos agrícolas (p. ej. Neighbourhood Fruit), y al uso compartido de aparcamientos (p. ej. ParkatmyHouse).

Un ejemplo particularmente inspirador es la historia de CharityFocus, ahora ServiceSpace, empezó en 1999 con un grupo de exitosos emprendedores de Silicon Valley que decidieron ofrecer sus habilidades únicas para ayudar a causas que merecen la pena y a organizaciones sin ánimo de lucro. En solo 15 años ServiceSpace ha crecido y se ha convertido en una red global de más de 400.000 personas que ofrecen de forma voluntaria sus habilidades y su tiempo para ayudar a iniciativas para un cambio positivo. Entre los proyectos que surgieron de ServiceSpace están los restaurantes de economía del don llamados Karma Kitchens, una página web de recaudación de fondos de apoyo llamada PledgePage, y las plataformas de noticias positivas como DailyGood o Karmatube. Nipun Mehta, un cofundador de ServiceSpace, habla sobre cuatro cambios de comportamiento que ya están empezando a transformar la cultura: del consumo a la contribución, de las transacciones a la confianza, del aislamiento a la comunidad y de la escasez a la abundancia (Mehta, 2012). Muchos más ejemplos inspiradores de colaboración entre iguales, innovación abierta y desarrollo de tecnología P2P han sido recogidos y explicados por Michel Bauwens y su equipo en la p2p Foundation. La página wiki de la fundación es una fuente de inspiración sobre la manera en la que la colaboración entre iguales puede catalizar la transición hacia culturas regenerativas.*

Facilitar sistemas de innovación y cambio cultural

> La innovación social no tiene límites fijos [...] definimos las innovaciones sociales como nuevas ideas (productos, servicios y modelos) que de forma simultánea cubren necesidades sociales y crean nuevas relaciones o colaboraciones sociales. En otras palabras, innovaciones que son buenas para la sociedad y que aumentan su capacidad de actuar.
>
> Robin Murray *et al.* (2010: 5)

Como individuos, comunidades y sociedades nos estamos enfrentando a cambios rápidos y profundos, al desmoronamiento de viejas estructuras, instituciones y formas de trabajar. Ya estamos en medio de profundos sistemas de innovación y de cambio cultural. A falta de un liderazgo político eficaz, y enfrentados con la creciente incapacidad de los gobiernos nacionales de prestar servicios públicos importantes, estamos viendo el surgimiento de iniciativas de auto ayuda basadas en la colaboración ciudadana a nivel comunitario. Muchos de los ejemplos que hemos visto en los dos últimos capítulos son parte de esta (r)evolución de la innovación social. Estas iniciativas encontrarán el apoyo activo cada vez mayor de los gobiernos locales, regionales y nacionales. En Gran Bretaña el emergente "sector de coproducción" está ofreciendo una alternativa culturalmente transformadora a la prestación de servicios públicos.

> La coproducción significa prestar servicios públicos en una relación igualitaria y recíproca entre profesionales, usuarios, sus familias y sus vecindarios. En los lugares donde las actividades están coproducidas de esta manera, tanto los servicios como los vecindarios se convierten en agentes de cambio mucho más eficaces.
>
> David Boyle and Michael Harris (2009: 11)

Ya en los años 70 la galardonada con el nobel de economía de 2009, Elinor Ostrom, destacó la importancia de la coproducción cuando investigó por qué la prestación de servicios públicos a gran escala desde arriba, sin el rostro humano de la participación directa de la comunidad, con frecuencia no son tan eficaces como los métodos participativos basados en la colaboración a escala humana entre el proveedor de servicios y las comunidades receptoras de estos.

Cuando los usuarios de servicios son solamente receptores pasivos y sus habilidades, tiempo y conocimientos no son valorados, la cohesión comunitaria y la colaboración se deterioran y los sistemas se estancan. Si le pides a la gente que ayude en la prestación de servicios que son importantes en su comunidad y encuentras maneras de usar sus habilidades, se produce un cambio sistémico con una intensidad renovada. "Las personas que están definidas actualmente como usuarias, clientes o pacientes nos dan los ingredientes vitales que permiten a los profesionales de los servicios públicos ser más eficaces. Son los bloques de construcción básicos de nuestro sistema de apoyo a nivel de vecindario, familiar y comunitario lo que forma la base de la actividad económica además del desarrollo social" (Boyle y Harris, 2009: 11). Edgar S. Cahn, el inventor del banco del tiempo, resume 20 años de experimentación con este mecanismo complementario de intercambio como un medio de propiciar la coproducción. El banco del tiempo puede ayudar a construir redes de apoyo mutuo a nivel de vecindario que no dependan de las reglas de la economía de mercado. Promueve la participación generalizada e igualitaria y crea comunidad.

> Se necesitará un enorme trabajo en todos los aspectos, por parte de todos nosotros, para construir el núcleo de la economía del futuro, una economía basada en relaciones y en mutualidad, en confianza y compromiso, en hablar y escuchar y en la empatía, y, sobre todo, en un respeto auténtico. No llegaremos allí ampliando un sistema de derechos que distribuye las ayudas públicas basándose en negativos y deficiencias: lo que a uno le falta, la discapacidad que uno tenga, la desgracia que uno haya sufrido. Debemos empezar a crear nuevos tipos de derechos; derechos ganados que se conceden en virtud de cómo se contribuye a reconstruir el núcleo de la economía. Esa es la nueva senda por la que debemos avanzar a través de la coproducción

> si queremos que la coproducción trascienda los dominios de problemas definidos profesionalmente y reconstruya un mundo orgánico de comunidad que reúna a la familia humana. El banco del tiempo ofrece una herramienta y un medio de intercambio para ayudar a hacerlo.
>
> Edgar S. Cahn (2008: 3-4)

El banco del tiempo es una manera de desbloquear el flujo de apoyo mutuo entre personas y organizaciones en una región dada. En lugar de utilizar el dinero como medio de intercambio, las personas y/o las organizaciones son capaces de colaborar y organizarse en torno a un objetivo común simplemente llevando la cuenta de la cantidad de horas que cada persona dedica al proyecto que se está llevando a cabo. "Por cada hora que "depositan" los participantes en el banco del tiempo, quizá aportando una ayuda práctica o un apoyo a otros, pueden "retirar" el apoyo equivalente en tiempo cuando son ellos quienes lo necesitan" (Time Banking UK, 2015). Este sistema permite el crecimiento de la cohesión social y del capital social al facilitar que las personas se conozcan y se ayuden en formas que permitan a todos compartir lo que saben hacer bien o lo que son capaces de ofrecer para ayudar a otros. El banco del tiempo es una de las muchas innovaciones en el diseño de sistemas complementarios de intercambio de moneda; otros incluyen el proyecto Metacurrency, Open Money y una amplia gama de proyectos monetarios locales y regionales (para ejemplos, ver Rogers, 2013).

Si las sociedades no cuidan del capital social, fracasarán. El capital social está basado, en primer lugar, en la economía social que tiene su centro en los hogares, los vecindarios, las comunidades y la sociedad civil. La coproducción busca fortalecer y hacer crecer este núcleo de la economía "La coproducción implica reclamar terreno para el núcleo de la economía, terreno perdido por todos los sectores de la economía monetaria, pública, privada y sin ánimo de lucro, a la mercantilización de la vida". Edgar S. Cahn argumenta que "seremos incapaces de crear el corazón económico del futuro mientras vivamos en un mundo bifurcado en el que los problemas sociales quedan relegados a profesionales remunerados o a voluntarios, cuyo papel está típicamente restringido a ser un trabajo gratis dentro de los límites del mundo sin ánimo de lucro" (2008: 3). Para las empresas sociales benéficas y las cooperativas basadas en la innovación social, la colaboración entre iguales y la coproducción son maneras de superar este bloqueo.

La aparición del llamado "cuarto sector" reúne una gran variedad de estas iniciativas. En resumen, el cuarto sector crea beneficio social, ecológico y económico utilizando algunas de las herramientas eficaces del "primer sector" (privado con ánimo de lucro) para abordar algunos de los principales desafíos con los que el "segundo sector" (gobierno, administración pública) está teniendo dificultades, y conformado por ética social y medioambiental y por los valores del "tercer sector" (organizaciones de la sociedad civil, organizaciones sin ánimo de lucro, ONGs). Las redes del cuarto sector están apareciendo ahora en EE. UU., Dinamarca, el País Vasco y en la isla de Mallorca. La Business Alliance for Local Living Economies (BALLE), (Alianza empresarial para una economía local viva), coiniciada por Judy Wicks es un tipo de red similar que principalmente está centrada en el fortalecimiento de economías locales a través del apoyo a empresas locales independientes, creando de esta manera un ambiente en el que las actividades del cuarto sector y la coproducción puedan florecer y ayudar a construir comunidades resilientes.

"La coproducción hace que el fortalecimiento del núcleo económico en el vecindario y en la familia sea la tarea central de todos los servicios públicos" (Boyle y Harris, 2009: 14). Inspirados por el trabajo de Nipun Mehta, Judy Wicks, David Boyle y Michael Harris, y Edgar S. Cahn podemos plantear las siguientes preguntas en la medida en que buscamos reforzar nuestro estudio comunitario sobre cómo podría ser una cultura regenerativa:

P Dado que las personas son la verdadera riqueza de nuestras comunidades y sociedades, ¿Cómo podemos invitarles a que ofrezcan sus habilidades, conocimientos y su pasión para cubrir las necesidades de la comunidad?

P ¿Cómo podemos valorar el trabajo de una manera diferente que reconozca la importancia de lo que hace la gente para sacar adelante a sus familias, cuidar de otros, mantener la salud, la cohesión de la comunidad y promover la justicia social y el buen gobierno?

P ¿Cómo podemos promover la reciprocidad y la generosidad ("activismo de los dones"), dar y recibir, como sendas hacia una confianza más profunda y un respeto mutuo entre personas?

P Dado que nuestro bienestar físico y mental depende de relaciones fuertes y duraderas, ¿cómo podemos construir redes sociales eficaces y fomentar el sentimiento de comunidad?

La coproducción, la innovación social, las empresas sociales, las redes del cuarto sector y las iniciativas como BALLE, son solo algunas de las distintas maneras con las que podemos facilitar la clase de innovación transformadora de los sistemas que nos conducirán a un cambio de cultura.

La innovación de sistemas es un "conjunto de innovaciones interconectadas, en la que cada una influye en la otra, aportando innovación tanto a las partes del sistema como a las formas en las que se interconectan" (Mulgan y Leadbeater, 2013: 7). Esta definición general de la innovación de sistemas subraya la complejidad y, por ello, hasta cierto punto la naturaleza impredecible e incontrolable de las transformaciones sistémicas. Es raro, si no imposible, que un solo individuo diseñe y ejecute un prototipo para un cambio sistémico generalizado ya que dichos cambios tienden a surgir de la calidad de las interacciones y de las relaciones de los distintos agentes (participantes o interesados) del sistema.

Al intentar facilitar la innovación de sistemas tenemos que aceptar que diseñar e implementar intervenciones a nivel de sistemas puede contribuir a su cambio, pero no puede controlarlo. Existe un equilibrio entre el surgimiento y el diseño al que volveré más tarde. La innovación transformadora de sistemas frente a la complejidad y a la incertidumbre implica aclarar los motivos por los que diseñamos algo, nuestros valores de referencia y las visiones para un futuro mejor. Una vez que hemos hecho eso podemos determinar mejor "qué" diseñamos y la manera en la que nuestras intervenciones pueden contribuir a un cambio cultural positivo.

Evidentemente, hay muchos otros aspectos y ejemplos de la innovación transformadora: las tecnologías que utilizamos; la manera en la que nos comportamos como individuos y como comunidad; los cambios en sistemas de gobernanza, sistemas económicos, los sistemas de alimentos, energía y transporte; los cambios de la cosmovisión y del sistema de valores que requerirán cambios en nuestro sistema educativo y, finalmente, cambios en el discurso cultural dominante. Ofreceré algunas perspectivas y preguntas sobre todo ello en los siguientes capítulos. Pero primero, estas son algunas de las preguntas generales que podríamos querer explorar en un intento de promover el cambio de sistemas y de cultura. Pueden ayudar a guiar nuestras acciones mientras buscamos ser agentes de cambio positivos y eficaces para la transición hacia culturas regenerativas (basado en Mulgan y Leadbeater, 2013: 18-20).

P ¿Cuáles son las nuevas ideas, conceptos y perspectivas (paradigmas) que pueden conformar y promover la transformación sistémica?

P ¿Qué cambios en las políticas, que incluyan leyes nuevas y cambios normativos, apoyarán un cambio cultural positivo?

P ¿Cómo podemos crear redes de colaboración y coaliciones que estén unidas por unos valores e intenciones comunes?

P ¿Cuáles son los nuevos indicadores de éxito, los nuevos métodos para supervisar el progreso y cómo podemos cambiar lo que valora el mercado?

P ¿Qué relaciones y estructuras de poder necesitan transformarse para que pueda darse un cambio de sistemas y cómo vamos a hacer esto?

P ¿Qué clase de innovación tecnológica puede ayudar a la transición hacia una cultura regenerativa y cómo desplegamos estas tecnologías y elegimos no usar las potencialmente dañinas?

P ¿Qué clase de nuevas habilidades y de nuevas profesiones están surgiendo para respaldar esta transformación sistémica?

P ¿Cómo catalizamos y apoyamos la innovación social y el cambio de comportamiento?

P ¿Cuál es la escala apropiada en la que nos tenemos que centrar, y cómo entrelazamos la transformación local, regional y global?

P ¿Cuál es la manera más efectiva de tener presente el panorama completo y dar los pasos cortos para que sean viables y que puedan ofrecer una evaluación y un aprendizaje a nivel local?

P ¿Cuáles son los individuos o las organizaciones visionarias que actúan como agentes de cambio al ir más allá de lo convencional y desarrollar la novedad?

P ¿Cómo podemos crear proyectos que demuestren alternativas viables y deseables a "lo mismo de siempre"?

P ¿Cómo podemos invitar al mayor número de personas posible a que se unan a la conversación sobre la creación de culturas regenerativas de comunidades prósperas en una colaboración local-global?

CAPÍTULO 3

¿Por qué necesitamos pensar y actuar más sistemáticamente?

> El poder y la majestuosidad de la naturaleza en todos sus aspectos se pierden en aquel que solo la contempla en el detalle de sus partes y no como a un todo.
>
> Plinio el Viejo

Cada vez más gente está empezando a entender que el mundo del que somos partícipes es demasiado complejo, majestuoso y cambiante para que solo una perspectiva haga justicia a su diversidad y a su complejidad. La vida es más que una "teoría del todo" que reduce la impresionante diversidad, creatividad y belleza que nos rodea a una serie de ecuaciones matemáticas abstractas.

Vivimos en redes de relaciones definidas por cualidades que hacen que la vida merezca la pena vivirse. La mayoría de las cualidades escapan a la cuantificación y a la abstracción matemática. Necesitamos reconocer y valorar perspectivas múltiples y encontrar maneras de integrar sus distintas contribuciones en un marco de pensamiento que pueda conformar una acción sabia.

Para alcanzar una forma colaborativa de reconocer, integrar y evaluar las múltiples perspectivas, necesitamos ir más allá de la lógica dualista que sugiere que si dos perspectivas parecen contradecirse entre ellas, una de ellas debe estar categóricamente equivocada para que la otra sea correcta. Sin embargo, en un momento en el que nuestra creencia cultural en la capacidad de la ciencia y la tecnología para arreglar todos nuestros problemas está empezando a decaer, también necesitamos maneras de evaluar y comparar las distintas perspectivas. La ciencia podría no ofrecernos la imagen "objetiva" de la realidad que nos enseñaron en la escuela, sin embargo, en la mayoría de los casos, aunque ciertamente no en todos, sigue siendo un método poderoso el llegar a consensos intersubjetivos y constituye una base bastante más fiable sobre la que actuar que, por ejemplo, la opinión, la intuición o la percepción espontánea de un solo individuo. No deberíamos favorecer exclusivamente el razonamiento intersubjetivo "racional", ni tampoco confiar en la intuición y la percepción individual, sino que deberíamos dejarnos influenciar por ambos cómo y cuándo sea apropiado.

El pensamiento de sistemas íntegros nos permite cocrear imágenes enriquecidas del "sistema en cuestión", imágenes que pueden acomodar puntos de vista múltiples. Registrar la diversidad de perspectivas y percepciones que ofrecen estas imágenes, nos ayuda a actuar con más sabiduría frente a la incertidumbre reconociendo los límites de nuestro conocimiento.

Tanto si se apela a un pensamiento coordinado, a "múltiples vías de conocimiento", al pensamiento sistémico, a una estrategia integral o al pensamiento holístico, todos ellos nos invitan a un entendimiento más profundo de las crisis/oportunidades interrelacionadas que tenemos ante nosotros y, de este modo, a abrirnos al potencial de la "innovación transformadora" a medida que empezamos a ver las sinergias y el potencial para crear sendas de triple beneficio hacia el futuro. Si, como dijo Arthur Koestler, la esencia de la innovación es conectar dos o más cosas o temas antes desconectados, entonces innovaremos de forma más adecuada una vez que aprendamos de las perspectivas múltiples a integrar los problemas ecológicos, sociales y económicos en soluciones que sean buenas para las personas, el planeta y para una prosperidad compartida.

Además de promover la innovación y de orientarnos hacia soluciones más sistémicas y sinérgicas, integrar perspectivas múltiples también nos hace más conscientes de nuestra propia perspectiva particular y de cómo esa perspectiva influencia nuestra forma de responder a la situación. La clase de acción o respuesta que podríamos considerar apropiada en una situación dada depende, fundamentalmente, de nuestra cosmovisión, de nuestro sistema de valores y de la perspectiva que elijamos.

El pensamiento de sistemas íntegros nos puede ayudar en situaciones complejas en las que las diversas partes interesadas están intentando crear una base común para la acción colectiva, que reconoce las distintas necesidades y puntos de vista y aun así nos permite avanzar juntos. Es importante que no solo integremos los distintos aspectos exteriores o materiales de la realidad (el sistema en cuestión), sino que intentemos prestar atención a los aspectos inmateriales e internos de la situación. Las diferencias de opinión se pueden conciliar cuando somos conscientes de cómo asignamos significado e importancia a un tema de manera individual y colectiva. Necesitamos ser más conscientes de nuestra cosmovisión y de nuestro sistema de valores y de cómo conforman la perspectiva que favorecemos. Esto abre una senda hacia la transformación individual (desarrollo personal) y hacia la transformación cultural a través de una toma de decisiones más inclusiva.

Aplicar la "teoría integral"

Una manera de mapear esta complejidad de experiencias y perspectivas de las que disponemos es el marco de los cuatro cuadrantes, que forma la espina dorsal de la teoría integral (Wilber, 2007). Es un mapa de nuestras cuatro dimensiones de experiencia: la individual-interior (I), la individual-exterior (IT), la colectiva-interior (WE) y la colectiva-exterior (ITS). Estos cuatro cuadrantes abordan respectivamente los aspectos intencionales, los de comportamiento, los culturales y los sociales de cómo experimentamos el mundo. La figura 4 muestra una representación gráfica de este marco, que ha sido aplicada para hacer un mapa de una gran variedad de asuntos humanos en los campos de la filosofía, la psicología, los negocios, la ecología, la medicina, y el diseño (por mencionar algunos).

No es el momento de examinar aquí la teoría integral en detalle, pero os animo a explorar con más profundidad este valioso marco. Sin embargo, necesito abordar muy brevemente una crítica común que los teóricos integrales tienen sobre el pensamiento sistémico.

El marco de los cuatro cuadrantes de la teoría integral clasifica todas las perspectivas del sistema como pertenecientes únicamente al colectivo exterior (ITS), es decir, al mundo material de los sistemas físicos. Una crítica común a la "cosmovisión gaiana" es que reduce la realidad a la realidad material/física del "planeta vivo" o la "red de la vida". Aunque esto pueda ser verdad para algunos proponentes, ciertamente no es el enfoque que se explora aquí. Como ya debería haber quedado claro, este libro tiene la intención de invitar al cuestionamiento profundo sobre la manera en la que la conciencia y la materia, las dimensiones interiores (subjetivas) y las dimensiones exteriores (objetivas)

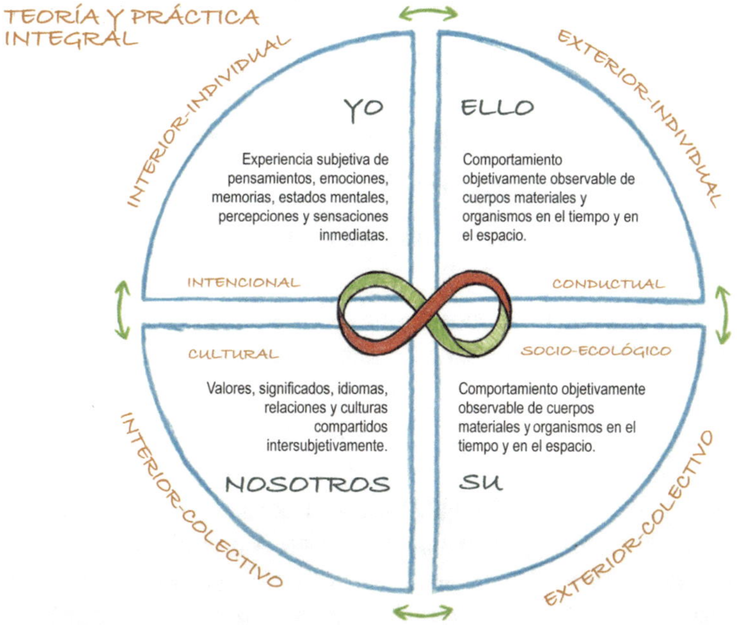

Figura 4: El Marco de los Cuatro Cuadrantes de la Teoría Integral (adaptado de Wilber, 2007).

de la realidad están interrelacionadas. Explorar esta relación conformará la manera en la que empezamos a crear una cultura regenerativa. Sí, el lenguaje de "sistemas" pertenece al cuadrante exterior/colectivo (ITS), pero un enfoque participativo de sistemas íntegros acerca de nuestra participación en los sistemas vivos explora las interrelaciones entre los cuatro cuadrantes.

El mapa integral puede hacer que nuestras experiencias de participación sean más comprensibles de manera que puedan guiar una acción sabia. Realmente es nuestra manera individual y colectiva de relacionarnos con el mundo la que crea el mundo que experimentamos. La perspectiva de sistemas íntegros o sistemas vivos analizada aquí trasciende e incluye el dualismo del "allí afuera" de la descripción objetiva y del "aquí dentro" de la experiencia subjetiva. Nuestra narrativa cultural da forma a nuestra experiencia individual sobre la manera en la que percibimos y explicamos lo que hay allí afuera. Hacerse más consciente de este proceso es el primer paso hacia la nueva manera de pensar a la que Einstein hacía referencia a que podría ayudarnos a resolver los "problemas" creados por la narrativa de separación (la línea de pensamiento que creó estos problemas en primer lugar). Creo que la narrativa del interser y del pensamiento participativo de sistemas íntegros podrá ayudarnos a transformar y/o a resolver muchos de estos problemas.

Creer es ver y ver es creer

Uno de los primeros pasos decisivos en cualquier proceso que nos permita aprender cómo pensar de manera diferente es empezar a cuestionar nuestras propias suposiciones y los modelos mentales que utilizamos.

P ¿Qué estamos dando por hecho?

P ¿Qué "hechos" estamos interpretando para alcanzar nuestras conclusiones y por qué?

P ¿Cómo pueden los modelos mentales y las metáforas que usamos influenciar nuestro entendimiento de la situación a la que nos enfrentamos?

La mayoría de la gente piensa que la percepción es el simple acto de abrir los ojos y ver lo que hay allí afuera, un mundo de hechos claramente observables que constituyen la "realidad". Este no es el caso. Neurocientíficos y físicos cuánticos coinciden en que cada acto de percepción también contiene un acto de concepción. El observador y sus métodos de observación afectan a lo que es observado. La realidad se muestra de maneras distintas dependiendo de la manera de pensar y de la manera de ver que utilizamos, y de los modelos mentales que usamos para encontrar un sentido a lo que observamos.

Imagina que eres un antropólogo que se cruza con una tribu escondida en una esquina remota del mundo, y te encuentras con personas que hasta entonces no han tenido contacto con la modernidad. Los miembros de la tribu no verían el equipamiento que llevas, como tu cámara, tu teléfono móvil, o tus gafas de la misma manera que tú o que yo percibiríamos esos objetos. Las gafas, por ejemplo, serían simplemente "algo extraño sobre tu nariz". Puede que las interpretaran como un adorno que denota tu posición en tu tribu.

Las palabras, los modelos mentales y la cosmovisión que utilizamos actúan como "ideas organizadoras" que nos ayudan a estructurar lo que vemos y a lo que prestamos atención. Estos procesos mentales dan forma a cómo vemos los sistemas y los procesos. ¡Con demasiada frecuencia confundimos el mapa con el territorio! Incluso la visión de los sistemas es en sí misma solo un mapa, una manera de ver relaciones e interacciones más claramente dependiendo de cómo definimos "el sistema en cuestión". En el mundo real todo está conectado e interactúa con todo lo demás, los límites se disuelven en lugares de encuentro e intercambio, tanto uniendo como separando diferentes aspectos del todo transformadores.

La mayoría de nosotros nos hemos encontrado en situaciones en las que discrepamos con alguien sobre cómo valorar cierta situación o cómo interpretar cierta reacción de otra persona. Si nos tomamos nuestro tiempo en prestar atención a las suposiciones básicas y a los modelos mentales que las personas están aplicando en el proceso de interpretación de una situación dada, y a hacerlo explícito, dichos conflictos se pueden resolver con más facilidad. Al menos, se hace posible "estar de acuerdo en discrepar" y aceptar que hay perspectivas o interpretaciones diferentes dependiendo de las creencias básicas, la cosmovisión y el sistema de valores que utilizamos para interpretar una situación dada. La estrategia de los Tres Horizontes presentada en el Capítulo 2 proporciona una metodología para hacerlo.

Muchos procesos de mediación y facilitación de conflictos se basan en ralentizar el proceso a través del cual pasamos de las observaciones a las interpretaciones y a las conclusiones, haciéndonos conscientes de que incluso en las observaciones iniciales ya fuimos selectivos a la hora de elegir en qué fijarnos. La elección está influenciada por nuestra cosmovisión dominante, la narrativa en la que vivimos nuestras vidas. Las técnicas de mediación como la Comunicación no Violenta invitan a las partes en conflicto a volver a lo que observan, a cómo les hace sentirse, y a qué necesidades podrían tener respecto a la situación en cuestión. Si conseguimos que las personas estén primero de acuerdo en algún nivel de "realidad consensuada" en relación a la situación en cuestión, es mucho más fácil hacerles conscientes de sus creencias y suposiciones principales y de cómo estas les llevaron a interpretar o juzgar la situación de maneras diferentes. Ser capaces de cuestionar nuestras propias suposiciones y de prestar atención a cómo pensamos e interpretamos situaciones es una habilidad esencial para cualquiera que esté en una posición de liderazgo, y para cualquiera que quiera cocrear una cultura regenerativa.

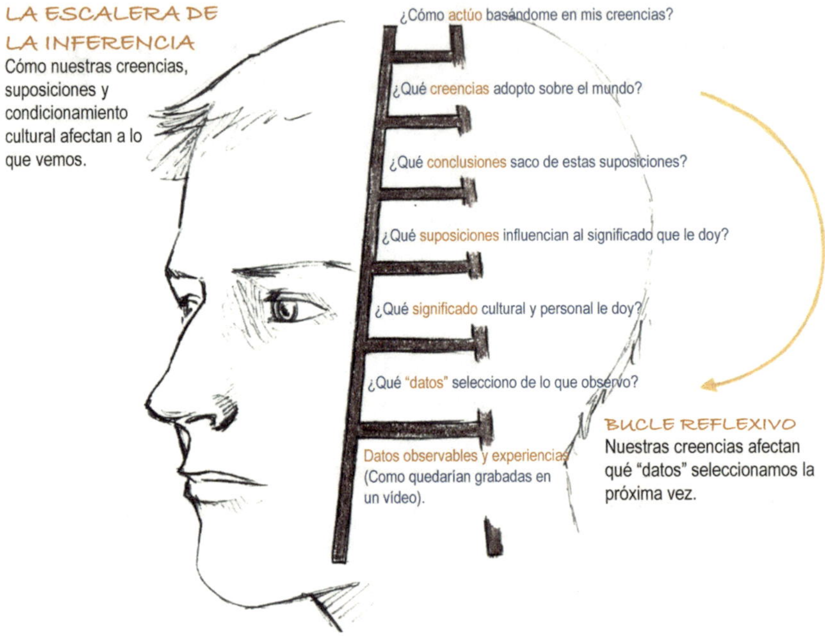

Figura 5: La Escalera de la Inferencia.

La *escalera de la inferencia* es un modelo que nos hace prestar atención a la manera en la que pensamos y creamos y cómo reforzamos suposiciones y creencias. Desarrollado por primera vez por el profesor de Harvard Chris Argyris, el modelo subraya nuestra tendencia a confundir nuestra valoración de una situación dada con los supuestos "hechos" de la situación. El modelo ilustra cómo nuestras suposiciones dan forma a la manera en la que percibimos el mundo y la manera en la que sacamos conclusiones sobre cierta situación basándonos en nuestras suposiciones. La Figura 5 ilustra cómo las creencias y las suposiciones tienen un efecto decisivo sobre a lo que elegimos prestar atención. Ofrece una serie de preguntas que podemos plantearnos a nosotros mismos para ser más conscientes de este proceso.

La *escalera de la inferencia* explica de manera simplificada la forma en la que seleccionamos ciertos datos de los hechos observables que tenemos delante. Luego añadimos significado a estas experiencias, que a su vez, influencian las suposiciones que hacemos, y cómo sacamos ciertas conclusiones que dan forma a nuestras creencias sobre el mundo. Estas creencias guían la manera en la que respondemos a situaciones y en la que actuamos en el mundo. Y lo que es más importante, la escalera de la inferencia subraya que existe un "bucle reflexivo" a menudo ignorado, a través del cual las creencias que formamos, basadas en experiencias pasadas y en el condicionamiento cultural, influencian realmente los hechos a los que en principio elegimos prestar atención. Nuestro sistema de creencias dominante y nuestra cosmovisión influencian en gran medida qué datos o interpretaciones alternativas, posiblemente importantes, elegimos ignorar.

Al hacernos más conscientes de los diferentes pasos que damos en la escalera, podemos cuestionar nuestras propias suposiciones, conclusiones y creencias y las de otros. Esta es una lista de preguntas que podemos utilizar cuando guiamos a individuos o grupos de personas a través de su propio proceso de razonamiento y de alcanzar propuestas para la acción. Estas nos invitan a aplicar la "escalera de la inferencia" a nuestras propias perspectivas y a las de otros:

P ¿En qué hechos observables y experiencias estoy basando mi razonamiento, y hay otros hechos a considerar?

P ¿Cómo y por qué elijo ciertos datos y considero que otros son menos relevantes?

P ¿Cuáles son las suposiciones subyacentes que estoy utilizando, y son válidas? (¿En qué suposiciones subyacentes me baso para juzgar su validez?)

P ¿Qué creencias sustentan mi perspectiva y cómo han influenciado estas creencias en lo que observo y en qué datos elijo?

P ¿Por qué estoy proponiendo seguir este procedimiento y qué alternativas o acciones complementarias deberíamos/podríamos considerar?

Pasar por el proceso de cuestionamiento consciente de las distintas perspectivas en un grupo que se enfrenta al desacuerdo podría no resolver el conflicto completamente, pero seguramente ayudará a comprender mejor las distintas perspectivas. Esta comprensión aumentada de las perspectivas múltiples puede ayudarnos a formar un entendimiento más sistémico del tema, lo que a su vez podría ofrecer una oportunidad para descubrir puntos comunes (necesidades, valores y creencias compartidas) que puedan ayudarnos a avanzar en los temas de una manera más inclusiva y participativa. Podría ayudarnos a actuar con más sabiduría al enfrentarnos al desconocimiento y a la incertidumbre.

Según mi propia experiencia facilitando y formando parte de dichos procesos de "cuestionamiento profundo", simplemente hacer estas preguntas para aclarar las diferentes perspectivas y las suposiciones que nos influencian puede ayudar a abrir una salida hacia la resolución de lo que inicialmente se percibió como un conflicto irreconciliable. Esto permite a las personas ver su propia "cuestión" dentro de un contexto más amplio, la perspectiva de sistemas íntegros que incluye "cuestiones" múltiples. Simplemente ser escuchado, valorado y reconocido puede generar una voluntad de comprometer las propias necesidades en un intento colaborativo de reconocer y abordar las necesidades de otros y de la salud, bienestar y resiliencia del sistema como un todo. Este es un paso importante para avanzar hacia culturas regenerativas.

El todo es más que la suma de sus partes

La cosmovisión en la que vivimos hoy empezó a tomar forma en ese periodo extraordinario de la historia europea llamado el Renacimiento, que encendió la chispa de la revolución científica y permitió la primera globalización violenta en forma de colonialismo y, más tarde, la primera revolución industrial. En el centro de estos cambios estaba una nueva manera de pensar dominante y un cambio de actitud hacia la naturaleza. Decenas de miles de mujeres con conocimientos sobre herbología y remedios naturales fueron quemadas como brujas durante un periodo de 300 años que coincidió con el desarrollo del método científico. La ciencia empezó a reemplazar a la religión como la "autoridad máxima" y como árbitro en cuestiones sobre el bien y el mal. Nuestra percepción del mundo natural se transformó de una visión favorable de la "madre naturaleza" y la creencia de que toda vida está conectada *(anima mundi)*, a ver la naturaleza como un recurso a explotar, controlar y conquistar.

El método científico dominante ofreció una separación conceptual entre el sujeto y el objeto, la mente y la materia, y la humanidad y la naturaleza. Nos enseñó cómo entender las cosas "de manera objetiva" al separarlas y sacarlas de su contexto. El observador distante, confiando en la lógica dualista y en el poder de la razón, pretende explicar el funcionamiento de cada parte para entender el todo. Esta estrategia mecanicista tomó sus metáforas de referencia de un relojero o de un mecánico que desmonta un reloj o una máquina, para entender o "arreglar" su funcionamiento. Claramente, este es un método útil para las máquinas, pero la vida es mucho más compleja que una máquina. Los organismos y los ecosistemas no se pueden entender adecuadamente dentro de un marco explicativo mecanicista.

El Renacimiento y la revolución científica han dado forma a nuestra cosmovisión y a quienes somos hoy, y de ninguna manera deberían considerarse como un error o como acontecimientos negativos. La metodología científica mecanicista y reduccionista, junto con la especialización del conocimiento y de las actividades humanas, permitieron una asombrosa explosión de conocimiento, de perspectivas y de desarrollo tecnológico. El método seguirá siendo útil para la humanidad, si aprendemos a ponerlo en su lugar y a reconocer que ofrece una metáfora simplificada, un método de dar sentido al mundo, pero que no es la única manera de ver el mundo y mucho menos la más importante. Y lo que es incluso más importante, no es la única manera de encontrar sentido a nuestra participación en el proceso de la vida. Como todas las demás perspectivas, tiene serias limitaciones y puntos ciegos de percepción.

La otra cara del reduccionismo y de la especialización es que corremos el riesgo de no prestar la suficiente atención a la interconexión e interrelación fundamental de todos los campos a los que hemos categorizado como "sujetos" o disciplinas separadas. Las propiedades cualitativas emergentes, a menudo principales, que dan a los sistemas complejos dinámicos su identidad única, son en su mayor parte invisibles a la miopía de disciplinas únicas y a un análisis reduccionista puramente cuantitativo. Como las numerosas y sorprendentes propiedades del agua nunca se podrían explicar o anticipar mirando solo al oxígeno y al hidrógeno por separado, los aspectos importantes de todos los sistemas vitales se escapan a un análisis puramente reduccionista y mecanicista. El fracaso al equilibrar este método con un método más sistémico y holístico puede provocar muchas consecuencias no intencionadas y a menudo negativas.

El pensamiento de sistemas íntegros

La comprensión del mundo a través de sistemas íntegros reconoce que un todo es siempre más que la simple suma de sus partes, prestando atención a la diversidad de elementos, a la calidad de las interacciones y relaciones, y a los patrones dinámicos de comportamiento que a menudo conducen a innovaciones y adaptaciones impredecibles y sorprendentes. Muchos de los problemas interrelacionados a los que nos enfrentamos, como agentes de cambio en la transición hacia una presencia humana más sostenible en la Tierra, tienen su causa principal en una manera de pensar que no ha prestado la suficiente atención a los *sistemas íntegros* y a su interconectividad dinámica, a sus relaciones dinámicas y a su contexto.

El pensamiento de sistemas íntegros tiene que ser una actividad multidisciplinar que haga un mapa e integre las relaciones, los flujos y las perspectivas en un entendimiento dinámico de las estructuras y de los procesos que influyen en el comportamiento del sistema. Los expertos y los especialistas son colaboradores importantes en la mayoría de los proyectos de sostenibilidad, pero también necesitamos integradores y generalistas que puedan ayudar a colocar las contribuciones de cada disciplina en relaciones sistémicas y a contextualizar las contribuciones hechas por los especialistas. Con demasiada frecuencia utilizamos indicadores de progreso limitados o medidas de éxito inadecuadas basadas en el predominio de una disciplina o de una perspectiva en particular.

Una manera de definir la palabra "sistema" es como un conjunto de elementos interconectados que juntos forman un patrón coherente al que nos podemos referir como un "todo". Dicho sistema presenta propiedades del todo que surgen de las interacciones y relaciones de los elementos individuales. Esta definición de sistemas se podría aplicar a una molécula, a una célula, a un ser humano, a una comunidad o al planeta. En muchos aspectos un sistema es menos una "cosa" que un patrón de relaciones e interacciones, un patrón de organización de los elementos que lo constituyen. La raíz griega de la palabra sistema es "synhistanai" que significa literalmente "colocar juntos".

El pensamiento sistémico y la intervención sistémica es un posible antídoto a los efectos secundarios no intencionados y peligrosos de habernos centrado durante siglos solo en análisis reduccionistas y cuantitativos conformados por la narrativa de la separación. Sin embargo, es importante mantener la conciencia de que la visión sistémica es también en sí misma solamente otro mapa que, como dijo Gregory Bateson, no debería confundirse con el territorio. Podemos reducir el mundo a un todo de la misma manera que podemos reducirlo a un conjunto de partes. Ni el todo ni las partes son primarios; surgen a través de procesos dinámicos que definen su identidad a través de relaciones y de redes de interacciones.

Una de las cuestiones más importantes de cualquier estrategia sistémica es preguntar "cuál es el sistema en cuestión". Al hacerlo definimos los límites que nos aportan las necesarias "restricciones habilitadoras" para dar sentido a una situación. Sin embargo, esos límites son en sí mismos una manera de ver que se hace una distinción entre el sistema en cuestión y su entorno. Deberíamos considerar los límites que distinguen un sistema de otro como lugares de conexión e intercambio en lugar de barreras que separan o aíslan.

En términos más generales, el pensamiento de sistemas vivos nos invita a ver los temas complejos desde perspectivas múltiples, a aplazar nuestro juicio al cuestionar nuestras propias suposiciones, y a honrar las perspectivas de las distintas disciplinas y de las distintas formas de saber. El pensamiento de sistemas vivos nos ayuda a prestar atención al terreno fértil de las soluciones sinérgicas de sistemas íntegros. Puede ayudarnos a ver con más claridad las oportunidades en las múltiples crisis convergentes que nos rodean. El pensamiento de sistemas vivos evita que veamos las limitaciones ecológicas, económicas y sociales como retos irreconciliables. Nos invita a no ver las distintas perspectivas de las partes interesadas con un talante competitivo de ganadores y perdedores, y nos incita a explorar soluciones de triple beneficio que mejoren la salud y la sostenibilidad general del sistema como un todo. El pensamiento de sistemas íntegros es el pensamiento de sistemas vivos. Creo que un entendimiento sistémico de los procesos con los que la vida regenera de manera continuada las condiciones que favorecen la vida, ofrece una senda para crear empresas y organizaciones regenerativas dentro de una economía regenerativa como factores que posibiliten una cultura regenerativa. Analizaremos muchos ejemplos en los capítulos siguientes. Estas son algunas de las preguntas a considerar cuando tratamos con sistemas:

P ¿Cuál es el sistema en cuestión y cómo estamos definiendo qué pertenece al sistema y qué no?

P ¿Cuál es el contexto más amplio en el que opera el sistema en cuestión?

P¿Cuáles son los agentes clave cuyas interacciones y relaciones definen la estructura del sistema e influyen en su comportamiento?

P ¿De qué manera nuestra cosmovisión y nuestro sistema de valores determinan nuestra perspectiva del sistema?

P ¿Cuáles son las "propiedades emergentes" clave del sistema que no podrían haberse predicho solo mirando las "partes" individuales del sistema?

P ¿Cómo afecta a lo que estamos observando nuestra participación en el sistema y nuestra manera de describirlo?

De la "crisis de percepción" a la "visión sistémica de la vida"

Después de formarme inicialmente como zoólogo y biólogo marino en la Universidad de Edimburgo y en la Universidad de California (Santa Cruz), he pasado los últimos 20 años de mi vida en busca de respuestas a un reto extremadamente complejo: *¿Cómo podemos crear una presencia humana más sostenible en la Tierra?* Todavía recuerdo el día, en primavera de 1994, cuando me di cuenta de que la manera más eficaz en la que podía contribuir a que las futuras generaciones pudiesen experimentar la felicidad que se siente al nadar con una manada de delfines en su hábitat natural no era continuar el camino para convertirme en un biólogo de mamíferos marinos, sino trabajar de cualquier manera posible para ayudar a mi propia especie a cambiar su perspectiva y su manera de identificarse con *la vida como un proceso planetario*. Somos partícipes en ese proceso y nuestro futuro depende de ello.

He dedicado las dos últimas décadas a investigar y a aprender cómo aplicar "soluciones sostenibles". Durante el proceso he sido académico, activista de base, asesor de empresas y educador, y he trabajado con autoridades públicas a nivel local, nacional e internacional (Naciones Unidas). He investigado, defendido y ayudado a implementar soluciones sostenibles en muchas áreas de la actividad humana como el transporte, la vivienda, el desarrollo comunitario, la producción de alimentos, el tratamiento de agua, la producción y el consumo sostenibles y la educación.

Afortunadamente, cada día hay más soluciones sostenibles disponibles, pero aplicadas a una escala inadecuada o sin prestar atención a su contexto sistémico las soluciones de hoy pueden convertirse pronto en los problemas de mañana. Sin la capacidad cultural de ver nuestras acciones y los cambios que nos rodean desde una perspectiva sistémica, combinada con la sabiduría para evaluar cualquier solución propuesta en el contexto de sus efectos para la salud y la resiliencia de la vida como un todo, incluso los intentos bien intencionados de crear sostenibilidad pueden tener resultados funestos.

El consejo ampliamente citado de Einstein "no podemos resolver nuestros problemas con la misma forma de pensar que usamos para crearlos" parece más apropiado que nunca. Estamos lidiando con la complejidad de un profundo cambio social y con la transición hacia culturas regenerativas diversas no solo como manifestaciones de una manera diferente de ser en el mundo, sino también de una manera diferente de estar en el mundo. En una carta dirigida a Jan Christiaan Smuts, Einstein le felicitó por la publicación de *Holism and Evolution* (Holismo y Evolución) (1926) y sugirió qué dos conceptos darían forma al pensamiento humano en el próximo milenio, su propio concepto de "relatividad" y el de "holismo" de Smuts definido como "la tendencia de la naturaleza a formar todos que son mayores que la suma de las partes por medio de la evolución creativa" (Smuts, 1927). El pensamiento holístico es la nueva manera de pensar que tenemos para (di)/(re)solver los problemas creados por el pensamiento reduccionista. Pero no deberíamos balancear el péndulo demasiado y favorecer el pensamiento holístico frente al pensamiento reduccionista. Deberíamos considerar el reduccionismo como un método útil para aplicarlo si y cuando sea apropiado y dentro del contexto de sistemas íntegros que reconoce las valiosas contribuciones de las distintas perspectivas, además de los límites de nuestro conocimiento. Podríamos preferir respuestas y soluciones definitivas pero ¿qué pasaría si simplemente no pueden darse?

P ¿Estamos persiguiendo un espejismo de certeza en un mundo profundamente ambiguo e impredecible?

P ¿Es vivir las preguntas con profundidad lo mejor que podemos hacer?

P ¿Cómo podrían las preguntas que elegimos para guiarnos afectar al mundo que acabaremos experimentando y cocreando en el proceso?

En la primavera de 2002 tuve la buena suerte de conocer al físico Fritjof Capra en el Schumacher College. Capra expresó claramente algo que yo había intuido y que estaba intentando entender mejor. Sugirió que las crisis ecológicas, medioambientales, sociales y económicas a las que nos estamos enfrentado no están separadas, sino que son expresiones interconectadas de una sola crisis: *una crisis de percepción*. Explicó cómo nuestra cosmovisión culturalmente dominante está conformada por teorías científicas caducas y por una tendencia a perdernos en los detalles de la perspectiva de una sola disciplina, en lugar de ver las "conexiones escondidas" que mantienen la viabilidad a largo plazo de la vida como un todo.

La historia neodarwinista de individuos y especies en fiera competencia por unos recursos limitados es una concepción de la vida inadecuada y limitada. La naturaleza sostiene la vida al crear y cultivar comunidades. Actualmente, la ciencia de la vida ya no ve la evolución como una lucha por la existencia sino como una danza y una exploración colaborativa de la novedad. Capra señaló que la "sostenibilidad es un proceso dinámico de coevolución en lugar de un estado estático. La sostenibilidad es una propiedad de toda una red de relaciones" (comentario personal) más que una característica de un solo individuo, empresa, país o especie.

Entender que la principal causa común de las múltiples crisis a las que nos enfrentamos es una *crisis de percepción,* nos ofrece la esperanza de que seremos capaces de responder antes de que sea demasiado tarde. Sugiere que si utilizamos una manera de pensar diferente a la que en principio nos metió en este lío, podríamos darnos cuenta de cuantos problemas interconectados se pueden combinar de modo que nos orienten hacia una serie de oportunidades interconectadas y a soluciones sistémicas de triple beneficio al abordar las causas principales en lugar de los síntomas.

Adoptar una visión sistémica de la vida es un paso importante para abordar la crisis de percepción. Percatarse de nuestro parentesco y comunión con los procesos de la vida como un todo, desencadenará un cambio de conciencia que nos permitirá mejorar radicalmente la calidad de nuestras vidas y la salud de los ecosistemas y del planeta que habitamos. Cambiará la forma en la que nos relacionamos los unos con los otros y con el resto del mundo natural y permitirá el surgimiento de la salud como propiedad del sistema, uniendo la salud humana y la planetaria.

Tanto individual como colectivamente estamos empezando a aprender cómo formular mejores preguntas a medida que nos hacemos conscientes de las interconexiones y relaciones a las que hasta ahora no hemos sabido prestar atención. La calidad del aire que respiramos, la calidad del agua que bebemos, la calidad de los alimentos que comemos, la calidad de la ropa que llevamos, la calidad de las casas en las que vivimos, la calidad de las comunidades en las que participamos, la calidad de nuestras relaciones humanas, la calidad de los sistemas en los que habitamos, la calidad de la educación que ofrecemos a nuestros niños y niñas. Todos estos aspectos cualitativos de nuestras vidas no solo dependen de detalladas y cuantificables especificaciones que puedan entenderse dentro de los estrechos confines de disciplinas separadas. Estos importantes aspectos cualitativos de nuestras vidas dependen de relaciones complejas y de redes que conectan todos estos aspectos en un todo dinámicamente transformador. Estas relaciones y redes conectan nuestro futuro individual y colectivo a la salud, la resiliencia y el bienestar de *la vida como un todo*.

Los avances en la biología, la ecología, la neurociencia y la teoría de la complejidad nos ofrecen ahora una visión sistémica de la vida (ver Capra y Luisi, 2014b), definida en detalle durante las pasadas décadas. La sociedad está empezando a ponerse al día y la mayoría de las iniciativas de vanguardia para promover la transición hacia culturas regenerativas están conformadas por este entendimiento sistémico de los sistemas vivos y de nuestra íntima relación con ellos. Peter Senge ha sido un destacado defensor de la importancia del pensamiento sistémico para las personas en posiciones de liderazgo empresarial:

> Los innovadores que están creando la economía regenerativa del mañana han aprendido a su manera cómo ver el sistema más extenso en el que viven y trabajan. Miran más allá de los acontecimientos y de las soluciones superficiales para ver las estructuras más profundas y las fuerzas que están en juego, no permiten que los límites (ni los organizativos ni los culturalmente impuestos) acoten su pensamiento, y toman decisiones estratégicas que tienen en cuenta los límites naturales y sociales, y trabajan para crear ciclos de innovación que se auto refuerzan, estrategias de cambio que copian la manera en la que el crecimiento ocurre en el mundo natural. Han aprendido a ver sistemas cultivando una inteligencia que todos poseemos. Los seres humanos somos pensadores de sistemas naturales, pero como cualquier capacidad innata, este talento deber entenderse y cultivarse.
>
> Peter Senge (2008: 167)

La visión sistémica entiende la vida como redes de relaciones. Podemos encontrar patrones en forma de red en células individuales, en órganos, en organismos, en comunidades, en ecosistemas o en la biosfera como un todo. Las propiedades cualitativas emergentes que hacen que la vida merezca la pena vivirse y que sustentan la vida como un todo no están localizadas dentro de uno o de muchos organismos, están distribuidas a lo largo de todas estas escalas como propiedades sistémicas de un todo vivo y transformador en el que cada participante cuenta y en el que *todos nosotros* cocreamos el futuro.

Si pretendemos mantener el futuro común de la humanidad, necesitamos aprender cómo esta puede convertirse en una influencia positiva que mantenga la vida de los ecosistemas que nos rodean y del planeta como un todo. Esta es la esencia de la creación de una cultura humana sostenible y regenerativa. Diseñando nuestras soluciones tecnológicas, sociales y económicas en torno a los principios de la ecología y la biología y con una visión sistémica de la vida, podemos transformar la cultura para que se convierta en una fuerza restauradora y regenerativa.

El surgimiento continúo de la conciencia auto reflexiva, y de nuestra experiencia (cultural) subjetiva e inter-subjetiva de ser reflejos vivos de la continua exploración de la novedad de la vida, depende de mantener la salud y la integridad de las bases biológicas y ecológicas para nuestra continua evolución. La "visión de sistemas vivos" de la vida no es una cosificación de la naturaleza y de la biología como algo separado de la experiencia interior (individual y colectiva) de la conciencia, sino que entiende la vida y la conciencia como manifestaciones entrelazadas fundamentales del mismo proceso. En la conciencia autoreflexiva nos hacemos conscientes del papel que juega la manera-en-la-que-experimentamos y a-qué-prestamos-atención dentro de la experiencia misma, poniendo nuestra atención en cómo estamos creando un mundo juntos. Solo estamos empezando a entender el surgimiento co-dependiente de la vida y de la conciencia como procesos fundamentalmente participativos de establecer relaciones y de toma de perspectiva:

> [...] la consciencia es mucho más que un accidente evolutivo o un epifenómeno de los procesos bioquímicos dentro de nuestras cabezas, de hecho, la consciencia está fundamentalmente entretejida en el universo mismo. [...] Lo que estamos diciendo es que existe un cierto grado de subjetividad desde el principio hasta el fin de la escalera evolutiva, desde los más pequeños quarks hasta el mayor de los cerebros. En líneas generales esta consciencia se puede describir como un sistema "hacedor de perspectivas, tomador de perspectivas" que crea, recoge y organiza puntos de vista más profundos, más amplios, y más sofisticados a medida que se va desarrollando.
>
> Ken Wilber & Allan Combs (2010)

Interser

La práctica del pensamiento sistémico es la práctica del pensar sobre el mundo a través del concepto de un sistema (Checkland, 1981). Puede ayudarnos a hacer más comprensibles las interacciones dinámicas complejas y puede conformar iniciativas sabias y acciones adecuadas. La práctica de mirar a un conjunto de participantes y a sus relaciones y de definirlas como un "sistema" crea un marco dentro del cual podemos formular preguntas más profundas sobre las estructuras y los comportamientos que influencian estas relaciones. Al definir un límite del sistema no estamos aislando este "sistema en cuestión" de todos los demás, sino que estamos creando un marco para explorar cómo podría estar relacionado con los sistemas más extensos que lo contienen. También podríamos darnos cuenta de que nuestro "sistema en cuestión" podría a su vez estar formado por una serie de otros sub-sistemas.

Con demasiada frecuencia el pensamiento sistémico se equipara a un conjunto de metodologías muy específicas, como dibujar diagramas de influencia, bucles de retroalimentación y modelos de sistemas de stock-flujo. Todas ellas son herramientas en la caja de herramientas del pensamiento sistémico, pero equipararlas con el sistema en su totalidad sería igual que equiparar un conjunto de pinceles, un caballete y un lienzo con el arte de la pintura. Más que un conjunto de herramientas, el pensamiento sistémico es un arte de danza creativa con la complejidad, que tiene el poder de transformarnos a nosotros y a nuestro mundo. Hace que nos veamos a nosotros mismos, y a nuestro mundo, con ojos diferentes.

Como señaló el poeta David Whyte: la prosa trata de palabras que describen una experiencia mientras que la poesía provoca una experiencia por sí misma. Déjame que te ofrezca la opinión del poeta Thích Nhất Hạnh sobre el pensamiento de sistemas en su totalidad:

> Si eres un poeta, verás claramente que hay una nube flotando en esta hoja de papel. Sin una nube, no habrá lluvia; sin lluvia, los árboles no pueden crecer; y sin árboles, no podemos hacer papel. La nube es esencial para que exista el papel. Si la nube no está aquí, la hoja de papel tampoco puede estar aquí. Así que podemos decir que la nube y el papel inter-son. "Interser" es una palabra que todavía no está en el diccionario, pero si combinamos el prefijo "inter" con el verbo "ser" tenemos un nuevo verbo, inter-ser. Sin una nube no podemos tener papel, así que podemos decir que la nube y el papel inter-son.
> Si miramos esta hoja de papel con más profundidad, podemos ver la luz del sol dentro de él. Si la luz del sol no está, el bosque no puede crecer. De hecho, nada puede crecer. Tampoco nosotros podemos crecer sin la luz del sol. Y por eso, sabemos que la luz del sol también está en esta hoja de papel. El papel y la luz del sol inter-son. Y si continuamos mirando, podemos ver al leñador que cortó el árbol y lo llevó a la serrería para transformarlo en papel. Y vemos trigo. Sabemos que el leñador no puede existir sin su ración diaria de pan, y por eso el trigo que se convirtió en pan está también en la hoja de papel. La madre y el padre del leñador también están. Cuando miramos de esta manera, vemos que sin todas estas cosas, esta hoja de papel no puede existir.

> Mirando incluso con más profundidad, podemos vernos a nosotros mismos en esta hoja de papel. Esto no es difícil de ver, porque cuando miramos a la hoja de papel, la hoja de papel es parte de nuestra percepción. Tu mente está aquí y la mía también. Así que podemos ver que todo está aquí con esta hoja de papel. No puedes encontrar una cosa que no esté aquí, el tiempo, el espacio, la tierra, la lluvia, los minerales del suelo, la luz del sol, la nube, el río, el calor. Todo co-existe con este papel. Por eso creo que la palabra interser debería estar en el diccionario. "Ser" es interser. Tú no puedes ser solo. Tienes que interser con todas las demás cosas. Esta hoja de papel es, porque todo lo demás es.
> Imagina que intentamos devolver uno de los elementos a su fuente. Imagina que devolvemos la luz del sol al sol. ¿Crees que esta hoja de papel sería posible? No, sin la luz del sol nada puede ser. Y si devolvemos al leñador a su madre, entonces tampoco tendremos la hoja de papel. El hecho es que esta hoja de papel está hecha solo de elementos "no-papel". Y si devolvemos esos elementos no-papel a sus fuentes, entonces no puede haber papel en absoluto. Sin los elementos "no-papel", como la mente, el leñador, la luz del sol, y demás, no habrá papel. Con lo delgado que es este papel, contiene todo lo que hay en el universo dentro de él.
>
> Thích Nhất Hạnh (1988: 3-5)

Thích Nhất Hạnh nos ofrece un magnífico ejemplo de ver y entender sistemas íntegros. Empezando con una simple hoja de papel, nos ofrece una imagen de la interconexión fundamental de nuestro sistema planetario, que ahora también estamos empezando a entender a través de la física, de la ciencia de la complejidad, de la ecología y de la ciencia de los sistemas terrestres. Somos partícipes de un todo dinámico dentro del cual nos definimos a nosotros mismos y creamos nuestra realidad a través de nuestra participación en relaciones. Ser es interser.

En muchos aspectos, la palabra "interser" describe un cambio en la percepción del yo y del otro que ocupa un lugar central en la cocreación de culturas humanas regenerativas y de una presencia humana sostenible en la Tierra. La innovación transformadora para culturas regenerativas impulsa el cambio desde una sociedad de crecimiento industrial, basada en la extracción y explotación de recursos naturales y conformada por la "narrativa de separación" hacia una sociedad que sustenta la vida, basada en procesos agrícolas e industriales regenerativos y conformada por la "narrativa del interser". La palabra "interser" describe la transformación hacia una nueva narrativa de la relación de la humanidad con una comunidad viva más amplia y su dependencia de los sistemas planetarios que soportan la vida. Estas son algunas preguntas que podríamos usar para catalizar conversaciones sobre esta transformación en grupos comunitarios, salas de junta de empresas, y departamentos gubernamentales:

P ¿Hasta qué punto la manera en la que estamos formulando el problema y proponiendo soluciones está conformada por la "narrativa de separación" y cómo podríamos reformularlo dentro de la "narrativa de interser"?

P ¿Cómo cambian nuestras necesidades reales y las percibidas a medida que cambiamos de una perspectiva de separación a una perspectiva de interser?

P ¿Cómo proponemos soluciones conformadas por el interser y evaluamos su efecto en una comunidad viva más amplia y en la vida de las futuras generaciones?

¿Cómo podemos participar adecuadamente en sistemas complejos?

> A principios de los años 50 el pueblo Dayak de Borneo fue víctima de la malaria. La Organización Mundial de la Salud tuvo la solución: fumigar con grandes cantidades de DDT para matar los mosquitos que portaban la malaria. Los mosquitos murieron, la malaria descendió; hasta aquí todo bien. Pero hubo efectos secundarios. Uno de los primeros fue que los techos de las casas empezaron a caerse en las cabezas de sus moradores. Parecía que el DDT estaba matando a una avispa parásita que antes había controlado las orugas que comen paja. Peor, el DDT, envenenó los insectos que comían los gecos, a los que se comían los gatos. Los gatos murieron, las ratas prosperaron, y la gente se vio amenazada por brotes de peste selvática y de tifus. Para hacer frente a estos problemas, que ella misma había creado, la Organización Mundial de la Salud se vio obligada a lanzar en paracaídas 14.000 gatos en Borneo.
>
> Hunter Lovins y Amory Lovins (1995)

Esta historia sirve para ilustrar que en sistemas dinámicos complejos cualquier intento de solucionar problemas aislados sin considerar adecuadamente su contexto sistémico puede desencadenar efectos secundarios no intencionados e incluso problemas nuevos y a menudo más graves.

El científico de sistemas alemán, el profesor Frederick Vester (2004: 36-37), identificó una serie de errores comunes que se dan cuando se pide a equipos que intervengan o "gestionen" sistemas dinámicos complejos. Las percepciones de Vester se inspiraron en una serie de experimentos del psicólogo Dietrich Dörner que había retado a varios equipos multidisciplinares de 12 especialidades diferentes a mejorar el sistema en general y el diseño de infraestructuras de un país ficticio del mundo en desarrollo. Un programa informático hizo el modelo del impacto de sus estrategias en ciclos repetidos de intervenciones a lo largo de un siglo. El objetivo del estudio era ver cómo equipos de expertos abordaban la resolución de problemas, la planificación y las intervenciones en sistemas. El análisis que Vester hizo del trabajo de Dörner proporciona la base para una lista de preguntas útiles que podemos plantearnos para evitar los errores más comunes cuando nos ocupamos de temas sistémicos complejos.

P ¿Hemos definido correctamente nuestros objetivos? ¿Estamos intentando maximizar parámetros aislados u optimizar el sistema completo?

En lugar de centrarnos en aumentar la capacidad y la probabilidad de supervivencia del sistema como un todo, tendemos a ofuscarnos en la resolución de problemas individuales, de uno en uno. Tendemos a buscar "problemas manejables" y deficiencias en el sistema, y tendemos a definir estos problemas desde la perspectiva de una sola disciplina en lugar de hacerlo desde una perspectiva de sistemas íntegros.

P ¿Hemos intentado un análisis de sistemas coordinado prestando atención a la dinámica en lugar de ofuscarnos con datos estáticos?

Tendemos a obsesionarnos con la recogida de enormes cantidades de datos mensurables (cuantitativos). Esto resulta en grandes conjuntos de datos, pero si no prestamos atención a los aspectos cualitativos de las interacciones y las relaciones subyacentes a menudo fracasamos en generar un entendimiento coordinado y coherente del sistema completo. Al explorar el potencial de los bucles de retroalimentación, de los límites, de la dinámica y de las relaciones clave dentro del sistema podemos avanzar hacia un cuestionamiento más profundo en busca de los principios y políticas organizativas que estructuran el sistema y que motivan su comportamiento. Dado que los sistemas complejos son entidades vivas que cambian con el tiempo, con frecuencia es más útil centrarse en la dinámica y en las relaciones cualitativas que obsesionarse recogiendo datos cuantitativos de un punto en el tiempo concreto.

P ¿Estamos evitando la trampa de crear un énfasis irreversible?

Existe una tendencia a centrarse en temas que inicialmente fueron identificados como parámetros centrales. Si existen éxitos parciales dentro de un problema particular, estos pueden verse favorecidos en detrimento de otros. Los "puntos ciegos" de nuestro entendimiento sistémico pueden tener graves consecuencias. Nos podemos ver sorprendidos por efectos secundarios inesperados de acciones particulares, y fracasar en la prevención de efectos peligrosos descontrolados debido a que estamos centrados en otras cosas.

P ¿Estamos prestando la suficiente atención a los efectos secundarios potenciales de nuestras acciones?

Trabajar con distintos escenarios también puede ser útil. Esto nos permite explorar y comparar los resultados potenciales de las acciones propuestas y anticipar posibles resultados.

P ¿Estamos teniendo cuidado en no sobrevirar o reaccionar de manera exagerada?

Las intervenciones iniciales centradas en la resolución de problemas tienden a hacerse con indecisión y normalmente comienzan a pequeña escala. Si después de un corto periodo de tiempo no hay efectos visibles en el sistema, lo que sigue tiende a ser una intervención a gran escala. Una vez que nos encontramos con retroalimentaciones inesperadas del sistema, debido a que los efectos retardados de las pequeñas intervenciones iniciales se han acumulado y ahora están amplificando los efectos de la intervención a gran escala, la reacción más común es pisar el freno o intentar revertir las intervenciones.

P ¿Estamos evitando actuar de forma autoritaria?

Saber o creer que tenemos el poder y la capacidad de cambiar el sistema, junto con la creencia muchas veces equivocada de que hemos entendido el sistema, con frecuencia resulta en un comportamiento dictatorial. Esto es totalmente inadecuado cuando tratamos con sistemas dinámicos complejos. Una manera más apropiada y eficaz de afectar a dichos sistemas como participante es cambiarlos mientras remamos a favor de su corriente en lugar de contra ella. Con frecuencia las aspiraciones personales de conseguir prestigio profesional o político son los motivos principales detrás de cambios a gran escala que ponen en peligro la dinámica del sistema. Los individuos intentan impresionar por medio del tamaño del proyecto que están proponiendo en lugar de por su funcionalidad. La lucha por el poder y el respeto tienden a tener una influencia negativa en la manera en la que trabajamos con sistemas complejos. La participación adecuada en sistemas complejos trata de vivir estas preguntas siendo humildemente conscientes de los límites de nuestro conocimiento. Tenemos que seguir preguntándonos:

P ¿Cómo podemos actuar con humildad y consciencia futura, aplicando la previsión y la innovación transformadora frente a la imprevisibilidad y la incontrolabilidad de sistemas dinámicos complejos?

El Modelo Sistema-Mundo del IFF

> El Modelo Sistema-Mundo establece una estructura holística para la visión del estado del mundo y, por ello, una plataforma para entender nuestra difícil situación a nivel global, para evaluar innovaciones y para diseñar iniciativas sabias.
>
> Anthony Hodgson (2011: 43)

El Modelo Sistema-Mundo del IFF y el Juego Mundial del IFF asociado se desarrollaron para ayudar a la gente a explorar cómo podría ser una respuesta transformadora a nuestra actual "crisis de percepción" o "emergencia conceptual". Son herramientas eficaces para facilitar el pensamiento sistémico coordinado sobre las crisis convergentes e interconectadas a las que nos enfrentamos, y para ofrecer una manera de conectar las soluciones que se proponen actualmente en un marco más sinérgico. La idea de esta estrategia estuvo inspirada por Richard Buckminster Fuller, pero el mayor peso del desarrollo de estas herramientas lo tuvo el trabajo de Anthony Hodgson (con el apoyo del International Futures Forum). En *Ready for Anything – Designing Resilience for a Transforming World* (Preparados para cualquier cosa –Diseñar Resiliencia para un Mundo Transformador), Tony describe los distintos usos y la lógica detrás del Modelo Sistema-Mundo del IFF, ofreciendo una serie de casos prácticos de aplicaciones eficaces hasta ahora. La siguiente figura muestra el Modelo Sistema-Mundo del IFF.

El Modelo Sistema-Mundo del IFF (WSM por sus siglas en inglés) conecta 12 dimensiones (o nodos) clave de un sistema regenerativo. Los 12 nodos han sido elegidos a conciencia para hacer un mapa de los componentes o temas vitales para crear un sistema humano viable y próspero en cualquier escala. Como tal, el modelo se puede usar para hacer un mapa, de una manera sistémica y multidisciplinar, de los aspectos vitales de una comunidad, un barrio, una ciudad, una bioregión, una nación o del planeta (de ahí modelo sistema-"mundo"). El WSM actúa como un motor que genera preguntas o como un catalizador para un pensamiento coordinado.

Cada uno de los 12 nodos está unido en un mapa que parece la esfera de un reloj con 66 líneas interconectadas. Cada una de esas líneas crea una "díada" de dos factores interconectados, invitando a preguntar cómo estos dos factores podrían estar relacionados entre sí. La pregunta sobre la "interconexión" se puede formular en relación a cómo el fracaso o la viabilidad disminuida en uno podría afectar a otros nodos. También nos invita a explorar la manera en la que una solución propuesta en un nodo podría afectar de manera positiva a otros nodos. El WSM se puede usar para generar soluciones de diseño coordinadas que busquen crear sinergias entre los distintos nodos optimizando el sistema completo. Por ejemplo, el modelo podría invitarnos a investigar

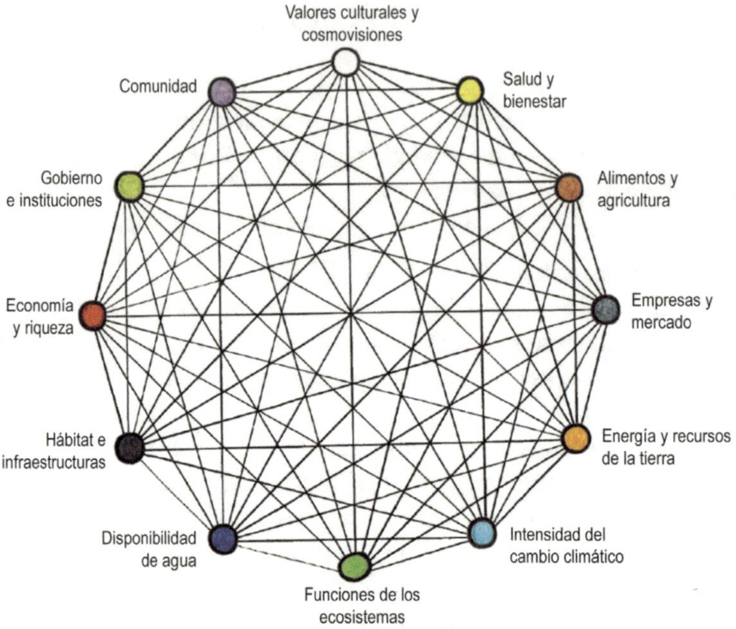

Figura 6: El Modelo Sistema-Mundo del IFF, reproducido de Hodgson (2011) con el permiso del autor.

cómo una mejora propuesta en el uso de "energía renovable y recursos de la tierra" podría afectar de manera positiva a las mejoras en el "hábitat y la infraestructura" y viceversa; o podría pedirnos que explorásemos la conexión entre la "salud y el bienestar" y los "servicios ecosistémicos" (las funciones de ecosistemas sanos que nos proporcionan aire limpio, agua fresca, alimentos y recursos biológicos, además de regular el clima y las enfermedades, el control de la erosión, el ciclo de nutrientes y la polinización).

Ya sea trabajando en un caso específico de un proyecto de barrio urbano sostenible, o mejorando el trabajo sostenible de un país a escala nacional, el modelo se puede aplicar en cualquier escala desde la local a la global, y al hacerlo así puede invitar a formular preguntas sobre cómo el trabajo en una escala podría afectar a otra, una práctica denominada "diseño de enlace de escalas" (Van der Ryn y Cowan, 1996; y Wahl, 2007). El modelo no solo se puede usar para promover preguntas sobre cómo crear soluciones de diseño sostenibles y coordinadas y mejoras sistémicas para la viabilidad general; sino que también se puede aplicar para auditar el "*statu quo*" de cualquier sistema, al invitarnos a hacer un mapa de los puntos fuertes y débiles de un sistema dado en relación a cada uno de los nodos.

En combinación con el modelo de los Tres Horizontes, presentado en el

Capítulo 2, el WSM se puede utilizar para hacer un mapa de un sistema en relación a cada horizonte: la situación del "mundo en crisis" actual del H1, el potencial para innovaciones de transición y mejoras sistémicas del H2, las visiones de un sistema viable del H3. Idealmente los 12 nodos refuerzan mutuamente la viabilidad de todos los otros nodos, creando de esta manera un sistema general próspero y sano. Para crear soluciones sinérgicas en el diseño de sistemas íntegros local y globalmente adecuados, debemos empezar entendiendo mejor la naturaleza interconectada de los problemas a los que nos enfrentamos en cada uno de los distintos nodos.

El analista y asesor de seguridad internacional Thomas Homer-Dixon observó cómo el fracaso en la viabilidad de un aspecto de un sistema con frecuencia acompañaba fracasos simultáneos en otros aspectos de ese sistema. Se refirió a esta situación como fracaso sincrónico (Homer-Dixon, 2006). El WSM puede hacernos más conscientes de la manera en la que los cambios en la viabilidad en un nodo podrían causar efectos dominó por todo el sistema, resultando en cambios en otros nodos. Una solución que se propone desde una perspectiva aislada de un nodo particular y centrada solo en mejorar la viabilidad de ese nodo puede en realidad resultar en efectos negativos (viabilidad disminuida) en uno o en muchos otros nodos. Para evitar esto necesitamos aprender a pensar y actuar más sistemáticamente.

Un ejemplo obvio de nuestra miopía sistémica es la manera en la que muchos de los que toman las decisiones se centran solamente en "rescatar la economía" impulsando el crecimiento económico y, al hacer eso, sus "soluciones" a corto plazo en realidad disminuyen la viabilidad de la mayoría de los otros nodos del sistema. Muchas medidas que están dirigidas a aumentar el crecimiento económico terminan teniendo un impacto negativo en la "Comunidad". Esto es así porque con frecuencia aumentan la desigualdad y disminuyen la viabilidad de los "Servicios Ecosistémicos" al tiempo que aumentan la "Intensidad del Cambio Climático".

Hasta ahora, el WSM se ha utilizado para hacer mapas del impacto potencial de distintos *fracasos sincrónicos o éxitos sincrónicos*, y de escenarios de efecto dominó en una serie de aplicaciones de casos prácticos que varían en escala, desde pequeñas comunidades a ciudades, regiones, islas, e incluso países enteros (ver Hodgson, 2011). Al implicar en el proceso de cuestionamiento de las posibles conexiones entre los distintos nodos a grupos de diversas partes interesadas y a expertos, les retamos a conectar temas que previamente podrían haber sido contemplados de forma aislada. Esto no solo crea una manera "rápida y frugal" de generar una serie de posibles escenarios futuros, también invita al pensamiento lateral y promueve ideas innovadoras que podrían conducirnos a sendas de innovación transformadora. Una vez que se han generado una serie de escenarios, se pueden explorar dentro del contexto del modelo de los Tres Horizontes. Nos podemos preguntar si las innovaciones propuestas ciertamente hacen probable catalizar la transición hacia el mundo viable del Horizonte 3 o si es más probable que sean capturadas por el primer horizonte para prolongar "lo mismo de siempre".*

El WSM y el *Juego Mundial* asociado son particularmente útiles para generar conciencia sobre las conexiones y las posibles interacciones en y a lo largo de distintas escalas (recurrencia y enlace de escalas). Son maneras eficaces de generar escenarios rápidos y de promover el "pensamiento futuro" sistémico. Como herramienta para el "asesoramiento avanzado" en talleres de estrategia y en situaciones con múltiples partes interesadas, el Juego Mundial libera la creatividad a través del "juego" y proporciona a quienes toman decisiones una experiencia directa del pensamiento y diseño sistémicos y de sus beneficios potenciales para una acción sabia. El juego creativo es una manera poderosa de liberar el pensamiento lateral y generativo (Hodgson, 2012).

El surgimiento de la salud sistémica, del bienestar y de las culturas regenerativas se puede facilitar por medio del diseño integrador de sistemas íntegros (ver el Capítulo 4). El uso de pensamiento y diseño sistémicos no es una ciencia exacta sino el arte de una participación adecuada. Todavía estamos al principio de nuestro viaje para recomponer de nuevo juntos a Zanco Panco, para deshacer algunos de los efectos secundarios de nuestra historia de separación. Tenemos que aceptar que no tenemos todas las respuestas y que tendremos que reexaminar con frecuencia las preguntas que formulamos. La integración y la síntesis de sistemas íntegros es la tarea que todos nosotros tenemos por delante.

> Estamos ahogados en información, a la vez que estamos hambrientos de sabiduría. A partir de ahora el mundo estará dirigido por sintetizadores, personas capaces de reunir la información correcta en el momento correcto, de ser críticas y de tomar decisiones importantes con sabiduría.
>
> E. O. Wilson (1999: 294)

Aprender a ver la naturaleza en todas partes

Cuando el 4 de noviembre de 1869 se puso a la venta la primera edición de la revista científica Nature esta contenía un prólogo del biólogo británico T.H. Huxley. En su introducción, Huxley citó en detalle al poeta-científico Johann Wolfgang von Goethe (1749-1832) y concluyó con la siguiente frase: "puede ser, que mucho después de que las teorías de los filósofos cuyos logros están recogidos en estas páginas queden obsoletas, la visión del poeta permanecerá como un símbolo verdadero y eficiente de la maravilla y del misterio de la Naturaleza". Este es un extracto de la visión de la naturaleza de Goethe:

> ¡NATURALEZA! Ella nos rodea y nos abraza: incapaces de separarnos de ella, e incapaces de penetrar más allá de ella. [...] Vivimos rodeados de ella pero no la conocemos. Nos habla incesantemente, pero no traiciona su secreto. Constantemente actuamos sobre ella, y sin embargo no tenemos poder sobre ella. [...] Siempre ha pensado y siempre piensa; pero no como un hombre, sino como Naturaleza. [...] Aquello que es lo más antinatural es todavía Naturaleza; el filisteísmo más estúpido tiene un toque de su genio. Aquel que no puede verla por todas partes, realmente no la ve en ninguna parte. [...] El espectáculo de la Naturaleza siempre es nuevo, porque siempre está renovando los espectadores. La vida es su invento más exquisito; y la muerte es su experto ardid para obtener abundancia de vida. [...] Obedecemos sus leyes incluso cuando nos revelamos contra ellas; trabajamos con ella incluso cuando deseamos trabajar contra ella. [...] Ella ha aislado todas las cosas para que todos puedan acercarse al otro. Guarda un par de tragos de la copa del amor como pago justo por el dolor de una vida. [...] Ella es completa, pero nunca está terminada.
>
> Johann Wolfgang von Goethe en T. H. Huxley (1869)

¿Qué significaría ver a la naturaleza en todas partes? Esto no es solo una simple cuestión de semántica. Nuestro mundo cambiaría si empezáramos a entender la cultura, la sociedad y la tecnología como expresiones del mismo proceso creativo natural que ayudó a crear la atmósfera que hoy respiramos y que dio forma a la historia de nuestro planeta durante millones de años. Contemplar este cambio de perspectiva es todo un reto. Si todo es naturaleza, entonces nada es antinatural, artificial o no forma parte del proceso natural. ¿Podemos realmente llamar "natural" a una central nuclear, o a una bomba atómica o a organismos manipulados genéticamente? Incluir todo lo que existe dentro del todo natural constantemente transformador se convierte en una necesidad si queremos superar el falso dualismo entre naturaleza y cultura. Incluso las tecnologías peligrosas no pueden separarse del todo. Los átomos con los que están hechos son parte del universo y transformadores de la naturaleza. Pero incluso plantearlo de esta manera puede alejarnos del entendimiento del "todo auténtico" de la naturaleza (Bortoft, 1971), dado que no deberíamos pensar sobre el todo de la naturaleza como un todo aditivo, como la suma de sus partes.

El todo surge de *dentro* de todas sus partes y las partes encuentran su significado e identidad perteneciendo al todo. Henri Bortoft escribe en su impresionante y profundamente esclarecedor libro sobre el enfoque científico de Goethe, The Wholeness of Nature (La Naturaleza como totalidad):

> No podemos conocer el todo de la manera en la que conocemos las cosas porque no podemos reconocer al todo como una cosa. [...] El todo estaría fuera de sus partes de la misma manera en la que cada una de las partes esta fuera de todas las demás partes. Pero el todo se presenta dentro de sus partes, y no podemos encontrar el todo de la misma manera que encontramos las partes. No deberíamos pensar en el todo como si fuera una cosa.
>
> Henri Bortoft (1996: 14)

Bortoft dedicó su vida a la exploración, la enseñanza y la divulgación de lo que él denominó una manera dinámica de ver que nos permite experimentar "la aparición del todo dentro de las partes". Nos avisa de la dificultad epistemológica del enfoque puramente analítico y objetificante de los "sistemas" (como objetos ahí afuera) ya que nos predispone a explorar el falso todo en lugar del auténtico (2012: 17).

Si vemos la naturaleza en todas partes, incluso en nuestra manera de mirar, podemos empezar a prestar atención al "llegar a ser" del todo a través de la reciprocidad mutua (el interser) con sus partes. Ni el todo ni las partes son primarios. Cosurgen. Nada está fuera de la totalidad de la naturaleza, dado que no es una cosa, sino un proceso de "llegar a ser" a través de relaciones. Desde esta perspectiva todo es "natural" y la "naturaleza" se manifiesta a través de todo. De ninguna manera estoy sugiriendo que porque desde esta perspectiva las bombas atómicas y los cultivos modificados genéticamente son también naturales, sean expresiones de la participación adecuada en los procesos de la naturaleza que sustentan la vida y que son regenerativos. Se entienden mejor como callejones sin salida en la exploración evolutiva de la novedad de la naturaleza. Depende de nosotros reconocerlos como tales y rechazarlos por inapropiados antes de que sus efectos en la vida y en la salud de sistemas íntegros nos rechacen a nosotros.

Este paso para asumir completamente nuestra propia naturaleza como la "naturaleza en toda su extensión" es esencial para la trasformación cultural encaminada a una cultura regenerativa. Para pasar del dominio de la "narrativa de separación" y entrar en la "narrativa del interser" tenemos que sanar el "dualismo cartesiano", abrazar nuestra experiencia de ser individuos separados no como una demostración de la separación sino como una demostración de ser indivisibles de la totalidad de la naturaleza.

La narrativa de la separación crea un mundo en el que separamos la mente de la materia, el ego del mundo, la humanidad de la naturaleza en categorías mutuamente excluyentes, mientras que el surgimiento cultural de la narrativa del "interser" impulsa el nacimiento de un mundo en el que nos vemos a nosotros mismos y a nuestras tecnologías como expresiones de los procesos naturales de la vida. Desde esta perspectiva inclusiva y participativa de la naturaleza podemos reevaluar todos nuestros logros sociales y tecnológicos a la luz de las preguntas esenciales:

P ¿Cómo afecta esta innovación a los sistemas de soporte vital de la naturaleza?

P ¿Esta innovación aumenta la salud y la resiliencia sistémica?

P ¿Es probable que la "solución" propuesta conduzca a un callejón sin salida evolutivo o que cree condiciones que favorezcan la vida?

No deberíamos ni condenar ni deificar la ciencia y la tecnología. *Cuándo, dónde y cómo* usar estas herramientas de forma que creen condiciones favorables a la vida es un diálogo público esencial en las culturas regenerativas. Ver a la naturaleza en todas partes y entender la totalidad de la naturaleza como un proceso vivo en el que participamos, nos llevará a entender la colaboración como el modo predominante para mantener la salud del todo. La competencia se autoperpetúa al mismo tiempo que, finalmente se autodestruye. Gregory Bateson nos advirtió: "La criatura que gana contra su entorno se destruye a sí misma" (1972: 501). Ver a la naturaleza en todas partes nos puede ayudar a crear tecnologías que contribuyan a la salud del todo en lugar de erosionarlo.

Ser un proceso y ver en relaciones

> Ahora vivo en la Tierra, y no sé lo que soy. Sé que no soy una categoría. No soy una cosa, un nombre. Parece que soy un verbo, un proceso evolutivo, una función integral del Universo.
>
> R. Buckminster Fuller (1970)

Pregúntate a ti mismo: ¿Quién soy? ¿Soy solo este cuerpo? ¿Soy una cosa, un nombre, un objeto? ¿O soy un proceso de interacciones y conexiones constantemente transformadoras que definen el ego y el mundo como expresiones temporales de mi ser en relación?

Alan Watts se refería a la separación del ego como el "ego encapsulado en piel". En clase de biología se nos enseña a reducir la importante cuestión sobre la identidad de nuestro ser a una respuesta condicionada que sería algo así: "Soy un ser biológico de la especie *Homo sapiens sapiens*; un producto de la evolución basado en la mutación genética aleatoria y en la lucha por la supervivencia frente a la competición y a la escasez, posiblemente con la predisposición a proyectar sentido a un universo fundamentalmente sin sentido". ¿Te suena esto como una hipótesis científica racional o como un dogma extremadamente limitado?

La pregunta "¿Quién o qué soy?" Nos traslada a la esencia de la cultura y a la manera en la que entendemos la relación entre el ego y el mundo, así como también la relación entre la cultura y la naturaleza. Nuestra respuesta no solo afecta a nuestra experiencia personal de la vida, sino que también afecta a cómo nos relacionamos con otros seres humanos y con la comunidad de la vida. La cultura se transforma una vez que nos entendemos como "procesos" que definen la "identidad propia" a través de estar en y (estar hechos de) relaciones.

> A lo largo de miles de años de condicionamiento antropocéntrico [...] hemos heredado egos superficiales y ficticios, y hemos creado una ilusión generalizada de separación de la naturaleza. [...] Siempre y cuando nuestro medio ambiente esté "ahí fuera", podremos dejar que algún grupo de presión en particular como los medioambientalistas lo proteja mientras cuidamos de nuestros "egos". El tema cambia cuando verdaderamente nos demos cuenta de que la naturaleza "ahí afuera" y la naturaleza "aquí dentro" es lo mismo, que el sentimiento de separación sin importar lo generalizado que sea, es sin embargo totalmente ilusorio. Yo describiría la necesidad de esa comprensión como el principal desafío psicológico y espiritual de nuestro tiempo.
>
> John Seed (2002)

Paradójicamente somos "ego" y somos "mundo". Los dos surgen en nuestra experiencia de ser a través de las relaciones en las que participamos. Desde un entendimiento participativo de que la totalidad de la naturaleza, el todo de la vida no es una cosa sino un proceso que llega a ser a través de todos los seres vivos y sus relaciones. Podemos describir la vida como la suma total de trillones de "individuos" de una impresionante diversidad de especies, y es igual de válido entender la vida como un proceso transformador que teje todas esas manifestaciones temporales de *ser vivo en y a través de en relaciones* dentro de una unidad subyacente. Centrarse en la separación revela la competencia, mientras que centrarse en el interser revela la colaboración como la base de toda la vida. Gregory Bateson vio la "falsa reificación del ego", la idea de un ego separado en lugar de uno que surge de relaciones y se sostiene en ellas, como la causa principal de nuestra "crisis ecológica planetaria". Él argumentó:

> Hemos imaginado que somos una unidad de supervivencia y que tenemos que cuidar de nuestra propia supervivencia, e imaginamos que la unidad de supervivencia es el individuo separado o una especie separada, mientras que en realidad, a lo largo de la historia de la

> evolución es el individuo junto con el entorno, la especie junto con el entorno, porque son esencialmente simbióticos.
>
> Gregory Bateson en Joanna Macy (1994)

La "ecología de la mente" de Bateson fue un intento de invitar a las personas a ver de una manera relacional. Entendía que vivimos en un mundo que está hecho enteramente de relaciones y solía bromear "hay días en los que me sorprendo a mí mismo creyendo que existe algo, algo que está separado de otra cosa". Para Bateson, vivir la experiencia de nuestra propia existencia relacional, la manera en la que continuamente creamos el mundo y a nosotros mismos a través de relaciones, podría ayudarnos a "unir y de este modo a santificar el mundo natural total, del cual somos" (Nora Bateson, 2010).

La visión unificadora del mundo natural (la vida) no se reduce a la vida y a nuestra experiencia de ella dentro del cuadrante inferior derecho del marco integral. Él no redujo "lo que es" al exterior de los sistemas colectivos, de "ITS", de objetos materiales. Su "ecología de la mente" se refería al "océano de la mente" en el que nos encontramos cuando cambiamos nuestra visión del mundo de una colección de objetos, a experimentar el llegar a ser de perspectivas y de identidad a través del acto de relacionarse. Concebirnos como verbos en lugar de como nombres, como procesos en lugar de como individuos aislados, facilita este cambio de perspectiva que nos hace ver el mundo y a nosotros mismos cómo llegar a ser a través de relaciones. Maturana y Varela se refirieron a ello más tarde como un acoplamiento y una autopoiesis estructural, la autoconstrucción mediante la cual estamos "creando un mundo".

Bateson creía que "los problemas más importantes del mundo son el resultado de la diferencia entre cómo funciona el mundo natural y la manera en la que piensan las personas". Se refería al cambio en el pensamiento que estamos analizando aquí como "la diferencia que marca la diferencia". Cuando Bateson preguntaba a sus estudiantes ¿Qué patrón conecta al cangrejo con la langosta, y al avestruz con la prímula y a los cuatro conmigo?", realmente no buscaba una respuesta. Estaba invitándoles a darse cuenta del acto de cuestionamiento en sí mismo y al hacerlo les hacía conscientes del hecho de que todo cambia si cambiamos la manera en la que pensamos en el "ego" y el "mundo" (2015). David Abram describe de una manera preciosa cómo nuestra identidad humana nace de nuestra relación con el resto de la comunidad de la vida.

> Atrapado en una masa de abstracciones, nuestra atención hipnotizada por un montón de tecnologías hechas por el hombre que solo nos proyectan a nosotros mismos, es demasiado fácil que olvidemos nuestra herencia carnal en una matriz más que humana de

> sensaciones y sensibilidades. Nuestros cuerpos se han formado en una delicada reciprocidad con texturas, sonidos y formas variadas de una tierra animada, nuestros ojos han evolucionado en una sutil interacción con otros ojos, igual que nuestros oídos que por su propia estructura, están en sintonía con el aullido de los lobos y el graznido del ganso. Cerrarnos a todas esas otras voces, continuar con nuestros estilos de vida que condenan estas otras sensibilidades al olvido de la extinción, es robar a nuestros propios sentidos de integridad, y robar a nuestras mentes de su coherencia. Somos humanos solo en contacto, y convivencia con aquello que no es humano.
>
> David Abram (1996: 22)

Creo que la esencia del cambio cultural que nos llevará al surgimiento de culturas regenerativas generalizadas, es comprender que somos un *proceso de relación* en una "delicada reciprocidad" con el planeta vivo, y que nuestro éxito individual y colectivo depende de la salud del todo y de la del resto de la comunidad de la vida.

CAPÍTULO 4

¿Por qué promover la resiliencia y la salud de sistemas íntegros?

> Oh, qué catástrofe para el hombre el día que rompió sus lazos con el ritmo del año, con su sincronía con el sol y con la tierra. Oh, qué catástrofe, qué mutilación para el amor el día en que hicieron de él un mero sentimiento personal, apartado de la aurora y del crepúsculo, y aislado de la conexión mágica que lo unía a los solsticios y equinocios. He aquí el mal que sufrimos. Sangramos por nuestras raíces [...].
>
> D.H. Lawrence (1930)

La Constitución de la Organización Mundial de la Salud (OMS) define el concepto de salud como "el estado de completo bienestar físico, mental y social, y no únicamente la ausencia de afecciones o enfermedades". En 1986, la "Carta de Ottawa" de la OMS listó una serie de condiciones y prerrequisitos para la salud. Estos incluían: "la paz, la vivienda, la educación, los alimentos, la renta, un ecosistema estable, unos recursos sostenibles, la justicia social y la igualdad". La Declaración Sundsvall de 1991 puso énfasis en que el "camino a seguir pasa por la creación de entornos: el entorno físico, el entorno social y económico y el entorno político, que mantengan la salud en lugar de dañarla" (Waltner-Toews, 2004). Las recomendaciones de la OMS llevan implícita una estrategia de diseño salutogénico que promueve la salud individual, colectiva, social y la de los ecosistemas en un patrón de enlace de escalas. El diseño para la salud humana y planetaria tiene como objetivo (re)integrar a la humanidad dentro de los procesos de la biosfera que mantienen la salud y sustentan la vida (ver Wahl, 2006). La Comisión para la Salud y el Medioambiente de la OMS puso énfasis en que:

> Existe una sinergia poderosa entre la salud, la protección del medio ambiente y el uso sostenible de recursos. Los individuos y las sociedades que comparten la responsabilidad de conseguir un entorno saludable y de gestionar sus recursos de manera sostenible, se convierten en socios para asegurar que los ciclos y los sistemas globales permanezcan indemnes.
>
> Organización Mundial de la Salud (1992)

La teoría de la complejidad, una comprensión sistémica de la salud, la resiliencia transformadora, la simbiosis, la sinergia y el diseño salutogénico integrador son conceptos y marcos de enlace de escalas relacionados que pueden ayudarnos a estructurar una estrategia integrada para mantener la salud humana y planetaria y para crear culturas regenerativas. En este contexto, la sostenibilidad se redefine y pasa de referirse como "neutral" (no causar más daños) a describirse como una comprensión sistémica de la relación entre los humanos, los ecosistemas y la salud planetaria:

> La sostenibilidad es una relación entre sistemas económicos humanos dinámicos y sistemas ecológicos más grandes, también dinámicos y cambiantes aunque normalmente a un ritmo más lento, de tal manera que la vida pueda continuar indefinidamente, los individuos humanos puedan florecer y las culturas humanas puedan desarrollarse, pero también es una relación en la que los efectos de las actividades humanas permanecen dentro de los límites para que no destruyan la salud y la integridad de sistemas autoorganizados que proporcionan el contexto medioambiental para estas actividades.
>
> Brian G. Norton (1992)

El mantenimiento y la restauración de un entorno sano y resiliente a escala comunitaria, ecosistémica y planetaria están intrínsecamente ligadas. La salud ecológica y social, como una propiedad emergente en todo el sistema, permite y sostiene el desarrollo humano saludable y permite expresiones culturales diversas de la identidad regional.

La salud sistémica, como una propiedad emergente de las culturas regenerativas, surge cuando las comunidades local y regionalmente adaptadas aprenden a prosperar dentro de las "restricciones habilitadoras" y de las oportunidades establecidas por las condiciones ecológicas, sociales y culturales de su biorregión local dentro de contextos globalmente colaborativos. En un sistema complejo y continuamente cambiante, el fomento de la salud y de la sostenibilidad requiere de un aprendizaje constante para adaptarse adecuadamente al cambio. "Vivir las Preguntas Juntos" y las conversaciones basadas en el diseño y con un enfoque regional sobre la manera de cuidar la salud sistémica pueden fomentar este aprendizaje continuo.

Robert Costanza (1992: 239) revisó una serie de definiciones conceptuales de la "salud de ecosistemas" basándose en la salud como: la homeostasis, la ausencia de enfermedad, la diversidad o la complejidad, la estabilidad o resiliencia, el vigor o el alcance del crecimiento y el equilibrio entre los componentes del sistema. Todas estas perspectivas de la salud son útiles y también tienen sus limitaciones. Costanza las llama las "piezas del puzle". Propone que la salud del ecosistema debería entenderse "como una medida completa, multiescala, dinámica y jerárquica de la resiliencia, la organización y el vigor del sistema", y argumenta que, "estos conceptos están integrados en el término "sostenibilidad", que implica la capacidad del sistema para mantener su estructura (organización) y su función (vigor) a lo largo del tiempo frente a presiones externas (resiliencia)". Pone el énfasis en la importancia del aspecto de enlace de escalas de la salud: "Un sistema sano también debe definirse tanto desde el punto de vista de su contexto (el sistema más extenso del que forma parte), como desde sus componentes (los sistemas más pequeños que lo forman)" (pág. 240).

De la misma manera, David Brunckhorst (2002), director del Instituto para la Gestión de Recursos Biorregionales de la UNESCO, hace hincapié en que "la resiliencia, como la sostenibilidad, tiene elementos con facetas múltiples que le afectan a través de escalas de espacio y de tiempo. No solo ocurre a escala local o a escala global". Explica que: "Para mantener y restaurar la resiliencia en sistemas ecológicos y sociales para la sostenibilidad a largo plazo, debemos empezar a integrar nuestra planificación y a llevar a cabo nuestra gestión en escalas múltiples..." y podremos hacerlo mejor "anidando los requisitos funcionales de los sistemas ecológicos y de los sistemas sociales para un futuro duradero" (pág. 16). Esta perspectiva anidada o de enlace de escalas es muy importante, ya que nos invita a formular preguntas sobre la integración sinérgica de las soluciones locales, regionales y globales, y nos recuerda que debemos prestar atención a la forma en que los procesos y los ciclos a corto, medio y largo plazo están interconectados.

La salud sistémica (como una propiedad emergente de enlace de escalas) permite a los sistemas regenerativos responder a las perturbaciones con resiliencia. Enlazar el trabajo global, regional y local para colaborar en el diseño de resiliencia en el sistema en y a través de escalas es un aspecto importante en la creación de culturas regenerativas. Sin embargo, tenemos que prestar atención a qué clase de resiliencia promovemos. A veces la capacidad de persistir y de volver a "lo mismo de siempre" dificulta más que ayuda a la transformación hacia culturas regenerativas. La resiliencia es una capacidad polifacética estrechamente relacionada con la salud y la vitalidad sistémica. En particular, una cultura regenerativa dependerá de la "resiliencia transformadora". Analicemos con más detalle los diferentes aspectos de la resiliencia y porqué son tan importantes para nuestro futuro común. En algunos puntos, el marco teórico puede parecer un poco denso, pero el pensamiento resiliente es una manera profundamente práctica de enfrentarse a un futuro impredecible al fomentar nuestra capacidad de respuesta de una manera sabia y de trabajar con las perturbaciones que nos desafiarán en el futuro.

Revertir la deuda ecológica

La primera vez que la humanidad excedió la capacidad regenerativa anual de la Tierra fue a principios de los años 70. Es decir, nuestra especie alcanzó un punto en el que cada año empezábamos a consumir más recursos y a producir más desechos de los que la bioproductividad del planeta y las funciones de los ecosistemas son capaces de regenerar y absorber de forma segura en un año. En otras palabras, empezamos a vivir del capital que la vida ha acumulado durante millones de años en lugar de ser más prudentes y arreglárnoslas para vivir del interés anual de ese capital. Estamos agotando la cuenta de capital natural y al hacerlo, estamos disminuyendo la capacidad de las funciones de los ecosistemas para regenerarse.

Según la Red Global de la Huella Ecológica que desarrolló esta medida junto con la Fundación para una Nueva Economía, el primer Día del Exceso de la Tierra (Earth Overshoot Day) fue el 23 de diciembre de 1970. Cada año, desde entonces, una población y un ritmo de consumo de materiales y energía que aumentan rápidamente, junto con la aceleración del desgaste de los ecosistemas en todo el mundo, ha resultado en el declive de la "bioproductividad" anual del planeta y en una reducción de las funciones de los ecosistemas. Por ello, el día en el que sobrepasamos los límites de la productividad anual de la Tierra sucede cada vez más pronto. Para 1995 fue el 10 de octubre, y en 2005 lo alcanzamos el 13 de agosto (según las Cuentas Nacionales de la Huella, edición de 2015).

La Figura 7 ilustra cómo la humanidad en su conjunto entró en el exceso ecológico (usar más recursos de los que la Tierra puede suministrar) en 1970 y cómo tendremos que intentar volver a "vivir con un planeta" tan pronto como sea posible, preferiblemente para 2050.

Avanzar hacia una cultura humana regenerativa depende de que, primero detengamos y luego revirtamos esta tendencia constante de que el Día del Exceso ocurra cada año más pronto. Hasta que un día en el futuro podamos celebrar que el día del exceso de la Tierra ya no existe y que de manera colectiva nos las hemos arreglado para cubrir las necesidades humanas dentro de los límites de la capacidad del planeta de regenerarse y de proveer.

¿Suena idealista o utópico? Bueno, la ciencia es simple: no hay otra manera de trazar nuestro camino hacia un futuro a largo plazo en este planeta. Primero necesitamos revertir el Día del Exceso de la Tierra y luego empezar a crear una cultura que tenga como objetivo dejar un planeta más rico, más vibrante y ecológicamente más productivo a cada nueva generación. Para conseguir esta transformación necesitaremos la participación de toda la humanidad. Necesitaremos una educación abierta y gratuita para todos con el fin de aumentar la alfabetización ecológica y social de todo el mundo. La narrativa de la separación nos ha enseñado cómo ver el mundo a través de las

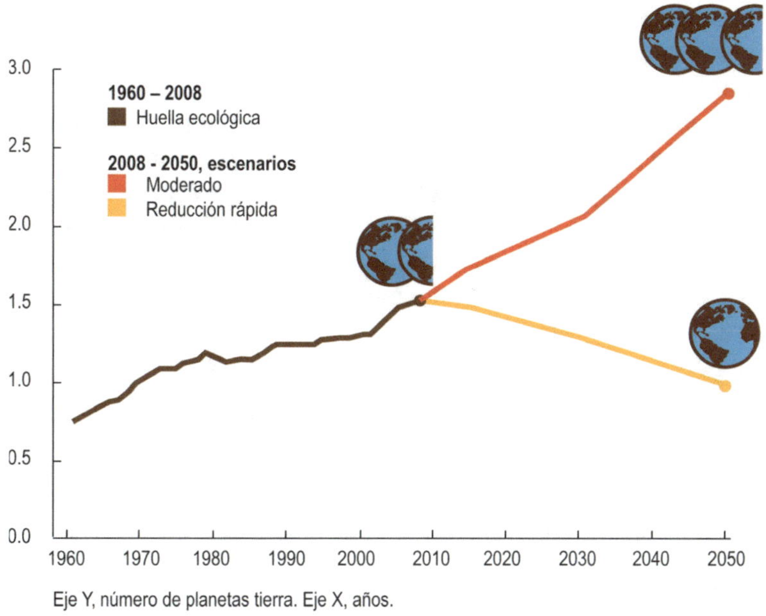

Figura 7: Exceso de la Tierra, © 2015 Red Global de la Huella Ecológica. www.footprintnetwork.org

lentes de la diferencia, de la competencia y de la escasez, como consecuencia de ello hemos aprendido a competir. La narrativa del interser, no solo demuestra nuestra interdependencia, también la abundancia que surge de la colaboración, de compartir y de cuidar de toda la comunidad de la vida. ¡Necesitamos aprender juntos de qué forma podemos colaborar de manera eficaz para fomentar el capital social y ecológico de nuestras comunidades!

Me niego a creer que la "naturaleza humana" es principalmente competitiva e individualista, de hecho, estoy convencido de que, en gran medida, es el caso contrario (ver pruebas de esto en el Capítulo 7). Todos tenemos la capacidad de entender que el futuro de la humanidad depende de aprender a vivir dentro de los límites biofísicos de la biosfera. La guerra y el fundamentalismo son profundamente anacrónicos. Es hora de que la humanidad se una y aprenda a convertirse en una presencia regenerativa en la Tierra.

Estoy escribiendo estas líneas mientras las noticias están llenas de conflictos en Siria, Irak, Israel/Palestina, Afganistán, Libia y Ucrania. Al afirmar que nuestra naturaleza humana es fundamentalmente colaboradora no estoy ignorando estos horrores. ¿Por qué hay tantos jóvenes, particularmente hombres, dispuestos a unirse a organizaciones terroristas que luchan con un odio ciego, una brutalidad bárbara y con un desprecio total por los valores de coexistencia pacífica compartidos por todas las religiones del mundo?

Creo que muchos jóvenes se sienten marginados y dolidos por la falta de sentido creada por los efectos de la narrativa de separación, y buscan desesperadamente un lugar al que pertenecer. Las ideologías equivocadas que provocan guerras, fundamentalismo y conflictos atraen a personas que están buscando sentido e identidad creando un otro al que oponerse.

Imagina a la humanidad unida en la importante tarea de crear un futuro más próspero para todo lo vivo. Inmersos en la narrativa de la separación esto podría parecer una visión ingenua. Dentro de la narrativa del interser, y con plena consciencia de nuestra dependencia de los sistemas planetarios de soporte vital y de las funciones de ecosistemas, hacer otra cosa y perder el tiempo luchando entre ideologías mal adaptadas sería engañarse. Cuidar de la Tierra y cuidar de otros es cuidarnos a nosotros mismos. ¡Encontremos sentido en la cocreación de un mundo próspero juntos, en lugar de luchar entre nosotros cegados por ideologías caducas y narrativas divisorias! ¡Revirtamos el Día del Exceso de la Tierra! Encontremos ese nivel superior de interser que está más allá de todas nuestras diferencias. Valoremos nuestra diversidad aunando esfuerzos en una unidad global.

Aprender a vivir dentro de los límites planetarios

En 2009, un estudio de referencia de un grupo internacional de científicos, dirigido por el Centro para la Resiliencia de Estocolmo (Rockström, *et al.*, 2009), identificó al menos ocho *límites planetarios* críticos a los que necesitamos prestar especial atención si esperamos crear una presencia humana más sostenible en la Tierra. Al menos tres de estos límites ya se han traspasado. Ya hemos causado un cambio climático peligroso y estamos cerca de desencadenar ciclos de retroalimentación descontrolados en el sistema climático de la Tierra que podrían tener efectos catastróficos para toda la humanidad y para la mayor parte de la vida en el planeta. Tenemos un margen de tiempo relativamente limitado para evitarlo, y ese margen es cada vez menor. La *pérdida de biodiversidad* ha alcanzado un ritmo tan alarmante que es comparable a las otras seis extinciones masivas en la historia de la vida en la Tierra. Nuestros métodos insostenibles de producción agrícola han interferido en los límites de flujos biogeoquímicos como son el *ciclo del nitrógeno* y *el ciclo del fósforo*.

No se ha investigado lo suficiente todavía para entender hasta qué punto podríamos haber sobrepasado los límites planetarios de la *contaminación química* y de la carga de *aerosoles atmosféricos*. Hay cada vez más pruebas de que los disruptores endocrinos (que actúan como hormonas) en plásticos y cosméticos están interfiriendo en la diferenciación sexual y la fertilidad de muchas especies, incluidos los humanos. La *acidificación oceánica*, la *disminución del ozono estratosférico*, los *cambios en los sistemas terrestres* y el *uso de agua dulce* tendrán que ser controlados de cerca debido a que todos se están aproximando rápidamente al punto en el que traspasarán los límites planetarios seguros. Un estudio reciente ha actualizado nuestra comprensión de los límites planetarios. Este argumenta que "al identificar el espacio seguro de actuación de la humanidad en la Tierra, el marco de los LP (Límites Planetarios)puede ser una valiosa contribución para que quienes toman las decisiones tracen el curso deseable para el desarrollo social" (Steffen *et al.*, 2015).

Muchos de estos límites están interrelacionados. La mayoría de ellos causan una pérdida de biodiversidad, de resiliencia y de la salud de ecosistemas en escalas múltiples, desde la local a la global. Con cada especie que se pierde debilitamos la compleja red de interdependencias y conexiones que mantienen la salud de los ecosistemas del mundo. Cada especie que se extingue podría haber contenido un tesoro oculto de inspiraciones biomiméticas para nosotros. Podría haber albergado la cura para el cáncer y podría haber jugado un papel importante en el ecosistema en el que habitaba. Cada especie juega un papel sistémico, y su ausencia transformará la biosfera en su conjunto, afectando no solo al futuro de la humanidad, sino también al futuro de toda la vida. La *pérdida de biodiversidad* como un límite planetario trata tanto sobre la *diversidad genética*, el depósito para la innovación de la vida, como sobre la *diversidad funcional*, la diversidad de especies que interactúan dando a un ecosistema en concreto o a la biosfera la capacidad para una autorregulación sana. Ambos son factores clave para la resiliencia de los sistemas naturales.

Tenemos que ir más allá de considerar solo el valor útil de cada especie para la supervivencia humana, la narrativa del interser reconoce que cada especie es una expresión única de la vida con un valor intrínseco. A medida que perdemos biodiversidad, deshacemos el complejo patrón de salud basado en la diversidad, en las relaciones simbióticas, en las redundancias múltiples y las interconexiones complejas, en los bucles de retroalimentación y las redes colaborativas anidadas. La resiliencia de un ecosistema o de una comunidad depende fundamentalmente de este patrón de salud de enlace de escalas que conecta la salud individual con la salud de la comunidad, la salud del ecosistema con la salud planetaria. Una cultura regenerativa es una cultura que ha aprendido a prosperar dentro de los límites planetarios. Estas son algunas de las preguntas que podrían guiarnos en nuestro aprendizaje:

P ¿Cómo podemos cubrir las necesidades humanas dentro de los márgenes fijados por los límites planetarios?

P ¿Cuáles son las maneras más eficaces de limitar, aliviar y revertir los efectos que ya hemos desencadenado al sobrepasar límites planetarios como el cambio climático, la pérdida de biodiversidad, los límites de los ciclos del nitrógeno y del fósforo, y el cambio en el sistema del suelo?

Donella Meadows, Dennis Meadows y Jorgen Randers intentaron responder a la pregunta sobre cómo volver a vivir dentro de los límites planetarios en su libro *Beyond the Limits* (Más allá de los límites) (1992). En él sugirieron una serie de medidas que la humanidad necesitaría llevar a cabo. Amory y Hunter Lovins revisaron estas medidas y añadieron algunas sugerencias propias en *How Not to Parachute More Cats* (Cómo no lanzar más gatos en paracaídas) (1996). Echemos un vistazo a las preguntas que plantearon y a algunas respuestas esperanzadoras.

P ¿Cómo podemos volver a vivir dentro de los límites?

Las respuestas incluirán crear políticas que impongan un precio a los recursos de manera que se incluyan los efectos medioambientales y sociales de su extracción, su uso y su reciclaje, además de la eliminación de subvenciones ocultas a las industrias de combustibles fósiles, industrias química y nuclear y a otros contaminadores importantes. Crear prácticas agrícolas regenerativas es también de fundamental importancia.

P ¿Cuál es la mejor manera de proteger, restaurar y mejorar nuestra base de recursos?

Tendremos que aprender a usar los combustibles fósiles, las aguas subterráneas y los depósitos minerales que nos quedan con la máxima eficiencia, y solamente mientras no podamos sustituir su uso con alternativas recicladas y renovables. Ello requerirá que nos replanteemos cómo se gestionan los recursos naturales y cómo se pueden regenerar, incluyendo una propiedad más equitativa de estos recursos. Tendremos que hacer que la protección de la biodiversidad, la explotación pesquera y de las cuencas hidrográficas, además del cambio hacia una agricultura ecológica regenerativa, los programas de reforestación a largo plazo y los acuerdos sobre la limitación de las emisiones de gases de efecto invernadero sean una prioridad internacional y nacional.

P ¿Cómo nos aseguramos una evaluación más inmediata haciendo un seguimiento de las señales correctas y mejorando nuestra capacidad de responder adecuadamente al cambio?

Existe una clara necesidad de indicadores de progreso más adecuados (p. ej. IPR en lugar de PIB). En el Capítulo 7 volveremos a este tema. El marco de los límites planetarios nos puede ayudar a hacer un seguimiento de cómo la actividad humana afecta al bienestar de los ecosistemas locales y de la biosfera. Nuestra capacidad de responder adecuadamente a los cambios sistémicos depende de una mejora en la educación que aumente nuestra capacidad para el pensamiento sistémico y crítico, y nuestra alfabetización ecológica.

P ¿Cómo podemos ralentizar y finalmente detener el crecimiento de la población humana?

La respuesta a esta difícil pregunta no solo requerirá cambios institucionales y de política, sino que lo que es más importante, requerirá un cambio de conciencia impulsado por una innovación educativa y social. Necesitaremos definir los niveles sostenibles de generación humana e industrial, basados en una comprensión del objetivo de la existencia humana que esté separado de la expansión física y del consumo. Tenemos que valorar la idea de "suficiente" en lugar de la idea de "más" (Lovins & Lovins, 1996). Existe una relación bien documentada entre el tamaño de la familia, la pobreza y el acceso de la mujer a la educación (Connor, 2008; Proyecto Borgen, 2015). Al crear un sistema más equitativo de reparto de recursos y de mejora del acceso a una educación de calidad, podemos crear las condiciones que nos lleven a una reducción en el tamaño de las familias a medio plazo y a un descenso gradual de la población a largo plazo.

Dependiendo del lenguaje que se use, los informes sobre los límites biofísicos de nuestro planeta y las presiones poblacionales tienden a reforzar el condicionamiento de la mentalidad de la escasez y la competición. Esta no tiene que ser nuestra respuesta. Muchas de las innovaciones, tecnologías y de las preguntas culturalmente transformadoras analizadas en este libro ofrecen sendas colaborativas para la transición de culturas consumistas obsesionadas con el crecimiento a culturas regenerativas. Es fundamental el papel de la educación formal e informal y del aprendizaje a lo largo de la vida para todos los sectores de la sociedad y para toda la humanidad. Necesitamos educar y dar voz a una nueva narrativa cultural que inspire a la humanidad a cocrear una nueva realidad en la que elijamos ver la colaboración como medio para promover la salud de sistemas íntegros y a la abundancia compartida como expresión de nuestro interser con la vida. Es la estrategia de supervivencia más prometedora a nivel individual y colectivo en un planeta superpoblado.

En *The Open-Source Everything Manifesto* (El Manifiesto de Todo en Código Abierto), Robert David Steele argumenta que para desencadenar el potencial de la abundancia colaborativa, la ingenuidad y la creatividad humana necesitamos dar a toda la humanidad un acceso abierto a la información, a la educación y a la "liberación de la tecnología".

> La liberación de la tecnología crea riqueza y la tecnología de código abierto crea riqueza. En ambos casos el "centro de gravedad" para un cambio radical hacia la resiliencia y la sostenibilidad es la

> masa de cerebro humano de cinco mil millones de pobres. Los mil millones de ricos han fracasado en la "escalada". El cerebro humano es el único recurso ilimitado que tenemos en la Tierra. El potencial para la innovación y el emprendimiento de los cinco mil millones de pobres es el recurso menos desarrollado y más infrautilizado.
>
> Robert David Steele (2012: 7)

Steel argumenta que apostar por que todo esté en código abierto nos permitirá fomentar la participación ciudadana y la inteligencia pública como base para una democracia abierta verdaderamente participativa, conformada y guiada por nuestra inteligencia colectiva (pág. 141; ver también el Capítulo 7). Juntos podemos aprender a prosperar dentro de los límites planetarios. En lugar de ver los "límites planetarios" como algo que restringe nuestra libertad (y de rebelarnos contra ellos como adolescentes contra una imposición) podemos elegir madurar como especie y llegar a considerar esos límites como "restricciones habilitadoras" que nos ofrezcan el contexto (el espacio seguro de operación) dentro del cual podamos aplicar nuestra creatividad para cubrir las necesidades de todos, y crear abundancia para todos sin actuar en detrimento del resto de la comunidad de la vida.

¿Qué es exactamente la resiliencia y la resiliencia transformadora?

En la ciencia de ecosistemas la investigación sobre la resiliencia empezó hace más de 40 años. En 1973, C.S. Holling publicó los primeros resultados de sus estudios sobre la dinámica compleja de los cambios dentro de los ecosistemas. Holling vio que los ecosistemas podían existir en una variedad de condiciones dinámicamente estables (equilibrio dinámico) y que, después de las perturbaciones, los ecosistemas podían volver a su estado inicial antes de la perturbación, o podían degenerar a unas nuevas condiciones de equilibrio menos diversas y menos vibrantes. Por ejemplo, el trabajo de Allan Savory sobre la Gestión Holística de praderas degradadas imita las perturbaciones periódicas causadas por manadas de rumiantes migratorios como un factor clave para mantener y mejorar la salud del suelo, la capacidad de retención de agua, la biodiversidad y la bioproductividad del ecosistema como un todo (ver Capítulo 7). En la ciencia de ecosistemas la palabra resiliencia se refiere a la capacidad de los ecosistemas para responder a las perturbaciones y al cambio medioambiental con persistencia o con adaptación gradual y una transformación más fundamental.

Los procesos de cambio de enlace de escalas interrelacionados impulsan la dinámica de sistemas naturales. Estos procesos ocurren simultáneamente en diferentes escalas de tiempo y de espacio. Los cambios locales están influenciados por patrones de cambio regionales y globales que, a su vez, se ven afectados por cambios locales. Las condiciones de "equilibrio dinámico" en una escala en particular son regiones de estabilidad dinámica (relativa) dentro de un paisaje más extenso de cambio y de transformación constante. La investigación de la resiliencia empezó estudiando estas dinámicas en ecosistemas y desde entonces se ha extendido a la dinámica interrelacionada del cambio en sistemas ecosociales, ya que es imposible estudiar los ecosistemas sin incluir el impacto que la actividad humana tiene sobre ellos.

Los procesos de autorregulación y de regulación del clima del planeta han creado y mantenido de forma activa condiciones relativamente estables y favorables para la continua evolución de la vida. La resiliencia contribuye a mantener la estabilidad relativa de los sistemas vivos a lo largo del tiempo, mientras que la resiliencia transformadora describe la capacidad de un sistema vivo de transformarse a sí mismo en respuesta a condiciones cambiantes y a perturbaciones. Necesitamos de ambas capacidades para guiarnos en nuestra senda hacia un futuro regenerativo. Nuestra capacidad humana para la previsión y la anticipación añade un componente importante a la capacidad de un sistema ecosocial para responder al cambio con resiliencia transformadora.

Una visión sistémica de la vida entiende la presencia de condiciones de desequilibrio dinámicas (cambio y transformación continua) como una señal distintiva de los procesos vivos. Cuando James Lovelock trabajaba a finales de los 60 en los laboratorios de propulsión de Pasadena, diseñando equipamiento para la misión a Marte de la NASA, un conjunto de datos de un colega que describían la composición atmosférica de los diferentes planetas de nuestro sistema solar acabó en su mesa de trabajo. Le sorprendió casi inmediatamente que solo la Tierra tuviera una atmósfera con un claro desequilibrio químico mientras que en los otros planetas el equilibrio de los diferentes gases de su atmósfera era tal, que se producían pocas reacciones químicas. El desequilibrio dinámico de nuestro planeta azul provocó en Lovelock un salto intuitivo para formular algunas preguntas importantes. ¿Quizá sea la presencia de la vida la que esté creando de manera activa este desequilibrio? ¿Quizá la vida es un proceso que se autorregula y autoorganiza a escala planetaria? Estas preguntas fueron la base de su Hipótesis de Gaia y condujeron al desarrollo de la Teoría de Gaia y a la revolución de la Ciencia de Sistemas de la Tierra (Lovelock, 2000).

Los enlaces de escalas, una comprensión de los procesos de cambio en los sistemas íntegros, nos invitan a abrazar la copresencia paradójica de la estabilidad relativa a lo largo de extensos periodos y de perturbaciones turbulentas en y a través de escalas. En la naturaleza podemos observar subsistemas individuales en fases de equilibrio dinámico relativo, mientras que otros subsistemas están en fases de perturbación, colapso o transformación. Un ecosistema en particular podría encontrarse en una fase de estabilidad relativa y de pequeños cambios fluctuantes dentro de una región limitada. Sin embargo, ese mismo ecosistema forma parte de un contexto más amplio (bioma, biosfera), y contiene al mismo tiempo subsistemas más pequeños (comunidades e individuos) que están inmersos en diferentes fases de los procesos de cambio de la vida. Mientras que algunos sistemas son relativamente estables y su resiliencia mantiene las funciones básicas del sistema, otros sistemas experimentan cambios perturbadores y transformadores debido a que patrones y relaciones previamente estables se desmoronan y emiten energía y recursos. Observar una estabilidad relativa o un cambio en un sistema depende de las escalas temporales y espaciales a las que estemos prestando atención.

El interser de ciclos lentos y rápidos en diferentes escalas espaciales dentro de un todo planetario interconectado convierte a nuestra esfera-bio-cultural en un ejemplo arquetípico de un sistema complejo, dinámico y no lineal. Al igual que nuestra propia salud individual depende de nuestra capacidad de recuperarnos de las perturbaciones, la resiliencia, como una capacidad vital de los sistemas sanos, es también un factor importante de la salud comunitaria, de los ecosistemas y del planeta (Wahl 2006a).

La resiliencia y la resiliencia transformadora son indicadores de la salud sistémica en y a través de distintas escalas. Sin embargo, hay casos en los que demasiada persistencia y resiliencia dentro de sistemas que necesitan transformación puede ralentizar la transformación necesaria y disminuir su capacidad adaptativa futura. Necesitamos el equilibrio correcto entre la resiliencia (como persistencia del *statu quo*) y la resiliencia transformadora que nos permita evitar el colapso por medio de la innovación transformadora. Trabajar con perturbaciones como invitaciones al cambio transformador crea una emocionante oportunidad para convertir la quiebra en avance (Hutchins, 2012).

La Resilience Alliance (La Alianza para la Resiliencia), una red internacional de investigadores y profesionales centrada en la comprensión de las dinámicas complejas del cambio en sistemas socioecológicos, define la *resiliencia de ecosistemas* como "la capacidad de un ecosistema de tolerar perturbaciones sin colapsar a un estado cualitativamente diferente que esté controlado por un conjunto de procesos diferentes" (Resilience Alliance, 2015a). Como seres humanos y como comunidades tenemos el conocimiento consciente de los sistemas en los que participamos. Al prestar atención a los patrones de procesos de cambio natural y al aprender de ellos, tenemos el potencial de añadir la capacidad de previsión al sistema en su totalidad. Podemos anticipar y planificar para el futuro, incluso si no podemos predecir con precisión el comportamiento futuro exacto de los sistemas complejos dinámicos en los que participamos. Para entender mejor y reducir nuestro impacto negativo y para transformar a la humanidad en una influencia regenerativa en el sistema íntegro, necesitamos prestar atención a la interacción de los sistemas sociales y ecológicos y considerarlos solo como un sistema socioecológico (SSE) *integral*.

> La resiliencia aplicada a ecosistemas, o a sistemas integrados de personas y del entorno natural, tiene tres características:
>
> - La cantidad de cambio al que un sistema puede someterse y seguir manteniendo la misma [...] función y estructura.
> - El grado hasta el cual el sistema es capaz de autoorganización.
> - La habilidad de crear y aumentar la capacidad de aprendizaje y adaptación.
>
> Resilience Alliance (2015a)

A medida que la resiliencia del sistema decae, "la magnitud de una conmoción ante la cual no pueda recuperarse es cada vez menor". En general, "la resiliencia desvía la atención del estricto crecimiento y eficacia hacia la recuperación y la flexibilidad necesarias. A menudo, el crecimiento y la eficacia por sí solos pueden llevar a los sistemas ecológicos, a las empresas y a las sociedades a una rigidez frágil, exponiéndolos a transformaciones turbulentas. El aprendizaje, la recuperación y la flexibilidad dejan ver la novedad y nuevos mundos de oportunidad" (Resilience Alliance, 2015b). Con plena consciencia de los límites de la predicción y del control, conformada por nuestra participación consciente en sistemas socioeconómicos, podemos buscar rediseñar con humildad la presencia humana en la Tierra, creando culturas regenerativas colaborativas adaptadas local y globalmente en todo el mundo. Las generaciones actuales tienen la oportunidad única de dar forma a un futuro viable para la humanidad. Para hacerlo, necesitamos el equilibrio perfecto entre la resiliencia persistente/adaptativa y la resiliencia transformadora en nuestros sistemas socioecológicos (SSE). Saber cuándo mantener los sistemas existentes y cuándo transformarlos en respuesta a patrones caducos forma parte de la consciencia sistémica y de la previsión y la anticipación que los humanos pueden añadir a los SSE.

El ciclo adaptativo como mapa dinámico para el pensamiento resiliente

Los tres aspectos de la resiliencia (la persistencia, la capacidad adaptativa y la capacidad de transformación) describen capacidades importantes de los sistemas vivos: para resistir al colapso y mantener las funciones vitales, para adaptarse a las condiciones cambiantes (aprender y autoorganizarse) y, en el caso de sistemas socioecológicos, para aplicar la previsión y la anticipación para "diseñar para un surgimiento positivo", para transformar el sistema hacia una salud aumentada y una capacidad mejorada de respuesta sabia y creativa a las perturbaciones y al cambio.

La teoría de sistemas complejos dinámicos describe la danza periódica y rítmica entre el orden y el caos, entre la estabilidad y la transformación como un patrón fundamental de autoorganización en sistemas complejos (vivos). A medida que cualquier sistema empieza a madurar, se da un consiguiente aumento de patrones fijos y ordenados de interacciones y flujos de recursos. El sistema se vuelve sobreconectado, o mejor dicho, las cualidades y la cantidad de conexiones existentes son tales que inhiben la formación de nuevas sendas necesarias para la adaptación general del sistema a cambios externos y a su continua evolución. Esto provoca una rigidez dentro del sistema, que lo hace frágil, menos resistente y más susceptible a perturbaciones externas. En este punto, los efectos de bucles de retroalimentación descontrolados perjudiciales dentro del sistema pueden poner a prueba, todavía más, su viabilidad. La quiebra gradual o repentina que a menudo resulta del viejo orden y de las viejas estructuras lleva al sistema más cerca del "borde del caos", el borde de su domino de estabilidad actual (equilibrio dinámico). La reorganización de flujos de recursos y los cambios en la calidad y cantidad de las interconexiones dentro del sistema en este punto crea una crisis que puede convertirse en una oportunidad de transformación e innovación.

En el borde del caos, los sistemas complejos dinámicos están en su punto más creativo (Kauffman, 1995). Ervin László argumenta, en *The Chaos Point* (El Punto del Caos), que actualmente el mundo y la humanidad se encuentran en una encrucijada entre la quiebra y el avance. Si tomamos las medidas adecuadas, el punto del caos podría ser una oportunidad para "dar un salto a una nueva civilización" (László, 2006: 109). Es importante entender la dinámica general del cambio en el que estamos inmersos. Necesitamos aprender a *trabajar con* en lugar de *luchar contra* estos patrones cíclicos de innovación creativa, consolidación, osificación y disolución final para hacer sitio a la innovación transformadora y a la creatividad renovada.

El ciclo adaptativo es un modelo de patrones naturales de cambio en ecosistemas y en sistemas eco-sociales. Consiste en cuatro fases diferenciadas: "crecimiento y explotación" (r); conservación de patrones establecidos y distribución de recursos (K); "colapso o liberación" (Ω); y reorganización (α). El ciclo adaptativo (ver Figura 8) a menudo se dibuja como el símbolo del infinito o bucle de Möbius que une estas cuatro fases.

El viaje desde la explotación (crecimiento en el diagrama de arriba) a la conservación se denomina "bucle frontal" (la parte azul y verde del bucle). Describe la fase lenta y a menudo más larga de crecimiento y acumulación de recursos en el sistema. Con el tiempo, una estructura demasiado rígida, las

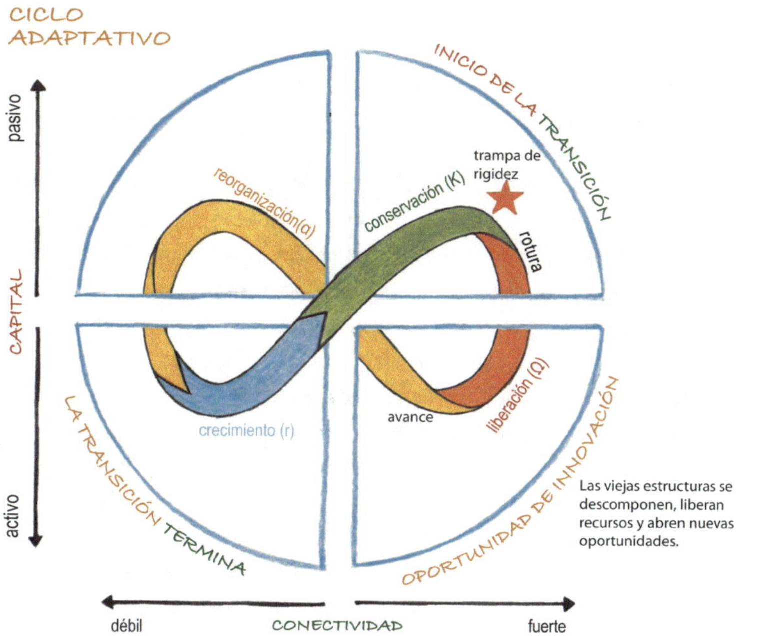

Figura 8: El Ciclo Adaptativo, adaptado y ampliado de Gunderson y Holling (2001).

conexiones fijas y la acumulación de recursos en el sistema lo hacen frágil y queda listo para la liberación o el colapso.

La transición desde la liberación a la reorganización se denomina "bucle trasero" del ciclo adaptativo (la parte roja y naranja del bucle). Con frecuencia esta fase se mueve con rapidez y es relativamente corta. En esta fase la oportunidad para el rediseño, la reorganización y la renovación es alta, debido a la liberación de estructuras rígidas, patrones establecidos y a la redistribución de los recursos por todo el sistema. En el ciclo adaptativo, el "borde del caos" creativo se alcanza durante el comienzo de la fase "liberación" y se abandona al final de la fase de "reorganización".

Durante la fase-α las oportunidades y las posibilidades de un cambio creativo están en su punto más alto. En la fase-r estas oportunidades de cambio se ponen a prueba entre ellas, y una o varias innovaciones comienzan a definir las características del sistema transformado. Esta estructura se conserva y luego ella misma comienza a volverse rígida durante la fase-K, hasta que una liberación (colapso) a menudo rápida y a veces catastrófica en la fase-Ω nos devuelve a las condiciones de "borde del caos" creativo. Esto ofrece oportunidades renovadas para la reorganización en una nueva fase-α y para un nuevo ciclo adaptativo.

El potencial para un cambio de régimen o para un cambio transformador que lleve al sistema a una nueva manera de funcionar (que podría ofrecer un aumento de resiliencia y de salud) alcanza su punto más alto durante la fase-α. La innovación transformadora introducida durante esta etapa tiene el potencial de llevar al sistema a un nuevo dominio de estabilidad. Las intervenciones de diseño que tienen como objetivo el aumento de la capacidad de resiliencia de un sistema, deberían usar la previsión y explorar escenarios futuros para evaluar los efectos potenciales de la intervención o del rediseño que proponen.

Al intentar dirigir esta dinámica de cambio natural en distintas escalas a la vez, tenemos que recordar que los tres aspectos de la resiliencia son importantes. Encontrar un equilibrio entre la persistencia, la capacidad adaptativa y la resiliencia transformadora determinará, hasta cierto punto, lo turbulenta, rápida y profunda que será la transición. Dado que existen conexiones de enlace de escalas entre sistemas en diferentes escalas espaciales, y que los ciclos adaptativos de sistemas más extensos tienden a ir más lentos mientras que los ciclos adaptativos de sistemas más pequeños tienden a ir más rápido, también debemos tener en cuenta qué aspecto de la resiliencia estamos promoviendo, a qué escala y cómo las distintas escalas se influencian entre sí.

Panarquía: una perspectiva de enlace de escalas de la transformación sistémica

Dado que la naturaleza fundamentalmente enlaza escalas conectando lo molecular con lo planetario y lo local con lo global, los ciclos adaptativos de cualquier sistema en cualquier escala (p. ej. comunidad local, biorregión, nación, planeta) están conectados a ciclos adaptativos múltiples que se producen simultáneamente en sistemas más pequeños contenidos en ese sistema y en sistemas más extensos en los que ese sistema está integrado. Esta jerarquía anidada de sistemas dentro de sistemas, o holarquía (Koestler, 1989) de integridades interconectadas dentro de integridades, se denomina también panarquía (Gunderson & Holling, 2001). Gunderson y Holling explican que la palabra "panarquía" describe las jerarquías holísticas de la naturaleza y las dinámicas complejas que enlazan las distintas escalas espaciales y sus procesos de movimiento rápido y lento en una integridad interconectada. El marco ofrece una comprensión más profunda de las transformaciones en sistemas de humanos y naturaleza y esto, a su vez, podría ayudar a guiarnos con más sabiduría hacia un futuro impredecible.

El modelo de panarquía, ciclos adaptativos entrelazados que ocurren en escalas temporales y espaciales múltiples, dilucida la interacción entre el cambio y la persistencia en sistemas socioecológicos de enlace de escalas. El modelo puede ayudarnos a visualizar la complejidad de enlace de escalas de los procesos naturales. Enfrentarnos a esta complejidad fractal de procesos transformadores que interactúan (los ciclos adaptativos anidados que se extienden a lo largo de escalas temporales y espaciales) nos recuerda que debemos permanecer conscientes de los límites de predicción y control que nos encontramos como participantes de dicha complejidad.

En términos generales, cuanto más largos y duraderos sean los ciclos adaptativos, menos predecibles y controlables serán. En una escala limitada de tiempo y espacio (y si definimos claramente los límites del sistema en cuestión), la predicción y el control son posibles, pero dado que dichas reducciones de complejidad (p. ej. condiciones de laboratorio controladas) están creadas artificialmente por nosotros y no tienen en cuenta la interconectividad fundamental, el interser y la complejidad de los procesos de enlace de escalas en los que participamos, dicha predicción y control solo tiene un uso limitado. La Figura 9 es una representación visual de la panarquía descrita a través de ciclos adaptativos interrelacionados dinámicamente en distintas escalas de espacio y tiempo.

Los ciclos de movimiento rápido en escalas más pequeñas tienen más probabilidad de innovar y de poner a prueba innovaciones. Mientras que los ciclos lentos en escalas más grandes "se estabilizan y conservan la memoria acumulada de experimentos positivos existentes del pasado. La panarquía es creativa y a la vez conservadora. Las interacciones entre ciclos en una panarquía combinan el aprendizaje con la continuidad" (Resilience Alliance, 2015c).

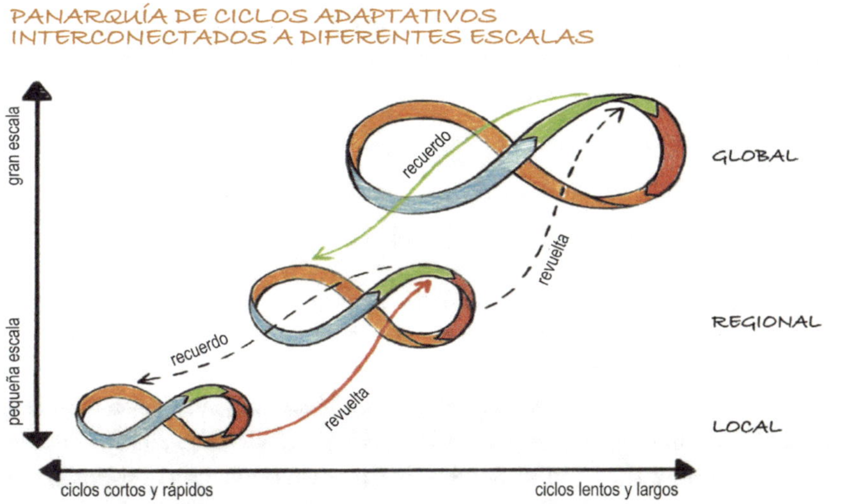

Figura 9: Panarquía de Ciclos Adaptativos, adaptado y explicado de Gunderson y Holling (2001).

Los sistemas más grandes, de movimiento lento, pueden estabilizar los sistemas que contienen al reponerlos y mantener su diversidad y sus patrones de organización establecidos (recuerdo). Por su parte, los sistemas más pequeños de movimiento rápido también pueden afectar a los sistemas mayores en los que participan, ya sea por una reacción en cadena de colapso, cuando la perdida de diversidad, resiliencia y viabilidad en una escala es lo suficientemente grave como para afectar a una escala o escalas mayores, o a través de cambios transformadores (r)evolucionarios que se innovan a escala local y se extienden a la escala regional y global (revolución o revuelta). La Figura 9 ilustra las interacciones entre procesos de cambio dinámico de movimiento rápido y de movimiento lento en diferentes escalas espaciales.

Las innovaciones (r)evolucionarias tienen más posibilidad de ocurrir en sistemas más pequeños que pueden responder a la oportunidad y al cambio, mientras que los ecosistemas y la salud planetaria proporcionan una estabilidad que hace posible dicha innovación (y experimentación) a escala más pequeña. La panarquía parece sugerir que la innovación y el ensayo de alternativas viables en la transición a una cultura regenerativa tienen más posibilidades de ocurrir a escala local y regional, y que si tienen éxito, estas innovaciones se extenderán globalmente (al adaptar las condiciones locales y regionales en otros lugares).

Para que la innovación se genere a una escala global necesitamos asegurar un flujo de información abierto y transparente, la "liberación de tecnologías" (ver Steele, 2012), y el acceso a la educación que nos permita a todos colaborar en la adaptación y la transformación local y regional respaldada por la colaboración global. La resiliencia transformadora tiene que construirse de abajo arriba y la panarquía nos hace entender que esto requiere la colaboración y el apoyo mutuo tanto de arriba abajo como de abajo arriba. Afortunadamente este cambio ya está en marcha.

El desarrollo de la resiliencia en comunidades locales y regionales se está haciendo global

En los últimos años, el *imperativo de resiliencia* ha llegado a la agenda de gobiernos locales y nacionales, de líderes empresariales y de instituciones internacionales como la Unión Europea y las Naciones Unidas. En 2010, la Oficina de las Naciones Unidas para la Reducción del Riesgo de Desastres lanzó una campaña a cinco años llamada *Desarrollando Ciudades Resilientes* (UNISDR, 2015).

Un informe de 2012 para el Secretario General de la ONU sobre la sostenibilidad global, titulado *Resilient People, Resilient Planet – A Future Worth Choosing* (Gente Resiliente en un Planeta Resiliente, un Futuro que Vale la Pena Elegir) recomienda tres medidas estratégicas generales: i) el empoderamiento de las personas para que elijan opciones sostenibles, ii) el fomento de una economía sostenible y iii) el fortalecimiento de la gobernanza institucional (UNGSP, 2012, pág. 79).

El informe del Banco Mundial de 2013 sobre *Building Resilience* (Desarrollando la Resiliencia) recomienda que la "comunidad internacional debería liderar con el ejemplo, fomentando estrategias que unan progresivamente la resiliencia ante el clima y las catástrofes con trayectorias de desarrollo más amplias, y financiadas adecuadamente" (Banco Mundial, 2013; ix). En Gran Bretaña hay funcionarios para la resiliencia comunitaria en ayuntamientos locales y en el Servicio Nacional de Salud.

El Desafío Centenario 100 Ciudades Resilientes de la Fundación Rockefeller, financiado con 100 millones de dólares, dice que "está dedicado a ayudar a ciudades de todo el mundo a ser más resilientes ante los desafíos físicos, sociales y económicos cada vez más presentes en el siglo XXI". La iniciativa dará apoyo financiero a 100 ciudades para permitirles contratar "Directores Generales de Resiliencia" (CROs por sus siglas en inglés). La ciudad de San Francisco contrató a Patrick Otellini como primer CRO a principios de 2014 y para diciembre de 2014 otras 64 ciudades habían recibido apoyo económico para incluir esta importante figura de incorporación de sistemas íntegros en sus ayuntamientos.

El Consejo Asesor Científico para el Cambio Global (WBGU por sus siglas en alemán), la unidad de previsión del gobierno alemán, publicó un informe de 400 páginas en 2011, titulado *El Mundo en Transición; Un Nuevo Contrato Social para la Sostenibilidad*. En él revisa ejemplos de cambios sociales y sugiere que los actores individuales y los agentes de cambio son importantes impulsores de la transformación cultural, y que, por ello, su papel se debería tomar más en serio.

Los innovadores socioculturales tienden a estimular el cambio al cuestionar las prácticas y las perspectivas de "lo mismo de siempre" y a introducir alternativas viables. El informe subraya que estos agentes de cambio aparecen "con frecuencia en los márgenes de la sociedad donde los pensadores poco ortodoxos y marginados se sienten más cómodos" y entonces los mismos agentes del cambio, y lo que es más importante, los temas que plantean, empiezan a ganar interés cultural y significado para el público en general y para las instituciones convencionales (WBGU, 2011: 261-262). La manera en la que el meme "desarrollar resiliencia comunitaria" ha alcanzado la agenda convencional parece ser un ejemplo de ello.

En la conferencia de Rio+20 asistí a charlas y participé en conversaciones del programa oficial de la cumbre de la ONU y también en varios eventos paralelos de la *Cumbre de los Pueblos Rio+20* alternativa. Uno de los momentos más memorables para mí fue una tarde en el *Foro para el Emprendimiento Social en la Nueva Economía* con Ana Rhodes, la entonces directora de gestión de la Fundación Findhorn. Ambos encontramos inspiración en la lucidez con la que habló Michel Bauwens sobre cómo ya estamos influenciando en la transformación social global a través de las acciones locales impulsadas por la colaboración global. Dani Matierlo de Ashoka, informó en este evento que el credo general era que: "debemos construir un sistema de doble beneficio" y "que debe ser un sistema que vaya también en beneficio del medioambiente". La rotunda conclusión fue: "[...] no hay mejor manera de cambiar el mundo que reunir a todos los sectores de la sociedad, para construir un mundo liderado por la empatía, uno en el que todos seamos creadores del cambio" (Ashoka, 2012).

En la *Ceremonia de Entrega del Premio Ecuador*, activistas locales, científicos y agentes del cambio de todo el mundo fueron reconocidos por "construir comunidades resilientes". Helen Clark de UNDP empezó su discurso diciendo: "El evento de esta noche trata de reconocer la gran innovación y liderazgo que está llegando de las comunidades locales del mundo". Cristina Figueres, Secretaria Ejecutiva de la Convención Marco de las Naciones Unidas sobre el Cambio Climático añadió: "Confío en que todos sepamos que no podemos abordar el cambio climático globalmente a no ser que las comunidades reclamen su poder para implementar soluciones, y soluciones creativas, sobre el terreno (EquatorInitiative, 2012). En una clausura genuinamente brasileña, los 1.700 asistentes guardaron silencio mientras escuchaban a Gilberto Gil cerrar con la mística canción de Stevie Wonder sobre la necesidad que tiene la humanidad de reconectarse con la naturaleza y de aprender de La Vida Secreta de las Plantas.

Crear culturas regenerativas y una presencia humana regenerativa en la Tierra trata, principalmente, sobre la reconexión con la vida como un todo, para que podamos reconectarnos y colaborar entre nosotros de maneras nuevas. En teoría esto debería ser fácil dado que nunca hemos estado verdaderamente separados, pero la narrativa de la separación es fuerte y persistente. Las transformaciones culturales profundas llevan su tiempo. En un evento posterior a Rio+20 organizado por el Instituto de las Naciones Unidas para Formación Profesional e Investigaciones (UNITAR) y por el instituto Ethos, se formuló la siguiente pregunta:

> P ¿Necesitamos un nuevo Contrato Social para abordar los cambios de desarrollo sostenible del siglo XXI?

Refiriéndose al *Contrato Social* (1972) de Jean-Jacques Rousseau, el director ejecutivo de UNITAR, Carlos López, hizo hincapié en que Rousseau había sido un "agente provocador" que había cuestionado las ideas establecidas con su crítica a la desigualdad y su llamada a la reconexión con la naturaleza. López sugirió que las preguntas que planteaba Rousseau tienen hoy una relevancia y una urgencia nuevas. (UNITAR, 2012).

Rio+20 tuvo de todo un poco. Me sentí desilusionado por la manera en la que la ONU parece tener las manos atadas por los grupos de presión de las grandes corporaciones y por unos cuantos "estados abusones". La energía de la cumbre popular fue una bocanada de aire fresco comparada con la actitud de la cumbre oficial, sin embargo, habría deseado que "la gente", en lugar de celebrar un evento paralelo, hubiera creado una conversación más abierta que incluyese a todos, también a los jefes de estado y a los grupos de presión. La pasión y el entusiasmo en la carpa de Gaia Education/GEN/Transition Towns eran contagiosos y enriquecedores. En general, lo que más me llenó de esperanza fue que el debate sobre el desarrollo de la resiliencia local y regional y la necesidad de una transición más profunda, están ahora en las conversaciones globales, ofreciendo puntos de encuentro para la acción colectiva más allá de los diálogos multilaterales.

Todos nosotros necesitamos convertirnos en agentes del cambio que cuestionen las desigualdades y la destrucción medioambiental en todo el mundo. Necesitamos preguntar cómo podemos cocrear culturas más igualitarias que estén profundamente reconectadas con la naturaleza y que tengan efectos regenerativos en las funciones y en la productividad de sus ecosistemas locales y regionales. A esas escalas podemos crear verdaderas soluciones de triple beneficio. El pensamiento resiliente está empezando a unir a agentes del cambio global y local que trabajan en la sociedad civil, en las empresas y en las instituciones gubernamentales en un intento de crear un futuro próspero a través de la colaboración global como apoyo a la implementación local.

Fuera del círculo de académicos de Resilience Alliance (Alianza para la Resiliencia) que empezaron la investigación sobre la resiliencia hace cuatro décadas, las redes de base y las organizaciones de la sociedad civil fueron las primeras en entender la necesidad urgente de un desarrollo de la capacidad local y de la participación cívica en el proceso de fomento de la resiliencia a escala comunitaria.

Entre los primeros que adoptaron y promovieron la estrategia de desarrollo de resiliencia se encuentran el movimiento de *Diseño de Permacultura* (p. ej. Holmgren, 2011; Whitman y Ferguson, 2014), la *Red Global de Ecoaldeas* (GEN, 2015), el programa de *Diseño para la Sostenibilidad de Gaia Education*, y desde 2006 un movimiento de rápida expansión, la *Comunidad de Transición* (Hopkins, 2011 & 2014). La respuesta entusiasta a la estrategia de comunidades en transición por parte de los grupos comunitarios locales, primero en Gran Bretaña y luego en Europa y en el resto del mundo, ha ayudado a difundir el meme "desarrollar resiliencia comunitaria" entre gobiernos locales y nacionales de todo el mundo, en preparación para el cambio climático y el "pico del petróleo".

> ¿Qué pasaría si las mejores respuestas al pico del petróleo y al cambio climático no viniesen de los gobiernos, sino de ti y de mí y de la gente que nos rodea?
>
> Rob Hopkins (2011

Rob Hopkins, cofundador del movimiento comunidad en transición, empezó sus primeros experimentos en el desarrollo de resiliencia comunitaria en 2004 en la pequeña ciudad irlandesa de Kinsale, sencillamente aprovechando la oportunidad al impartir un curso de diseño de permacultura en un centro de formación profesional local para desarrollar, con sus alumnos, un "plan de reducción de consumo de energía" para la ciudad. En 2006 se mudó a Totnes, una ciudad en el sur de Inglaterra, y junto con Naresh Giangrande y Sophy Banks empezaron la primera iniciativa de comunidad en transición. En menos de tres años el fenómeno había inspirado a más de cien comunidades en Gran Bretaña y otros lugares para crear iniciativas de transición locales. Para mediados de 2014 había más de 1.500 comunidades por todo el mundo que participaron en "Formación de Comunidades en Transición" facilitada por una red global de formadores de comunidades en transición. Rob Hopkins (2009) identifica tres principios claves de diseño de los que depende la resiliencia a escala comunitaria:

Aumento de diversidad: una base más amplia que la actual de medios de vida, del uso de la tierra, del emprendimiento y de sistemas energéticos.

Modularidad *(diseño de enlace de escalas):* No defender la autosuficiencia, sino preferiblemente un aumento de la autorresiliencia, con un surgimiento de protectores de la economía local como la producción local de alimentos y la energía descentralizada.

Rigurosidad de evaluación *(aumento de la capacidad de aprendizaje de los éxitos y los fracasos locales):* Hacer más evidentes los resultados de nuestras acciones, para que no podamos ignorarlos.

Los grupos de comunidades en transición de todo el mundo tienden a iniciarse a través de activistas de base y de educadores. Muchos de ellos han implicado con éxito a propietarios de negocios locales y han conseguido el apoyo de sus ayuntamientos. Con frecuencia, su éxito depende de convencer a los miembros de su comunidad más "convencionales" a que se unan, por ejemplo, creando proyectos comunitarios que fortalezcan la economía local.

En 2013, la "Asociación Europea para la Información sobre el Desarrollo Local" (AEIDL por sus siglas en inglés) publicó *Europa en Transición: las Comunidades Locales lideran el camino hacia una Sociedad de Bajo Consumo de Carbono*. El informe revisa las distintas iniciativas locales por toda Europa, e incluye comunidades en transición, proyectos de ecoaldeas y grupos comunitarios de bajo consumo de carbono. Muestra que en los seis años anteriores a 2012 el número de grupos participativos promovidos por ciudadanos ha crecido desde solo unos pocos a más de 2.000. Este es un ejemplo excelente de cómo las conversaciones culturales creativas ya están transformando comunidades. Al plantear colectivamente preguntas más profundas sobre el futuro de sus comunidades y al experimentar con posibles soluciones locales, estos grupos están contribuyendo al surgimiento de culturas regenerativas.

> Reuniéndose en cuartos de estar, cafeterías locales, centros comunitarios y otros espacios públicos, principalmente, la intención es crear iniciativas prácticas que se puedan llevar a cabo localmente para reducir las emisiones de gases de efecto invernadero y la dependencia de combustibles fósiles, y para fortalecer la resiliencia y la sostenibilidad de comunidades locales. Muchas de estas iniciativas implican la experimentación con nuevas ideas, tecnologías y estrategias para encontrar las soluciones más sostenibles y rentables. De esta manera actúan como importantes laboratorios locales, dirigiendo y demostrando cómo los ciudadanos y las comunidades pueden vivir de manera más sostenible.
>
> AEIDL (2013: 3)

¿Cómo podemos fomentar la resiliencia transformadora?

En 2011 el Simposio de Ganadores de Premios Nobel sobre la *Sostenibilidad Global* resultó en la publicación de tres documentos con trasfondo científico, cada uno de ellos nombraba una transformación cultural importante. El primero hizo un llamamiento a *Reconectarse con la Biosfera* argumentando que "es hora de un nuevo contrato social para la sostenibilidad global basado en un cambio de percepción, de ver a las personas y a la naturaleza como entes separados, a ver sistemas socioecológicos interdependientes" (Folke *et al.*, 2011).

El segundo documento, *El Antropoceno*, animaba a la humanidad a adoptar un marco de límites planetarios para permitir una perspectiva de sistemas complejos que no se centre, únicamente, en el cambio climático (Steffen *et al.*, 2011).

El último documento, *Inclinarse hacia la Sostenibilidad*, expuso que, a pesar de que nuestra capacidad humana para la innovación era en parte responsable de las crisis a las que ahora nos enfrentamos, "es hora de usar esta capacidad y de introducir innovaciones que sean sensibles a los lazos fundamentales entre los sistemas sociales y los ecológicos" (Westley *et al.*, 2011).

El fomento de una relación sana y de apoyo mutuo entre los sistemas sociales y los ecológicos se hace fundamentalmente a escala local y regional. La colaboración global en el proceso de re-regionalización y de re-localización basados en diseños de sistemas íntegros inspirados biológica y ecológicamente, permitirán la clase de innovación transformadora que creará una sostenibilidad global basada en culturas regenerativas adaptadas localmente y a su "biodiversidad de economías" circulares regionales (ver Shiva, 2012: 143).

La resiliencia transformadora a escala local surge de la colaboración e interconexión de los enlaces de escalas de subsistemas regionales y locales que tienen altos niveles de resiliencia transformadora. Los esfuerzos para fomentar la resiliencia transformadora se pueden aprender de los patrones de enlace de escalas que poseen los sistemas de soporte vital de la naturaleza (por ejemplo, teniendo en cuenta las dinámicas descritas por el ciclo adaptativo y por la panarquía). Estas son algunas de las lecciones de *resiliencia de los sistemas naturales* que pueden ayudarnos:

- El patrón de la naturaleza es la modularidad, redes interconectadas y descentralizadas que exhiben redundancia en y a través de escalas.
- La diversidad crea la variedad requerida y la capacidad adaptativa.
- La redundancia en la provisión de recursos y funciones vitales aumenta la autonomía y la resiliencia en redes colaborativas descentralizadas pero conectadas globalmente.
- Lo local, lo regional y lo global son escalas enlazadas en relaciones simbióticas y de apoyo mutuo.
- La principal fuente de energía es el sol (la naturaleza funciona con la radiación solar directa).
- Los flujos de recursos y de energía son predominantemente locales/regionales y están organizados en patrones circulares y regenerativos.
- La autorregulación y la regeneración están basadas en intercambios de información y recursos dentro de redes anidadas dentro de otras redes.
- Las relaciones colaborativas que estimulan la diversidad facilitan el reparto de la abundancia y el mantenimiento de la salud sistémica.

La globalización económica ha desempeñado un papel en la consciencia planetaria de la familia humana. Sus efectos nos confrontan con nuestra interdependencia mutua y con todo lo vivo a medida que nos enfrentamos con los inevitables límites ecológicos. Atrapados en el movimiento expansivo del proceso de globalización, que empezó con el colonialismo y continuó con la globalización económica, llegamos a creer que lo más grande era siempre lo mejor, siempre persiguiendo las eficiencias de escala.

Creo que la civilización humana regenerativa estará estructurada como una red globalmente colaboradora de culturas diversas, adaptadas regionalmente y regenerativas, compartiendo distintas versiones de una narrativa de interser común. Esta red imitará el patrón de diversidad, salud y resiliencia de enlaces de escalas de la naturaleza. El Centro Medioambiental de Estocolmo, en colaboración con investigadores de los cuatro continentes, ha propuesto una serie de "principios políticamente relevantes" que podrían mejorar la resiliencia de las funciones de los ecosistemas (Biggs *et al.*, 2012). Sus recomendaciones invitan a plantear estas preguntas:

P ¿Cómo podemos mantener la diversidad y la redundancia?

P ¿Cómo podemos posibilitar la conectividad?

P ¿Cómo nos aseguramos de que prestamos atención a variables lentas y a retroalimentaciones?

P ¿Cómo fomentamos una comprensión cultural generalizada de los sistemas socioecológicos como sistemas adaptativos complejos?

P ¿Cómo incentivamos de manera efectiva el aprendizaje y la experimentación?

P ¿Cómo ampliamos la participación?

P ¿Cómo promovemos los sistemas de gobierno policéntricos?

La transformación salutogénica de nuestra economía global lleva consigo una reestructuración para conseguir un mosaico de economías locales y regionales vibrantes con los medios para cubrir las necesidades básicas de una manera descentralizada, comerciando principalmente con aquellos bienes y servicios que no se pueden proveer localmente. El conocimiento abierto entre iguales, el intercambio de habilidades e información, junto con la transferencia de tecnología deberían ser los ejes centrales de la colaboración global-local. Los flujos de material y de energía deben estar principalmente en una escala local y regional.

Esta estrategia tiene múltiples ventajas y crea soluciones de triple beneficio. Mantener los flujos de recursos materiales a nivel local o regional, en la medida de lo posible, actúa como una poderosa "restricción habilitante" que i) reduce el coste energético y medioambiental del transporte de recursos, ii) estimula la innovación en bio-economías circulares regionales adaptadas a la disponibilidad de recursos locales, iii) genera empleo significativo en economías locales vivas, iv) ofrece oportunidades culturales para celebrar y expresar la diversidad en una unidad global colaborativa, v) promueve patrones de organización en red descentralizados que crean redundancia y resiliencia en y a través de escalas. Una única pregunta, planteada en el momento y contexto adecuados, explorada abiertamente, puede iniciar un proceso de desarrollo de resiliencia local y regional:

P ¿Cómo podemos generar empleo local/regional significativo al desarrollar un proceso gradual de *sustitución de importaciones*, promoviendo nuestra capacidad de cubrir las necesidades regionales de consumo, en la medida de lo posible, a través de la producción regional basada en recursos regionalmente regenerativos?

En *The Resilience Imperative* (El Imperativo de la Resiliencia), Michael Lewis y Pat Conaty (2012) muestran cómo la suficiencia energética, los sistemas de alimentos locales, las reformas monetarias y la financiación de bajo coste, la reforma agraria y la vivienda asequible, junto con la propiedad democrática y la promoción de la sostenibilidad son todos ellos elementos del puzle para la creación de una economía estable, descentralizada y cooperativa. Como analizaremos en el Capítulo 7, el crecimiento no es un problema en sí mismo. Solo se convierte en un problema si no aprendemos a pasar de la fase juvenil de crecimiento cuantitativo a una fase más madura de crecimiento cualitativo, como ocurre en la maduración de los procesos de los ecosistemas.

Una estrategia de la economía estable es compatible con los intentos de cambio desde un crecimiento cuantitativo (a través de la acumulación y del agotamiento de recursos) a un crecimiento cualitativo (a través de la transformación cualitativa, el uso regenerativo de los recursos y el aprovechamiento del potencial de las sinergias). Lewis y Conaty proponen cuatro objetivos estratégicos que se apoyan mutuamente y que ayudan a fortalecer la resiliencia de las comunidades: reclamar los comunales, reinventar la democracia, crear una economía social solidaria, y "marcar precios como si la gente y el planeta importaran" (pp. 21-32).

Su libro es una valiosa colección de herramientas para cualquiera que quiera empezar a desarrollar la resiliencia transformadora a escala de su comunidad local. Revisa muchos ejemplos que funcionan y que muestran cómo podemos rediseñar nuestro sistema monetario y bancario, cómo crear vivienda asequible y suficiencia energética a escala comunitaria, cómo apoyar la creación de sistemas alimentarios locales, cómo redirigir el flujo de financiación para mantener economías locales vibrantes, cómo fortalecer las empresas cooperativas y la propiedad cooperativa, y de esta manera acelerar la transición hacia una cultura resiliente y regenerativa. En línea con la narrativa del inter-ser, Lewis y Conaty hacen referencia a la sugerencia de Desmond Tutu de que "No estamos hechos para la autosuficiencia, sino para la interdependencia, y quebrantamos la ley de nuestro propio ser en nuestro perjuicio" (pp. 336-337) y sugieren que, "si la interdependencia es nuestra esencia, la resiliencia y la cooperación son las piedras angulares" (pág. 337). La siguiente tabla ofrece consejos resumidos sobre cómo promover la resiliencia y la cooperación.

La cooperación en el desarrollo de la resiliencia comunitaria mejora la salud sistémica como base para todas las culturas regenerativas.

Esta es la esencia del cambio cultural por el que estamos avanzando con dificultad en los primeros años del siglo XXI, haciendo la transición desde nociones culturales de independencia e individualismo las de interdependencia y mutualismo, una reunión del "Yo" y del "Nosotros" como profetizó Martin Luther King. Quizá una Declaración de Interdependencia concentraría nuestras cabezas y nuestros corazones de maneras que harían cristalizar la esencia del enorme cambio cultural en el que estamos inmersos, y al que debemos organizar e influenciar sobremanera si queremos que la humanidad sobreviva con dignidad.

Michael Lewis y Pat Conaty (2012: 337)

Siete Principios de Resiliencia	Siete Principios Cooperativos
Promover y mantener la diversidad social, económica y biológica.	Participación económica de los socios. Los socios contribuyen al capital de la cooperativa y a su control democráticamente pero no reciben compensación, o si lo hacen, es limitada.
Mantener la modularidad. Conectar pero evitar la dependencia, y asegurar que existen medios independientes para modificar o adaptar.	Cada cooperativa es autónoma e independiente, las relaciones externas, la financiación y elegir federarse son decisiones democráticas.
Asegurar los bucles de retroalimentación comunitarios para asegurar que se es consciente de lo que está sucediendo y evitar cruzar umbrales críticos.	Existe la cooperación entre cooperativas a nivel local, regional, nacional e internacional.
Desarrollar capital social de redes fuertes, la confianza en las relaciones, y el liderazgo capaz que permita la acción colectiva.	Las cooperativas tienen afiliación voluntaria, abierta e inclusiva.
Centrarse en el aprendizaje, la experimentación, el desarrollo de normas locales, y en la innovación orientada al cambio.	Las cooperativas facilitan la educación, la formación y la información a sus socios, a sus representantes electos y a todos sus empleados. También llegan al público en general para informar sobre la naturaleza y los beneficios de la cooperación.
Diseñar solapamiento y redundancia en los sistemas de gobernanza y combinar los derechos de propiedad comunal y privada.	La gobernabilidad democrática significa que una cooperativa es responsable ante sus miembros - un miembro, un voto.
Valorar y poner precio a todas las funciones de los ecosistemas.	Las cooperativas trabajan en beneficio de la comunidad. (La enmienda de este principio para incluir el respeto al medioambiente se está debatiendo ahora formalmente).

Tabla 1: Principios de Resiliencia y Cooperación (Lewis y Conaty, 2012: 337).

La Fundación David Suzuki (1992) publicó dicha declaración de interdependencia en la Cumbre de la Tierra de 1992 en Rio de Janeiro. Su última frase dice: "[...] en este momento crítico de nuestra relación con la Tierra, trabajamos en aras de una evolución: del dominio a la colaboración; de la fragmentación a la conexión; de la inseguridad a la interdependencia". La cooperación para la resiliencia de la comunidad y para la salud sistémica es una consecuencia natural de comprender nuestra interdependencia, nuestro interser.

Del control y la predicción a la participación consciente, la previsión y la anticipación

Una de las extraordinarias contribuciones que los seres humanos ofrecen a los sistemas socioecológicos, y una posible respuesta a la pregunta planteada por David W. Orr "¿por qué merece la pena nuestra sostenibilidad?", es nuestra capacidad de previsión, o como lo llama Bill Sharpe la "consciencia futura" (ver Capítulo 2). *¡La previsión no es lo mismo que la predicción!* La previsión examina y anticipa futuros posibles reconociendo la naturaleza fundamentalmente impredecible e incontrolable de los sistemas dinámicos complejos en los que participamos. Con la práctica de la previsión y de la anticipación desarrollamos la "consciencia futura" y puede funcionar más eficazmente con el futuro potencial del momento presente, con el objetivo de participar con más sabiduría reconociendo plenamente los límites de nuestro conocimiento.

La necesidad de predicción surge de una mentalidad de "mando y control" que es, en sí misma, una respuesta al aislamiento y a la alienación que las personas empiezan a sentir cuanto más experimentan la vida a través de la narrativa de la separación. La necesidad de previsión para guiar una participación apropiada frente a la incertidumbre surge de un entendimiento más profundo de nuestra interdependencia fundamental. La vida, por sí misma, alumbra innumerables perspectivas, creando un mundo reflejado en la consciencia, incluso quizás y hasta cierto punto, impregnado de ella.

La narrativa del *interser* conforma un sentido de pertenencia que celebra al "otro" como una expresión valorada de un "ego" más extenso y nos reúne con la comunidad de la vida. Cuando pasamos a experimentar el mundo dentro de esta narrativa cultural, empezamos a sanar el dualismo cartesiano entre mente y cuerpo. Nos reconectamos con todas nuestras capacidades de conocer el mundo como sujetos y participantes integrados. El pensamiento racional es solo una ventana al mundo. Además de ser capaces de pensar, todos tenemos la capacidad de conocer y experimentar el mundo a través del pensamiento, de los sentidos, de los sentimientos y de la intuición (Harding, 2009).

Una buena previsión está basada en las cuatro formas de conocer. Se desarrolla desde nuestra capacidad de anticipar una variedad de escenarios futuros, que no solo están basados en nuestro conocimiento de las dinámicas y las tendencias sistémicas actuales, sino también en nuestros sentidos, sentimientos e intuición del futuro potencial en el momento presente. La práctica de la previsión y la anticipación refuerza nuestra conciencia de las dinámicas del sistema y de los futuros estados potenciales, no como certezas sino como posibilidades. Identificar y visualizar colectivamente estados futuros preferentes es el primer paso hacia la exploración de estrategias para cocrear comunidades y culturas regenerativas y prósperas.

En lugar de intentar gestionar el sistema a través de la estrategia del "mando y control" desde fuera, la previsión y la consciencia futura nos invitan a una nueva consciencia y práctica de "vivir las preguntas" como participantes integrados. Conscientes de que la ambigüedad y la incertidumbre nunca desaparecerán, podemos abandonar nuestra obsesión de control; y conscientes de nuestra participación e interser, podemos responsabilizarnos de nuestra capacidad creativa buscando participar adecuadamente mediante el "diseño para el surgimiento positivo", basado en la intención subyacente de beneficiar la salud del sistema íntegro al promover la regeneración y la autoorganización.

Las culturas regenerativas tienen que desarrollar la resiliencia para conocer, percibir, sentir e intuir respuestas sabias al cambio perturbador, a veces con persistencia y capacidad adaptativa, y otras eligiendo una respuesta transformadora. Para afrontar este desafío, necesitamos profundizar nuestra comprensión de la dinámica de los procesos de cambio naturales, conformada por el pensamiento de resiliencia, el pensamiento de sistemas vivos y la alfabetización ecológica. Todos ellos ofrecen importantes percepciones de la manera de participar adecuadamente en la dinámica de sistemas socioecológicos complejos.

En *The Pathology of Natural Resource Management* (La Patología de la Gestión de Recursos Naturales), Holling y Meffe (1996) analizan varios aspectos de patrones y dinámicas de ecosistemas a gran escala, que facilitan la comprensión de la resiliencia de ecosistemas y resaltan la importancia de retener "tipos y rangos críticos de variación natural en los sistemas de recursos para mantener su resiliencia" (pág. 328). No podemos forzar la complejidad de sistemas dinámicos de la naturaleza dentro de nuestro marco de predicción y control extremadamente limitado, lineal y mecánico.

> La estrategia de mando-y-control asume implícitamente que el problema está bien delimitado, claramente definido, es relativamente simple y generalmente lineal respecto a la causa y el efecto. Pero cuando se aplican los mismos métodos de control al mundo natural, complejo, no lineal y escasamente conocido, y cuando se esperan los

> mismos resultados predecibles pero pocas veces conseguidos, resultan en repercusiones ecológicas, sociales y económicas graves.
>
> C.S. Holling y Gary Meffe (1996: 329)

El diseño de culturas resilientes y regenerativas trata de facilitar el surgimiento positivo, las redes de relaciones de cocreación colaborativa que promuevan las condiciones en las que nosotros (la vida) podamos enfrentarnos a la incertidumbre con creatividad, capacidad adaptativa y con una disposición a la transformación en respuesta al cambio y a la perturbación.

Desde la diversidad genética de una población a la diversidad biológica de un ecosistema o de la biosfera, la diversidad es la estrategia de la vida para mantener sus opciones abiertas en respuesta al cambio. El fomento de la diversidad en y a través de diferentes escalas se consigue mejor con una distribución descentralizada y en red de las funciones vitales del sistema. La redundancia resultante no es una repetición superflua de funciones en y a través de escalas, es una estrategia vital de gestión de riesgos que asegura que las comunidades diversas y adaptadas localmente puedan cubrir sus necesidades básicas, y que la perturbación de una función vital en un área no resulte en un fallo sistémico a través de escalas, y las tres son características de un sistema resiliente. Frente a la incertidumbre, la imprevisibilidad y el control limitado, promover la resiliencia en sistemas socioecológicos es una respuesta apropiada de anticipación a riesgos múltiples.

La diversidad es el fundamento de la resiliencia y de la salud sistémica. Al diseñar para la resiliencia y para la salud sistémica facilitamos relaciones simbióticas entre agentes diversos en el sistema y permitimos las condiciones para la restauración y la regeneración del funcionamiento sano de los ecosistemas. Junto con un aumento de diversidad y de resiliencia, un aumento de la bioproductividad, de las funciones de ecosistemas, de la cohesión social, de la colaboración y del bienestar son también indicadores de cambio positivo en sistemas socioecológicos y de una capacidad aumentada de respuesta a perturbaciones.

Una cultura resiliente y regenerativa tiene como objetivo revertir el descenso de bioproductividad por medio de, por ejemplo, la agricultura regenerativa y la restauración de ecosistemas. Uno de los efectos más sinérgicos del aumento de bioproductividad planetaria, basada en la radiación solar directa y el CO_2 como materia prima, es que la concentración de carbono en la atmósfera y en los océanos empezaría a descender, a medida que el carbono queda bio-secuestrado en los correspondientes aumentos de biomasa en todo el mundo.

Existen numerosos ejemplos de cómo la aplicación del "pensamiento de mando y control" limitado en ecosistemas dinámicos complejos ha tenido como resultado la pérdida de diversidad, el descenso de la resiliencia y efectos ecológicos y socioeconómicos negativos. Entre ellos están los efectos desastrosos que las grandes presas tienen en ecosistemas fluviales y en las poblaciones autóctonas de peces, el aumento de la vulnerabilidad ante grandes incendios que producen una grave degradación sistémica y que van de la mano con la extinción de incendios frecuentes de baja intensidad en ecosistemas forestales "gestionados", y los numerosos y nefastos intentos de control de inundaciones canalizando ríos.

Los efectos sistémicos perjudiciales de la agricultura de monocultivos a gran escala y de gran consumo energético se pueden considerar como el "ejemplo perfecto de la reducción de la variedad y la pérdida de resiliencia". Holling y Meffe concluyen que "generalmente la supresión o la eliminación de perturbaciones naturales reduce la resiliencia del sistema" (pág. 331). Tenemos que trabajar con perturbaciones periódicas en lugar de contra ellas. Son parte de la dinámica que aumenta la salud y la resiliencia del sistema. Estas son algunas de las lecciones fundamentales que Holling y Meffe han aprendido de sus estudios comparativos de la dinámica de los ecosistemas:

- Los procesos críticos funcionan a ritmos y escalas de espacio radicalmente diferentes que cubren varios órdenes de magnitud, y estos ritmos y escalas se agrupan en torno a unas pocas frecuencias dominantes.
- Avanzar de una escala pequeña a una más grande no puede ser un proceso de adición lineal simple: los procesos no lineales organizan el cambio de un rango de escalas a otro. No solo lo grande y lento controla lo pequeño y rápido, este último ocasionalmente se "revela" para afectar al primero.
- Por una parte, las fuerzas desestabilizadoras son importantes para mantener la diversidad, la resiliencia y la oportunidad. Por otra, las fuerzas estabilizadoras son importantes para mantener los ciclos de productividad y los ciclos bioquímicos, e, incluso cuando estas características se perturban, se recuperan rápidamente si no se sobrepasa el dominio de la estabilidad.
- Los ecosistemas son objetivos en movimiento, con múltiples futuros potenciales, que son inciertos e impredecibles. Por ello la gestión debe ser flexible, adaptativa y experimental en escalas compatibles con las escalas de funcionamiento crítico del ecosistema.

C.S. Holling & Gary Meffe (1996)

Creo que estos conocimientos resumidos del estudio a largo plazo de la dinámica de ecosistemas, también pueden conformar la participación apropiada en sistemas socioecológicos. Necesitamos ser conscientes de estas lecciones en nuestro intento de cocrear comunidades, empresas y economías que sean sensibles a la escala, persistentes, adaptables y que se transformen adecuadamente en respuesta al cambio.

La participación consciente en ecosistemas complejos trata sobre la sensibilidad a dinámicas de enlace de escalas temporales y espaciales. *Necesitamos aprender a surfear sobre "el borde del caos" entre la estructuración, la disolución y la innovación transformadora.* La salud dinámica abraza el caos y la estabilidad, cada una en su escala y en su momento adecuado. El pensamiento resiliente nos ayuda a identificar y luego a diseñar intencionadamente sendas que apoyan el surgimiento de la salud sistémica como base para la regeneración. Giles Hutchins saca alguna conclusión útil en *The Nature of Business – Redesigning for Resilience* (La Naturaleza de la Empresa, Rediseñar para la Resiliencia).

> Al hacernos conscientes de los ciclos siempre presentes de la vida dentro de todo, hacia dentro y hacia fuera, aprendemos a reconocer las quiebras y los avances como estados positivos de nuestras evoluciones. Nuestras organizaciones no deberían gastar energía vital intentando controlar nuestros entornos, intentando resistir alguna parte del ciclo adaptativo excepto el del crecimiento (cuantitativo excesivo). Esto es resistirse a la evolución, y es un derroche inútil de energía, a la vez que también ralentiza la trasformación eficaz de la organización dentro de su entorno empresarial dinámico. Es muchísimo más útil la consciencia y la comprensión del entorno dinámico que está en funcionamiento y de la capacidad de adaptarse a él. Algunas partes de la organización podrían encontrarse en un estado de crecimiento rápido, mientras que simultáneamente otras podrían estar decayendo y dirigiéndose hacia la renovación.
>
> Giles Hutchins (2012: 63)

CAPÍTULO 5

¿Por qué adoptar una estrategia basada en el diseño?

> Si no cambiamos la dirección de nuestros pasos, es muy probable que acabemos llegando allí adonde nos dirigimos.
>
> Proverbio chino

Si aceptamos que las preguntas, en lugar de las respuestas, y que la experimentación continuada, en lugar de las soluciones fijas son la forma más segura para guiarnos por estos tiempos turbulentos hacia un futuro impredecible, también tenemos que aceptar que existe un límite en la medida en la que podemos diseñar nuestro futuro ante la complejidad y la incertidumbre. Sin embargo, adoptar una estrategia basada en el diseño nos ofrece una manera práctica de proponer e implementar soluciones para continuar aprendiendo y para mejorar nuestras preguntas de referencia.

Por una parte, tenemos que aceptar que el futuro seguirá siendo impredecible e incontrolable; y por otra, podemos trabajar de forma creativa con el futuro potencial del momento presente para visualizar y avanzar hacia el tercer horizonte. La visualización colectiva centra nuestra atención en los futuros que queremos cocrear. Puede ayudarnos a llegar a un acuerdo sobre qué es lo que valoramos y a fijar las intenciones que conformarán nuestra práctica de diseño regenerativo.

El cambio principal trata, ante todo, sobre un cambio colectivo de la perspectiva y de la consciencia que lideren un cambio de valores, de intenciones y de comportamiento. Las tecnologías que utilicemos y los *diseños* que implementemos respaldarán estos cambios y manifestarán nuestras intenciones materialmente y en los sistemas y estructuras que establezcamos. Sin embargo, estas relaciones son circulares, no lineales. Nuestra consciencia y perspectivas influyen en nuestro comportamiento, en las tecnologías que utilizamos y en la manera en que "diseñamos" soluciones; en tanto que los diseños y las soluciones del pasado continúan modelando nuestra cosmovisión y nuestra consciencia.

¡Todos somos diseñadores! Todos cocreamos el mundo en el que vivimos a través de nuestras relaciones y de nuestro comportamiento como ciudadanos, miembros de la comunidad y consumidores. Todos tenemos necesidades reales y necesidades percibidas y todos diseñamos nuestras propias estrategias para cubrir esas necesidades. Todos tenemos intenciones de lo que nos gustaría hacer y qué clase de cambio nos gustaría ver en el mundo; la manera en que actuamos (o dejamos de actuar) de acuerdo con esas intenciones son actos de diseño. Nuestras intenciones influyen en nuestra acción y también en nuestra inacción, dan forma a cómo cocreamos el mundo.

Cada vez que gasto dinero en algo, estoy participando directamente en el mantenimiento de decisiones de diseño del pasado (posiblemente sin cuestionarlas) o fomentando un cambio para una cultura regenerativa apoyando prácticas empresariales éticas y sostenibles. Los productos y servicios que elegimos y que ofrecemos en nuestro trabajo son maneras importantes en las que todos participamos para la cocreación y el diseño de la cultura en la que vivimos. Las historias que contamos sobre nosotros, la educación que ofrecemos a nuestros hijos, la manera en la que compartimos nuestra riqueza (de ideas, de compasión, de experiencia o de dinero) influyen, no solo en nuestras vidas, sino también en la cultura que estamos cocreando.

> "Cada acto del conocimiento crea un mundo [...] toda acción es conocimiento, y todo conocimiento es acción. [...] Solo tenemos el mundo que creamos con otros...".
>
> Maturana y Varela (1987: 25 y 249)

El diseño, en su sentido más amplio posible, puede ayudarnos a integrar la extraordinaria riqueza de conocimiento especializado, de habilidades y de aspiraciones compartidas que reside en la humanidad. El diseño no debería considerarse como un campo especializado de la actividad humana; en su lugar, puede entenderse como una actividad integradora que conecta las intenciones humanas con su expresión material y cultural en forma de artefactos, instituciones y procesos. Una estrategia basada en el diseño, no solo nos ayudará a integrar muchas perspectivas y disciplinas distintas, también nos recordará que, para que sea eficaz, la transición tendrá que incluir, no solo una base científica sólida conformada por el pensamiento sistémico, sino también consideraciones éticas, estéticas, sociales, culturales, económicas y, por supuesto, ecológicas.

Si definimos el diseño en su sentido más amplio, como la *intencionalidad humana expresada a través de interacciones y relaciones*, se hace patente que cualquier cambio que afecte a las intenciones humanas redirigirá el panorama completo de diseño después de ese cambio de intencionalidad. A primera vista esta definición de diseño podría sonar un poco general, pero si lo piensas, la definición se acomoda, ya sea aplicándola a un producto, como por ejemplo una silla, que expresa ciertas intenciones funcionales y estéticas del diseñador, o a un sistema monetario que también está diseñado para desempeñar ciertas funciones basadas en un conjunto de intenciones. En el caso de la silla las interacciones y las relaciones están más centradas en los distintos materiales, procesos de producción y en las geometrías espaciales implicados, pero también incluyen la manera en la que el objeto, su diseñador, su productor, su distribuidor y su usuario interactúan con la silla y cómo, a través de ella, se relacionan el uno con el otro. En el caso de servicios y sistemas, por ejemplo un sistema monetario en particular, el diseño define y da forma a las interacciones y a las relaciones entre los usuarios y ese modo de intercambio en particular. ¡El diseño expresa *y* crea cultura!

La educación en diseño permite la transformación cultural

> Los ojos no nos separan del mundo, sino que nos unen a él. Que se sepa que esto es verdad. Abandonemos la simplicidad de la separación y devolvamos a la unidad lo que merece. Abandonemos la automutilación que ha sido nuestra manera de actuar…
>
> Ian L. McHarg (1969: 5)

> Lo que necesitamos es una educación para la vida colectiva en lugar de para el éxito individual. Lo colectivo, aquello a lo que necesitamos prestar más atención, incluye a todas las demás especies del planeta.
>
> Brian Goodwin (2001)

En 2001, después de fracasar en el intento de crear un centro de educación para la sostenibilidad y una ecoaldea en el sur de España, me matriculé en el máster en Ciencia Holística del Schumacher College. En ese momento la palabra "sostenibilidad" no había entrado todavía en el vocabulario de la mayoría de los diseñadores industriales y de los formadores académicos de diseño. Hasta entonces, mi propio contacto con el "diseño" había sido a través del estudio y de la aplicación de los conceptos de *Permaculture. A Designer's Manual* (1988) (Permacultura, un manual para diseñadores) de Bill Mollison y de una serie de cursos y prácticas en el Centro de Tecnología Alternativa en Gales, donde había aprendido sobre el diseño de estructuras de madera, de sistemas ecológicos básicos de tratamiento de aguas residuales, de baños secos y de sistemas descentralizados de energía fotovoltaica, micro eólica y micro hidráulica.

En el Schumacher College tuve la buena suerte de asistir a un curso con John Todd y Nancy Jack Todd, dos veteranos en el campo del diseño ecológico y cofundadores del Instituto de la Nueva Alquimia en 1968, y con David W. Orr, el educador medioambiental más importante de EE. UU. Después de pasar 3 semanas con ellos en el extraordinario entorno de lo "pequeño es bello" del cautivador Old Postern que alberga el instituto, de pronto me impactó la importancia y el poder transformador del diseño. Entendí que el extremo práctico de la cosmovisión emergente que estábamos explorando en la ciencia holística (la teoría de la complejidad, la teoría del caos, la ciencia goetheana, la teoría de Gaia, la ecología profunda y la ecopsicología) era, en efecto, diseño. Me di cuenta de que el cambio general, como lo expresa Brian Goodwin, desde la predicción y el control de la naturaleza a la participación adecuada en la naturaleza, tendría que ser implementado en nuestros modos de vivir por y a través del diseño. Como explica David W. Orr:

> Básicamente el problema es cómo encaja una especie satisfecha de llamarse a sí misma *Homo sapiens* en un planeta con biosfera. Este es un problema de diseño y requiere una filosofía de diseño. La idea misma de que necesitamos construir una civilización sostenible necesita inventarse o redescubrirse, luego propagarse de forma generalizada y ponerse en práctica rápidamente.
>
> David W. Orr (2002: 50)

En la tesis de mi máster argumenté que el "diseño ecológico es un proceso participativo, interdisciplinar, y comunitario que se toma en serio el lugar, la escala y la conveniencia y que considera soluciones potenciales dentro de un contexto holístico" (Wahl, 2002: 58), y sugerí que todo diseño debería tener como objetivo el aumento de la diversidad y de la resiliencia para aumentar la salud de sistemas vivos. Durante mi estancia en el Schumacher College conocí al profesor Seaton Baxter* que luego supervisó mi tesis doctoral. En 2008, él y yo elaboramos un documento sobre *Temas de Diseño* en el que sugeríamos que la teoría integral (Wilber, 2001), la dinámica espiral (Beck & Cowan, 1996) y la ecología integral (Esbjörn-Hargen, 2005; Zimmerman, 2005) ofrecían a los diseñadores un marco para facilitar el diálogo entre las múltiples partes interesadas y para la integración de perspectivas diversas para favorecer soluciones más sostenibles y culturalmente transformadoras.

> Diseñar para la sostenibilidad no solo requiere el rediseño de nuestros hábitos, de nuestros estilos de vida y de nuestras prácticas, sino también de la manera en la que pensamos sobre el diseño. La sostenibilidad es un proceso de coevolución y de codiseño que implica a comunidades diversas en la toma de decisiones de diseño flexibles y adaptables en escalas locales, regionales y globales. La transición para la sostenibilidad trata sobre cocrear una civilización humana que prospere dentro de los límites del sistema de soporte vital planetario. [...] El diseño juega un papel esencial para dar forma a una civilización sostenible. Lo hace en las dimensiones materiales del diseño de productos, en la arquitectura, en el diseño industrial y en la planificación urbana y regional, además de en la dimensión inmaterial del metadiseño de conceptos y de perspectivas múltiples incluyentes, desde donde pueda surgir una cosmovisión holística/integral.
>
> Daniel Wahl y Seaton Baxter (2008: 72-74)

Desde entonces varios de profesionales y académicos del diseño han aplicado la teoría integral al diseño. En *Design Education for a Sustainable Future* (Formación en Diseño para un Futuro Sostenible) Rob Fleming (2013) aplicó el marco integral de Ken Wilber (2001) y la metodología de Mark DeKay sobre *Diseño Integral Sostenible* (2011) para reformular el papel de los formadores en diseño. Fleming argumenta que necesitamos reconsiderar la educación en diseño "como una herramienta esencial de los movimientos sociales más amplios para lograr un futuro sostenible" (pág. 25) y plantea esta importante pregunta:

> P ¿Cómo pueden los formadores en diseño reflejar mejor el espíritu del nuevo siglo cambiando las "prácticas verdes" bien intencionadas pero insignificantes, por unos ideales de sostenibilidad y resiliencia que tengan más impacto? (pág. 1).

Fleming subraya que "hacer evolucionar las profesiones de diseño a estados más elevados de consciencia no requiere tanto un cambio de paradigma como la transcendencia a una cosmovisión nueva más integrada, y a la inclusión de todas las cosmovisiones previas"; y dice que "la estrategia de 'ambos y' o de 'trascender e incluir' reconoce el valor actual de todas las cosmovisiones previas y juega un papel esencial en el establecimiento de una nueva consciencia de diseño, no como una elección entre el pasado y el presente, sino, más bien, como una motivación adicional para lograr la sostenibilidad" (pág. 4).

En un momento en el que estamos desbordados de información y conocimiento, a la vez que nos encontramos sedientos de sentido y de sabiduría, necesitamos nuevas sendas hacia la síntesis y la integración. Fleming apunta al hecho de que "la educación en diseño, especialmente el proceso de diseñar en equipo, es uno de los vehículos más poderosos y eficaces para aprender de todo el espectro de la educación universitaria" (pág. 7). Estoy de acuerdo con su convicción de que "los formadores en diseño mantienen la promesa de un futuro sostenible en los corazones y las mentes de los estudiantes a los que forman". Su libro ofrece una gran cantidad de marcos y de metodologías útiles para estudiantes y también para formadores. Este contribuirá aún más a la (r)evolución silenciosa que actualmente está cambiando la educación en diseño, para servir a la transición hacia una presencia humana regenerativa en la Tierra.

Recientemente, Gideon Kossoff (2011a) ha articulado un marco para el campo emergente del *diseño de transición*. Explora las implicaciones holísticas de la cosmovisión participativa para una transición liderada por el diseño hacia una sociedad más sostenible a través de la reinvención intencionada del ámbito de la vida cotidiana.

> La transición a una sociedad sostenible necesitará de la reconstrucción y de la reinvención de hogares, pueblos, barrios, ciudades y regiones de todo el planeta como integridades interdependientes, anidadas,

> autoorganizadas, participativas y diversificadas. [...] El resultado será una estructura de vida cotidiana descentralizada y diversificada que contrastará con las estructuras centralizadas y cada vez más homogéneas a las que nos hemos acostumbrado. [...] Reconstruir los Dominios es un proceso de base inherentemente multidisciplinar que representa una oportunidad para reintegrar y re-contextualizar el conocimiento, incorporándolo a la comunidad y también a la vida cotidiana. Requiere una reintegración intencionada o diseñada de todas las facetas de la vida cotidiana de un lugar, y sugiere que se necesita una nueva clase de diseño, un *diseño de transición*.
>
> Gideon Kossoff (2011b: 22-23)

En colaboración con Terry Irwin y Cameron Tonkinwise, Gideon ha ayudado a establecer un programa de doctorado en diseño de transición y un programa de doctorado profesional que incluye el *diseño de transición*, en la prestigiosa Escuela de Diseño de la Universidad Carnegie Mellon. Definen el diseño de transición como "un cambio social liderado por el diseño hacia un futuro más sostenible a nivel sistémico" y sugieren que "los diseñadores de transición utilizarán herramientas y procesos de diseño para reconcebir nuevos modos de vida y desarrollar infraestructuras, políticas, sistemas (alimentarios, sanitarios y educativos) y fuentes de energía que mantengan una sociedad más sostenible" (Diseño Carnegie Mellon, 2015).

Las estrategias de innovación y diseño transformadoras para culturas regenerativas analizadas en este libro son *estrategias de transición*. Reconocen que las soluciones son objetivos en movimiento en lugar de estados fijos. La práctica de vivir las preguntas en comunidad es una invitación a llevar las conversaciones de diseño sobre cómo favorecer la transición hacia un futuro más sostenible y una cultura regenerativa más allá del entorno académico y hasta al corazón de las comunidades, de las empresas y de la gobernanza en todo el mundo. La formación en diseño será un facilitador fundamental en la transición que tenemos por delante. Las conversaciones de diseño bien asistidas pueden invitarnos a todos nosotros a explorar la transición dentro de nuestras comunidades, a colaborar mutuamente y a aprender los unos de los otros para que todos seamos más eficaces en nuestro papel de diseñadores de transición. Los formadores en diseño pueden hacer posible la transformación cultural cooperativa. Tenemos que crear una nueva clase de colaboración entre las universidades, la sociedad civil, el sector privado y la gobernanza iniciando conversaciones de diseño integradoras.

> Los diseñadores para la transición hacen uso de una comprensión profunda de la interconectividad entre los sistemas sociales y naturales y conciben soluciones que aprovechan el poder de la interdependencia

> y de la simbiosis. Exploramos el papel del diseño en la negociación entre la transición que está llevando a cabo nuestra sociedad y la transición que necesita hacer.
>
> Diseño Carnegie Mellon (2015)

Terry Irwin escribe: "Hasta que los diseñadores no cambien a una cosmovisión más holística, el diseño continuará siendo parte del problema y no de la solución" (2012); y en otro contexto: "Uno de los cambios más importantes para los diseñadores y para el proceso de diseño será un cambio de enfoque desde los objetos hacia las relaciones. [...] Un modelo ecológico de la sociedad y del entorno reemplazarán el modelo dominante mecanicista y este, a su vez, sugerirá procesos para diseñar soluciones más respetuosas, iterativas e inclusivas" (Irwin, 2011).

El número de programas centrados en el diseño que comparten la perspectiva de la *transición* está creciendo incesantemente. Entre ellos están el programa de la Universidad Gaia sobre "Diseño ecosocial integrador", el de Educación Gaia "Diseño para la Sostenibilidad", el programa de Estudios Medioambientales del Oberlin College y el programa postgrado sobre "Pensamiento de Diseño Ecológico" en el Schumacher College. Otros programas en la misma línea incluyen el programa para el Diseño Sostenible y Regenerativo de la Universidad de Cornell; el programa de Diseño Ecológico Regenerativo del Prescott College, y el programa de Diseño Sostenible de la Universidad de Filadelfia.

El trabajo de Ezio Manzini en el Centro Interdepartamental para la Investigación y la Innovación para la Sostenibilidad del Politécnico de Milán ha jugado un papel fundamental en la transformación de la comunidad del diseño desde dentro. Él y François Jégou (2004) invitan a los diseñadores a formular preguntas importantes y a que adopten un rol activo en la concepción y en la configuración de un futuro sostenible:

P ¿Cómo podría ser la vida cotidiana en una sociedad sostenible?

P ¿Cómo cuidarás de ti mismo y de otras personas?

P ¿Cómo trabajarás, estudiarás y te trasladarás de un lugar a otro?

P ¿Cómo fomentarás una red de relaciones personales y sociales y cómo crearás una relación sin distorsiones con el entorno?

P ¿Qué tienen en común las sociedades sostenibles que somos capaces de imaginar hoy?

P ¿Qué amplitud tiene el rango de opciones que tenemos abiertas sobre la base de estos elementos comunes?

Manzini y Jégou han creado el Proyecto Cotidiano Sostenible como una plataforma web abierta para estimular la conversación social sobre posibles futuros sostenibles. Manzini es también presidente de la Red de "Diseño para la Innovación y la Sostenibilidad Social (DESIS), que trabaja "con socios locales, regionales y globales para promover y favorecer el cambio social para la sostenibilidad". La declaración de la visión de la red resalta que "la innovación social se está extendiendo y su potencial, como impulsor del cambio sostenible, está aumentando. Para facilitar este proceso, la comunidad del diseño en general, y las escuelas de diseño en particular, pueden jugar un papel fundamental" (DESIS, 2015).

En la Universidad de Griffith, Tony Fry, que creó la Fundación de EcoDiseño en 1991, dirige un programa de Diseño de Futuros que tiene como objetivo "educar mejor a los diseñadores [...] para que se conviertan en agentes de cambio, en profesionales que se basen en la investigación, en críticos, en emprendedores, en teóricos, en estrategas y en intelectuales prácticos," (Diseño de Futuros, 2015). Stuart Walker dirige un grupo de investigación de diseño sostenible en Imagination Lancaster. Bill Reed enseña diseño integrador en la Escuela de Postgrado de Diseño de Harvard y en la Universidad de Columbia Británica. Alastair Fuad-Luke explora el diseño como "cofuturing" como profesor de Prácticas de Diseño Emergentes en la Universidad Aalto, y Martin Charter dirige el Centro para Diseño Sostenible en el Colegio Universitario para las Artes Creativas (UCCA).

Esta no es una lista exhaustiva y hay muchos más programas de diseño que merecen la pena mencionar, pero las personas y los programas citados aquí han realizado una contribución importante para llevar el diálogo sobre la transición a la sostenibilidad, a la enseñanza del diseño y a la práctica del diseño profesional. Comparten una comprensión del papel central que juega el diseño y la formación en diseño en la transformación cultural hacia la sostenibilidad. Como tales, son catalizadores del surgimiento de culturas regenerativas.

Por último, pero no menos importante, me gustaría mencionar a Gonzalo Salazar, de la Universidad Católica de Chile, que está trabajando en una línea similar. También recibió su doctorado en el Centro para los Estudios de Diseño Natural. Estoy en deuda con Gonzalo por ayudarme a apreciar más profundamente lo fundamental que es la *conversación* para el diseño. Con un lenguaje poético que refleja el espíritu de su Chile natal, la tierra de Pablo Neruda, Humberto Maturana, Francisco Varela y Manfred Max-Neef, la tesis doctoral de Gonzalo concluye:

> El diseño es una conversación humana que trata sobre facilitar nuestra existencia en conversación. [...] El diseño se hace ecológico solo cuando está, ante todo, guiado por la emoción de amar a través del continuo proceso de crear y de cultivar nuestro (sentimiento de)

> sentirnos en casa en el mundo. [...] Lo primero y más importante en el diseño ecológico es la escucha atenta. [...] El diseño ecológico es fundamentalmente cooperativo. Es la cocreación, la cofacilitación; es codiseñar enamorados.
>
> Gonzalo Salazar-Preece (2011: 398-401)

El diseño es donde se encuentran la teoría y la práctica

Todo diseño es una expresión consciente o inconsciente de nuestras teorías sobre el mundo, nuestra cosmovisión culturalmente dominante. El cambio de nuestra sociedad actual de crecimiento industrial a una sociedad de culturas regenerativas diversas que sustentan la vida es, fundamentalmente, un cambio en el metadiseño de la "narrativa de separación" a la "narrativa de interser". Nuestra cosmovisión da forma a nuestros diseños y nuestros diseños refuerzan la cosmovisión con la que fueron creados. Esa es una de las razones por las que no podemos resolver los problemas actuales dentro de la cosmovisión que creó esos problemas. Las soluciones de diseño del pasado, en forma de productos, servicios y sistemas que nos rodean, influencian y refuerzan las perspectivas, los procesos, las estructuras y los comportamientos culturalmente dominantes, generalmente sin cuestionarlos.

Nos enfrentamos a la necesidad urgente de una transformación sistémica en muchos aspectos de nuestras vidas. Ya vivas en Londres, Nueva York o en un "barrio de chabolas" a las afueras de cualquiera de las megaciudades del mundo, la gente está demandando medidas prácticas y reaccionan con impaciencia si perciben que una estrategia es "demasiado teórica" en lugar ser inmediatamente práctica y capaz de cambiar las cosas a corto plazo. He sentido este prejuicio contra la "teoría" y la preferencia por la "acción práctica" en mi trabajo con funcionarios gubernamentales locales, regionales y nacionales, en trabajos de asesoramiento con empresas individuales o con grupos de empresas de diferentes sectores, y en mi trabajo con iniciativas de base, como ecoaldeas o proyectos de ciudades de transición, incluso en muchas iniciativas educativas.

En mi opinión, la separación de la teoría y la práctica es otro falso dualismo que tenemos que aprender a superar. Al clasificar las iniciativas como teóricas o prácticas no estamos prestando atención al hecho de que nuestra cosmovisión ya está profundamente conformada por teorías sobre el mundo. Al decir "no tenemos tiempo que perder en consideraciones teóricas, vayamos a la práctica y empecemos a implementar soluciones", lo que realmente estamos insinuando es que no existe la necesidad de cuestionar nuestra perspectiva y de explorar otras. Pasamos directamente a la acción, ofreciendo respuestas a preguntas, y soluciones a los problemas, sin dar un paso atrás para asegurarnos de que estamos planteando las preguntas correctas. No conseguimos analizar si las soluciones que perseguimos están de nuevo solucionando un problema que al mismo tiempo causan daños y fealdad en otro lugar.

Todo acto práctico está profundamente conformado por un conjunto completo de teorías y de perspectivas. Así que la pregunta no es si somos prácticos o teóricos, sino si estamos implementando prácticas con plena consciencia de los marcos teóricos, la cosmovisión y los sistemas de valores que conforman la práctica. Adoptar una estrategia basada en el diseño puede ayudarnos a hacer nuestra práctica más teórica y nuestra teoría más práctica.

El diseño está en la unión de la teoría y la práctica. El diseño es el punto de encuentro del arte con la ciencia. De hecho, integra información de casi todas las disciplinas en las que hemos separado el conocimiento y el hacer humano. El diseño es la manera en la que podemos reconocer las influencias del pasado y crear visiones de un futuro diferente. Todos vivimos nuestras vidas entre edificios, ciudades, sistemas de transporte, sistemas económicos, patrones de uso de la tierra y sistemas alimentarios que han sido diseñados con un objetivo en particular y en un punto del tiempo en particular. Sin embargo, el diseño continúa diseñando. En muchas de las ciudades del mundo, nos movemos entre edificios que fueron construidos hace décadas, incluso siglos.

La transición hacia culturas regenerativas diversas, adaptadas con elegancia a la excepcionalidad de los lugares en los que habitamos, requerirá que reexaminemos cómo hemos diseñado el mundo que nos rodea, nuestras comunidades y nuestras instituciones. Tendremos que combinar lo mejor de la sabiduría tradicional, basada en el lugar, las tecnologías modernas y la innovación adecuada, y encontrar maneras creativas de cubrir las necesidades humanas, en todos los sitios, dentro de los límites de los ciclos naturales que sustentan toda la vida en la Tierra.

> Como propuesta del *Homo sapiens* en cualquier concurso intergaláctico de diseño, la civilización industrial sería rechazada en la ronda clasificatoria. No encaja. No durará. La escala está equivocada. E incluso sus defensores admiten que no es muy bonita. Los fallos de diseño de las sociedades impulsadas por la industria/tecnología se manifiestan en la pérdida de diversidad en todos los sentidos, en la desestabilización de los ciclos bioquímicos de la tierra, en la contaminación, en la erosión del suelo, en la fealdad, en la pobreza, en la injusticia, en la decadencia social y en la inestabilidad económica.
>
> David W. Orr (1994: 104)

Plantear preguntas más profundas y alejar el peso de nuestra estrategia de las respuestas rápidas y de las soluciones de modelo único, es una invitación a ser más conscientes de cómo las cosmovisiones y los sistemas de valores particulares influyen en el diseño y en el comportamiento. Si cambiamos cómo pensamos sobre nosotros y las historias que contamos sobre quiénes somos y sobre nuestra relación con los procesos naturales más amplios, estamos haciendo un cambio anticipado/fundamental que afectará al *porqué*, al *cómo* y al *qué* diseñamos.

Igualmente, solo porque los problemas complejos e interconectados sean difíciles de resolver, no ayudará dividirlos en problemas más pequeños y aparentemente más fáciles de solucionar. En el mejor de los casos, esta estrategia nos llevara a aliviar temporalmente los síntomas, mientras que los problemas subyacentes podrían empeorar.

Una y otra vez cometemos el mismo error en la política, en las empresas, en la sanidad y en otros campos. Tendemos a tratar los síntomas en lugar de las causas, mientras continuamos con la cosmovisión y los patrones de comportamiento que en un principio causaron los problemas.

Los buenos diseños de sistemas vivos nos pueden hacer más conscientes de lo que pensamos y también de lo que hacemos. Pueden invitar a cambios de preferencias y de comportamiento. La transformación sistémica liderada por el diseño en todos los aspectos de nuestras vidas tiene una influencia muy práctica en el mundo en el que vivimos y en las culturas que cocreamos.

El diseño sigue a la cosmovisión y la cosmovisión sigue al diseño

La manera en la que vemos el mundo tiene influencia en las necesidades reales o percibidas que conforman nuestras intenciones. Si veo el mundo como un lugar dominado por una competencia fiera por los recursos limitados, lucharé contra otros para conseguir cubrir mis propias necesidades. Viviré una vida diferente, interpretaré las experiencias de manera diferente y diseñaré productos, servicios y sistemas diferentes que si veo el mundo como un lugar de abundancia a ser compartida con solidaridad y colaboración entre la familia humana y con un profundo cuidado por las funciones de los ecosistemas que son la base de esta abundancia. Estas dos perspectivas diferentes conducen a estrategias fundamentalmente diferentes para definir nuestras necesidades reales y percibidas y para cubrir esas necesidades por medios competitivos o por medios colaborativos. *El diseño sigue a la cosmovisión.*

Lo que también es verdad, como dijo Winston Churchill, "primero damos forma a nuestros edificios y luego nuestros edificios nos dan forma a nosotros". El diseño de edificios, de productos, de servicios y de sistemas es la manera en la que damos forma al mundo que nos rodea y estos diseños siguen influenciando nuestras vidas durante décadas e incluso siglos, a medida que mantenemos o replicamos las decisiones de diseño del pasado, en muchos casos, sin cuestionarlas. La mayoría de nosotros crecimos y nos educamos en una cultura que esencialmente estaba de acuerdo con la perspectiva de la escasez y de la competición, "la narrativa de separación". Las instituciones, los procesos y los incentivos que dieron forma a nuestras experiencias del mundo fueron conformados desde ese punto de vista y por ello reforzaba experiencias de competición y de escasez relativa. El sistema educativo, el sistema económico y la manera en la que nos relacionamos con la naturaleza y con otros seres humanos a través de los productos y servicios que producimos e intercambiamos, todos ellos refuerzan las experiencias de escasez y de competición. Las decisiones de diseño que hemos tomado en el pasado continúan influenciando cómo experimentamos e interpretamos el mundo. *La cosmovisión sigue al diseño.*

Por esto, la innovación transformadora para una cultura regenerativa trata de un cambio de la cosmovisión que conforme nuestras soluciones de diseño y también de un cambio de la práctica del diseño para productos, servicios y sistemas que engendran experiencias de colaboración y abundancia y que afectan a cómo vemos el mundo. Debido a que la cosmovisión y el diseño se refuerzan mutuamente en su relación, podemos empezar interviniendo en cualquiera de ellos. La innovación transformadora y el diseño para una cultura regenerativa tratan sobre propiciar que las personas experimenten y vivan la "narrativa de interser" como una realidad personal y social.

Diseñar intencionadamente moldea las interacciones y las relaciones. Lo puede hacer de manera que favorezca la creación colaborativa y el reparto de la abundancia, o de manera que refuerce la narrativa de separación. El reciente surgimiento de la innovación social transformadora, favorecida por las redes online, es un buen ejemplo de esto. En particular, muchas innovaciones en el campo del "consumo colaborativo" (ver Capítulo 2) permiten a las personas obtener beneficio económico, interacción humana y nuevos amigos y relaciones solamente compartiendo el acceso a un producto o mercancía que antes habrían poseído y usado "solo ellos". El consumo colaborativo intencionado crea situaciones de triple beneficio. Sus distintas aplicaciones nos ofrecen una experiencia que refuerza la abundancia compartida, la colaboración y la confianza. La innovación transformadora para una cultura regenerativa se extenderá en gran medida a través de esta relación recíproca entre el diseño y la cosmovisión, transformando el círculo vicioso impulsado por la mentalidad de la escasez y de la competición en un círculo virtuoso impulsado por la mentalidad de la abundancia, la interconexión y la colaboración.

Ética y diseño para culturas regenerativas

> El diseño no trata tanto sobre crear cosas como sobre la manera en la que creamos las cosas para que encajen con elegancia durante largos periodos de tiempo en un contexto ecológico, social y cultural en particular.
>
> David W. Orr (2002: 27)

Se pueden aprender lecciones importantes sobre ética medioambiental de las culturas tradicionales/indígenas del mundo. Muchas de ellas consiguieron crear sistemas regenerativos que les permitieron vivir en un mismo lugar durante milenios. En la cultura occidental, fue el ecologista de la conservación Aldo Leopold quien determinó la primera formulación moderna de una ética ecológica y medioambiental. Propuso que: "Una cosa es correcta cuando tiende a preservar la integridad, la estabilidad y la belleza de una comunidad biótica; es equivocada cuando hace lo contrario" (1949: 224). Leopold subrayó que la ética no es solo un proceso filosófico y social, sino que también es ecológico. En última instancia, la ética se refiere a la relación entre el individuo y el colectivo, teniendo como objetivo definir y guiar la participación apropiada en nuestra comunidad más inmediata, la familia humana y la comunidad de la vida como un todo.

La moral que se hace pasar por ética se puede identificar rápidamente cuando prestamos atención al componente ecológico de la ética. Leopold argumentó que "la extensión de la ética para incluir a la relación del hombre con el medioambiente" no es una "posibilidad evolutiva", sino una "necesidad ecológica". Como tal, "ecológicamente hablando, una ética es una limitación de la libertad de acción en la lucha por la existencia. Filosóficamente hablando, una ética es una diferenciación entre la conducta social y la antisocial". Leopold apuntó que "estas son dos definiciones de algo que tiene su origen en la tendencia de individuos y de grupos interdependientes a desarrollar modos de cooperación" (1949: 202).

La ética, en su contexto más amplio, no trata solo de guiar las interacciones humanas dentro de comunidades exclusivamente humanas. Una ética únicamente filosófica, considerada solo dentro de la dimensión social y cultural, se critica a menudo por moralizar desde la posición de un único contexto cultural y social y de un único conjunto de valores. La función más amplia de la ética, su *imperativo ecológico*, se extiende más allá, desde los intereses antropocéntricos hasta los intereses biocéntricos para la evolución continua de la vida.

El eco-diseñador y teórico del diseño australiano, Tony Fry, hace un llamamiento a los diseñadores para que dejen de exonerarse a sí mismos de sus responsabilidades éticas delegando estas responsabilidades en sus clientes. Más allá del código básico de conducta profesional, las implicaciones éticas de cualquier diseño necesitan discutirse durante las primeras fases del proceso de diseño. Fry argumenta que: "una ética actual necesita imperiosamente enfrentarse a nuestro ser antropocéntrico como una condición estructuralmente carente de ética" (2004).

El surgimiento de una ética biocéntrica también tuvo una aparición temprana en el trabajo de Ian McHarg (1969) que insistía en que la humanidad debe aprender la "lección principal ecológica de interdependencia" y entender que todos los humanos están "unidos como organismos vivos a todo lo vivo y a toda la vida anterior". Estaba convencido de que por medio de una comprensión de nuestra interdependencia "con los microorganismos del suelo" y "las diatomeas del mar", la humanidad aprendería que cuando destruye la naturaleza se destruye a sí misma y cuando la restaura se restaura a sí misma (1963). Este conocimiento se encuentra en el centro de la transición hacia una cultura restauradora y regenerativa, ya sea motivada por un interés propio bien entendido o por la biofilia, nuestro amor innato por todo lo vivo.

McHarg pronunció el discurso de apertura del primer Día de la Tierra celebrado en 1971, y su serie televisiva de la CBS "La Casa en la que Vivimos" contribuyó de manera significativa a la primera ola de concienciación medioambiental y ecológica que se extendió por EE. UU. a finales de los años 60 y principios de los 70. McHarg previó la necesidad de reintegrar la actividad humana y las condiciones operativas del sistema de soporte vital de nuestro planeta. Estuvo entre los primeros en señalar que, cuando diseñamos para la sostenibilidad y para la supervivencia y la prosperidad humana lo que en realidad estamos intentando hacer es mantener la salud sistémica, en su integridad, del sistema del que dependemos.

> Debido a que este sistema vivo es de hecho un solo sistema, solo dividido por la mente del hombre y por la miopía llamada educación, existe otro término sencillo que resume el grado hasta el que una invención es creativa y consigue una adaptación creativa. Y este es la presencia de la salud.
>
> Ian L. McHarg (1970)

La definición de McHarg de "diseñar con la naturaleza" es una práctica del diseño que aumenta la interconectividad, la diversidad, la idoneidad y la salud del sistema en su integridad. Para McHarg el sistema en cuestión es naturaleza *y* cultura. Argumenta que un cambio cultural es la manera más rápidamente adaptable para restablecer un ajuste creativo entre la humanidad y la naturaleza. Las adaptaciones biológicas a un entorno cambiante tardan mucho más tiempo en evolucionar que las adaptaciones culturales. McHarg hizo un llamamiento para un cambio desde una cultura que tiene el propósito de controlar y de explotar la naturaleza hacia una cultura que busca activamente la restauración de la Tierra y de la salud de la naturaleza (1996). Fue uno de los primeros profesionales del diseño en promover la innovación transformadora para una cultura regenerativa, aunque él no usase estos términos.*

Antes de implementar cualquier solución de diseño, haríamos bien en realizar una serie de comprobaciones para evaluar si las soluciones propuestas están lo suficientemente integradas sistémicamente para contribuir a la salud y a la resiliencia de las personas y del planeta a largo plazo. David W. Orr sugirió que el diseño ecológico trata sobre plantear preguntas más profundas. La lista de preguntas de abajo incluye algunas de las que propone que nos planteemos sobre cualquier diseño nuevo (adaptado de Orr, 2002: 28). No pude resistirme a añadir dos preguntas adicionales al final.

P ¿Necesitamos realmente este nuevo diseño?

P ¿Es ético producir, comercializar y consumir el nuevo diseño de la manera prevista?

P ¿Qué impacto tiene el diseño en la comunidad que lo produce o lo utiliza?

P ¿Es realmente seguro crear y usar el diseño propuesto?

P ¿Es justo? (¿Contribuye a una mayor igualdad social, económica y ecológica sin ninguna forma de explotación?).

P ¿Está diseñado para poder ser reparado y poder ser reutilizado durante un largo periodo de tiempo?

P ¿Cuál es el coste total durante su vida útil en términos de capital social, ecológico y económico?

P ¿El nuevo diseño ofrece realmente una mejor manera de cubrir ciertas necesidades que los diseños existentes ya cubren?

P ¿Cómo podemos asegurarnos de que el diseño propuesto no dañará y ayudará de manera activa a restaurar el daño ya hecho, regenerando nuestra capacidad de encontrarnos con resiliencia comunitaria ante un futuro impredecible?

P ¿De qué forma este diseño refuerza de manera activa nuestra experiencia vivida de una cultura regenerativa y de la "narrativa del interser"?

La estética y el diseño

En 2003 asistí a una charla de William McDonough y Michael Braungart en una feria de la industria de la construcción en Barcelona. Inauguraron con esta pregunta:

> P ¿Puede algo ser realmente bello si causa fealdad, sufrimiento o mala salud en otro lugar?

La mayoría de los académicos y de los profesionales del diseño sufren de cierta arrogancia sobre su capacidad de hacer juicios estéticos, y, a la vez, tienen una noción de la belleza bastante superficial y al servicio de las tendencias. En marcado contraste, la tribu indígena de los navajos describe su modo de vida tradicional como el "camino de la belleza". Para ellos, vivir en buena relación con la Tierra es "caminar en la belleza" (*Hózhóogo Naasháa Doo*) y su consejo es: "si caminas hacia el futuro, camina en la belleza". La manera de caminar en la belleza es "ser testigo del Uno-en-Todo y del Todo-en-Uno" Es una senda de la relación apropiada con el ego, con la comunidad y con la Tierra. Tenemos mucho que aprender de esta perspectiva. Nos podría guiar en nuestro camino incierto hacia un futuro en el que la humanidad haya aprendido a ser una presencia regenerativa en la Tierra en lugar de una destructiva. También podría ayudarnos a profundizar en una estética ecológica de salud y de complejidad.

El tópico "la belleza se encuentra en los ojos de quien la mira", resulta ser un conocimiento profundo sobre la manera en la que percibimos la belleza basándonos en nuestra cosmovisión culturalmente dominante. La manera en la que vemos el mundo determina nuestra experiencia estética. Ya establecimos en el Capítulo 3 que a lo que elegimos prestar atención y cómo interpretamos los "hechos sobre la realidad" que seleccionamos, dependen de las creencias ya establecidas que tenemos sobre el mundo. De la misma manera, nuestra percepción estética no es un simple proceso en un solo sentido, en el que abrimos los ojos y el mundo los inunda y vemos lo que hay "ahí afuera". En su lugar, utilizamos ideas organizativas, o creencias sobre el mundo, para dar sentido a nuestra percepción y, debido a ello, estructuramos lo-que-se-ve de tal manera que cobra sentido para nosotros. La percepción es un proceso bidireccional. El acto de ver implica un estímulo visual que entra e ideas organizativas que salen, o mejor dicho "que dan sentido" a lo que entra. *Ver es interpretar.*

Por consiguiente, la belleza depende en gran medida de lo que hemos aprendido a ver como bello. La belleza trata fundamentalmente sobre las relaciones y sobre nuestra percepción de las relaciones. Nicolas Bourriaud (1998), director de la Escuela Nacional Superior de Bellas Artes de París, habla sobre la "estética relacional" y Jale Erzen, una artista y arquitecta turca, miembro de la Asociación Internacional de Estética, equipara el término de estética relacional con el de estética ecológica, debido a que la ecología trata fundamentalmente sobre la interdependencia y las relaciones. "Se puede decir que la estética y la ecología son complementarias e interdependientes" (Erzen, 2004:

22). La estética es una exploración participativa de la relación entre el uno y el todo. Esta comprensión de la estética se acerca más a la visión tradicional de los Navajos.

El artista alemán Herman Prigann cree que el origen de los problemas medioambientales se encuentra en nuestra "incapacidad de entender el diálogo entre la naturaleza y la cultura que define sus relaciones por medio de la dependencia mutua" (2004: 111). En opinión de Prigann, los problemas medioambientales a los que nos enfrentamos requieren "una nueva habilidad para el juicio estético" (pág.75). "No es la ecología la que necesita un tratamiento estético; en lugar de eso la estética sigue los conocimientos ecológicos. La naturaleza no necesita una domesticación estética" (pág .180). La estética ecológica facilita un importante cambio de percepción:

> Una estética ecológica sería una perspectiva sobre nuestro entorno y sobre nuestra sociedad, además de la teoría y de la práctica resultantes. Esta perspectiva anularía el patrón de contradicciones actuales, tales como naturaleza-arte // naturaleza-tecnología // naturaleza-civilización // naturaleza-cultura y procedería a un conocimiento del principio del diálogo dentro de y hacia todas las cosas.
>
> Hermann Prigann (2004: 180)

Haciéndose eco de la sugerencia de Gregory Bateson de que busquemos "el patrón que conecta", Prigann ve la estética como "el reconocimiento del patrón que conecta todas las cosas". Él cree que "mediante la atención al patrón, esa conexión en todas las cosas, la unión universal evoluciona a una perspectiva o percepción estética". En una cultura regenerativa, nuestra percepción de la belleza y nuestro juicio estético depende del efecto que el arte, el diseño y la arquitectura, o cualquier actividad creativa tiene sobre la integridad de la vida. Una vez que empezamos a ver las cosas en su contexto, desde una perspectiva sistémica conformada por la consciencia ecológica de los impactos de la producción y del consumo, lo que percibimos como bello cambia. El juicio estético, conformado por la alfabetización ecológica no solo está influenciado por la apariencia, sino también por un cuestionamiento más profundo de cómo fue fabricado, con qué materiales, por quién y bajo qué condiciones.

Edwin Datschefski analiza esta comprensión aumentada de la belleza en *The Total Beauty of Sustainable Products* (La Belleza Total de los Productos Sostenibles) (2001) y William McDonough y Michael Braungart (2002) se basan en el concepto de Datschefski de "belleza total" en su libro revolucionario *Cradle to Cradle. Remaking the Way We Make Things* (De la cuna a la cuna. Rediseñando la forma en que hacemos las cosas). La estética, como una comprensión participativa y sistémica de nuestra relación con el resto de la naturaleza, trata sobre percibir la belleza como una expresión de nuestra pertenencia y de nuestro ser. La belleza en una cultura regenerativa trata sobre la salud, la diversidad, la participación en la complejidad y sobre las relaciones éticamente apropiadas que crean condiciones que favorecen la vida. Está surgiendo una nueva sensibilidad estética del *interser*:

> La salud es un término para la comprensión estética de la complejidad. Existe un hilo que conecta la biodiversidad, la diversidad cultural y la diversidad económica. Esta es una comprensión metafórica de la salud de un sistema de dinámica compleja. [...] La percepción de la salud es un término relativo; requiere un conocimiento íntimo durante un periodo de tiempo y una atención crítica cuidadosa. Después, una falta de salud puede describirse en términos de sistemas emergentes dominantes que suavizan la limitación de la diversidad. [...] Dentro de la percepción estética de la diversidad se encuentra la relación sistémica, el dinamismo, la complejidad, la simbiosis, la contradicción a la medida y la vitalidad indefinida y procreativa.
>
> Timothy Collins (2004: 172)

En una cultura regenerativa cualquier diseño, ya sea un producto, un edificio, una comunidad o procesos, servicios y sistemas, se juzgará sobre la base de su impacto general en la salud, en la resiliencia y en la sostenibilidad. Cualquier acto de "creación" engendra la responsabilidad del uso de materiales y de energía, junto con todas las otras maneras en las que el resultado afecta a todo el proceso en el que participa. La estética de las culturas regenerativas valorará cómo podemos *"ser testigos del Uno-en-Todo y del Todo-en-Uno"* en todas las cosas. La belleza nos atrae y nos ofrece una experiencia directa de nuestra comunión íntima con el mundo que nos rodea.

> *Si no es bello, no es sostenible.* La atracción estética no es un tema superficial, es un imperativo medioambiental. La belleza podría salvar el mundo.
>
> Lance Hosey (2012: 7)

El surgimiento y el diseño

> La belleza de las cosas vivas surge del hecho de que son soluciones encarnadas de la existencia-individual-en-conexión.
>
> Andreas Weber (2013: 38)

Antes mencioné que uno de los conocimientos esenciales de la teoría de la complejidad es el cambio profundo de perspectiva que resulta de reconocer la naturaleza fundamentalmente impredecible e incontrolable de los sistemas de dinámica compleja.* El concepto de *surgimiento*, que se ha hecho popular en la teoría de la gestión y del diseño, describe cómo los sistemas complejos tienen propiedades emergentes, características que no se pueden predecir y que por ello son imposibles de controlar. Son nuevas características del sistema que surgen de las interacciones y de las relaciones, y están gobernadas por procesos iterativos no lineales que dirigen el comportamiento de sistemas complejos.

Jeffrey Goldstein (1999: 49) definió el surgimiento con referencia a "la aparición de estructuras, patrones y propiedades nuevas y coherentes durante el proceso de auto-organización de sistemas complejos". El surgimiento tiene lugar a un nivel explicativo más elevado y toma nuevas formas, comportamientos y propiedades del sistema íntegro "no son ni predecibles ni deducibles solo desde las partes ni tampoco reducibles a ellas" (pág .50). Brian Goodwin explica que: "Las propiedades emergentes son tipos de orden inesperados que surgen de las interacciones entre componentes cuyo comportamiento separado se entiende. Algo nuevo surge de lo colectivo, otra fuente de imprevisibilidad en la naturaleza". Continúa: "los sistemas complejos de los que depende la vida, sistemas ecológicos, comunidades, sistemas económicos, nuestros cuerpos, todos tienen propiedades emergentes, siendo los principales la salud y el bienestar" (Goodwin *et al.*, 2001: 27).

Este conocimiento tiene implicaciones importantes para cualquier análisis sobre la manera en la que la innovación transformadora podría facilitar la cocreación de una cultura regenerativa. Sugiere que al trabajar para la salud, el bienestar y la resiliencia de nuestras comunidades, economías y ecosistemas tendremos que estar siempre preparados para lo inesperado y para la aparición de dinámicas complejas que caracterizan a estos sistemas.

P ¿Cómo facilitamos el surgimiento de propiedades positivas y salutógenas (que mantienen la salud) del sistema, y frustramos el surgimiento de propiedades destructivas y patológicas?

Algunas propiedades como la salud, la resiliencia y el bienestar podrían ser consideradas como propiedades emergentes deseables, otras podrían ser consideradas como indeseables: por ejemplo, la fragilidad, el colapso repentino de funciones vitales y los impactos negativos en todos o en algunos de los componentes del sistema.

P Si los sistemas de los que depende nuestro futuro son fundamentalmente impredecibles, ¿cómo aprender a participar en ellos de la manera apropiada?

P ¿Podemos realmente diseñar para la salud humana, la de la comunidad, la del ecosistema y la del planeta, si estas son, en efecto, propiedades emergentes de sistemas de dinámica compleja interdependientes a distintas escalas?

P ¿Podemos influir en el surgimiento de propiedades sistémicas positivas en nuestras economías, sociedades y comunidades?

Dado que no podemos dejar de participar en estos sistemas, y por ello no podemos dejar de afectarlos de una manera u otra, simplemente tenemos que intentarlo; si lo hacemos con precaución, previsión y una concienciación continua y con la anticipación al cambio impredecible, creo que podemos intentar *diseñar para un surgimiento positivo diseñando para la salud de sistemas vivos.* Lo mejor es considerar el surgimiento y el diseño como las dos caras de una misma moneda. Como partícipes de estos sistemas, todos nosotros somos corresponsables de las características sistémicas que emergen a base de nuestra manera de participar e intervenir en esta complejidad. Tanto la calidad de nuestro ser como lo que hacemos o dejamos de hacer afecta a la salud y al bienestar general de los sistemas de dinámica compleja en los que participamos.

Brian Goodwin me enseñó que la lección más importante de la ciencia de la complejidad es un *cambio de intención desde la predicción y el control a la participación apropiada.* El estado mental, emocional y psicológico de un interviniente afecta al resultado de cualquier intervención en el sistema. Si dejamos de querer controlar el cambio y empezamos a participar en una danza receptiva con él, nos convertiremos en agentes de cambio más eficaces y más capaces de facilitar el surgimiento positivo. Haciendo eso nos convertimos en diseñadores de transición.

Creo que el diseño para la participación apropiada es, en última instancia, diseñar para la salud humana y planetaria. Al prestar atención a la dinámica subyacente de los sistemas complejos en los que participamos, podemos aprender cómo aumentar su resiliencia, su salud y su bienestar general. El pensamiento resiliente y el pensamiento de sistemas vivos son habilidades esenciales para el diseño de transición. Así que ¿cómo diseñamos para un surgimiento positivo? Una manera de hacerlo es promover la capacidad de un sistema de dinámica compleja a seguir adaptándose, aprendiendo y respondiendo a cambios internos y externos. Podemos empezar formulando estas preguntas:

P ¿Estamos entrelazando las sinergias apropiadas al evaluar el grado y la calidad de las interconexiones entre los diferentes componentes o agentes del sistema?

P ¿Estamos prestando la suficiente atención a la diversidad y a la calidad de las interacciones de los componentes y de su interdependencia?

P ¿Estamos diseñando para el uso renovable de recursos vitales (como energía y materiales) de los que dependen estos sistemas?

P ¿Estamos prestando atención a la calidad y a la velocidad

de la información que fluye a través de estos sistemas para permitir, a los distintos componentes, aprender de los bucles de retroalimentación sistémica?

Al prestar atención a estas preguntas podemos abrazar de manera eficaz la aparente paradoja entre el surgimiento impredecible y el diseño intencionado para la salud sistémica y para una cultura regenerativa.

Diseñar para un surgimiento positivo (caso práctico)

Los tres últimos apartados sobre ética, estética y complejidad podrían parecer teóricos, sin embargo, como vimos antes, para abrirse paso hasta una nueva manera de pensar sobre nuestros problemas, necesitamos plantear preguntas más profundas sobre las teorías que conforman nuestra práctica en la actualidad.

Permíteme hacer la teoría más palpable relacionándola con aspectos de un proyecto a largo plazo para promover la innovación transformadora y la transición hacia una cultura regenerativa en la isla mediterránea de Mallorca, donde resido.

Sin duda, incluso a una escala relativamente pequeña y dentro de los límites definidos de una isla, no puedo predecir, y mucho menos controlar, todos los posibles parámetros que influirán en el éxito de la transición para un aumento de resiliencia, sostenibilidad y una cultura regenerativa, tampoco puedo forzar la velocidad de la transición. Sin embargo, creo firmemente que las intervenciones sistémicas por medio de procesos que implican a diversas partes interesadas contribuirán a este cambio de cultura más profundo.

Un punto de partida interesante es el tema de la producción local de alimentos y el nexo entre los alimentos y el bienestar, así como de la producción de alimentos y la salud de los ecosistemas y la resiliencia social. No puedo controlar hasta qué punto las intervenciones en sistemas en los que participo resultarán en un aumento de producción local de alimentos ecológicos. Sin embargo, trabajando con la imprevisibilidad y el surgimiento en lugar de trabajar en su contra, puedo facilitar las interconexiones entre ciertas partes del sistema que previamente no hablaban entre ellas. El grado de interconexión y la calidad de las conexiones (qué clase de relaciones se establecen) afectan al comportamiento de sistemas complejos y a las propiedades emergentes que exhiben.

Por ejemplo, facilitar reuniones entre las cooperativas agrícolas de la isla y una empresa de restauración que suministra a hospitales, escuelas, comedores de empresas y a algunos hoteles, ayudaron a iniciar un diálogo sobre la manera en la que esta empresa podría incluir más productos locales en sus menús. Esto ofreció a la empresa, y a sus clientes, una oportunidad de favorecer la economía local y ayudar a aumentar las ventas y con el tiempo, incluso, la producción local de alimentos. Debido a que la empresa tiene numerosos clientes, el proyecto inició una cascada de conversaciones que, en muchos casos, son el primer paso para educar a las personas responsables de compras sobre los beneficios sistémicos de elegir productos producidos regionalmente.

Por tanto, una intervención relativamente pequeña puede afectar al flujo de información de un sistema más extenso, por medio de conexiones y relaciones recién facilitadas y a través de las redes existentes de las distintas partes interesadas. La clase de información de la que depende el sistema afecta de manera fundamental al comportamiento emergente. Así que, para seguir con el ejemplo, educar a los agricultores, a los propietarios de hoteles, al gobierno local, a los residentes habituales y a multiplicadores (como educadores, académicos, activistas y periodistas) sobre el impacto potencial de los aumentos repentinos de los costes de transporte y de los precios de los alimentos, debidos al aumento del precio del petróleo, al cambio climático, a situaciones de terrorismo, a la especulación con el precio de los alimentos o a la crisis económica, hará que todo sistema se haga más consciente de su vulnerabilidad a cualquier cosa que afecte a las importaciones baratas. Una vez que estos posibles escenarios se acepten, incluso solo hipotéticamente, será más fácil difundir memes como la necesidad de un aumento de la producción local de alimentos y las ventajas de un mayor nivel de "soberanía alimentaria" como estrategia de gestión de riesgos.

Los distintos actores del sistema podrían llegar a entender esta información de diferentes maneras y por razones diferentes. Algunos podrían favorecer la idea de un aumento de la autorresiliencia local, otros podrían querer proteger la rentabilidad de sus operaciones turísticas locales para que no sean demasiado dependientes de la disponibilidad de alimentos importados baratos. Sin embargo, otros podrían verse motivados por la reducción general del impacto medioambiental que acompaña a la producción local de alimentos ecológicos, además de por su impacto positivo en la protección de la belleza del paisaje natural mallorquín (de la que depende el turismo). Los políticos y los economistas locales podrían ver las múltiples oportunidades para la generación de más empleo por medio de este cambio a una producción local.

Las oportunidades de emprendimiento, la protección del patrimonio cultural, el desarrollo de resiliencia local, y la relación entre los alimentos locales ecológicos, la salud y la educación, son razones, todas ellas, por las que los memes "disminuyamos la dependencia de alimentos importados baratos y de baja calidad" y "aumentemos la producción de alimentos ecológicos generados a nivel local" podrían extenderse a toda la sociedad mallorquina.

No puedo controlar exactamente cómo responderán las personas a mis intervenciones en el sistema, o a las de muchos otros como yo, pero puedo buscar trabajar como un "constructor de puentes" entre diferentes facciones que antes pensaban que no tenían nada que hacer o explorar juntos. Puedo ofrecerles ejemplos del potencial para conseguir soluciones de triple beneficio y de sinergia sistémica. Una vez entiendan este principio basado en el sencillo "punto de partida" de la calidad de los alimentos, la seguridad alimentaria y la salud, puedo extender el aprendizaje y esta "estrategia de pensamiento de sistemas vivos" a otros aspectos del sistema de la isla.

Por ejemplo, esto puede hacerse analizando los beneficios de la disminución de la dependencia en la importación de energía fósil y nuclear y del cambio hacia energías renovables descentralizadas y producidas a nivel regional. Además de mantener el dinero que se gasta en energía dentro la economía local y permitir que Mallorca sea un ejemplo internacional de un sistema de energía y de transporte renovable, este cambio ayudaría a diversificar la economía local y a alejarse de la casi exclusiva dependencia en el turismo y generar nuevos empleos, mientras se protege la belleza de la isla y la integridad de sus ecosistemas.

En muchos sentidos, el acto más poderoso de diseño de transición fue simplemente plantar y distribuir las semillas de una conversación al plantear las siguientes preguntas: ¿Cómo sería una Mallorca sostenible? ¿Cómo podría Mallorca convertirse en un ejemplo de transición regional (isla) hacia una cultura regenerativa respetado internacionalmente? ¿Por qué el sistema actual es profundamente insostenible, carente de resiliencia, y está en peligro de colapsar? ¿Cómo podemos cocrear un futuro mejor para todas las personas que viven en Mallorca y para las que la visitan?

Al formular estas preguntas, empiezo a trabajar para el surgimiento positivo a través de la conexión de partes del sistema previamente aisladas y a afectar a la calidad de la información dentro del sistema. Sin duda, yo solo soy una expresión de una cultura emergente. Algunas personas antes que yo y muchas a mi alrededor también están divulgando sus visiones de una Mallorca sostenible. A medida que estas personas empiecen a colaborar, empezaremos a vivir las preguntas juntos.

La educación y la comunicación son vitales para cualquier intento de diseñar para un surgimiento positivo. Los sistemas educativos caducos y unos medios de comunicación cada vez más al servicio de los intereses corporativos, propagan perspectivas de la complejidad en la que participamos limitadas y sesgadas. La narrativa de separación y la especialización sin integración engendra perspectivas limitadas que no pueden hacer justicia a la complejidad a la que nos enfrentamos. Estas perspectivas válidas, aunque extremadamente limitadas, están influenciando las soluciones que implementamos y a cómo cambia nuestro comportamiento, impulsando, de esta manera, las propiedades sistémicas que emergen. Las soluciones de diseño regenerativo están conformadas por una visión de la vida de sistemas participativos que es capaz de integrar múltiples perspectivas. Una de las intervenciones de diseño con más potencial para tener influencia en una transición hacia culturas regenerativas, es la educación generalizada para la alfabetización ecosocial y de sistemas.

Otra influencia importante en el comportamiento de sistemas complejos es la manera en la que afectan al sistema "las condiciones iniciales" (como la cosmovisión dominante, el sistema de valores o el sistema económico) y las "iteraciones" (la repetición incuestionable de ciertos patrones de organización y de interacciones sistémicas). Es importante que como "diseñadores de transición" o "facilitadores de surgimientos positivos" miremos con más detalle los patrones dominantes que impiden un cambio sistémico positivo y el surgimiento de la salud sistémica.

Muchos de estos patrones tienen que ver con élites de poder establecidas, con una educación insuficiente y con el dominio de la "narrativa de separación". Trabajar para el cambio de cultura de esta manera requiere paciencia. Un efecto de la narrativa de separación es que hace creer a los individuos que no tienen el poder y la influencia para cambiar el sistema, pero la narrativa de interser nos recuerda que cada cambio a nivel individual y cada conversación cambian efectivamente el sistema debido a que no estamos separados de él.

En mi propio trabajo en Mallorca, he elegido un lugar para posicionarme y para hacer lo que esté en mi mano para contribuir al surgimiento positivo de una biorregión bien definida. Las islas en todas las partes del mundo ofrecen oportunidades especiales como casos prácticos para la transición regional a culturas regenerativas. Muchas comparten problemas similares, por ejemplo, sus economías tienden a ser grandes dependientes del turismo y sus tendencias de consumo tienden a estar en gran medida basados en importaciones. Aunque existen límites a las posibilidades de localizar la producción y el consumo en una isla, estos límites pueden actuar como *restricciones habilitadoras* que son un desafío para nuestra imaginación e impulsan la innovación transformadora. También nos retan a pensar de una manera de enlace de escala, localmente adaptada y globalmente colaborativa.

Debido a que la autosuficiencia en un mundo interconectado es un espejismo que no merece la pena perseguir, estos casos prácticos en islas pueden servir como experimentos que nos muestren cómo encontrar un equilibrio entre la producción local para el consumo local, promoviendo un aumento de autorresiliencia y resiliencia, y de la producción local de productos, servicios y conocimiento que forme una base económica para el comercio, que permita la importación de productos que no se puedan producir a nivel local o regional.

Antes de mudarme a la isla, pase cuatro años viviendo en la ecoaldea Fundación Findhorn de fama internacional en el norte de Escocia. También trabajé en varias iniciativas de ciudades en transición para entender cómo podía crear un aumento de sostenibilidad y resiliencia, además de un cambio cultural más profundo a escala comunitaria. Al hacer esto, me di cuenta de que mientras que las comunidades locales, ya sean rurales o urbanas, son la escala en la que el cambio hacia culturas regenerativas se implementará más inmediatamente, muchos de los cambios sistémicos necesarios requieren una escala mayor (regional) y la colaboración regional entre comunidades.

Me mudé a Mallorca para explorar cómo facilitar una estrategia de diseño de transición de enlace de escalas, uniendo las comunidades locales dentro de un contexto regional, y conectándolas con el apoyo de una red internacional de expertos en sostenibilidad y de emprendedores verdes. Creo firmemente que las islas son casos prácticos excelentes para la clase de transformación regional hacia bioeconomías regionales que serán necesarias en todo el mundo.

Enlace de escalas, diseño salutógeno para la resiliencia

> La etimología de la palabra "health" (salud en inglés) revela su conexión con otras palabras como sanar, integridad y sagrado. El diseño ecológico es un arte con el que se busca restaurar y mantener la integridad del tejido completo de la vida, cada vez más fragmentado por la especialización, el reduccionismo científico y la división burocrática. [...] El estándar del diseño ecológico no es ni la eficacia, ni la productividad, es la salud, empezando con la del suelo y extendiéndose hacia arriba a través de las plantas, los animales y las personas [...] Es imposible alterar la salud a cualquier nivel sin afectar la de otros niveles.
>
> David W. Orr (2002: 29)

El diseño para la resiliencia y la salud sistémica de enlace de escalas, que genera salud (salutógeno) y que está ecológicamente conformado, no es una innovación reciente. Esta estrategia surgió a lo largo del último siglo con el trabajo de pioneros mencionados en otras partes de este libro. La mayoría de ellos de manera explícita, hacen de la mejora de la salud un aspecto central de su trabajo. Estos pioneros han establecido una base sólida para el surgimiento de la teoría y de la práctica del diseño de transición hacia culturas resilientes y regenerativas.

A menudo, en los sistemas socioecológicos (SSE) los efectos de nuestras acciones solo se pueden observar y entender después de largos intervalos de tiempo. Con frecuencia, en dichos sistemas de dinámica compleja, la causa y el efecto son no lineales, con bucles de retroalimentación que derivan en recrudecimientos repentinos, consecuencias imprevistas y efectos secundarios.

Lo que determina el cambio en un SSE a lo largo del tiempo son variables, principalmente subyacentes, que cambian lentamente, como el clima, el uso de la tierra, la concentración de nutrientes, los valores y las políticas humanas, además de los sistemas de gobierno y las interdependencias entre las escalas locales, regionales y globales. Los SSE nunca existen aislados; están anidados dentro de una estructura holárquica o de enlace de escalas de otros SSE (ver Capítulo 4).

¿Cómo diseñamos para la resiliencia a escala de nuestra comunidad y biorregión, además de a escala nacional y global? Al intentar crear sistemas más sanos, capaces de dar la respuesta transformadora apropiada frente a perturbaciones y crisis repentinas, necesitamos prestar especial atención a cómo las soluciones propuestas están enlazadas en escalas espaciales y temporales. El *enlace de escalas espacial* conecta a individuos, comunidades, ecosistemas, biorregiones y naciones hasta la escala planetaria (y más allá). El *enlace de escalas temporal* se puede entender como la manera que interactúan los procesos lentos y los rápidos. Muchos de los factores que causarán la pérdida de resiliencia en una escala en particular, por ejemplo, dentro de una comunidad y su ecosistema local, también afectará la resiliencia en otra escala, a nivel nacional o planetario. Las acciones localizadas, como la quema de combustibles fósiles, se pueden acumular y tener efectos globales como el cambio climático, lo que a su vez puede afectar a las condiciones locales de maneras múltiples e impredecibles. Esta es la naturaleza del sistema anidado fundamentalmente interconectado (holarquía) en el que vivimos.

Entre los factores que pueden degradar la salud sistémica en escalas múltiples están: la pérdida de biodiversidad, la contaminación tóxica, las interferencias con el ciclo hidrológico, la degradación del suelo y la erosión, pero también, las instituciones inflexibles, las subvenciones perversas que actúan como incentivos para patrones insostenibles de consumo, y las medidas de valor total elegidas de manera inapropiada que se centran en la maximización de la producción a corto plazo y en el aumento de eficiencias a costa de la pérdida de redundancia y diversidad del sistema íntegro.

El (re)surgimiento de la *narrativa del interser* nos ayuda a vernos a nosotros mismos dentro del contexto de una integridad compleja fundamentalmente interconectada, y que se transforma constantemente. Como seres humanos damos forma al proceso evolutivo de la vida que, a su vez, nos da forma a nosotros. Nuestras acciones y diseños dan forma al mundo. A su vez el mundo que cocreamos, da forma a la experiencia actual y a nuestro futuro colectivo. Desde la perspectiva de muchas culturas indígenas, la creación de relaciones sanadoras es considerada como un acto sagrado. El diseño de enlace de escalas salutógeno es también un diseño sagrado. Expresa nuestra profunda conexión (interser) con esta integridad transformadora a través de la manera en la que participamos en nuestra comunidad humana y en la comunidad de la vida. Esta perspectiva transformadora, también puede encontrarse en las "nuevas ciencias" como la noción de la participación adecuada en sistemas complejos.

> La nueva ciencia sigue recordándonos que en este universo participativo, nada vive solo. Todo toma forma por la relación. Estamos constantemente llamados a la relación, con la información, con las personas, con los sucesos, con las ideas y con la vida. Incluso la realidad se crea por medio de nuestra participación en relaciones. Elegimos qué vemos, nos identificamos con ciertas cosas e ignoramos otras. A través de estas relaciones, que elegimos, cocreamos nuestro mundo. Si estamos interesados en afectar al cambio, es fundamental recordar que estamos trabajando dentro de redes de relaciones, no con máquinas.
>
> Margaret J. Wheatley (1999: 145)

En última instancia, el cambio hacia una civilización humana regenerativa y hacia una mayor salud humana y planetaria requerirá que una mayoría de los ciudadanos globales asuman toda la responsabilidad de su implicación cocreativa para dar forma al futuro de la humanidad y del planeta. En mayor o menor medida, todos somos diseñadores de este futuro. Podemos elegir intencionadamente crear relaciones sanadoras en las comunidades y en los ecosistemas en los que participamos. En 2006, mi tesis doctoral concluyó que si la intención detrás de todo diseño humano era la salutogénesis, podríamos ser capaces de facilitar un cambio local y global para la sostenibilidad (Wahl, 2006b).

Valerie Brown enumera dos criterios que deberían guiar el comportamiento humano si esperamos evitar daños graves a los procesos naturales que mantienen la salud sistémica. Necesitamos i) "Consumir los flujos naturales mientras conservamos las existencias (eso es, vivir de los 'intereses' mientras conservamos el capital natural)" y ii) "Aumentar las existencias de la sociedad (los recursos humanos, las instituciones civiles) y limitar el flujo de materiales y energía" (Brown *et al.*, 2005). Ambos son aspectos centrales de la cultura regenerativa.

El diseño salutogénico tiene como objetivo facilitar el surgimiento de la salud en y a lo largo de todas las escalas de la integridad. Reconocen la relación inextricable entre los humanos, los ecosistemas y la salud planetaria. En lugar de centrarnos principalmente en el alivio de los síntomas de la enfermedad o de la mala salud, esta estrategia intenta promover la salud positiva y un florecer de la integridad. En otras palabras, el objetivo del diseño salutogénico es mantener a individuos sanos en comunidades sanas que actúen con responsabilidad en sociedades sanas que promuevan y mantengan un funcionamiento sano de los ecosistemas que son la base de biorregiones sanas y en última instancia, de una biosfera sana. El diseño salutogénico de enlace de escalas tiene como objetivo crear sistemas resilientes y regenerativos en y a lo largo de todas las escalas.

El resurgimiento de una cultura de creadores: relocalizar la producción

Una manera de empoderar a las comunidades locales y a sus economías regionales, a manifestar sus visiones de un futuro mejor, es relocalizar la producción y el consumo y de esta manera fortalecer las economías regionales. El comercio internacional y el intercambio global de bienes y servicios juegan un papel importante, pero no cuando se trata de cubrir las necesidades regionales básicas. Allí donde sea posible, deberíamos cubrir nuestras necesidades lo más local o regionalmente posible y restringir los intercambios globales de bienes a aquellos que no se puedan producir en un lugar en concreto. La innovación abierta y el intercambio de conocimientos a escala global será una parte importante del proceso de re-localización de la producción y algunas empresas globales ya están empezando a explorar el reinventarse como facilitadores del cambio para la "fabricación distribuida" y para la "economía circular".

Desde 2013, junto con el Foro para el Futuro, he estado implicado en concebir e implementar un proyecto de innovación de largo alcance para el fabricante belga de productos de limpieza y detergentes ecológicos Ecover. El proyecto usa las condiciones únicas de la isla de Mallorca como campo de pruebas para explorar cómo una empresa global, como es Ecover, puede ayudar a facilitar un cambio para la producción y consumo localizados, basado en materiales y recursos energéticos locales y en colaboración con empresas locales asociadas. En el proceso estudiamos el potencial de la bioeconomía mallorquina para suministrar, de una manera regenerativa, las suficientes materias primas biológicas (procedentes de flujos de residuos) necesarias en la producción de productos de limpieza, para abastecer al mercado local.

La isla es particularmente dependiente de importaciones de productos de consumo y de alimentos debido a la creciente demanda provocada por los 16 millones de turistas que la visitan cada año. Aunque la sostenibilidad a largo plazo de ese turismo de masas es más que cuestionable, ese número de visitas alimentan el motor económico que puede financiar la transición hacia la producción local, y las infraestructuras energéticas y alimentarias.

Ecover y el "Foro para el Futuro" colaboraron en la isla con una red de partes interesadas de sectores múltiples para crear un escaparate que, si tiene éxito, podría servir como un ejemplo y un modelo transferible de un cambio regional para una economía circular, basada en materiales y en energías renovables (ver Glocal, 2015). Aprendimos algunas lecciones importantes. El simple hecho de embarcarse en el proceso de cocrear un experimento inspirador como este e implicar a diversas partes interesadas, contribuyó a una transformación más amplia hacia una cultura regenerativa. La conversación sobre re-localizar la producción y el consumo en Mallorca ha empezado.

El experimento regional buscaba dar un paso hacia una economía circular basada en rerregionalizar la producción y el consumo. Estuvo menos motivado por el potencial de un éxito económico a corto plazo y más por el poder de la experimentación como forma de asegurar que estábamos planteando las preguntas correctas. Catalizó una conversación de diseño local mientras Ecover exploraba cómo podría reinvertarse en un socio global empresarial y de conocimiento, con una amplia red de colaboradores regionales que permitieran la fabricación y distribución, promoviendo de esta forma el desarrollo económico regional.

La transformación de nuestros sistemas de producción y consumo es un desafío de diseño creativo que requerirá del pensamiento de sistemas vivos y de la innovación transformadora en su máxima expresión. En última instancia, las innovaciones disruptivas resultantes dejarán obsoleto el sistema existente. Realmente estábamos intentando rediseñar la producción y el consumo de productos químicos, creando un producto local intentando operar como un ecosistema. En un ecosistema los materiales se obtienen localmente y se fabrican en procesos que no son tóxicos y que están basados en energías renovables.

El potencial de este sistema de producción regionalizado es una economía regional más diversa que genera empleo, promueve el uso eficiente de flujos de residuos regionales como fuentes de producción, ayuda a los agricultores locales a obtener un buen precio por los alimentos y los biomateriales que cultivan, crea resiliencia al aumentar la autorresiliencia, disminuye la dependencia de importaciones caras, y contribuye al intento de rebajar rápidamente las emisiones de gases de efecto invernadero al reducir el transporte de materia prima orgánica y de productos terminados.

Los primeros pasos para conseguir esto ya se están explorando en muchos proyectos industriales ecológicos por todo el mundo (ver Capítulo 6). Incluso aunque algunos de estos proyectos son sistemas híbridos que todavía dependen de energía fósil y de recursos materiales no renovables, están consiguiendo aumentos en la eficiencia del uso de materiales y de energía al conectar procesos industriales antes separados, de manera que transforman los residuos industriales (ya sean flujos de residuos o calor residual) en recursos de producción de otra industria. Son escalones del H2 hacia sistemas regenerativos alimentados con energía renovable.

Desplegar el potencial total de dichos ecosistemas de producción y consumo basados en el diseño industrial integrado requiere de la colaboración regional de todos los sectores y de todas las industrias. Las sinergias que se pueden generar cuando industrias antes separadas se unen a través del pensamiento de diseño ecológico son sustanciales. El libro *Blue Economy* (Economía Azul) resume varias de estas soluciones revolucionarias de diseño que ya se están implementando o que están en avanzado estado de desarrollo (Pauli, 2010). En él se ofrece inspiración a emprendedores ecológicos para que se impliquen en la innovación transformadora del H2+.

El cambio general es alejarse del sistema industrial basado en los combustibles fósiles, con instalaciones de producción centralizadas que dependen del transporte de materias primas desde todas las esquinas de la Tierra, para luego distribuir los productos terminados de nuevo por todo el globo. Este sistema derrochador está basado en soluciones de diseño industrial caducas, desarrolladas durante la primera revolución industrial en la que la economía de la fabricación en masa significaba que cuanto más grande mejor, y daba por sentado el bajo precio y la abundancia de los combustibles fósiles y de los materiales no renovables.

Actualmente, la gran mayoría de los productos de consumo contienen materiales derivados del petróleo. Durante la primera mitad del siglo XXI seremos testigos de la transformación del sistema de producción global. Empezaremos a cocrear una cultura material que dependa de los materiales disponibles localmente, de la química verde (derivada de las plantas) y de fuentes de energía renovables para la producción y el consumo regional.

El diseño integrado, basado en el pensamiento de sistemas vivos y la clase de soluciones de diseño inspiradas en la naturaleza analizadas en los dos capítulos siguientes, nos ayudaran a crear "soluciones elegantes para la singularidad del lugar". Así es como mi mentor, el profesor John Todd, un pionero en su campo, define el diseño ecológico. Dichas soluciones son una mezcla elegante de lo mejor de la tecnología moderna y de una sensibilidad redescubierta del lugar, la cultura y la sabiduría tradicional. Las nuevas tecnologías están abriendo paso a una relocalización liderada por el diseño del siglo XXI, facilitado por un intercambio global de recursos y por la cooperación.

La fabricación distribuida se está convirtiendo en una realidad a medida que las tecnologías de impresión 3D, que permiten una fabricación aditiva a pequeña escala, se están desarrollando rápidamente junto con estrategias revolucionarias de innovación basadas en la colaboración entre iguales, el despliegue de "Fab-labs" y una nueva cultura de creadores, avances en la ciencia de materiales, y diversos proyectos de bioeconomía. Todavía queda mucho trabajo en el área del desarrollo de materias primas orgánicas cultivadas y regeneradas a nivel local para las tecnologías de impresión 3D.

El Proyecto de Ecología de Código Abierto, emprendido por Marcin Jakubowski, demuestra cómo los inventores y los tecnólogos ya están colaborando a nivel global para recrear medios de producción regionales cada vez más independientes de los sistemas centralizados de producción en masa de las multinacionales. El objetivo del proyecto es crear el "Equipo de Construcción de la Aldea Global", una biblioteca de diseño e ingeniería de código abierto con planos detallados que permitirán a la gente con habilidades básicas de tecnología y de ingeniería crear las 50 máquinas más importantes necesarias para construir una civilización sostenible. Estamos empezando a preguntar:

P ¿Cómo podemos implementar un cambio global a través de un aumento de la producción regional destinada al consumo regional?

P ¿Cómo podemos crear sistemas de innovación de código abierto eficaces que permitan a la gente en todo el mundo compartir conocimientos e innovaciones de diseño?

P ¿Cómo podemos asegurar que la rerregionalización de la producción y el consumo ocurrirán dentro de los límites de bioproductividad de cada región en particular, y lograr un equilibrio entre el cultivo de alimentos y el cultivo de recursos industriales a nivel regional?

P ¿Cómo podemos hacer que las tecnologías de impresión 3D sean sostenibles, asegurando que utilicen materia prima orgánica sostenible, renovable y producida a nivel local, de una manera medioambientalmente inocua y alimentadas por energía renovable descentralizada?

P ¿Cómo podemos usar biorefinerías y técnicas de fermentación avanzadas para facilitar el cambio desde una química orgánica basada en combustibles fósiles hacia una química no tóxica, basada en las plantas y alimentada con energía solar que reinvente nuestra cultura material?

Una lección que aprendimos pronto en Mallorca es que una bioeconomía de éxito requiere la colaboración generalizada entre sectores. Se necesitan intervenciones políticas para regular el acceso a recursos biológicos y para su producción y uso sostenible (regenerativo). Con un potencial bioproductivo limitado dentro de una región en particular, debemos encontrar maneras de crear ecosistemas de colaboración que optimicen el uso de los recursos disponibles.

Las soluciones de diseño regenerativas requieren conversaciones de diseño de sistemas vivos en todos los sectores de la sociedad. De estas conversaciones surgirá una visión de referencia. Todos nosotros, lugar a lugar, podemos materializar esta visión en una realidad. (En el momento en el que estoy escribiendo, el proyecto Glocal Ecover no está avanzando debido a la falta de financiación. Creó una red de colaboradores y plantó una visión que es probable que se vuelva a retomar, de nuevo, en un futuro).

La visualización colectiva y las conversaciones de diseño cambian la cultura

> La visión sin la acción es inútil. Pero la acción sin visión no sabe adónde va ni porqué va allí. La visión es absolutamente necesaria para guiar y motivar la acción. Más que eso, la visión, cuando es compartida ampliamente y se mantiene siempre presente, da a luz nuevos sistemas.
>
> Donella Meadows *et al.* (1992: 224)

Cualquier actividad que involucre a una comunidad, a una empresa o a una región entera en un diálogo abierto con el objetivo de visualizar un futuro más deseable, es el principio de una conversación de diseño que tiene el potencial de convertirse en culturalmente transformadora. Visualizar nos invita a no estar restringidos por las limitaciones que percibimos en el *statu quo* y a abandonar las predicciones lineales de lo que será nuestro futuro "inevitable" sobre la base de las tendencias predominantes del ayer y del hoy. Visualizar abre un espacio en el que podemos mantener conversaciones con partes implicadas múltiples sobre el futuro que queremos, en el que podemos diseñar un futuro ideal y establecer intenciones claras sobre cómo sería cocrear.

Las visualizaciones pueden servir de faros que nos guíen hacia una cultura regenerativa. Al igual que los faros, pocas veces son el punto de llegada sino solo haces de luz que nos dirigen hacia un objetivo que se encuentra más allá de ellos. Así pues, es poco probable que nuestras visiones actuales de culturas regenerativas sean reflejos exactos de la cultura regenerativa que cocrearemos durante el siglo XXI. Visualizar juntos puede servir como un catalizador de la inteligencia colectiva, implicándonos a todos en una conversación basada en el diseño sobre un futuro que tenga más sentido y que sea más sano. Los procesos de visualizar educan y transforman a aquellos que están implicados en cocrearlos.

La cuestión es no crear una visión fija. Si estamos verdaderamente "viviendo las preguntas" a medida que nos aproximemos a lo que hemos visualizado, la visión continuará evolucionando. Sin embargo, las visiones pueden ayudar a asegurarnos que estamos yendo más o menos en la dirección correcta. Es importante entender que en el proceso de creación de una visión de una comunidad, de una sociedad y de una civilización sostenible no deberíamos estar restringidos por lo que podemos percibir ahora mismo como obstáculos insuperables. La formulación inicial de una visión tiene que ser idealista, creativa, poética, estética, ética, intuitiva e imaginativa. El proceso de creación tiene que ser inclusivo, colaborativo, no dogmático y participativo. Las conversaciones de diseño, que son parte del proceso de visualización, nos invitan a escuchar perspectivas múltiples, a valorar la contribución de distintos puntos de vista, y a cocrear intereses comunes desde los que podemos avanzar juntos, con comprensión y respeto mutuo.

El razonamiento desde una sola perspectiva en particular no debería restringir el proceso integrador y participativo de creación de la visión inicial. En el mejor de los casos, el estado futuro óptimo de triple beneficio primero tiene que *visualizarse* con claridad. Esto crea un objetivo colectivo deseable para todos y ofrece la base para iniciar la participación de diversas partes interesadas en un proceso a largo plazo, para transformar dicha visión en realidad mediante el diseño apropiado.

Mientras que la planificación y la previsión del escenario son maneras de considerar las tendencias que observamos en el presente y extrapolarlas al futuro, el proceso de visualización primero crea un estado futuro ideal con toda la claridad con la que se pueda visualizar colectivamente. Solo después de que la visualización se ha formulado en detalle, planteamos las preguntas sobre la manera en la que podríamos llegar allí, haciendo una retrospección desde la visualización para establecer una serie de logros importantes en la transición desde el actual "lo mismo de siempre" a la manifestación total de nuestra visión. Estas son algunas preguntas que pueden ayudar a guiar un proceso de visualización eficaz:

P ¿Hemos identificado los representantes adecuados de cada grupo de partes interesadas que deben estar presentes para crear una visión inclusiva?

P ¿Cuáles son los distintos temas que necesitamos incluir en nuestro proceso de cocreación de la visión para dar forma a una visión completa?

P ¿En qué se diferencia la visión positiva del futuro que hemos cocreado del *statu quo* actual?

P ¿Estamos asegurando que nuestra visión no está limitada a nuestra narrativa cultural dominante actual y que está basada en los valores a los que aspiramos?

P ¿Cuáles son nuestros valores básicos de referencia a medida que buscamos conseguir nuestra visión, y cuáles podrían ser los hitos a lo largo del camino?

P ¿Qué pasos viables podemos implementar nosotros mismos a nivel local para manifestar nuestra visión paso a paso?

P ¿Es nuestra visión deseable medioambiental, social y económicamente hablando; y tiene sentido para todas las partes interesadas?

La visualización y el proceso de retrospección ya se están usando de manera eficaz en salas de juntas corporativas, en grupos de expertos gubernamentales o en grupos comunitarios. El impacto de este trabajo será incluso más culturalmente transformador cuando apliquemos estos procesos en equipos que incluyan a miembros de cada uno de estos distintos sectores de la sociedad. Los talleres del movimiento ciudades en transición, por ejemplo, incluyen el estado de la visión y una retrospectiva con un cronograma para ayudar a la gente a visualizar el futuro de sus comunidades, ciudades o barrios en transición. Desafortunadamente, es raro que todos los representantes de los diferentes sectores asistan a estos talleres.

De la misma manera, el Consejo Empresarial Mundial para el Desarrollo Sostenible (WBCSD por sus siglas en inglés) ha creado una atrevida Visión 2050, *La Nueva Agenda para Empresas* (WBCSD, 2010) en la que se detallan una serie de "temas imprescindibles" (hitos) en puntos determinados del camino que son necesarios para conseguir esa visión. Bob Horn, un miembro del International Futures Forum, resumió el contenido de este trabajo en una cronología mural que puede descargarse en la página web de WBCSD junto con un informe más detallado. La iniciativa tiene muchos méritos y subraya temas importantes que están empezando a educar a los líderes empresariales en una perspectiva más sistémica de sostenibilidad, sin embargo, el informe tiene sus propios defectos ya que ha sido creado dentro de una comunidad cerrada de líderes empresariales y en el proceso de visualización inicial no contó con la participación de colaboradores intersectoriales más diversos. El informe es un ejemplo del intento de solucionar nuestros problemas dentro de la mentalidad que los creó. No cuestiona suficientemente las suposiciones subyacentes y la cosmovisión dominante que conformó la *Visión 2050*. A pesar de todo los "temas imprescindibles" invitan a los líderes empresariales a plantear preguntas importantes:

P ¿Cómo incorporamos el coste de las "externalidades", como las emisiones de carbono, las funciones de ecosistemas y el agua, dentro de la estructura del mercado?

P ¿Cómo doblamos el rendimiento agrícola sin aumentar el uso de tierra y agua en la producción agrícola?

P ¿Cómo detenemos la deforestación a nivel mundial y aumentamos el rendimiento de los bosques plantados?

P ¿Cómo reducimos a la mitad las emisiones de carbono en todo el mundo (con referencia a los niveles de 2005) para 2050 por medio de un cambio a sistemas de bajo uso de carbono?

P ¿Cómo mejoramos la eficacia en la gestión de la demanda energética y proveemos el acceso universal a la movilidad de bajo consumo de carbono?

Existen muchas visiones de un mundo más sostenible. Quizá podamos aprender de todas ellas. Estas van desde la visión de valores humanos compartidos globalmente en la Carta de la Tierra, los Objetivos de Desarrollo Sostenible de la ONU y el "Futuro que realmente queremos" descrita en la Alianza para la Sostenibilidad y la Prosperidad, hasta el "Plan B" continuamente actualizado de Leister Brown, y las propuestas visionarias para cambios de sistemas globales presentadas por Ross Jackson (2012), Albert Tullio Lieberg (2010), Roy Madron y John Jopling (2003) y otros. Estas visiones y estrategias, para la transición a una civilización sostenible, son puntos de partida excelentes para vivir las preguntas juntos y para iniciar conversaciones de diseño en nuestras comunidades y empresas y con nuestros representantes políticos.

Los procesos de visualización colectiva, estructurados mediante conversaciones de diseño acerca del futuro que queremos crear juntos, necesitan tener lugar en tantos contextos y lugares como sea posible. Cuanto más diversos sean los participantes en estos procesos, más enriquecedor será el aprendizaje. A través de la visualización colectiva podemos cambiar la manera en la que vemos el mundo que nos rodea. Podemos volver a tener esperanza, inspirados por las muchas oportunidades de prosperar juntos en lugar de luchar solos. Juntos podemos codiseñar expresiones prototipo de esta "nueva historia" que nos hará experimentar los beneficios de culturas regenerativas (pequeñas áreas del futuro del H3 en el presente).*

Las tecnologías sociales que se pueden usar para facilitar la visualización colectiva y las conversaciones de diseño incluyen la metodología "Soñando Nuevo México" de Bioneers, el Juego Mundial y el marco de los Tres Horizontes del IFF, versiones orientadas al futuro de la Cafetería del Mundo (Brown *et al.*, 2005), el proceso del "Dragon Dreaming" de John Croft, la "Teoría U" de Otto Scharmer, el "Juego Oasis" del Instituto Elos y "La planificación de escenarios transformadores" de Adam Kahane (2012). Todos estos procesos pueden ser maneras interesantes de aprender de la diversidad y de desarrollar comunidades de colaboración, basadas en una comprensión compartida de las numerosas oportunidades que se encuentran en la transición hacia culturas regenerativas.

La cultura evoluciona en conversaciones que nos ayudan a cuestionar suposiciones, evaluar nuestra perspectiva, considerar otros puntos de vista, buscar el sentido y encontrar valores e intenciones compartidas. Esos valores e intenciones compartidas forman la base para implicarnos en el codiseño de nuestro futuro colectivo. El simple hecho de entablar conversaciones de diseño de transición es culturalmente creativo. Al aprender de perspectivas múltiples, aprendemos a cocrear una comprensión sistémica más profunda. Empezamos a codiseñar nuestro futuro juntos y, de esta manera, contribuimos al surgimiento de culturas regenerativas.

CAPÍTULO 6

¿Cómo podemos aprender a diseñar como la naturaleza?

> Si no te apoyas en los sólidos cimientos de la naturaleza, trabajarás con poco honor y con menos beneficio. Aquellos que toman como referencia a cualquiera menos a la naturaleza, la maestra de todos los maestros, se agotan en vano.
>
> Leonardo da Vinci (1452-1519)

La vida ha mantenido su presencia en la Tierra durante unos 3.800 millones de años. La vida ha hecho más que mantenerse a sí misma: la vida ha florecido, se ha diversificado y ha creado las condiciones para que evolucionen formas de vida más complejas. Durante el largo camino de la evolución, la vida ha tenido un éxito tras otro, ha superado reveses catastróficos y ha continuado innovando, adaptándose al cambio y dando forma a las condiciones del entorno y de la biosfera en maneras que han permitido que prosperen más formas de vida. La vida, como proceso, es la gran maestra de la innovación transformadora.

P ¿Cuáles son los principios en que opera la vida, que aseguran la supervivencia a largo plazo?

Haríamos bien en plantear esta pregunta y en prestar atención a lo que podemos aprender de la naturaleza, ya que esta se expresa a sí misma en una diversidad impresionante de especies que se agrupan en comunidades interdependientes de colaboración y simbiosis.

Aquí es donde el lenguaje me falla de nuevo. Cuando digo "aprender de la naturaleza", no quiero crear una distinción que separe a la humanidad de la naturaleza. *Nosotros somos naturaleza*, y como tal podemos diseñar *como* naturaleza. De hecho, no podemos hacer otra cosa. La principal diferencia es que como muchos "experimentos de diseño" de la naturaleza, que a lo largo de la evolución han terminado en el callejón sin salida de la extinción, también nosotros como especie, junto con nuestra versión actual de la cultura industrial, nos estamos dirigiendo hacia una desaparición temprana a no ser que prestemos más atención a las lecciones que podemos aprender de la evolución de la vida. Como expresó tan bien Janine Benyus (2002), la vida lleva 3.800 millones de años de ventaja en investigación y desarrollo, así que bien podríamos combinar la ingenuidad humana con la humildad para convertirnos en aprendices de la naturaleza.

Una de las lecciones más básicas que podemos aprender de los ecosistemas de todo el mundo es que casi toda la energía que impulsa los ciclos ecológicos proviene del sol. Incluso la energía cinética del viento, de las olas y de las corrientes marinas, en el fondo, derivan de la energía solar que llega a la Tierra. Por otra parte, nuestra civilización industrial se alimenta de reservas de combustibles fósiles en forma de carbón, gas y petróleo, además de algunas otras fuentes de energía no renovables como la energía nuclear. Los combustibles fósiles no son otra cosa que *antigua luz del sol* (Hartman, 1999) almacenada en la corteza terrestre. Estas fuentes de energía son los restos comprimidos y transformados de plantas y animales que poblaron la Tierra hace millones de años. La cantidad de combustibles fósiles que la humanidad está usando actualmente en un solo año tardó aproximadamente 1 millón de años en acumularse en la corteza de la Tierra (Fischer, 2012: 36).

La expresión "no renovable" nos da una pista importante: ¡este patrón está lejos de ser sostenible! Ya hemos visto que una de las primeras lecciones que podemos aprender de la naturaleza es que la enorme industria solar-química de la biosfera, que impulsa la bioproductividad y casi todos los procesos energéticos dentro de ella, está basada en la *radiación solar directa* en lugar de en reservas fósiles. Aprender a "diseñar mejor como naturaleza" significa crear una civilización regenerativa alimentada por el sol, basada en la radiación solar directa y en fuentes renovables de energía y de materiales.

Nuestra cultura industrial no solo es adicta al tipo de fuentes de energía equivocadas, y por ello está mal sintonizada con la escala apropiada, sino que también está basada, casi totalmente, en el tipo equivocado de fuentes de materiales. La vida ha evolucionado una diversa variedad de moléculas orgánicas y de procesos de síntesis bioquímica que son los ladrillos y los procesos de producción del diseño de la naturaleza, puestos a prueba durante muchos millones de años.

Durante la mayor parte de la historia humana hemos utilizado relativamente pocos materiales inorgánicos, exceptuando pequeñas cantidades de minerales y menas, y de piedras para la construcción. Con la revolución industrial decidimos rodear peligrosamente el metabolismo probado de la vida y empezamos a crear un sistema energético y una cultura de materiales basados en materiales fósiles extraídos de la corteza de la Tierra y en una variedad, cada vez mayor, de minerales y menas que fuimos capaces de extraer gracias a energía barata en forma de combustibles fósiles.

En la primera mitad del siglo XIX, el uso de carbón como combustible para el transporte y como energía para calefacción y para la producción industrial aumentó rápidamente. En particular, el uso de coque, derivado del carbón para la producción de acero, creó gran cantidad de residuos en forma de alquitrán de carbón. A medida que esta pasta tóxica y apestosa empezó a acumularse, empezamos a intentar encontrar nuevos usos industriales para este residuo y, poco después, nació nuestra industria química derivada del petróleo.

No hace ni 200 años desde que el químico alemán Friedlieb Ferdinand Runge inventó, en 1834, las pinturas y los tintes químicos a partir de la anilina que contiene el alquitrán de carbón (Fischer, 2012: 30). En 1889, el químico francés Hilaire de Chardonnet comercializó la primera fibra artificial llamada rayón, una "seda artificial". A principios de la primera década del siglo XX el químico belga Leo Baekeland creó la "baquelita", el primer plástico termoestable. El polietileno y el poliestireno no se inventaron hasta los años 30. En menos de dos siglos hemos creado una cultura material casi totalmente dependiente del petróleo y del carbón como sus materias primas esenciales. La mayor parte de nuestros tejidos, plásticos, pinturas, fragancias, cosméticos, detergentes, fertilizantes, aparatos tecnológicos, medicinas e incluso alimentos contienen químicos derivados de los combustibles fósiles. La industria química mundial es ahora el lobby industrial más poderoso del planeta y está fuertemente relacionada con la industria de los combustibles fósiles.

Los 118 elementos químicos se pueden combinar en muchos millones de compuestos químicos diferentes, y decenas de miles de nuevos compuestos se crean cada año sin una regulación estricta para las pruebas sobre sus efectos en los organismos vivos. Todos nosotros tenemos cantidades detectables de cientos de compuestos químicos producidos por el hombre en la sangre y en los tejidos adiposos, muchas de ellas son tóxicas y/o cancerígenas, (Ewing Duncan, 2014).

La disciplina relativamente nueva de la "Química Verde" (Anastas & Warner, 1998) tiene como objetivo crear alternativas, basadas en plantas no tóxicas, a muchos de nuestros materiales derivados de los combustibles fósiles. No deberíamos cometer el error de ver la biomasa simplemente como una posible fuente de energía o como una manera de hacer biocombustible. Si somos lo suficientemente humildes como para convertirnos de nuevo en aprendices de la naturaleza, podemos desentrañar los secretos de la química de la vida. La biomasa, especialmente los residuos agrícolas, forestales y los orgánicos domésticos, se convertirán en un valioso recurso para los químicos del siglo XXI.

Entender la química de la vida nos ayudará a transformar nuestra cultura de materiales, actualmente casi exclusivamente basada en materias primas fósiles no renovables, en una cultura de materiales que dependerá en gran medida de la química derivada de las plantas, que es menos tóxica, requiere aportes energéticos relativamente bajos (de fuentes renovables), y no crea residuos que no se pueden metabolizar en otros procesos industriales. Uno de nuestros mayores desafíos para la innovadora transformación del siglo XXI es reinventar la química basada en procesos metabólicos de la naturaleza.

Desde la química verde, el diseño de productos biomiméticos, los sistemas de energía renovable y la arquitectura biomimética, hasta ciudades e industrias que funcionen como ecosistemas, aprender a diseñar mejor *como* naturaleza es uno de los desafíos creativos más emocionantes en la transición hacia culturas regenerativas. En esencia, al aspirar a diseñar formas que creen salud para los sistemas vivos *como* naturaleza, estamos buscando aprender la forma de participar apropiadamente en los ciclos de soporte vital de la biosfera. Esto significa cubrir las necesidades humanas dentro de los límites planetarios, al tiempo que actuamos como una especie clave responsable que mantiene y regenera la capacidad de la vida para crear condiciones que la favorecen. Al aspirar a hacer esto en los sistemas locales de todo el mundo, crearemos resiliencia, salud y las condiciones para que la vida prospere en todo el planeta.

Si realmente aceptamos el hecho de que *somos vida*, que *somos naturaleza*, y que como tal estamos obligados por el parentesco y la interdependencia con la comunidad de la vida de la que depende la salud humana y planetaria, llegaremos a considerar la creación de una civilización globalmente regenerativa, expresada en la exquisita diversidad localmente adaptada, como *el* desafío creativo de nuestro tiempo. Este es un desafío que no solo une a la familia humana con una visión común de prosperidad cocreativa más que de simple supervivencia, también une a la humanidad con la base de su propio ser, la genialidad de la naturaleza desplegándose a través de la diversidad de la vida y de la evolución de la conciencia.

Una vez que entendemos que el objetivo es la participación apropiada, estamos al mismo tiempo *empoderados* (como participantes en la naturaleza no podemos sino diseñar *como* naturaleza) y *llenos de humildad* (todavía tenemos mucho que aprender sobre la manera en la que encajar de forma creativa una enorme población mundial de humanos en un planeta con una biosfera frágil). En lugar de forzar un mundo natural separado de nosotros para acomodar nuestras necesidades humanas, como nos haría hacer la narrativa de separación, tenemos que *acomodarnos* como especie que tiene mucho que aprender del resto de la naturaleza e intentar discernir qué soluciones de diseño sirven mejor al sistema en su integridad.

Necesitamos humildad para usar la tecnología con sabiduría. Vivir las preguntas juntos como medio de acceder a la inteligencia colectiva nos ayudará a distinguir qué sendas favorecen la vida y cuáles son inadaptables y no solo pondrán en peligro el futuro de nuestros hijos y de nuestra especie, sino la salud y la diversidad de nuestra familia más extensa, la vida en la Tierra. Aprender a diseñar con sabiduría *como* naturaleza es un peregrinaje y un aprendizaje que nunca terminará. ¿Cómo podemos medir nuestro éxito? Lo estamos haciendo bien si observamos un aumento de la prosperidad humana y de la bioproductividad planetaria, una reducción de la concentración de gases de efecto invernadero en la atmósfera y un aumento de comunidades dinámicas, con una vibrante diversidad cultural, regionalmente adaptadas, en solidaridad y colaboración global.

Ecoalfabetización: Aprender de sistemas vivos

> Si nos entregamos a la inteligencia de la tierra podremos alzarnos enraizados, como árboles.
>
> Rainer Maria Rilke, *El Libro de Horas*

Necesitamos reintegrar nuestras actividades económicas, la manera en la que cubrimos nuestras necesidades y la manera en la que producimos y compartimos valor, a las normas básicas de la ecología. Nuestro diseño y nuestra tecnología necesitan estar en línea con la forma en la que la vida y los sistemas vivos están estructurados y en cómo mantienen sus funciones vitales para sustentar a los individuos y al sistema en su integridad. Los principios básicos de la ecoalfabetización son un buen punto de partida para explorar algunas de las lecciones fundamentales que podemos aprender de la naturaleza, y sobre la manera en la que estos podrían conformar algunas de las preguntas de referencia para el rediseño de nuestras economías, nuestras industrias y nuestra sociedad.

La ecoalfabetización es la capacidad de entender la organización de los sistemas naturales y de los procesos que mantienen el funcionamiento sano de los sistemas vivos y que sustentan la vida en la Tierra. Una persona ecológicamente alfabetizada es capaz de aplicar esta comprensión al diseño y a la organización de nuestras comunidades humanas y a la creación de una cultura regenerativa. Promovido originalmente por el educador medioambiental David W. Orr (1992) y el físico Fritjof Capra (1995), fomentar la alfabetización ecológica entre estudiantes de diferentes edades se ha convertido en objetivo de los programas de educación sostenible en todo el mundo.

El Centro para la Ecoalfabetización en Berkeley, California, ha sido decisivo para que su innovador currículo de ecoalfabetización se extendiera a institutos de educación secundaria de toda California, Hawái y ahora incluso a algunos institutos de la isla de Mallorca. Los jardines escolares se convierten en aulas vivas en las que los alumnos aprenden matemáticas, ecología y pensamiento de sistemas mientras cultivan alimentos sanos. Los profesores y los estudiantes aprenden juntos de la naturaleza, a través de la naturaleza y *como* naturaleza. El centro definió una serie de *principios ecológicos* (Centro para la Ecoalfabetización, 2015) que pueden ayudarnos a formular preguntas que podríamos querer plantear a medida que buscamos diseñar *como* naturaleza:

Redes: Toda forma de vida de un ecosistema está interconectada a través de redes de relaciones que definen los procesos de soporte vital.

P ¿Cómo podemos aumentar la vitalidad y la sostenibilidad de nuestras propias comunidades forjando relaciones de apoyo mutuo entre nuestras redes comunitarias humanas y el resto de las redes de soporte vital de la naturaleza?

Las redes son patrones de organización que expresan el *interser* fundamental de la vida. Hacen posible el apoyo mutuo, el aprendizaje, el intercambio y el fomento de relaciones. Un ejemplo de aplicación de esta lección en el diseño humano es evitar o reducir las disrupciones innecesarias en las redes de soporte vital dentro y entre ecosistemas. Los puentes naturales sobre las autopistas en Holanda, Alemania, Francia y en los parques naturales canadienses hacen justo eso. Estos pasos elevados que cruzan importantes autopistas y vías férreas, construidos artificialmente y que a menudo tienen una longitud superior a los cien metros, no son para el uso humano, sino que están diseñadas para permitir que los animales se muevan con más libertad, sin dividir su hábitat con obstáculos infranqueables. En un sentido más general, la creación de "corredores ecológicos" de una reserva salvaje a otra tiene una función similar. Al permitir que los patrones migratorios continúen y al evitar la fragmentación del hábitat de una especie, estamos manteniendo la biodiversidad, la salud y la resiliencia de los ecosistemas naturales.

Sistemas anidados: La naturaleza está estructurada en sistemas anidados dentro de otros sistemas (o procesos dentro de procesos). Cada individuo del sistema es un todo integrado y al mismo tiempo está compuesto de subsistemas más pequeños y forma parte de sistemas más grandes. Esta estructura de enlace de escalas significa que los cambios en una escala pueden afectar a todas las demás escalas.

P ¿Cómo podemos unir las escalas de nuestros sistemas humanos en sinergia dentro de sistemas ecosociales anidados que proporcionen resiliencia y vitalidad?

Los sistemas anidados son parte del patrón de salud y de resiliencia de la naturaleza debido a que crean tanto interconexión como un grado de auto-resiliencia a diferentes escalas. Como vimos en el Capítulo 4, la resiliencia y la vitalidad de los sistemas en cualquier escala dependen de esta "panarquía" de interrelaciones que mantienen la redundancia, la diversidad, la adaptabilidad y la capacidad de transformación. Relocalizar la producción y el consumo aumentará la resiliencia local/regional y disminuirá los múltiples efectos negativos del transporte innecesario de mercancías y de materiales.

Una comunidad sostenible tiene un cierto nivel de independencia para cubrir sus necesidades de energía, alimentos, agua, vivienda, transporte, asistencia sanitaria y educación a nivel local. Para que estos sistemas semi-independientes funcionen y sean resilientes tienen que diseñarse como sistemas anidados dentro de un contexto local, regional, nacional y global basados en el intercambio de conocimientos, en la colaboración y en el intercambio de los materiales, los bienes y los servicios que no se pueden proveer fácilmente en las escalas más pequeñas o usando únicamente recursos regenerativos presentes de forma natural en un área en particular.

Ciclos: Todas las comunidades ecológicas están definidas y mantenidas mediante ciclos de intercambios de recursos entre sus miembros. Estos ciclos continuos dentro de un ecosistema se cruzan también con ciclos regionales y globales más grandes a modo de enlace de escalas. Los ciclos de movimiento rápido y lento están interrelacionados y son interdependientes.

> P ¿Qué podemos aprender de los patrones de ciclos interrelacionados de la naturaleza a escalas múltiples, en nuestro intento de crear economías circulares que unan lo local a lo regional y a lo global de una manera que sustente la vida?

Para crear una cultura verdaderamente regenerativa, debemos diseñar procesos de ciclos de bucle cerrado interconectados. Estos incluyen: ciclos de producción primaria de recursos biológicos y de patrones de uso, que permitan que vuelvan a cultivarse en cantidades iguales o mayores de una manera sostenible en los años siguientes; ciclos de aprendizaje y de adaptación en respuesta a cambios en el entorno; ciclos que mantengan las funciones básicas de los ecosistemas como agua limpia, aire limpio, recursos energéticos y materiales regenerables; ciclos que separen todos nuestros productos en un metabolismo industrial para el reciclado y la reutilización de recursos tecnológicos, o en un metabolismo biológico de recursos orgánicos a través del compostaje y de su uso como fertilizantes, que permitan más crecimiento biológico (ver McDonough y Braungart, 2002 & 2013).

Para crear culturas restauradoras y regenerativas tendremos que volver a aprender a trabajar con ciclos naturales como la disponibilidad de luz solar, el ciclo hidrológico y el almacenamiento de agua durante la estación lluviosa, el ciclo del carbono y la restauración de la fertilidad de los suelos y el ciclo estacional de disponibilidad de alimentos y materiales locales. Nuestras industrias, edificios y sistemas alimentarios tienen que ser cuidadosamente sincronizados con los ciclos naturales locales, regionales y globales, no solo con la estacionalidad anual, sino también con "las inundaciones, las tormentas y las sequías de 100 años". La planificación para la resiliencia presta atención a dichos ciclos que, en escala, son locales, regionales y globales, además de operar a corto, medio y largo plazo. Imitar el patrón de flujo de materiales de la naturaleza de bucle cerrado, cíclico y sin residuos basado en fuentes de energía renovables, nos ayudará a hacer realidad la visión de economías circulares.

Flujos: Los organismos dependen de un continuo flujo de energía, agua y nutrientes para mantener sus funciones básicas y para sobrevivir. La energía solar sustenta a casi toda la vida, directa o indirectamente, e impulsa la mayoría de los ciclos ecológicos.

> P ¿Cómo podemos rediseñar todos nuestros sistemas de gestión y distribución de energía para imitar el uso directo descentralizado de flujos de energía solar de la naturaleza?

Uno de los flujos más importantes con el que una cultura regenerativa tiene que sincronizar sus patrones de consumo de energía es el flujo de la energía del sol. Esta energía llega inicialmente a la Tierra en forma de luz solar y de radiación solar, pero luego comienza a alimentar otros ciclos de energía como los principales sistemas de vientos que, a su vez, influencian las corrientes marinas y las olas. Tenemos que conectar los flujos de energía de nuestros sistemas humanos con esos flujos de energía natural y renovable que, en definitiva, proceden del sol. También tenemos que rediseñar nuestras industrias químicas y nuestra cultura de materiales, y depender casi enteramente de los flujos de recursos materiales que deriven de las plantas y, por consiguiente, que deriven del sol.

Desarrollo: Ya sean organismos individuales, especies o ecosistemas enteros, toda la vida cambia a lo largo del tiempo. Los individuos se desarrollan y aprenden, mientras que las especies se adaptan y evolucionan, y los ecosistemas se transforman a través de la coevolución con los organismos que contienen.

> P ¿Qué podemos aprender de los patrones de desarrollo y evolución de la naturaleza, para crear maneras más adaptables y resilientes de enfrentarnos al cambio a través del aprendizaje y de las transformaciones continuas?

En este principio ecológico se encuentra una de las claves para enfrentarnos a las múltiples crisis convergentes que ha creado la humanidad debido a siglos de diseño y tecnología que ignoran los patrones naturales. La vía más rápida que tiene la humanidad de responder a esta situación insostenible es a través de la transformación cultural, basada en el desarrollo individual y colectivo. La adaptación evolutiva por mutación y selección tardará demasiado tiempo. Los individuos cambian la cultura y la cultura cambia a los individuos. Necesitamos un cambio individual, cultural y civilizatorio para reafirmarnos mutuamente con el fin de responder a tiempo a esta oportunidad de reinventar nuestros sistemas humanos, aprendiendo de otros sistemas naturales. Una educación generalizada en alfabetización ecológica ayudará a la transformación cultural.

Equilibrio Dinámico: Las comunidades ecológicas están en constante proceso de cambio y transformación, sin embargo, permanecen relativamente estables a lo largo del tiempo. Este equilibrio dinámico se consigue a través de intercambios de recursos, energía e información conocidos como bucles de retroalimentación.

> P ¿Cómo podemos diseñar bucles de retroalimentación en la escala apropiada dentro de nuestros sistemas humanos para poder permanecer adaptables y resilientes en un entorno cambiante?

El concepto de "equilibrio dinámico" describe cómo, a pesar del cambio y de la transformación constante, los sistemas naturales permanecen relativamente estables a lo largo del tiempo. La clave aquí es "a lo largo del tiempo": lo que podrían parecer largos periodos de tiempo de relativa estabilidad desde la perspectiva de una vida humana, es solo un abrir y cerrar de ojos en la escala de tiempo de la evolución. Las interacciones entre ciclos a corto plazo y ciclos a largo plazo crean periodos de equilibrio dinámico y de cambio transformador. En la esencia del equilibrio dinámico están los procesos de autorregulación y de autoorganización basados en bucles de retroalimentación. Ejemplos de equilibrio dinámico y de la intervención de la vida en la creación y el mantenimiento de condiciones que favorecen la vida son: la regulación de la salinidad de los océanos, la concentración de oxígeno en la atmósfera y la regulación a largo plazo de las temperaturas de la superficie terrestre (ver el trabajo de James Lovelock en la Teoría de Gaia).

En el diseño de sistemas humanos tenemos que controlar nuestro uso de recursos renovables disponibles localmente a tiempo real para evitar agotar la capacidad regional de regeneración. Si hacemos un uso excesivo de un recurso local tenemos que reducir su consumo y reemplazar este recurso con una alternativa, o responder asegurando que la cosecha sostenible anual aumenta al incrementar la bioproductividad de este recurso. Al imitar los patrones de la naturaleza de autoorganización basada en bucles de retroalimentación, podemos crear un equilibrio dinámico en sistemas socioecológicos como base para la sostenibilidad a largo plazo. La regeneración constante y a largo plazo de los recursos que necesita una cultura para cubrir sus necesidades básicas, es la característica definitoria de las culturas regenerativas.

Valorar el conocimiento ecológico tradicional y la sabiduría indígena

> Unamos nuestras mentes y veamos qué clase de vida podemos crear para nuestros hijos.
>
> Tȟatȟáŋka Íyotake – "Toro Sentado" (1831-1890)

Para superar de una vez por todas la falsa separación entre la naturaleza y la cultura, necesitamos reconocer que aprender de la ingenuidad humana y las adaptaciones a largo plazo a entornos particulares es también aprender de la naturaleza. Entre los pueblos indígenas existe una larga tradición de resolver problemas humanos aprendiendo de otras especies y de los procesos naturales más amplios en los que participamos. Adoptar una perspectiva a largo plazo; para sobrevivir la humanidad se las ha arreglado solamente haciendo exactamente eso. Durante la mayor parte de nuestra historia nos hemos adaptado con prudencia a las fuentes de materiales y de energía que podíamos recoger de los ecosistemas locales y regionales en los que habitábamos, de una manera renovable y sin agotarlas. Una razón por la que hemos pasado gran parte de nuestra historia viviendo como nómadas es que nuestros ancestros cubrían sus necesidades básicas siguiendo las rutas migratorias de otros animales y de la disponibilidad estacional de alimentos que podían recogerse por el camino.

Durante decenas de miles de años hemos vivido dentro de los límites de nuestras biorregiones locales, aprendiendo con prudencia, por ensayo y error, cómo cubrir mejor las necesidades de nuestra población nómada o sedentaria, utilizando energía y flujos de materiales locales y regionales. La cultura es un epifenómeno de la naturaleza, y las culturas tradicionales basadas en el lugar son (o eran) el resultado de una coevolución deliberada de asentamientos humanos con los ecosistemas que habitan. La coevolución significa que el entorno dio forma a la cultura humana, al tiempo que los humanos daban forma a su entorno.

No quiero defender la idílica imagen de que las culturas indígenas nunca han sobrepasado los límites ecológicos con efectos negativos para los ecosistemas locales. Por supuesto que lo han hecho (p. ej. la Isla de Pascua, Babilonia). Sin embargo, existen muchos más casos de prácticas indígenas que han ayudado a aumentar la productividad y la vitalidad de los ecosistemas con los que han coevolucionado. ¡Los humanos son capaces de ser una especie clave beneficiosa en un ecosistema, en lugar de un agente del desastre ecológico!

Las culturas indígenas empezaron a dar forma a su entorno hace 50.000 años. Al prestar atención al pasado de nuestra especie podemos aprender lecciones para la restauración de ecosistemas. El documento escrito más antiguo de la humanidad, el Poema de Gilgamesh, cuenta la historia de cómo Mesopotamia se secó y salinizó después de que el rey matase al dios del bosque,

Humbaba, y cortase el bosque de cedros del Líbano. Los ecologistas modernos lo llamarían "desertificación". La mayoría de los ecosistemas actuales han sido alterados y degradados por el impacto humano. *Used Planet: A global history* (El Planeta Usado: Una historia global) muestra que muchos de los ecosistemas del mundo han sufrido importantes cambios ecológicos debido a la interferencia de grupos relativamente pequeños de humanos desde hace 3.000 años. Estos cambios no siempre han sido negativos, muchas más veces aumentaron la bioproductividad (Erle *et al.*, 2012).

En los últimos años, las investigaciones sobre la *terra preta* (tierra negra), los cultivos de tierra negra antropogénica enriquecida con carbón vegetal, compost y micelio de hongos beneficiosos, están empezando a mostrar que incluso los bosques húmedos supuestamente vírgenes de la Amazonia, los del Oeste de África y los de Borneo son ecosistemas afectados por las prácticas de jardinería forestal de sus habitantes humanos. De igual manera las grandes praderas de Norteamérica, los páramos "salvajes" de Inglaterra o de las Highlands de Escocia son ejemplos de ecosistemas que han sido remodelados por la presencia humana por medio de las quemas, la deforestación y el pastoreo (Pearce, 2013).

Una forma de redescubrir las prácticas que ayudaron al *Homo sapiens* a sobrevivir durante más de 200.000 años es prestar más atención a la sabiduría indígena y al conocimiento tradicional basado en el lugar (donde no se haya perdido ya completamente). Las culturas humanas indígenas son una expresión de la coevolución de generaciones de humanos dentro de los ecosistemas en los que han habitado. Las culturas que han sabido sobrevivir durante milenios dentro de sus biorregiones tienen mucho que enseñarnos. Durante los últimos cientos de años hemos desarrollado el desafortunado hábito de rechazar el conocimiento tradicional ecológico por anticuado y hemos llamado "primitivas" a esas culturas. Hipnotizados por los aparentes beneficios del progreso científico y tecnológico, hemos cometido el error de desestimar el conocimiento tradicional ecológico que ha apuntalado la supervivencia humana durante la mayor parte de la prehistoria.

Revaluar la sabiduría de las culturas tradicionales e indígenas no significa volver a una supuesta "edad de oro" en la que la humanidad vivió en perfecta armonía con el resto de la naturaleza. Simplemente, significa reconocer que estas culturas se las han arreglado para mantenerse a sí mismas y evolucionar en una íntima adaptación a la singularidad del lugar durante muchos milenios. En comparación, unos pocos siglos de civilización moderna industrializada nos han aportado muchos logros importantes, pero también hemos creado algunos de los problemas globales más urgentes a los que nos enfrentamos ahora. Tenemos que aprender a prestar más atención tanto a los éxitos como a los fracasos de las tecnologías modernas, y tenemos que prestar más atención a la sabiduría indígena de las culturas locales adaptadas al lugar.

Las cosmovisiones indígenas de todo el planeta comparten una perspectiva común: *el mundo está vivo y lleno de sentido y nuestra relación con el resto de la vida es la de la participación, la comunión y la cocreación.* Crear culturas regenerativas también trata sobre encontrar respuestas creativas a las preguntas:

P ¿Cómo podemos combinar lo mejor de la tecnología, la ciencia y la expresión cultural modernas con la sabiduría de las culturas tradicionales indígenas?

P ¿Cómo podemos innovar y transformar nuestra cultura con un ojo puesto en el pasado (aprender de la sabiduría y las prácticas tradicionales) y el otro en el futuro (el social, el ecológico, el económico y la innovación tecnológica)?

Hemos perdido nuestro camino tanto individual como colectivamente. El poema "Perdido"de David Wagoner, nos da la clase de consejo que un anciano nativo ofrecería a un miembro joven de la tribu para que encuentre su camino a través de los altos y oscuros bosques del Noroeste del Pacífico. Detente y escucha más profundamente cuando estás perdido. Este es un consejo pertinente para toda la humanidad. Enfrentados a la sobrecarga sensorial y de información de la vida moderna, hemos perdido nuestra capacidad de escuchar a nuestra intuición, a considerar la sabiduría de otros y a apreciar los conocimientos que podemos recoger prestando atención a los 3.800 millones de años de experiencia de la vida para, no solo sobrevivir, también para prosperar, transformar y evolucionar. ¡La humanidad ha perdido su camino!

Perdido
Detente
Los árboles frente a ti y los arbustos a tu lado no están perdidos.
El lugar donde estás se llama Aquí.
Y debes tratarlo como a un poderoso desconocido,
debes pedir permiso para conocerlo y ser conocido.
El bosque respira. Escucha. Te responde,
ha creado este lugar a tu alrededor,
si te vas, puedes regresar, diciendo Aquí.
No hay dos árboles iguales para el Cuervo.
No hay dos ramas iguales para el Gorrión.
Si el valor de un árbol o un arbusto se pierden en ti,
sin duda estás perdido.
Detente. El bosque sabe dónde estás.
Debes dejar que te encuentre.

David Wagoner

Tengo la profunda convicción de que si realmente queremos crear culturas regenerativas justas e inclusivas basadas en el fomento de las relaciones con la comunidad de la vida, una de las primeras cosas que tenemos que aprender es a escuchar más profundamente. Tenemos que aprender a escuchar desde nuestro corazón y desde nuestra mente y a confiar en nuestra sabiduría interior, en la sabiduría de nuestra comunidad, en la sabiduría de las culturas indígenas y en la sabiduría del resto de la naturaleza. Deberíamos preguntarnos:

- P ¿Cómo podemos aprender a escuchar más profundamente a nuestra sabiduría y a nuestra guía interior que nos hablará si sosegamos la mente o si buscamos soledad en la naturaleza?
- P ¿Cómo podemos aprender a escuchar más profundamente a la sabiduría de la tribu, a los dones que guarda nuestra comunidad y a actuar con sabiduría basándonos en la inteligencia colectiva?
- P ¿Cómo podemos escuchar más profundamente y aprender de la ingenuidad de nuestros parientes los animales y las plantas?

Otra característica común de las culturas indígenas de todo el mundo, es que tienden a *tener modos de comunicación que implican una escucha y un intercambio respetuoso desde el corazón en un círculo de consejo*. En mi propia experiencia de trabajo y comunicación de esta manera, cuando nos sentamos en un consejo y ofrecemos el don de la mutua atención y escucha plena con el corazón, se nos ofrece la oportunidad de vivir y experimentar directamente la realidad del *interser*. Juntos representamos el gran potencial que se despliega al acceder a la inteligencia y a la sabiduría colectiva; podemos experimentar los profundos efectos sanadores de abrir nuestros corazones a la compasión que somos capaces de sentir el uno por el otro y con el mundo, porque nunca hemos estado separados, solo estamos separados en nuestras mentes.

Un tercer modelo o sistema de creencias que las culturas indígenas de todo el mundo comparten es que *el resto del mundo natural está en continua comunicación con nosotros solo si aprendemos a escuchar.* Somos capaces de aprender de las plantas, de las bacterias, de los hongos y de los animales con quienes compartimos esta experiencia de estar *vivos en la Tierra.*

La escucha profunda se encuentra en la esencia de la creación de una cultura regenerativa. Hemos perdido el camino que fomenta toda la vida. Necesitamos escuchar con más atención para encontrarlo de nuevo; escucharnos entre nosotros y escuchar al resto de la comunidad de la vida. Esta es una sabiduría que podemos recuperar aprendiendo de las culturas indígenas.

En 2010, mientras ayudaba a Marcello Palazzi y a la Fundación Progressio a albergar la primera conferencia europea Bioneers en Holanda, tuve la buena suerte de conocer a Dennis Martínez, un anciano nativo americano que fue una pieza clave en la fundación de la "Red de Pueblos Indígenas para la Restauración" (IPRN por sus siglas en inglés). Dennis es ampliamente reconocido por crear un puente entre el "conocimiento ecológico tradicional" (Traditional Ecological Knowledge, TEK) y la ciencia occidental. Su pasión es la "restauración ecocultural". La conservación de ecosistemas y de la biodiversidad está seriamente relacionada con la conservación de las culturas indígenas que han coevolucionado con estos hábitats. El TEK puede ayudarnos a acceder a una larga historia de cuidadosa observación de los ciclos a largo plazo de un lugar en particular que se alberga en la memoria colectiva de las culturas indígenas que todavía quedan.

> Mientras que la ciencia occidental es una metodología poderosa y exitosa dentro de su propia esfera, el análisis cuantitativo, otras epistemologías válidas como el TEK, que ofrece estrategias complementarias para entender el mundo natural, y nuestra relación con el mundo que hemos coevolucionado desde tiempos inmemoriales. El TEK es un complejo de conocimientos-creencias-prácticas de antiguo linaje basado en el lugar. [...] La Unión Mundial de Conservación estima que los pueblos indígenas ocupan más del 80% de los "puntos calientes" biológicos del mundo. La diversidad cultural localmente adaptada va de la mano con la diversidad biológica. Juntos constituyen la diversidad ecocultural. [...] Lo que realmente estamos restaurando es nuestra relación con los lugares en los que vivimos y de los que dependemos a medida que aprendemos, de nuevo, a ser nativos en estos lugares: a ser cuidadores de la tierra; a participar con nuestros hermanos y hermanas ancianos, con las plantas y los animales en una renovación espiritual y física de la tierra y de nosotros mismos.
>
> Dennis Martínez (IPRN, 2015)

La creación de culturas regenerativas es un proceso de reindigenización, de volver a estar de nuevo profundamente arraigados a la condición de singularidad de lugares en particular, de restaurar y cuidar un lugar en particular durante un largo periodo de tiempo. Ahora la humanidad está globalmente interconectada y destinada a una suerte común, nuestro desafío es colaborar de manera global en el proceso de volver a estar de nuevo cuidadosamente adaptados a nuestras regiones.

Gregory Cajete (1999), un educador de ciencias nativo de Pueblo, pone el énfasis en que el conocimiento tradicional es un sistema de conocimientos que no necesita validación externa, al igual que la ciencia occidental. El hecho de que el TEK guiara la coexistencia sostenible y resiliente de pueblos indígenas con la comunidad de la vida en sus ecosistemas nativos, durante muchos más siglos de los que la ciencia occidental ha existido, es una prueba de la viabilidad y de la importancia de este sistema de conocimiento. "El conocimiento tradicional es una frágil biblioteca viviente de conocimiento oral que pasa de generación en generación. Siempre ha sido adaptable y resiliente. Debido a su naturaleza adaptativa no se puede conservar en bibliotecas. Su supervivencia depende de la supervivencia de la cultura indígena" (Martínez, 2010). Si perdemos las tradiciones orales de las culturas indígenas del mundo estamos borrando la memoria colectiva humana a largo plazo de lo que significa vivir de una manera regenerativa como naturaleza (ver Nelson, 2008).

La conservación de las lenguas indígenas está fuertemente relacionada con la conservación del conocimiento tradicional. En la Tierra todavía se hablan aproximadamente unas 6.000 lenguas (la mayoría de ellas lenguas indígenas habladas en poblaciones relativamente pequeñas). "Cada nación, tribu, banda, comunidad y clan indígena tendrá procesos diferentes de "llegar a conocer" a nosotros mismos, el uno al otro y al mundo. Estos procesos metafísicos y epistemológicos del aprendizaje, del conocimiento y del ser no son simplemente conceptos abstractos, sino que están encarnados y toman vida en las prácticas diarias de supervivencia y de vida" (Nelson, 2011). Conservar y aprender del conocimiento, la cultura y las lenguas tradicionales es el patrimonio común de la humanidad y una contribución vital para una cultura restauradora. Podemos aprender del conocimiento tradicional basado en el lugar de todas las culturas, también de la cultura occidental. La innovación transformadora para una cultura regenerativa trata también sobre preguntarnos a nosotros mismos:

> P ¿Cómo podemos reindigenizar y adaptarnos con prudencia a un lugar, mientras mantenemos la conciencia planetaria y la colaboración entre toda la humanidad?

Incluso en el llamado "mundo desarrollado" mucho del conocimiento tradicional sobre cómo cubrir necesidades dentro de los límites de los recursos biológicamente regenerativos de la región, era todavía predominante hasta hace solo 150 años. ¡Eso son solo unas pocas generaciones! Si volvemos a evaluar lo que ese conocimiento y la sabiduría indígena guardan para nosotros, podemos recuperarlo en su mayor parte y combinar de forma creativa esa sabiduría con lo mejor de la tecnología y de la ciencia moderna.

En *The Time of the Black Jaguar* (La hora del Jaguar Negro) Arkan Lushwala (2012), ofrece una perspectiva indígena profundamente esclarecedora sobre la gran transformación que está en marcha: la sanación de nuestras patologías culturales. La "medicina del Jaguar Negro" (la transformación) es un rito de paso que trae la muerte de lo que ya no sirve y el renacimiento de una nueva y antigua comunión con la vida.

> Veo a Pachamama convirtiéndose de nuevo en un terreno fértil para el crecimiento de comunidades humanas sanas. [...] Todos los

> humanos tienen el derecho a volver a casa y a convertirse en indígenas de esta Tierra, a convertirse en seres humanos reales viviendo su pleno potencial como cuidadores de la vida, a convertirse en gentes con grandes corazones viviendo en cooperación mutua y con otras formas de vida. [...] En estos tiempos de renovación de la vida en la Tierra, están naciendo nuevos diseños, nueva vida y nuevas tribus. [...] Es la esencia de la vida que está buscando continuar viviendo y multiplicarse a sí misma a través de nosotros, la raza humana.
>
> Arkan Lushwala (2012: 171-173)

¿Cómo crea la vida las condiciones que propician la vida?

> Prestar atención, esta es nuestra adecuada e interminable tarea.
>
> Mary Oliver

Hace casi 20 años, la escritora científica y naturalista Janine Benyus dio un nuevo nombre al diseño y a la innovación inspirados en la biología: biomímesis. Desde entonces su trabajo ha transmitido esta larga tradición a una audiencia convencional fuera de los círculos profesionales de unos pocos diseñadores, ingenieros, científicos de materiales, biólogos, ecologistas y químicos dedicados a la ecología e inspirados en la biología. Su estilo divertido y cautivador de contar historias y sus ejemplos bien elegidos de innovación sostenible, inspirados en la naturaleza, no cesan de encender corazones y mentes de líderes corporativos, inversores en tecnología limpia, investigadores y tecnólogos por igual. Hay algo que intuitivamente se siente que es correcto acerca del diseño y de la tecnología basada en la biomímesis. Janine Benyus ha ido al grano con la lección central de la cultura regenerativa: "La vida crea las condiciones que favorecen la vida".

En *"Biomimicry – Innovation Inspired by Nature"* (Biomímesis, Innovaciones Inspiradas por la Naturaleza) (Benyus, 2002), recogió una amplia gama de ejemplos inspiradores y de historias de inventores que son precursores de una nueva era del proceso, a través del cual la humanidad diseña maneras de cubrir sus necesidades. Esta nueva era conecta con las antiguas tradiciones de aprendizaje de la naturaleza. Los tecnólogos y los científicos mencionados en el libro echan mano de un largo legado de pioneros del diseño ecológico, de la ingeniería biónica y del "diseño con la naturaleza". La publicación de *Biomimicry* bien podría considerarse como otro punto de inflexión en el redespertar de nuestra especie a la necesidad de una reintegración de los asuntos humanos a los ciclos de soporte vital de la naturaleza, al igual que lo fueron la publicación de *Silent Spring* (Primavera Silenciosa) de Rachel Carson o la publicación de

Limits to Growth (Los Límites del Crecimiento) que marcaron un salto cuántico en la comprensión de nuestro impacto ecológico en la Tierra.

Janine Benyus y su equipo han llevado el diseño inspirado en la naturaleza a escuelas y universidades de todo el mundo. Han inspirado estrategias de innovación nacionales y han trabajado con muchos líderes corporativos de éxito, entre ellos empresas como HOK, Nike, Patagonia, Seventh Generation, Natura, General Electric y la NASA. La revolución de la biomímesis se está extendiendo por todo el planeta. Universidades, laboratorios de I+D y redes profesionales están aceptando la llamada a crear soluciones a nuestros problemas humanos más urgentes siguiendo los principios básicos de la vida. Como ella dice, estamos reaprendiendo a ver a *la naturaleza como un mentor, como una medida y como un modelo a emular.*

El "Biomimicry Guild" se estableció en 1998 y el "Biomimicry Institute", sin ánimo de lucro, le siguió en 2005. Ahora están unidos dentro de Biomimicry 3.8. Durante los últimos 10 años, varios grupos de asesoramiento en red con experiencia en la innovación inspirada en la biología y en la ecología se han establecido por toda Europa e internacionalmente; entre ellos: Symbiosis Group, BiomimicryNL, Biomimicry Europa, Biomimicry Iberia, y Biomimicry for Creative Innovation (BCI), Biomimicry Switzerland, y la European Biomimicry Alliance. También existen redes de biomímesis en Sudáfrica, Latinoamérica y en Asia. Además, existen varias redes y empresas paralelas centradas en la innovación tecnológica inspirada en la biología (sin buscar explícitamente un aumento de sostenibilidad). En lugar de usar la palabra biomímesis, tienden a hablar de sus actividades como biomimética, biónica, e innovación bioinspirada.*

Estas son algunas de las preguntas que los equipos de colaboración I+D pueden preguntarse en su búsqueda para la creación de innovaciones inspiradas en la biología. Esta lista de preguntas está basada en la lista en constante evolución de "Los Principios de la Vida" recogida y desarrollada por Janine Benyus y sus colegas de Biomimicry 3.8.

PREGUNTAS DE LA VIDA

¿Cómo podemos hacer evolucionar y transformar nuestras tecnologías y procesos de forma que ofrezcan un futuro a largo plazo para nuestra especie y para la vida en su integridad?

P ¿Qué estrategias de supervivencia a largo plazo han funcionado hasta ahora y cómo podemos replicarlas?

P ¿Cómo podemos asegurarnos de que permanecemos abiertos a lo inesperado y a los nuevos conocimientos?

P ¿Si reestructuramos la información y las habilidades con las que contamos y las miramos con nuevos ojos, podemos generar nuevos conocimientos?

¿Cómo podemos asegurarnos que mantenemos y aumentamos nuestra capacidad de adaptación a las condiciones cambiantes y para transformar lo que ya no nos sirve?

P ¿De qué manera estamos incorporando y salvaguardando la diversidad?

P ¿Qué estrategias ayudan a mantener la integridad sistémica mientras, simultáneamente, aseguran la autorrenovación continua y la innovación transformadora?

P ¿Cómo podemos optimizar la resiliencia diseñando redundancia, variación y funciones vitales descentralizadas dentro del sistema?

¿Cómo nos estamos asegurando de que nuestras soluciones están localmente sincronizadas y son receptivas al cambio?

P ¿Estamos aprovechando al máximo los procesos cíclicos y haciendo uso de los beneficios sistémicos de los ciclos regenerativos de recursos?

P ¿Estamos creando soluciones que utilizan materiales disponibles y fuentes de energía (locales) de una forma renovable?

P ¿A qué bucles de retroalimentación sistémica deberíamos prestar atención y/o diseñar en la solución?

P ¿Cuáles son las relaciones cooperativas y simbióticas que podemos fomentar y apoyar para crear una solución mejor?

¿Cómo podemos asegurar que usamos solo química respetuosa con la vida?

P ¿Pueden todos los productos que usamos descomponerse en componentes benignos sin que requieran periodos de tiempo excesivos o mucha energía para el proceso?

P ¿Cuál es el conjunto reducido óptimo de elementos constitutivos que podemos combinar para crear la solución deseable?

P ¿Nos estamos asegurando de que utilizamos química soluble en agua y no tóxica?

¿Cómo nos aseguramos de que creamos altos niveles de eficiencia material y energética mientras utilizamos cantidades mínimas de recursos, predominantemente locales?

P ¿Qué procesos de bajo consumo de energía podemos utilizar para crear las soluciones?

P ¿Cómo podemos diseñar la multifuncionalidad en la solución?

P ¿Son reciclables todos los materiales utilizados (preferiblemente a escala local y regional) en crear la solución?

P ¿De qué manera la solución propuesta encaja la forma con la función?

¿Cómo podemos integrar desarrollo con crecimiento (cualitativo) y estar atentos a los límites de crecimiento (cuantitativo)?

P ¿Existe la manera de diseñar autoorganización y retroalimentación en la solución propuesta?

P ¿Nos estamos asegurando de que creamos de manera ascendente?

P ¿Puede la combinación de componentes modulares y anidados mejorar la producción y ofrecer flexibilidad y capacidad adaptativa?

Estas preguntas pueden conformar el "pensamiento de biomímesis" y pueden desencadenar la innovación inspirada en formas, procesos y sistemas biológicos y ecológicos en equipos de diseño multidisciplinares. La lista de ejemplos inspiradores de innovaciones de biomímesis crece cada año. Van desde mejoras en el uso de energía y en dinámicas de aero/fluidos de trenes, aviones, coches y barcos basados en las formas óptimas de pájaros y peces, a métodos para el secuestro de carbono inspirados en los arrecifes de coral o en la fotosíntesis; desde la creación de poderosos pegamentos inocuos inspirados en moluscos, a pinturas y superficies inspiradas en la piel de los tiburones para mantener los hospitales estériles, o para reducir el consumo de combustible de buques de carga.

La biomímesis, a nivel de ecosistemas, nos enseña como entrelazar diferentes procesos tecnológicos en los ecosistemas industriales que imitan las cascadas de nutrientes en los ecosistemas naturales, basándose de esta manera en uno de los principios de la vida: que el desecho de un proceso es el alimento de otro. Volveremos a ver esta idea en los capítulos sobre la ecología industrial y la economía circular.

Innovación inspirada en la biología

En general, el proceso de innovación inspirada en la biología es identificar una necesidad en particular o un problema de diseño, por ejemplo, "¿cómo podemos crear un adhesivo eficaz que no sea tóxico?" y luego identificar una analogía biológica para aprender e inspirarse en ella, siguiendo con el ejemplo: una especie que consigue pegarse a una superficie de una manera eficaz. El mejillón común *(Mytilus edulis)* consigue "pegarse" a las rocas en la zona intermareal donde está expuesto a fuertes olas y a las fuerzas de las corrientes.

Una vez que hemos identificado un modelo biológico prometedor, lo estudiamos en detalle y exploramos qué patrones, principios o procesos se pueden imitar y abstraer para conformar posibles ideas sobre la manera de inspirar la innovación a distintos niveles: a nivel químico, al de forma y de función, al del proceso y del patrón, o al de las integraciones y sinergias sistémicas. A cada uno de estos niveles podemos encontrar una serie de soluciones de diseño inspiradas en la biología. Entonces, estas soluciones se aplican a nuestros prototipos de diseño, se prueban, se evalúan y (si es necesario) se vuelven a diseñar y a optimizar, hasta que conseguimos una solución de diseño con la que estemos satisfechos.

En nuestro ejemplo del mejillón, el Dr. Kaichang Li, del Colegio Universitario de Silvicultura de la Universidad del Estado de Oregón, encontró que los "hilos bisales" de los mejillones están hechos de una proteína especial que actúa como un pegamento muy fuerte y que es, al mismo tiempo, flexible. Financiado por la empresa Columbia Forest Products, Li aplicó el pensamiento de biomímesis y finalmente consiguió crear un nuevo tipo de resina adhesiva al modificar proteínas de soja para que funcionasen de una manera similar a los hilos bisales de los moluscos. La invención biomimética condujo a una manera de crear paneles de madera contrachapada de urea libres de formaldehído, lo que a su vez, ayudó a reducir la acumulación de toxinas en los ambientes cerrados donde se usan estos productos (Columbia Forest Products, 2014).

Mundialmente, estamos en la cúspide de una transformación de la manera en la que hacemos negocios e innovamos inspirada en la biología. En *The Shark's Paintbrush – Biomimicry and how nature is inspiring innovation* (El Pincel de Tiburón, Biomímesis y cómo la naturaleza está inspirando la innovación), el emprendedor e inventor Jay Harman (2013) muestra cómo el diseño bioinspirado ya está transformando la industria. El libro ofrece esperanza para cualquiera que todavía dude de que seamos capaces de cocrear culturas regenerativas. Jay, el fundador de Pax Scientific, ha desarrollado, estudiado y trabajado con numerosas empresas biomiméticas. Sugiere que algunas de sus características definitorias son que están basadas en la colaboración multidisciplinar que implica a biólogos, ingenieros y diseñadores, además de a emprendedores. Subraya que esto crea cierta necesidad de traducción entre los lenguajes y las perspectivas de estas disciplinas diferentes.

"Normalmente las soluciones bioinspiradas no solo representan un cambio incremental de las tecnologías que ya existen, sino también una total reconsideración de la manera de resolver un problema" (Harman, 2013: 219). El cambio de cultura lleva su tiempo. Las nuevas tecnologías revolucionarias normalmente tardan al menos 15 años en entrar en los mercados y reemplazar las maneras establecidas de hacer las cosas, pero la transición hacia las tecnologías bioinspiradas ya está cogiendo velocidad. El número de innovaciones tecnológicas ha estado creciendo rápidamente durante los últimos diez años (pág. 22). "Los productos bio-inspirados ya han generado miles de millones de dólares en ventas" (pág. 20).

Un estudio de 2010 predijo que para 2025 las tecnologías y las empresas basadas en la biomímesis podrían tener un volumen de ventas de un billón de dólares (San Diego Zoo, 2010: 33). Muchos inversores éticos están deseosos de invertir en este sector en crecimiento (Katherine Collins, 2014). Este cambio de flujos de inversión, desde las inversiones degenerativas a las regenerativas, contribuye de forma activa a la transición hacia la "era solar" (Henderson, 2014) y hacia la expansión de la cultura regenerativa. La Ethical Biomimicry Finance ofrece apoyo a dichos inversores.

Importantes fundaciones de EE. UU. y de otros lugares están retirando sus inversiones de los sectores de los combustibles fósiles y llevándolos a la energía renovable, al desarrollo de la resiliencia y a la innovación en biomímesis y química verde. Cuando los herederos de un magnate del petróleo como John D. Rockefeller retiran 870 millones de dólares de sus fondos de inversión en petróleo y gas, la suerte está echada. Tim Dickinson escribió en un artículo de Rolling Stone que "a medida que los activistas climáticos presionan a las instituciones públicas para que retiren sus inversiones de los combustibles fósiles, cada vez está más claro que lo correcto es también lo más inteligente" (Dickinson, 2015). ¡Estamos aprendiendo! La innovación biomimética se beneficia de ello.

Los innovadores biomiméticos que buscan introducir innovaciones y diseños transformadores en los mercados, con frecuencia chocan contra el muro de los gestores del primer horizonte. Los gestores del H1 están preocupados en mantener las empresas existentes funcionando y la innovación biomimética tiende a ser una innovación disruptiva. También es importante reconocer que no todas las innovaciones biomiméticas son necesariamente sostenibles. Existen muchos diseños bioinspirados que potencian las armas y la tecnología militar. Este es un claro ejemplo de innovación disruptiva capturada en el Horizonte 1. Sin embargo, en líneas generales, las innovaciones biomiméticas tienen el potencial inherente de ser innovaciones del H2+ que nos ayudan a construir un puente hacia la transformación cultural y la biomímesis sistémica, hacia el tercer horizonte de una cultura regenerativa.

"La biomímesis establece la base para una rentabilidad futura y para ofrecer soluciones que no creen nuevos problemas; ofrece algo que las soluciones a corto plazo, de ahorro de costes, no pueden ofrecer" (Harman, 2013: 231). Jay Harman sabe por experiencia propia que "las empresas bio-inspiradas necesitan estar preparadas para el largo plazo" (pag. 233), sin embargo, tienen una ventaja importante: "La biomímesis ofrece el máximo rendimiento, algo que la industria está reconociendo cada vez más" (pág. 247).*

El equipo de Biomimicry 3.8 describe tres niveles de biomímesis: aprender de los patrones de la naturaleza; aprender de los procesos de la naturaleza y aprender de la naturaleza a nivel de los ecosistemas. Cada uno de estos niveles se puede aplicar a diferentes escalas de diseño inspirado en la biología. Como ya he mencionado, una de las transiciones del siglo XXI será el cambio hacia la química solar, inspirada en la forma en la que la vida crea compuestos químicos eficaces basados en fuentes de energía y de materiales renovables. La "química verde" y la ciencia de materiales inspirada en la biología son cimientos importantes para el diseño de culturas regenerativas. Otras escalas de diseño en las que se puede aplicar el pensamiento biomimético son: el diseño de productos, la arquitectura, el diseño de comunidades, la industria ecológica, la planificación urbanística y las economías circulares centradas en la bioregión. La Figura 10 ilustra las diferentes escalas de diseño y cómo distintas estrategias de diseño se extienden a través de estas escalas en un intento de conectarlas en forma de enlace de escalas. Analicemos con más detalle algunos ejemplos de estas diferentes escalas de diseño.

Figura 10: Las Escalas del Diseño Regenerativo

La química verde y la ciencia de materiales

> Estudiar y copiar a la naturaleza es uno de los mejores instrumentos en la caja de herramientas de la química verde.
>
> Paul Anastas entrevistado por Josh Wolfe (2012)

Los químicos Paul Anastas y John Warner iniciaron el movimiento mundial llamado "química verde" que tiene como objetivo diseñar productos y procesos químicos para eliminar, o reducir de manera drástica, la generación de sustancias peligrosas por la industria química. Anastas y Warner (1998) formularon los doce principios de la química verde. Estas son algunas de las preguntas que estos principios invitan, a los químicos, a plantearse:

P ¿Cómo podemos crear métodos químicos de síntesis que maximicen la incorporación de todos los materiales usados en el proceso dentro del producto final?

P ¿Cómo podemos depender, tanto como sea posible, de metodologías sintéticas que utilicen y generen sustancias con poca o ninguna toxicidad para la salud humana y la del medioambiente?

P ¿Cómo podemos (re)diseñar productos químicos para conservar la eficacia de su función al mismo tiempo que reducimos su toxicidad?

P ¿Cómo podemos minimizar los requisitos energéticos y los impactos medioambientales y económicos asociados a los métodos de síntesis química, llevándolos a cabo a temperatura y presión ambiente?

P ¿Cómo podemos favorecer el uso de materias primas orgánicas que sean renovables en lugar de irreemplazables (siempre que sea técnica y económicamente práctico)?

P ¿Cómo podemos diseñar productos químicos que se descompongan en productos de degradación inocuos al final de su función y que no persistan en el medioambiente?

En 2009, Paul Hawken, Janine Benyus, y John Warner (del Instituto para la Química Verde Warner Babcock)* empezaron un ambicioso proyecto para crear tecnología de bajo coste, que no sea tóxica y alimentada con energía solar basada en una serie de tintes foto-reactivos, no tóxicos, impresos en una película fina totalmente reciclable. En lugar de seguir las características distintivas del desarrollo de la tecnología fotovoltaica buscando la máxima durabilidad de los paneles y la máxima eficacia de conversión utilizando tecnologías derivadas del sílice, decidieron mirar cómo la naturaleza crea sus propios paneles solares.

La mayoría de las hojas se renuevan cada año y son totalmente reciclables, la eficacia de la fotosíntesis es baja pero está basada en materiales renovables que no son tóxicos y que están montados a temperatura ambiente y a presión ambiente. Si su empresa, OneSun Inc., tiene éxito desarrollando esta biomímesis y la química verde basada en tecnología de "células solares sensibilizadas con tintes", su innovación marcaría un antes y un después en el campo de la energía solar y nos llevaría un paso más cerca de crear culturas regenerativas más justas. Existen otras empresas que persiguen este objetivo, entre ellas la compañía australiana Dyesol, y la empresa irlandesa Solarprint.

La lista de innovaciones revolucionarias basadas en la química verde y en la biomímesis está creciendo rápidamente. Varios grupos de investigación y de empresas de tecnología limpia están intentando crear una versión sintética de la seda de araña, que tiene una fuerza de tracción similar a la del acero, pero es tan flexible como la goma y se produce sin necesidad de altas temperaturas. La empresa alemana AMSilk anunció en 2013 que empezaría a producir la "primera fibra expansible con propiedades mecánicas similares a la seda natural de araña".

Otras empresas líderes en biotecnología y en el campo de la química verde están trabajando para estimular este cambio hacia bioeconomías circulares, con base en la región, que usan plantas y materiales de deshecho como materia prima orgánica principal.*

Scott Allen, cofundador de Novomer, una compañía química sostenible establecida en EE. UU., se inspiró en el hecho de que "la naturaleza usa miles de millones de toneladas de dióxido de carbono al año para hacer materiales útiles como la celulosa" (Casey, 2011) y se dispusieron a crear catalizadores para la producción de plásticos que usan dióxido de carbono y monóxido de carbono como materia prima. Actualmente los plásticos de Novomer todavía se fabrican con petróleo convencional, pero necesitan la mitad de esta materia prima al usar también dióxido de carbono. Las claves de la estrategia innovadora de Novomer son los catalizadores que permiten que el dióxido de carbono y el monóxido de carbono se puedan transformar en una amplia gama de productos industriales (plásticos, combustibles, fertilizantes, productos farmacéuticos) de una manera rentable. El desarrollo de estas tecnologías revolucionarias ha pasado de las pruebas iniciales en el laboratorio a una demostración a escala real y se espera que lleguen pronto a la producción comercial.

> Estamos al borde de una revolución de materiales que igualará a la revolución de la edad de hierro y a la revolución industrial. Creo que la biomímesis alterará de manera significativa nuestra manera de vivir.
>
> Mehmet Sarikaya, Científica de Materiales (en Janisch, 2015)

Las orejas de mar *(Haliotis rufescens)* consiguen producir una cerámica enormemente dura, iridiscente y coloreada conocida como "madre perla" o nácar. Es dos veces más fuerte que cualquier cerámica que producimos actualmente usando temperaturas que sobrepasan los 2.000 °C. La oreja de mar lo consigue a temperatura ambiente usando capas solapadas de carbonato cálcico (extraído del mar) cristalizado (aragonito) y de una proteína llamada Lustrina-A. En los Laboratorios Nacionales de Sandia, un equipo de investigadores dirigido por el Dr. Jeffrey Brinker identificó que la combinación de capas muy duras de aragonito con capas flexibles de proteínas daban al nácar su capacidad de deslizarse bajo una fuerza de compresión. La estructura de muro de ladrillo resultante detiene la propagación de cualquier grieta. El equipo imitó lo aprendido de la oreja de mar en un proceso de automontaje, creando una estructura a capas de un mineral y un polímero. El material resultante es: ..."ópticamente claro, pero mucho más duro que el cristal. A diferencia de las tecnologías tradicionales de "calentar, golpear y tratar", el proceso de evaporación inducida a baja temperatura de Brinker permite a los bloques de construcción líquidos que se automonten y se endurezcan en capas que pueden reforzar parabrisas, carrocerías de coches solares, aviones o cualquier cosa que necesite ser ligera pero resistente a la fractura" (Janisch, 2015).

Existen muchas más innovaciones de biomímesis inspiradoras a escala de la química verde, la biología molecular y la ciencia de materiales:

> *Peter Steinberg* (Biosignal), ha creado un compuesto antibacteriano que imita al codium. Estas algas rojas evitan que las bacterias se posen sobre las superficies al interrumpir sus señales de comunicación con un compuesto respetuoso con el medio ambiente llamado "furanona". [...] *Bruce Roser* (Cambridge Biostability) ha desarrollado una manera de almacenar vacunas tolerantes al calor que elimina la necesidad de costosos sistemas de refrigeración. El proceso está basado en un proceso natural que permite a la planta reviviscente permanecer en un estado disecado durante años, [...] *Daniel Morse* (UC Santa Barbara) ha aprendido a imitar el proceso de producción de sílice usado por las diatomeas. Esto podría marcar el camino para fabricar componentes de ordenador con un bajo consumo de energía y baja toxicidad.
>
> Janine Benyus (en Biomimicry 3.8, 2014a)

El emprendedor alemán, Hermann Fischer, que estableció "Auro", una empresa internacional que produce pinturas, revestimientos y adhesivos derivados de plantas y minerales, con los más altos estándares medioambientales y de rendimiento, hace un llamamiento para el cambio radical hacia una "química solar del siglo XXI" para 2050 (Fischer, 2008). En su libro Stoffwechsel (Metabolismo), Fischer revisa la historia de la industria química derivada del petróleo y explora en detalle cómo el cambio hacia una química derivada de materia prima orgánica de plantas y minerales no tóxicos no solo es posible, sino que es una necesidad urgente. Como emprendedor de éxito en un sector dominado por la industria petroquímica, Fischer ha pasado más de 40 años demostrando que este cambio es posible y que puede conseguirse de una manera económicamente viable.

Diseño de productos inspirados en la biología

Empezando por la escala de la ciencia de materiales, como los nuevos tejidos, revestimientos y pinturas, los ejemplos del diseño de productos de biomímesis incluyen instrumentos médicos, ventiladores, mecanismos de propulsión, vehículos, trenes, barcos, aviones, sistemas de energía renovable, contadores inteligentes, tecnologías de desalinización, moquetas, ventanas, sistemas de embalaje; por nombrar solo algunos de la sorprendente variedad de productos inspirados en la biología que podemos encontrar hoy en el mercado. Veamos algunas de estas innovaciones.

¿Qué nos pueden enseñar las mariposas sobre colores sin pigmentos ni tintes? Las mariposas del género *Morpho* se pueden reconocer por su color de tono azulado iridiscente que no se basa en pigmentos sino en la manera en la que la estructura de la superficie de sus alas difracta y dispersa la luz. Las distintas especies de este género despliegan su color para atraer la atención. Donna Sgro, una diseñadora de moda australiana ha creado tres vestidos con un tejido llamado Morphotex, un tejido sin pigmentos ni tintes desarrollado por Teijin Fibres Limited en Japón. Este material azul iridiscente consigue su color por la interferencia óptica (Vanderbilt, 2012) creada por la manera en la que las fibras de diferentes grosores y estructuras están tejidas (AskNature, 2015a).

Existen muchos ejemplos sobre cómo la naturaleza ha evolucionado superficies funcionales basadas en sus estructuras a nanoescala. La microtopografía de la hoja de loto la hace extremadamente hidrófoba y por ello repele el agua. Esto crea propiedades de autolimpieza que tienen como resultado superficies libres de suciedad. La hoja de loto *(Nelumbo nucifero)* hace que el agua se transforme en gotas en lugar de dejar que se pegue a ella. Estas gotas resbalan, recogiendo las partículas de suciedad en el proceso (AskNature, 2015b). En 1982 Wilhelm Barthlott aplicó este conocimiento de biomímesis para crear una pintura autolimpiable que vendió con la marca Lotusan y que ahora se usa en cientos de miles de edificios.

¿Qué podemos aprender de la piel del tiburón para diseñar superficies funcionales? Los tiburones son los organismos marinos más rápidos. Esto no se debe solo a su forma aerodinámica, sino también a su piel especial que está cubierta de pequeños dientes *(dentículos dérmicos)* en lugar de escamas. Estos dentículos están alineados para producir vórtices, remolinos en forma espiral que fluyen a lo largo del cuerpo del tiburón, reduciendo la fricción (rozamiento) a medida que el animal se mueve a través del agua. Innovadores en Speedo Aqualab aplicaron este principio para diseñar un nuevo bañador revolucionario que causó sensación en las Olimpiadas de 2000 en las que el 80% de las medallas fueron ganadas por nadadores que llevaban este material inspirado en la piel del tiburón. Los bañadores Fastskin dieron a los nadadores una ventaja de un 3% de aumento en la velocidad de natación (Waller, 2012). Desde entonces el bañador ha sido prohibido en competiciones.

Una empresa de biotecnología radicada en California, Sharklet Technologies, ha creado una delgada película cubierta de platos microscópicos con forma de diamante que imitan la estructura de la superficie de la piel del tiburón y que evita de manera eficaz que microorganismos potencialmente peligrosos se establezcan en las superficies cubiertas por esta película. Este método no evita las bacterias atacándolas o matándolas, sino que simplemente les hace tan difícil permanecer en estas superficies que no pueden formar colonias y propagarse. Como resultado, esta estrategia, a diferencia del uso de antibióticos, no crea microbios resistentes (Cooper, 2009). Esto es muy importante ya que la propagación de las llamadas "superbacterias"

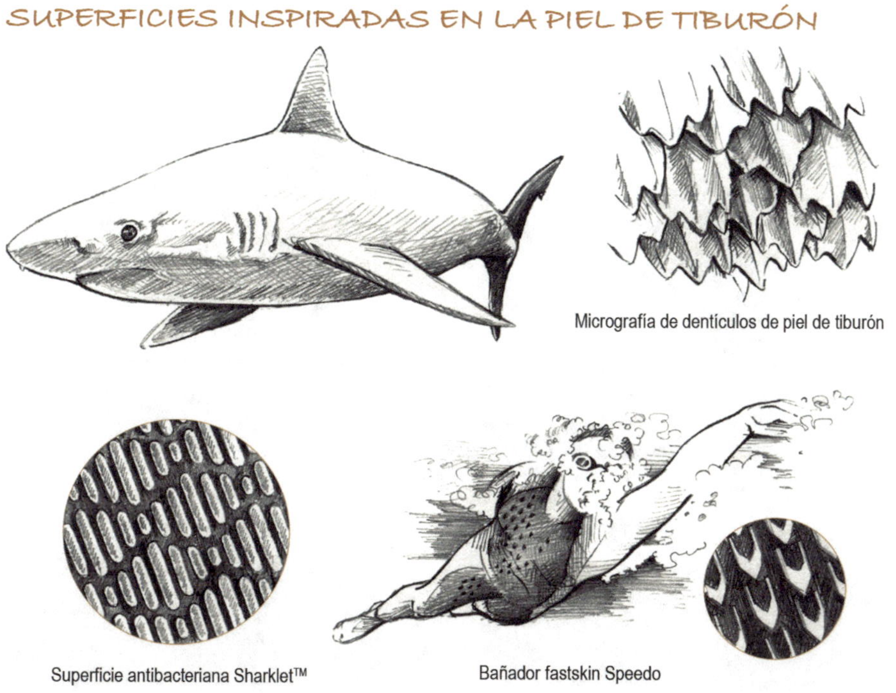

Figura 11: Superficies inspiradas en la piel de tiburón.

como la MRSA y otras cepas potencialmente mortales de *Staphylococcus* y *Escherichia coli*, es una de las crecientes preocupaciones de la Organización Mundial de la Salud. Sharklet Technologies también está colaborando con la Armada de EE. UU. para crear una alternativa a las pinturas derivadas del cobre que actualmente se usan como agente antiincrustante marino (Sharklet Technologies, 2015). Reemplazar estas pinturas no solo reduciría una fuente importante de contaminación marina, también ayudaría de una manera eficaz a mantener los cascos de los barcos libres de bálanos y algas lo que reduciría el consumo de combustibles al prevenir la resistencia.

El diseño biomimético puede inspirarse en materiales biológicos, en estructuras de superficies y en la forma o la silueta del cuerpo de ciertas especies. En 2004, un equipo de ingenieros del Centro Tecnológico de Mercedes-Benz y de Daimler Chrysler Research decidió desarrollar un vehículo de concepto biónico, buscando maneras de optimizar el rendimiento aerodinámico y la fuerza del monovolumen. El modelo biológico en el que inspiraron su diseño y sus lecciones fue el pez cofre *(Ostracion cubicus)*. Sorprendentemente el cuerpo en forma de cubo de este pez tropical es extremadamente aerodinámico. Las pruebas con maquetas del pez en un túnel de viento consiguieron coeficientes de resistencia aerodinámica de solo el 0,06%, un ideal aerodinámico. El coche a escala real resultante estaba entre los vehículos más aerodinámicos de su categoría jamás desarrollado. Según Daimler el consumo de combustible se redujo en un 20%.

COCHE PEZ COFRE

Figura 12: Coche "pez cofre".

Además de inspirarse en la forma aerodinámica del pez cofre, el equipo también estudió la relación fuerza-peso de la estructura ósea del pez, que le da la fuerza óptima con el mínimo uso de material (peso). De nuevo, según Daimler, transferir el diseño óseo optimizado del pez cofre al concepto de coche permitió aumentar la rigidez de la carrocería externa de la puerta en un 40%, comparado con los diseños convencionales, y consiguió una reducción de un tercio del peso total sin afectar la fuerza del coche o la seguridad ante los choques (Daimler Chrysler AG, 2004).

¿Pueden enseñarnos las ballenas a construir aerogeneradores más eficaces? El inventor Frank Fish estudió las gibas en el borde frontal de las aletas de las ballenas jorobadas *(Megaptera novaeangliae)*. Descubrió que estas protuberancias comprimen el líquido que fluye alrededor de las aletas, dando a las ballenas una tracción y una propulsión extra al realizar sus espectaculares "rompeduras" cuando estos animales (que pesan hasta 36 toneladas) se propulsan fuera del agua.

La Whalepower Corporation está ahora aplicando esta idea al diseño de nuevos ventiladores con una eficacia mejorada y a palas de aerogeneradores que aumentan la producción eléctrica en un régimen de vientos determinado. La tecnología también se puede añadir a las palas de las turbinas existentes. La aplicación de esta tecnología de protuberancias en la industria aeronáutica podría resultar en aviones más eficaces y con más tracción. ¿Quizá las ballenas jorobadas inspirarán el siguiente paso en la eficacia de las aeronaves?

Ya existen muchos diseños biomiméticos en la industria aeronáutica. Por ejemplo, los cisnes inspiraron la característica nariz del concorde, y las puntas alares curvadas hacia arriba, ahora comunes en la mayoría de los aviones, son medidas inspiradas en aves rapaces que reducen las turbulencias.

Figura 13: Puntas alares.

Uno de los ejemplos más famosos de innovación basada en la biomímesis es el tren bala Shinkansen serie-500 que se hizo más rápido, energéticamente más eficiente, y más silencioso usando principios de diseño copiados del pico del martín pescador *(Alcedo atthis)* (AskNature, 2015c). Muchos diseños de trenes rápidos y eficaces se han basado desde entonces en formas aerodinámicas de otros pájaros como la serie 102 del AVE español con una locomotora con la forma del pico de un pato.

Figura 14: Picos.

Aprender de los procesos naturales no tiene que estar limitado a imitar a especies específicas, también puede basarse en los procesos y patrones generales que observamos en la naturaleza. Jay Harman trabajó durante un tiempo como diseñador de barcos. Su amor por el mar y su obsesión con la forma en la que fluye el agua le inspiraron a estudiar el "principio de aerodinamización" que hay detrás de la formación de remolinos.

Aprendiendo de las geometrías que se formaban cuando el agua fluía y se arremolinaba, Harman creó PAX Scientific para llevar las excepcionales capacidades del fluir natural a la tecnología de manejo de fluidos como mezcladoras, bombas, turbinas, intercambiadores de calor, conductos y propulsores. Uno de los productos de la empresa, el impulsor Lilly, es un artefacto mezclador de agua altamente eficaz basado en estos principios. Otros ejemplos incluyen ventiladores más eficaces para sistemas de climatización y refrigeración, sistemas de propulsión de barcos y un nuevo tipo de sistema de destilación.

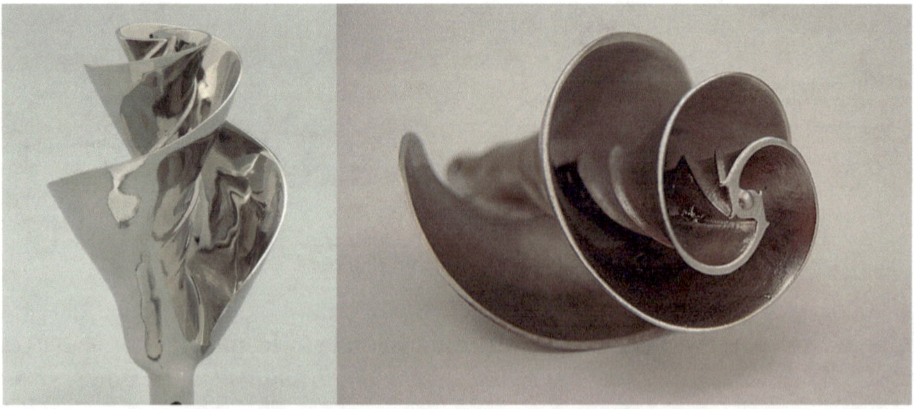

Figura 15: El Impulsor Lilly (Imágenes reproducidas con el permiso de PAX Scientific Inc.).

La lista de innovaciones para el diseño de productos inspiradas en la biología es casi interminable. Estos ejemplos solamente ilustran la diversidad de aplicaciones de la biomímesis a escala del producto. Existen muchos más.*

Arquitectura biomimética

> Por su infinita complejidad, la naturaleza es una influencia instructiva e inspiradora que puede ir más allá de los horizontes estéticos del arte de la construcción y confirmar el derecho inalienable de la humanidad a intentar salvar un lugar en este planeta antes de que sea demasiado tarde. La misión de la arquitectura ahora, como de todo empeño humano, es recuperar aquellas frágiles hebras de conexión con la naturaleza que llevan perdidas durante la mayor parte de este siglo. La clave para un arte arquitectónico realmente sostenible en el nuevo milenio dependerá de la creación de puentes que unan la tecnología de la conservación con una filosofía centrada en la tierra, y con la capacidad de los diseñadores para transformar estas fuerzas integradas en un nuevo lenguaje visual.
>
> James Wines (2000: 237)

Existen innumerables ejemplos de arquitectos que se inspiran en la biología. El Centro Cultural Uluru-Kata Tjuta de Australia, diseñado por Gregory Burgess Architects, imita los cuerpos entrelazados de dos serpientes luchando. La sede central de Foster & Partner's Swiss Re en Londres, popularmente conocido como el "pepinillo", es un edificio de 40 pisos inspirado en un grupo de organismos marinos llamados "esponjas vítreas". Estos organismos absorben agua por su parte inferior y la expulsan por su parte superior para filtrar nutrientes, y los sistemas de ventilación del edificio imitan este flujo. Muchos otros arquitectos reconocidos internacionalmente a menudo confían en la inspiración zoomórfica para los diseños, los procesos y los conceptos que dan forma a sus edificios.* Mientras que muchos de ellos están inspirados por formas naturales y biológicas, la estrategia de biomímesis para la arquitectura de Michael Pawlyn se centra en lo que puede aprender de los procesos biológicos para crear edificios más eficaces al copiar los sistemas de bucle cerrado, de energía renovable y libres de residuos en el diseño de edificios (2011).

Cuando ayudó a diseñar los espacios interiores de las exhibiciones del bioma del Bosque Pluvial y del Mediterráneo en el famoso Proyecto Eden, Pawlyn aprendió mucho sobre cómo el agua y la energía circulan a través de ecosistemas naturales y sobre cómo los procesos y las funciones en los ecosistemas, están integrados y entrelazados para crear sinergias. Su diseño para el "Proyecto Bosque del Sahara" utiliza este pensamiento de biomímesis. Su atrevida propuesta no solo pretende generar grandes cantidades de energía renovable derivada de la energía solar concentrada y desalar grandes cantidades de agua de mar. Integra estas funciones a través del uso de invernaderos refrigerados con agua de mar para el cultivo hortícola de alimentos y de biomasa, creando una estrategia a largo plazo para revertir la desertificación y regenerar ecosistemas productivos donde el desierto del Sahara limita con el mar.

El Proyecto está en proceso de implementación. En Qatar se ha construido una prueba piloto y un centro de demostración en colaboración con dos gigantes del mundo de los fertilizantes, la empresa noruega Yara ASA y la empresa Qafco, su socio qatarí en la operación. Sería bueno tener presente que a largo plazo los fertilizantes usados en dichas instalaciones también tendrán que provenir de fuentes renovables y producidos con energía renovable. Sin embargo, este experimento a escala nos ofrecerá muchas oportunidades de aprendizaje. Nos enseñará cómo plantear las preguntas correctas en un intento de reverdecer los desiertos del mundo.

Figura 16: Reproducido con el permiso de la Fundación Proyecto Bosque del Sahara

Cultivar verduras y biomasa en el desierto con aportaciones externas de fertilizantes, utilizando energía renovable y estrategias innovadoras de desalinización y horticultura, puede considerarse un paso importante para la tecnología del Horizonte 2, que nos ofrece oportunidades interesantes para innovar más sistemas de bucle cerrado, que estén basados, tanto como sea posible, en fertilizantes orgánicos y en un ciclo de nutrientes *in situ*.

> Tradicionalmente, los sistemas creados por el hombre tienden a ser dependientes de los combustibles fósiles, lineales e ineficientes, mono-funcionales y diseñados para maximizar un objetivo. Aquí, el objetivo es perseguir un paradigma diferente, que se ha demostrado

> en los ecosistemas maduros que funcionan con la radiación solar directa, y que operan como sistemas sin residuos, son complejos e interdependientes, y han evolucionado hacia una optimización general del sistema. El Proyecto Piloto demostrará que la energía solar concentrada, los invernaderos refrigerados con agua de mar, los setos evaporadores que crean las condiciones necesarias para la agricultura restauradora, el cultivo de halófitas y la producción de algas agrupados de manera interdependiente consiguen aumentos significativos en la productividad de todos los elementos del sistema.
>
> Michael Pawlyn (2014)

Los seres humanos, como expresiones de la *vida-que genera-condiciones-favorables-para-la-vida*, son capaces de crear diseños que son restauradores y también regenerativos. Podemos ir más allá simplemente no haciendo más daño y empezando a regenerar la salud, la resiliencia y la prosperidad de las comunidades en todo el mundo. Esta es la promesa del diseño y de la arquitectura inspirada en la ecología y en la biología.

El Centro Eastgate es un edificio de oficinas de varios pisos en la capital de Zimbabue, Harare. Utiliza un sistema de refrigeración pasiva inspirada en la forma en la que las termitas *(Macrotermes michaelseni)* refrigeran sus nidos. Mick Pearce y los ingenieros de Arup diseñaron el edificio para utilizar solamente una décima parte de la energía que se necesita normalmente para refrigerar edificios de este tamaño en el clima cálido de África (Biomimicry 3.8, 2014b). El arquitecto sueco Anders Nyquist de EcoCycleDesign aplicó una ventilación similar a la que usan las termitas en la Escuela Laggaberg, en Timra, Suecia.

El arquitecto y escritor visionario ganador de un premio Buckminster Fuller, Jason McLennan y Ashoka Fellow, crearon el Desafío del Edificio Vivo en 2006 como un nuevo sistema de certificación de edificios que va más allá de los estándares internacionales o nacionales como el LEED o el BREAM, y establece un estándar para una arquitectura regenerativa basada en diseño inspirado en la biología y conformado por la ecología. Actualmente existen 192 proyectos en cuatro continentes que abarcan una gran variedad de edificios. El Desafío del Edificio Vivo 3.0 nos reta a plantearnos algunas preguntas fundamentales sobre la arquitectura y el diseño:

P ¿Qué pasaría si cada acto de diseño y de construcción hiciese del mundo un lugar mejor?

P ¿Qué pasaría si toda intervención tuviese como resultado una mayor biodiversidad; un aumento de la salud del suelo; plataformas adicionales para la belleza y la expresión personal; una comprensión más profunda del clima, de la cultura y

> del lugar; un reajuste de nuestros sistemas alimentarios y de transporte; un sentido más profundo de lo que significa ser un ciudadano en un planeta en el que los recursos y las oportunidades se proveen con justicia e igualdad?
>
> International Living Future Institute (2014: 7)

La visión de McLennan es llevar lo que ya se ha aprendido de las anteriores versiones del *Desafío del Edificio Vivo* e incorporar estos conocimientos y cuestiones nuevas dentro del marco del *Desafío del Futuro Vivo*. McLennan considera el Desafío del Futuro Vivo como "una oportunidad para repensar y rediseñar todos nuestros sistemas y proporcionar una visión para una verdadera sociedad regenerativa" (Living Future Institute Australia, 2014). Él es un impulsor de la transición hacia una cultura regenerativa que ha inspirado a arquitectos de todo el mundo a aceptar este desafío para crear edificios que favorezcan la vida.

La optimización en los sistemas vivos de la naturaleza conforma el diseño comunitario

Todas nuestras acciones afectan a la sostenibilidad, a la resiliencia y a la salud de las comunidades en las que vivimos, trabajamos y aprendemos. Que sean sostenibles y capaces de regenerarse dependerá de las relaciones y de la visión de futuro que creemos con nuestras comunidades. El nivel comunitario es donde todos podemos contribuir al surgimiento de una cultura regenerativa. Las redes anidadas de interacciones que cocreamos dan forma al presente y al futuro de nuestra comunidad y a su participación en los ecosistemas locales.

El diseño de comunidades sostenibles trata sobre hacernos conscientes de estas redes de relaciones y de procesos anidados y luego optimizarlos, de manera que sustenten la salud de la comunidad y de todos sus participantes. El objetivo es integrar de manera sinérgica la dimensión social, ecológica, económica y cultural (cosmovisión/narrativa) de la comunidad, creando una cultura de colaboración y solidaridad capaz de ser regenerativa a largo plazo. Las comunidades que lo consiguen son lugares prósperos, sanos e inspiradores que ofrecen una calidad de vida excepcional a sus residentes mientras tienen un impacto positivo en el entorno local y regional.

Comprender mejor las comunidades ecológicas (ecosistemas) puede ayudarnos a adaptar y a optimizar comunidades humanas en simbiosis con el resto de la vida. En lugar de maximizar los números y el éxito a corto plazo de una especie individual, los ecosistemas tienden a optimizar el sistema entero de manera que mantiene la diversidad, la salud, la resiliencia y la capacidad de regeneración del ecosistema en su integridad. La estrategia más exitosa a largo plazo para un individuo o para una comunidad es emular el patrón de la naturaleza, fundamentalmente colaborador, de optimización del sistema vivo e imitar sus procesos y relaciones. El éxito a largo plazo y la vitalidad de todos los participantes dependen de la salud del sistema en su integridad.

P ¿Cómo podemos crear asentamientos humanos que estén basados en el aprendizaje de los patrones de organización y colaboración que encontramos en los ecosistemas?

Los profesores Declan Kennedy y Margrit Kennedy dedicaron la mayor parte de sus vidas profesionales y comunitarias a la exploración del diseño de una comunidad sostenible y a los mecanismos de intercambio económico regional sostenibles. Ambos trabajaron en el mundo académico como profesores de Planificación Urbanística en Berlín y simultáneamente experimentaron con el diseño de la comunidad sostenible en la ecoaldea "Lebensgarten" que ayudaron a crear en Steyerberg, cerca de Hannover, Alemania. En 1996 un proyecto fundado por la Comunidad Europea e iniciado por ellos, investigó ejemplos de las mejores prácticas y los mejores procesos de planificación comunitaria en Europa. De este proyecto salió su libro *Designing Ecological Settlements* (Diseñando Asentamientos Ecológicos) (Kennedy & Kennedy, 1997) en el que proponían un estándar conformado ecológicamente para rediseñar comunidades. Estas son algunas de las preguntas que nos invitan a plantear:

P ¿Cómo podemos diseñar asentamientos ecológicos y sostenibles?

P ¿Cómo estamos honrando y fomentando la diversidad humana y natural en nuestra comunidad?

P ¿Cómo podemos centrar nuestra comunidad en torno a una escala humana de interacciones personales y colaboración entre personas para que los residentes puedan formar lazos entre sí?

P ¿Cómo podemos crear un asentamiento de distancias cortas e integrar funciones comunitarias importantes a escala peatonal?

P ¿Cómo podemos usar el menor espacio posible para nuestras infraestructuras humanas y crear espacios habitables de alta densidad que integren a la naturaleza en el tejido de la comunidad?

P ¿Cómo podemos animar a la participación comunitaria e

inspirar a todos los miembros de la comunidad a cocrear la ventaja colaborativa de una participación responsable?

P ¿Cómo podemos usar fuentes locales y regionales de energía renovable y diseños de ahorro energético para crear un asentamiento energéticamente eficiente?

P ¿Podemos crear una comunidad libre de emisiones, responsable con el clima?

P ¿Cómo podemos crear un asentamiento tranquilo y bello?

P ¿Cómo podemos usar el diseño integrado para poner en valor el agua y ayudar a regenerar cuencas hidrográficas locales?

P ¿Cómo podemos crear patrones eficaces de uso circular de recursos a escala local y regional para hacer que nuestros asentamientos sean predominantemente libres de residuos?

P ¿Cómo podemos diseñar edificios sanos para comunidades sanas?

P ¿Cómo podemos integrar el espacio vital para especies autóctonas y plantas productivas (horticultura, bosques de alimentos, etc.) dentro del tejido de nuestro asentamiento?

P ¿Cómo podemos fomentar la alfabetización ecológica y social en la comunidad y establecer procesos creativos efectivos de mediación y resolución de conflictos?

P ¿Cómo podemos cocrear una narrativa comunitaria de valores humanos de referencia compartidos por todos los residentes?

Estas preguntas nos desafían a diseñar nuestras comunidades como naturaleza. "Lo que une todos estos aspectos [...] es que se esfuerzan al máximo para alcanzar [...] *una optimización integral*, en lugar de una maximización de las partes individuales, y por ello de una nueva calidad de vivienda y de la vida misma" (Kennedy & Kennedy, 1997, pág. 211). Esta optimización integral es una lección fundamental sobre la manera en la que la vida crea condiciones que favorecen la vida. La comunidad sostenible y el diseño de asentamientos humanos basados en este conocimiento sistémico ecológico, ayudarán a crear comunidades capaces de regeneración, adaptación y transformación. La optimización integral va más allá de las preocupaciones inmediatas de las generaciones actuales, está en crear abundancia para las generaciones futuras.

La innovación transformadora de las comunidades existentes implica actualizar los patrones culturales y las infraestructuras existentes, con elementos de diseño inspirados en estas preguntas. Es casi imposible (y poco deseable) imponerlos desde arriba. Las políticas deben incentivar y permitir a los ciudadanos involucrarse en el rediseño del tejido de su comunidad. Un sentido de lugar y un sentido de comunidad se fomentan a través de la participación en estos procesos de visualización colectivos.

¡"Vivir las preguntas" es un proceso comunitario! Las preguntas de arriba nos invitan a entrar en un diálogo en relación con las personas que nos rodean y con el lugar en el que habitamos. Dan pie al primer paso para empezar a participar y a cocrear conscientemente a nivel comunitario. Al explorar juntos cómo nuestra comunidad se podría convertir en un ejemplo de cultura regenerativa, nos estamos dando una oportunidad de aprender juntos. Este viaje colectivo de aprendizaje crea, en sí mismo, una senda hacia una comunidad capaz de tomar decisiones sabias y hacia la regeneración. La comunidad crea las condiciones para el surgimiento de una cultura regenerativa. ¿Cómo diseñamos *como* naturaleza y en comunidad en elegante adaptación a este lugar y a esta cultura singular? A partir de esta pregunta pueden desarrollarse culturas regenerativas diversas.

Vivir las preguntas juntos crea comunidad

Mi interés personal en el diseño de comunidades sostenibles como escala primaria de participación en la creación de culturas regenerativas, me llevó a pasar gran parte de los últimos 15 años investigando ecoaldeas como campo de pruebas para el diseño de comunidades sostenibles. Mi propio aprendizaje y peregrinación de vivir las preguntas juntos, de descubrir en comunidad cuáles podrían ser las preguntas apropiadas que se pueden plantear, me ha llevado a muchas ecoaldeas e iniciativas de comunidades. Participar en comunidades intencionales que están de manera activa viviendo las preguntas juntos es un poderoso acelerador del aprendizaje.

Durante mi estancia en la ecoaldea de la Fundación Findhorn, tuve el privilegio de codirigir el Findhorn College y de poner en marcha el primer "Máster en Diseño de Comunidades Sostenibles" del mundo, en colaboración con la Universidad Heriot Watt. El diseño de comunidades no se puede dejar solo en manos de profesionales como arquitectos, ingenieros y funcionarios de planificación, aunque una vez formados en diseño de sistemas vivos, estos profesionales pueden convertirse en poderosos agentes del cambio. Las comunidades regenerativas y sostenibles surgen de la participación activa de todos (o de la mayoría) de sus miembros. Por esto, la educación generalizada en diseño comunitario y en los procesos que estimulan la implicación ciudadana y la participación comunitaria es esencial.

Las ecoaldeas (Gilman, 1991; Dawson, 2006; Joubert & Dregger, 2015) y más recientemente las ciudades de transición y grupos comunitarios similares, son una fuente de experiencia y conocimiento sobre la manera de cocrear comunidades sostenibles. La ecoaldea Findhorn demuestra que los resultados de 50 años de investigación colectiva sobre cómo servir a la integridad, la cocreación con la naturaleza y los valores arraigados en la escucha profunda pueden crear culturas humanas prósperas en una cocreación consciente y responsable. Debido a que la mayor parte de su aprendizaje ha nacido de la experiencia de vivir las preguntas juntos, estos conocimientos y tecnologías sociales tienen una especial relevancia, ahora que necesitamos con urgencia implicar a las personas de todo el mundo en sus comunidades para promover el cambio hacia la regeneración.

El hecho mismo de entablar conversaciones sobre qué podemos hacer juntos, en el lugar donde habitamos y con la gente que nos rodea, es un catalizador para el aprendizaje colectivo y para la concienciación que hará que "la cultura regenerativa" se extienda como un virus infeccioso de salud. A escala de comunidad humana, podemos cocrear culturas regenerativas que se conviertan en experiencia vivida y en expresión de la narrativa de interser.

Dos de los programas con más éxito capaces de estimular esta clase de participación y creación de multiplicadores que puedan favorecer las conversaciones culturalmente transformadoras son el EDE (Educación en Diseño de Ecoaldeas) y el curso "Diseñar para la Sostenibilidad" (GEDS) desarrollados por Gaia Education. Estos programas intensivos ofrecen a los participantes una comprensión de diseño de sistemas vivos de comunidades sostenibles. Su currículum explora cuatro dimensiones (la social, la económica, la ecológica y la cosmovisión) cada una contiene una serie de módulos (ver Figura 17). Amplía la ortodoxia académica que ve la sostenibilidad como "un banco de tres patas" (la ecológica, la económica y la social) al añadir la cuarta dimensión fundamental, "la cosmovisión y el sistema de valores". Esta estrategia se ha adoptado de forma general desde entonces y ahora se conoce como la "dimensión cultural" en las agencias de la ONU y en los gobiernos nacionales.

Desde su lanzamiento en 2005 y enero del 2016, estos programas se han impartido un total de 200 veces en 41 países de los seis continentes. Más de 5.000 personas se han graduado en esta formación avalada por la UNESCO, que ha sido reconocida como una contribución significativa al Decenio de la Educación para el Desarrollo Sostenible de la ONU. Muchos graduados en EDE y GEDS están trabajando activamente en sus comunidades locales. El currículum se ha traducido a ocho idiomas y está disponible como descarga gratuita en la página web de Gaia Education, está asistido por cuatro recopilaciones de ensayos cortos, uno sobre cada una de las cuatro dimensiones del currículum: la cosmovisión (Harland y Keepin, 2012); la ecológica (Mare y

Lindegger, 2011); la económica (Dawson, Norberg-Hodge y Jackson, 2010); y la social (Joubert y Alfred, 2007).

Como docente en estos programas EDE, nunca cesé de sorprenderme con la efectividad de las metodologías de enseñanza participativa y de los ejercicios basados en el diseño, para crear un fuerte lazo comunitario entre los participantes como base para el aprendizaje colectivo. El curso ha inspirado, conformado y posibilitado proyectos creativos en las favelas de mega ciudades brasileñas y en aldeas tradicionales en Asia, Latinoamérica y África. Ha ayudado a revitalizar pueblos abandonados en el sur de Europa y a crear modelos funcionales para el desarrollo de economías locales en el norte de Europa, Norteamérica y Japón. Los proyectos de ecoaldeas urbanas están transformando barrios de todo el mundo. La gente que se ha formado en Gaia Education está ahora ayudando en muchos de los proyectos con más éxito de ciudades en transición.

Los graduados han creado una gran cantidad de iniciativas educativas que están difundiendo la cultura de vivir las preguntas juntos con sensibilidad a la singularidad del lugar. Gaia Education y su socia de organización la Red Global de Ecoaldeas (fundada en 1995), han llevado con éxito su experiencia en diseño participativo de comunidades sostenibles a activistas de base, a grupos comunitarios locales, al mundo académico, a los gobiernos locales y nacionales y han asesorado activamente a las Naciones Unidas como la ONG ECOSOC desde 2000.

Las ecoaldeas y las ciudades de transición son ejemplos importantes de comunidades que viven las preguntas juntos de forma activa. La experiencia de estas iniciativas está ahora conformando conversaciones en comunidades de todo el mundo. En EE. UU. la Alliance for Regeneration reúne a profesionales que ayudan a las comunidades a "reivindicar sus identidades y sus destinos" (2015). Recientemente pioneros del movimiento de las ecoaldeas han establecido el VillageLab, donde reúnen décadas de experiencia para proporcionar al movimiento de comunidades sostenibles lo que ellos describen como "un programa de investigación y desarrollo sistemático, de coordinación centralizada aunque repartido entre las bases, para la demostración de prácticas punteras en todos los aspectos del diseño de sistemas humanos sostenibles y regenerativos". La organización benéfica Clear Village radicada en Londres, ayuda a las comunidades a construir un futuro mejor a través de la regeneración creativa, particularmente en barrios marginales.

Estas iniciativas, y muchas otras, están ayudando a revitalizar las comunidades a escala humana en las que pueden surgir culturas regenerativas. También comparten dos perspectivas importantes: podemos diseñar como naturaleza escuchando profundamente y aprendiendo de los lugares en los que vivimos; y el primer paso para la creación de culturas regenerativas es implicar

Figura 17: Mandala del Currículim de Diseño Comunitario de Gaia Education (www.gaiaeducation.org).

a las personas en conversaciones para revisualizar el futuro de las comunidades en las que viven. Para hacerlo, también tenemos que revisualizar nuestros sistemas de producción y de consumo.

La industria ecológica y la simbiosis están cerrando bucles

> [...] Si buscamos cambiar el metabolismo energético de las sociedades industriales modernas, deberíamos ser conscientes del alcance del proyecto. No se tratará solo de una tarea tecnológica: al final implicará un profundo cambio socioeconómico histórico. [...] No se puede alterar profundamente el resultado de un sistema (p. ej. residuos y emisiones) sin cambiar también sus aportes y la manera en la que funciona internamente. [...] Para poder ocuparnos del metabolismo

industrial, las ciencias sociales y las naturales deben cooperar íntimamente.

Fischer-Kowalski (2003: 44-45)

La ecología industrial (Graedel y Allenby, 1995), la simbiosis industrial, la estrategia "de la Cuna a la Cuna" (McDonough y Braungart, 2002), y "El Paso Natural" (Robert, 2008) están todos explorando sendas eficaces para aplicar perspectivas ecológicas a nuestros sistemas de producción y de consumo. Todas estas perspectivas tienen como objetivo transformar nuestros procesos de producción industrial desde sistemas lineales (de bucle abierto), basados en la inversión de capital para adquirir recursos que se mueven a través del sistema de producción para, finalmente, terminar como residuos, a procesos industriales basados en sistemas circulares (de bucle cerrado) en los que en teoría, los residuos se eliminan completamente y todos los flujos de residuos energéticos y de materiales se convierten en entradas para otros procesos.

McDonough y Braungart aportaron una útil distinción entre el metabolismo industrial y el biológico. Todos los flujos de material deberían permanecer dentro de uno de estos ciclos. Esta es la base para crear economías circulares (ver Capítulo 7). La Figura 18 ilustra esta estrategia.

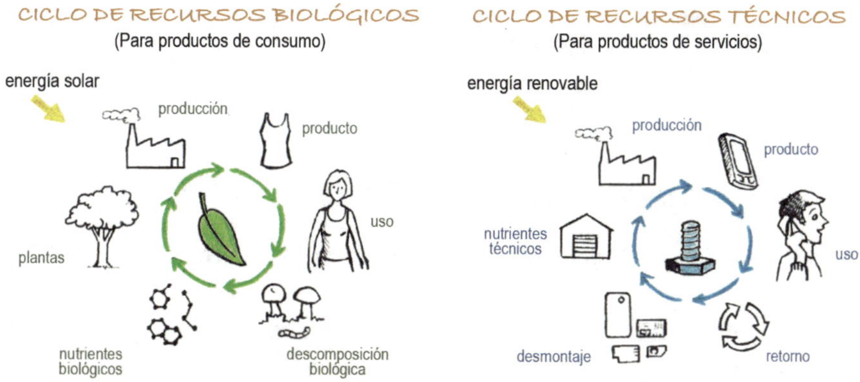

Figura 18: Ciclos de Recursos.

Para conseguir este cambio hacia un diseño de sistemas vivos integrado y cíclico necesitamos transformar los productos y cómo los diseñamos y producimos, de manera que permitan que los productos en desuso sean desmontados en materia prima industrial totalmente reciclable o suprarreciclable, o en materia prima orgánica al final de su vida útil. Esta transformación fundamental de nuestro sistema industrial está en marcha. Requiere todo un nuevo nivel de implicación de partes interesadas múltiples en una comprensión compartida de que nuestro futuro regenerativo se encuentra en la ventaja colaborativa de todos, en lugar de en la ventaja competitiva de algunos.

McDonough y Braungart preguntan: "¿Cómo pueden los humanos, las gentes de esta generación, suprarreciclar para las generaciones futuras? [...] ¿Cómo pueden las personas amar a todos los niños, a todas las especies, para siempre?" (2013: 49). Estas son preguntas culturalmente creativas que invitan a la innovación transformadora para una cultura regenerativa. El gráfico de abajo ilustra "la Estrategia de Mejora Continua de la Cuna a la Cuna" que proponen para implementar una transformación de nuestros sistemas industriales. En lugar de quedarnos en el "sostenible" (0% malo) la estrategia de la Cuna a la Cuna es también regeneradora, que busca el 100% bueno.

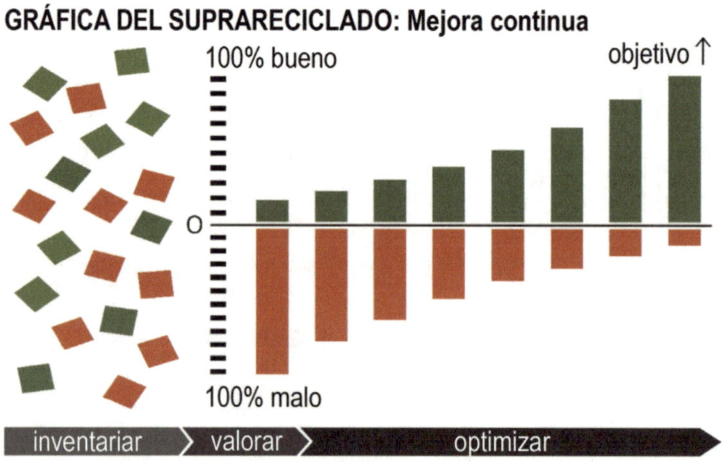

Figura 19: El Gráfico del Suprarreciclaje. Reproducido con el permiso de MBDC LLC.

Solo reciclar no es suficiente si lo único a lo que conduce es a que los materiales encuentren otro uso en productos menos valiosos y menos complejos antes de terminar, finalmente, en un vertedero o como residuos. El suprarreciclaje trata sobre mantener nutrientes biológicos e industriales (recursos) dentro del ciclo, a través de los metabolismos biológicos e industriales de nuestros procesos industriales para que puedan convertirse en productos de mayor o igual calidad al final de su vida útil. Ser capaces de hacer esto con éxito es el paso más importante para crear culturas regenerativas.

> Usando el marco de la Cuna a la Cuna, podemos suprarreciclar para hablar de diseñar no solo para la salud, sino también para la abundancia, para la proliferación y para el placer. Podemos suprarreciclar para hablar no de cómo la industria humana puede ser

solo “menos mala”, sino de cómo puede ser mejor, un extraordinario positivo en el mundo.

William McDonough y Michael Braungart (2013: 11)

La estrategia del suprarreciclaje de la Cuna a la Cuna es aplicar el diseño inspirado en la biología para tener un impacto regenerativo. Imita la manera en la que la producción y el consumo están organizados en los ecosistemas. La estrategia se basa en el campo más amplio de la ecología y la simbiosis industrial. Graedle y Allenby (1995: 297) definen una serie de objetivos y principios para ayudarnos a introducir gradualmente la estrategia de la ecología y la simbiosis industrial en un intento de rediseñar nuestras industrias. Estos objetivos nos dan pie a plantear las siguientes preguntas fundamentales:

P ¿Cómo podemos asegurar que cada molécula que entra en el proceso de fabricación sale de ese proceso como parte de un producto comercializable?

P ¿Cómo podemos asegurar que toda la energía usada produce realmente la transformación material deseada y los flujos de energía residual se recuperan y se usan en otra parte?

P ¿Cómo podemos crear un sistema industrial que minimice el uso de energía y materiales en productos, procesos y servicios?

P ¿Cómo podemos avanzar en el uso de materiales abundantes (renovables) que no sean tóxicos cuando diseñamos productos?

P ¿Cómo podemos crear industrias que dependan de flujos de reciclaje (los suyos y los de otros) como principal (preferiblemente exclusiva) fuente de material y evitar la extracción de materia prima siempre que sea posible?

P ¿Cómo podemos asegurar que cada producto y proceso conserva la utilidad propia de los materiales utilizados (p. ej. diseñar para el desmontaje y el diseño modular)?

P ¿Cómo podemos diseñar productos que puedan servir para producir otros productos útiles al final de su ciclo vital?

P ¿Cómo podemos facilitar una transformación que revise todas las propiedades de terrenos industriales o las instalaciones desarrolladas, construidas o modificadas, con especial atención en la mejora de hábitats locales y a la diversidad de especies, mientras se minimizan los impactos en los recursos locales, regionales y globales?

P ¿Cómo podemos asegurar que esta estrategia trascienda e

> incluya a todas las industrias, implicando a suministradores de materiales, fabricantes y productores, y a consumidores, para tejer una red cooperativa que minimice el embalaje y permita el reciclado y la reutilización de materiales?

A escala local, los polígonos ecoindustriales están proporcionando un ejemplo práctico de maneras de encontrar respuestas innovadoras a estas preguntas. Al ubicar procesos de producción diferentes en el mismo lugar y aplicar una estrategia de diseño de sistemas vivos para conectar sus flujos energéticos y de recursos, podemos crear muchas soluciones de triple beneficio. Entre los beneficios económicos están la reducción de los costes generales de materias primas y de energía, la reducción de costes de gestión de residuos, un mejor ajuste, costes más bajos asociados con la legislación medioambiental, la reducción de costes de transporte y los beneficios económicos que resultan de crear marcas responsables para un mercado responsable.

Los beneficios ecológicos provienen de la reducción del uso de materias primas (vírgenes) y del aporte de energía al reemplazar las materias primas importadas por flujos de residuos disponibles a nivel local. Esto, a su vez, conduce a una reducción de los residuos y de las emisiones generadas por las industrias que colaboran en el grupo. Además, la relocalización de la producción y del consumo, el uso de materiales locales y renovables, y las oportunidades de negocios que se crean al interconectar distintas industrias, generan oportunidades de empleo local (Saikku, 2006) y la diversidad y el fortalecimiento de las economías locales. El aumento de la participación y de la cooperación a lo largo del ciclo vital completo del producto, fortalece la comunidad siendo otro beneficio social adicional.

Por ejemplo, el gobierno indio está promoviendo el diseño de polígonos ecoindustriales en colaboración con la "Sociedad para la Cooperación Internacional" alemana (GIZ). Un informe reciente sobre el desarrollo ecoindustrial en la India concluyó que: "Debería tenerse en cuenta que no solo los nuevos polígonos industriales pueden aprovecharse de los principios de los *Polígonos Eco Industriales*. Las experiencias en la India muestran que incluso polígonos antiguos con problemas medioambientales serios se pueden transformar, a menudo con medidas simples y baratas" (GIZ, 2012: 73). El informe subraya la necesidad de sistemas de información apropiada y de programas de formación para ayudar a la gente a aplicar el pensamiento de diseño ecológico. Para responder a esta necesidad, el Instituto Asiático del Banco de Desarrollo ha creado un manual de formación para ayudar a difundir información y metodologías para el desarrollo de grupos ecoindustriales (Anbumozhi *et al.*, 2013).

Entre los ejemplos de la aplicación de la biomímesis, a nivel de ecosistemas que merecen tenerse particularmente en cuenta, son los polígonos ecoindustriales como el Kalundborg en Dinamarca, el de simbiosis industrial en Östergötland, Suecia, el "National Industrial Symbiosis Programme (NISP)" en Gran Bretaña, y el "Green Park" in Nandigama, India (todavía en fase de desarrollo). Marian Chertow de la Univeridad de Yale ha revisado y comparado varios ejemplos importantes de "simbiosis industrial" de todo el mundo, y ha concluido que "los intercambios simbióticos ecológica y económicamente deseables están a nuestro alrededor y ahora debemos dirigir la mirada para encontrarlos y fomentarlos" (Chertow, 2007).*

La estrategia de diseño de sistemas vivos para la ecología industrial, es una manera poderosa de hacer que la relocalización de los sistemas de producción de alimentos sea más eficaz y genere menos residuos al aplicar el pensamiento ecosistémico mediante la integración sinérgica de procesos múltiples de producción de alimentos. Volveremos a esta poderosa estrategia para la innovación transformadora basada en el cierre de bucles y en la colaboración intersectorial en el próximo capítulo, en la sección sobre la creación de economías circulares.

Planificación urbana y regional conformada ecológicamente

> Todo lo que es blanco en invierno debería ser verde en verano. Todo lo que recibe la lluvia, todo lo que está bajo el sol pertenece al reino vegetal. Los bosques crecerán en los valles y en los tejados. En la ciudad deberíamos poder respirar el aire puro del campo.
>
> Friedrich Hundertwasser (Senosiain, 2003: 157)

La firma global de diseño, arquitectura e ingeniería HOK se asoció con Biomimicry 3.8 para crear un nuevo proceso de innovación llamado "Pensamiento Plenamente Integrado" que ahora utiliza en sus proyectos alrededor del mundo. El marco PPI permite a los equipos de diseño acceder a la sabiduría de los sistemas naturales, sociales y ecológicos del lugar para conformar el diseño y la toma de decisiones. Ofrece respuestas a los retos actuales de diseño al emular la genialidad de la naturaleza (HOK, 2015a).

Cada proyecto PPI busca integrar lentes múltiples (agua, atmósfera, materiales, energía, alimentos, comunidad, cultura, salud, educación, gobernanza, transporte, vivienda, comercio, ecoestructura y valores) para crear un diseño de sistemas vivos que funcionen con y como la ecología de un lugar determinado. Todos los proyectos PPI están fundamentados en el lugar valiéndose de una comprensión detallada de las ecologías locales. Están conformados por los "Principios de la Vida" y la clase de cuestiones que revisamos antes. El marco ayuda a fijar objetivos, puntos de referencia e indicadores de comportamiento para asegurar que todos los proyectos PPI son plenamente responsables en lo que se refiere a sus impactos ecológicos, sociales y económicos (HOK, 2015a).

La colaboración entre Biomimicry 3.8 y HOK también condujo a una exploración sobre lo que se podría aprender de la genialidad de la naturaleza, expresada dentro del bioma de los bosques templados de frondosas. Este bioma se extiende por todo el planeta y es el hogar de la mayor parte de la población humana. Dayna Baumeister, Taryn Mead y el equipo de Biomimicry 3.8 ayudó a HOK a plantear la importante pregunta: *¿Cómo podemos crear ciudades que funcionen como ecosistemas?* El proyecto exploraba la manera de diseñar ciudades, basadas en "estándares de actuación ecológica" al marcar puntos de referencia del proyecto de diseño urbano frente a los ecosistemas originales de un lugar determinado y estableciendo la métrica sobre la manera en la que debería actuar el entorno natural: "¿Cuántos milímetros de suelo, cuántas toneladas de carbono, cuánta agua almacenada, cuánto aire purificado?" Janine Benyus argumenta que: "tener tejados y muros verdes no es suficiente, necesitamos preguntar cómo almacenará carbono un edificio. Necesitamos ciudades que actúen como ecosistemas, no solo que lo parezcan" (Oppenheimer, 2010). Los dos emplazamientos piloto en los que se centraba el proyecto eran un nuevo distrito residencial que rodea el Lago Meixi en la ciudad de Langfang en China, y una urbanización totalmente nueva en Lavasa, una nueva ciudad que abarca 50.500 m^2 en el sureste de Bombay (HOK, 2015c). Estos proyectos están todavía en fase de desarrollo.*

Además de estas estrategias inspiradas en la biomímesis, existen muchas otras estrategias basadas en el diseño ecológico para comunidades sostenibles y para la planificación urbanística. El "Eco-City Movement" a nivel mundial y el trabajo del pionero de ecociudades Richard Register, que fundó "Ecocity Builders" en 1992, ha ayudado a desarrollar el "International Ecocity Framework and Standars (IEFS)" Marco y Estándares Internacionales de las Ecociudades. Constructores de ecociudades están ahora colaborando con la UNISDR (Oficina de la ONU para la Reducción del Riesgo de Desastres) para respaldar la campaña "Haciendo Ciudades Resilientes" que ya tiene 1840 ciudades inscritas (UNISDR, 2015). Constructores de ecociudades apoyó el "Programa de Evaluación de Perfiles para la Resiliencia en las Ciudades" de la ONU-Hábitat y también creó el "Proyecto del Mapa Mundial del Ecociudadano", hace una colaboración abierta e informa de herramientas, datos y metodologías de todo el mundo replicables para favorecer la sostenibilidad urbana.

Todas estas visiones y herramientas para la planificación urbana, muchas de ellas inspiradas en la biología y en la ecología, ayudan a las crecientes redes de ciudades en todo el mundo, como la "Campaña del Mundo Urbano" y el "Grupo de Liderazgo Climático C40 Ciudades" en la importante tarea de

Figura 20: Visión de Michael Sorkin's para un "New York Steady State" (Estado de Nueva York en Equilibrio), Bienal de Venecia en 2010 (Reproducido con permiso de Terreform Inc.)

rediseño de nuestros entornos urbanos de manera que ayuden al cambio hacia culturas regenerativas.

> Las mejores innovaciones humanas imitan y aprenden de los sistemas naturales. Las ciudades necesitan reflejar esta estrategia de innovación en su planificación, diseño, producción, consumo y gobernanza.
>
> Peter Newman e Isabella Jennings (2008: 238)

Pionero en la planificación urbana, Sir Patrick Geddes, hizo hincapié en su libro de 1915 *Cities in Evolution* (Ciudades en Evolución) en que la planificación urbana eficaz tendría que estar basada en un sondeo detallado de la región que rodea la ciudad y de su integración con ella. También demostró con su trabajo en el desarrollo de un barrio marginal del casco viejo de Edimburgo, que se necesitaba un proceso participativo y que la regeneración eficaz requería una ciudadanía educada y activa.

Casi 100 años después, Herbert Girardet escribió en *Regenerative Cities* (Ciuda-

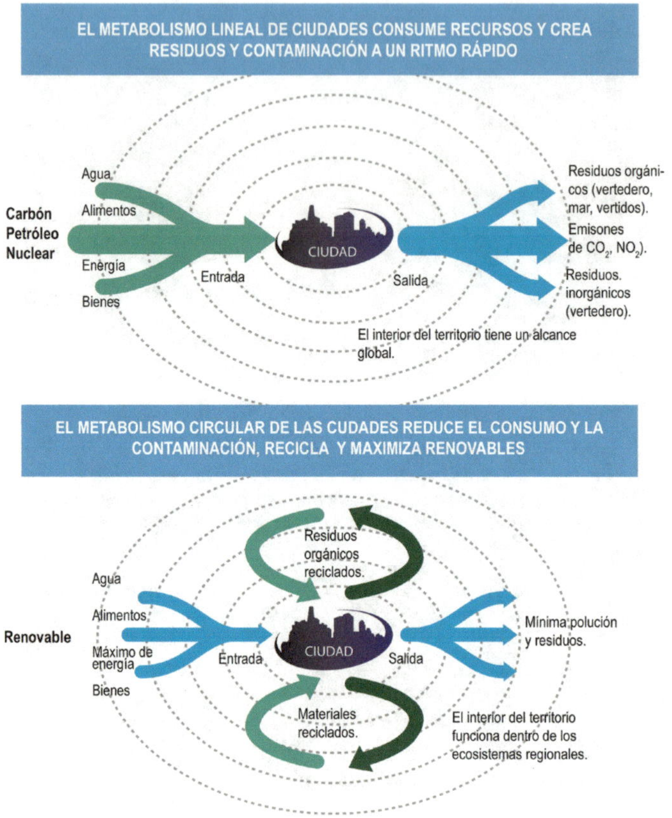

Figura 21: Reproducido con el permiso de Herbert Girardet y Rick Lawrence.

des Regenerativas): "Los planificadores que busquen diseñar sistemas urbanos resilientes deberían empezar estudiando la ecología de los sistemas naturales. Nuestro planeta predominantemente urbano, necesitará adoptar sistemas metabólicos circulares para asegurar su viabilidad a largo plazo, además de la de los entornos rurales de los que dependen". Sugiere: "Los políticos, el sector comercial y el público en general necesitan desarrollar conjuntamente una comprensión mucho más clara sobre la manera en la que las ciudades pueden desarrollar una relación restauradora con el entorno natural del que, en definitiva, dependen" (Girardet, 2010). La figura 21 muestra cómo podemos crear ciudades regenerativas reduciendo su huella ecológica y rediseñando los flujos energéticos y de materiales de los que dependen principalmente a escala de su región.

En su último libro *Creating Regenerative Cities* (Creando Ciudades Regenerativas) describe la evolución de las ciudades desde las "agropolis" a las actuales "petropolis". Para crear "ecopolis, la ciudad regenerativa" necesitamos aprender de los ecosistemas para ayudarnos a reducir la huella ecológica de las ciudades optimizando el metabolismo urbano, diseñando flujos de recursos y de energía circulares y la dependencia en fuentes de recursos y de energía renovables (Girardet, 2015).

La estrategia de la Ciudad Inteligente, de optimización del uso de recursos y del funcionamiento de las ciudades a través del uso generalizado de sensores y de redes que ofrezcan retroalimentaciones a tiempo real (macrodata) sobre la manera en la que está funcionando la ciudad, serán ciertamente parte de la transición hacia ciudades más sostenibles, pero deberíamos tener cuidado en no diseñar para depender de estos sistemas de alta tecnología. Necesitamos diseñar para la resiliencia incluyendo alternativas analógicas y redundancia por si estos sistemas digitales inteligentes fallan o se corrompen. Un estudio reciente de Arup del gobierno de Gran Bretaña, estimó que el mercado global para tecnologías de ciudades inteligentes alcanzará los 408 mil millones de dólares para 2020 (ARUP, 2013).

La agricultura urbana (Phillips, 2013) y la agricultura vertical (Marks, 2014) serán elementos igualmente importantes en las ciudades regenerativas del mañana, al igual que los sistemas de transporte eficaces, las ecologías industriales urbanas, los sistemas de tratamiento de agua ecológicos, los sistemas de energía renovable integrados en el edificio y los sistemas de calor, electricidad y refrigeración combinados que estén conectados a nivel de distritos urbanos o manzanas. Los sistemas de integración, las soluciones de triple beneficio y los sistemas descentralizados que cubran la demanda local a través de suministros locales, son todos aspectos de dicha biomímesis urbana y regional a nivel ecosistémico. Merece la pena revisitar en este contexto el movimiento del "biorregionalismo" (Brunckhorst, 2002) que empezó en los años 70. Los fundadores del Grupo de Desarrollo Biorregional sugieren:

> [...] Los precios de muchos productos y servicios que compramos no tienen en cuenta el daño que causan al medioambiente, a las personas y a las comunidades. Si tuviésemos en cuenta estos costes externos, veríamos la balanza inclinarse hacia la escala más pequeña, hacia el desarrollo local más diverso y regional, o hacia el desarrollo de la biorregión. Podemos, entonces, recoger los beneficios de la ventaja biorregional. No costaría mucho inclinar la balanza y hacer del desarrollo biorregional una parte más importante de la economía convencional [...].
>
> Pooran Desai y Sue Riddlestone (2002: 82)

CAPÍTULO 7
¿Por qué la cooperación es la base de las culturas regenerativas?

Estamos empezando a aprender la forma en la que los flujos de recursos, de información y de energía están organizados en los ecosistemas. Estamos aprendiendo a aplicar los conocimientos ecológicos en la creación de soluciones de diseño de sistemas vivos que prestan especial atención a las interconexiones sistémicas y al potencial para crear sinergias sistémicas (o soluciones de triple beneficio). La biomímesis a nivel de ecosistemas, en forma de diseño de sistemas vivos integrados basado en una comprensión ecológica, es la manera más compleja y prometedora de aplicar los conocimientos de la naturaleza para la creación de culturas regenerativas.

En los ecosistemas maduros, la salud del sistema en su integridad se optimiza creando relaciones simbióticas entre la diversidad de especies en el sistema. Las cascadas y los ciclos de nutrientes, de información y de energía crean una diversidad de interconexiones por todo el sistema, de tal manera que los productos de deshecho de un organismo se convierten en el alimento de otro, y los bucles de retroalimentación regulan la estabilidad temporal dentro de un contexto en constante transformación y evolución. La comunidad de organismos de un ecosistema, con sus roles diversos, sus redundancias múltiples y sus bucles rápidos de retroalimentación, está entrelazada en redes dentro de redes para optimizar la salud, la resiliencia y la adaptabilidad del sistema en su integridad. Tenemos mucho que aprender de este patrón de organización. Es el patrón que define a los sistemas regenerativos capaces de auto-organizarse.

La transición hacia culturas regenerativas requiere el rediseño de nuestras comunidades, nuestras empresas, nuestros sistemas de gobernanza, y de la forma en la que cubrimos las necesidades básicas de todos en maneras que aprendan de estos patrones de organización de los ecosistemas. Para hacer esto, tenemos que ser cuidadosos al analizar cómo aplicamos nuestros conocimientos biológicos y ecológicos. Aunque necesitamos aplicar con urgencia el diseño y la innovación inspirados en la biología, primero debemos examinar hasta qué punto la "historia de separación" (escasez y competición) ha influido en nuestra perspectiva sobre la vida, la biología y la ecología.

La perspectiva neo-darwinista, que todavía domina la comprensión popular de la biología, aísla a organismos individuales y a genes del contexto de la matriz viva que los sustenta. La escasez, la competición y el éxito individual se ven como los principales impulsores de la evolución. Esta es una perspectiva caduca, basada en metáforas caducas como la de Richard Dawkins "El Gen Egoísta" (1976).

La visión reduccionista de genes e individuos aislados no refleja suficientemente nuestra comprensión científica actual sobre la forma en la que los ecosistemas y la biosfera mantienen la salud y la resiliencia. Una comprensión más sistémica y a largo plazo de cómo la vida crea condiciones que favorecen la vida llevó a los científicos a reconocer la vital importancia de la simbiosis, de la colaboración y de la optimización de los sistemas vivos. La maximización de la eficacia de aspectos limitados del sistema o el éxito (temporal) de ciertos individuos o especies, en los que tanto se han centrado nuestras narraciones biológicas (y económicas) tienen una importancia secundaria para la supervivencia a largo plazo. La colaboración y la optimización sistémica son estrategias de supervivencia más eficaces.

Los ecosistemas son resilientes porque tienen el requisito de la variedad (diversidad) y de las redundancias múltiples a distintas escalas. Las redes complejas de relaciones que crean ecosistemas sanos no se pueden explicar convenientemente centrándose solo en el éxito o en el fracaso de individuos dentro de ellos. Las interconexiones y los intercambios simbióticos que crean salud y resiliencia, como propiedades emergentes de sistemas de dinámica compleja, sustentan la vitalidad de todos los participantes y contribuyen a la supervivencia del sistema en su integridad. Esa salud y vitalidad son propiedades emergentes de las redes de información y de los flujos de recursos en continua transformación entre los sistemas vivos.

Piensa en la salud y en la resiliencia de tu propio cuerpo (como un sistema complejo). Nuestra salud individual se mantiene en gran medida gracias a un ecosistema de bacterias y hongos que habitan en los intestinos, en la boca y en la piel. ¡Somos ecosistemas andantes! Portamos diez veces más células no humanas dentro de nosotros (y sobre nosotros) que células humanas (Wenner, 2007). La diversidad de la vida nos impregna. ¡La biología moderna confirma que ser es interser!

> El paradigma más holístico que está surgiendo sobre la regulación biológica y la identidad, ahora sostiene que la identidad de los sujetos biológicos a menudo no es solo de una especie: según investigaciones recientes, la mayoría de los organismos deben verse como "metabiomas" compuestos de miles de especies simbióticas, principalmente bacterianas.
>
> Andreas Weber (2013: 29)

En su esclarecedor artículo "¿Dónde terminan los organismos?" el biólogo americano, Craig Holdrege, ofrece una manera de entender los organismos biológicos determinada por procesos. Sugiere un cambio, "de la noción tradicional de organismos biológicos separados a la idea de organismos ecológicos, de los que forman parte los organismos biológicos". Desde esta perspectiva "el organismo es interacción con otros organismos dentro del contexto de un hábitat. El organismo solo (o la especie) que supuestamente compite con otros no existe. Es mucho más apropiado ver a los organismos como miembros de un todo diferenciable que nunca se ha disuelto en entidades separadas" (Holdrege, 2000: 16).

Ver individuos aislados en competición o ver comunidades interconectadas en colaboración depende de nuestra perspectiva. Ambas perspectivas son útiles y válidas para enfrentarse a la individual "paradoja de existir como integridad", subjetiva e individualmente, en interrelación e indivisibles del todo. Al permitir que las dos perspectivas conformen nuestras investigaciones científicas y nuestra visión del proceso natural, superamos el punto ciego de percepción creado por la idea dominante de interacciones individuales competitivas.

Una vez que hacemos esto, encontraremos que las dinámicas regenerativas de sistemas vivos que crean las condiciones que favorecen la vida son por naturaleza predominantemente colaborativas. La supervivencia a largo plazo (sostenibilidad y regeneración) depende de estas interacciones de colaboración, mientras que las interacciones competitivas en las que nos hemos centrado principalmente juegan un papel subordinado en dinámicas de ajuste del sistema a corto plazo.

El biólogo y filósofo Andreas Weber sostiene que la vanguardia de nuestros conocimientos científicos de la vida nos está pidiendo que reintegremos en nuestra narrativa cultural la experiencia subjetiva de estar vivos como participantes cocreativos de la evolución. Hace un llamamiento para una "vitalización", una segunda ilustración, que reconozca que la búsqueda humana del sentido de la vida es en sí misma una expresión del proceso vital. Si vamos a cocrear culturas regenerativas por todo el mundo, tenemos que reconocer el hecho de que como vida tenemos la capacidad de participar apropiadamente en el proceso vital. Nuestras acciones y cómo damos sentido a la vida son capaces de crear las condiciones que favorecen la vida.

La nueva biología, como hizo la nueva física hace más de cien años, está empezando a entender que nosotros, y la vida en su integridad, estamos mucho más interconectados y somos más interdependientes de lo que nuestro limitado enfoque en la competición individual y en la escasez nos ha permitido ver. La comprensión emergente de la vida refleja la paradoja de existir simultáneamente como individuos participantes en la integridad, y como reflejos subjetivos de ella.

Como individuos, somos indivisibles del ecosistema y de la biosfera que cocreamos con toda la vida. Paradójicamente, tanto la colaboración como la competición contribuyen a la manera en la que la vida crea las condiciones que favorecen la vida. "La biosfera no es cooperativa de una manera simple y clara, sino que es paradójicamente cooperativa. Las relaciones simbióticas surgen de procesos antagónicos e incompatibles" (Weber, 2013: 32). Tenemos que tener en mente estos nuevos conocimientos biológicos y la relación paradójica entre individuo/integridad y entre competición/colaboración cuando aspiremos a crear sistemas humanos regenerativos que emulen las dinámicas y los patrones de los ecosistemas. Andreas Weber indica:

> La biología evolutiva (darwiniana) es un reflejo más preciso de las prácticas sociales pre-victorianas que de la realidad natural. Tras esta toma de poder metafórica, conceptos como "la lucha por la existencia", "la competición", y "la aptitud", que fueron las justificaciones centrales del *statu quo* político en la Inglaterra pre-victoriana, se convirtieron tácitamente en los elementos centrales de nuestra propia auto-comprensión como seres personificados y sociales. Y todavía lo son. [...] El progreso biológico, tecnológico y social, siguiendo esa argumentación, proviene de la suma de los egos individuales que luchan para dejarse fuera de juego entre sí. En una rivalidad perenne, las especies aptas (corporaciones) explotan nichos (mercados) y multiplican su índice de supervivencia (márgenes de beneficio), mientras que los más débiles (menos eficientes) se extinguen (bancarrota). Sin embargo, esta metafísica de la economía y de la naturaleza es más un reflejo de la opinión que tiene nuestra sociedad de sí misma que un relato objetivo del mundo biológico.
>
> Andreas Weber (2013: 24)

Antes de que analicemos cómo rediseñar nuestras industrias, la agricultura, la economía y la manera en la que hacemos negocios basándonos en las dinámicas regenerativas que crean la salud de los ecosistemas y del planeta, tenemos que concienciarnos sobre cómo nuestra comprensión de la biología y de la economía lleva mucho tiempo basándose en una serie de suposiciones limitadas y de metáforas restrictivas. Muchos de los conceptos básicos que ayudaron a Charles Darwin a construir el argumento central de su teoría de la evolución por selección natural, se vieron influenciados por las teorías económicas de la época, por ejemplo por el trabajo de Adam Smith y por la obsesión del economista político Robert Malthus con "la idea de la escasez como fuerza impulsora del cambio social" (Weber, 2013: 24).

La limitada narrativa de separación, que es una comprensión de la vida exclusivamente centrada en la competición y la escasez, está apoyada en teorías biológicas y económicas caducas. Weber denomina a esto una "ideología económica de la naturaleza" y sugiere que una perspectiva ideológicamente parcial "reina soberanamente sobre nuestra comprensión de la cultura humana y del mundo. Define nuestra dimensión personificada (*Homo sapiens* como una máquina de supervivencia gobernada por los genes) además de nuestra identidad social (*Homo economicus* como un maximizador egoísta de la utilidad). La idea de la competición universal unifica los dos ámbitos, el natural y el socio-económico. Valida la noción de la rivalidad y del egoísmo depredador como hechos inexorables de la vida" (pp. 25-26).

Si entendemos la vida y la evolución como un sistema vivo en transformación, empezamos a prestar atención a las relaciones y a las redes de participantes en ese sistema, y de repente vemos que la colaboración, la simbiosis y la co-evolución son los patrones prevalentes que mantienen la salud sistémica. Ver interacciones competitivas entre individuos participantes de la integridad como la principal característica que define y gobierna los procesos biológicos y socio-económicos es un poco como mirar a las olas (competición) en la superficie de un océano y no ver la inmensa masa de agua (cooperación) que hay debajo. La vida prospera gracias a la colaboración.

¡La optimización del intercambio de recursos y de procesos para compartir y generar la abundancia y la salud sistémica equitativamente, en lugar de la competición por recursos escasos, es la base de la manera en la que la vida hace economía! Al intentar crear una economía respetuosa con la vida, necesitamos entender las profundas implicaciones que la nueva "visión sistémica de la vida" tiene para nuestro proyecto. Basándose en la noción de una ciencia de calidades introducida por el biólogo y matemático Brian Goodwin, el médico y pensador sistémico Prof. Fritjof Capra y el Prof. Pier Luigi Luisi, un químico que trabaja en el departamento de biología de la Universidad de Roma III, argumentan:

> A medida que transcurre el siglo XXI, está surgiendo una nueva concepción científica. Es una visión unificada que por primera vez integra las dimensiones biológicas, cognitivas, sociales y económicas de la vida. En la vanguardia de la ciencia contemporánea, el universo ya no se ve como una máquina compuesta de bloques elementales de construcción. Hemos descubierto que el mundo material es básicamente una red de patrones de relaciones inseparables; que el planeta en su integridad es un sistema vivo que se autorregula. [...] La evolución ya no se ve como una lucha competitiva por la supervivencia, sino como una danza cooperativa en la que la creatividad y el constante surgimiento de la novedad son las fuerzas impulsoras. Y con el nuevo énfasis puesto en la complejidad, las redes, y los patrones de organización, poco a poco está surgiendo una nueva ciencia de calidades.
>
> Fritjof Capra y Pier Luigi Luisi (2014b)

Lo que está en cuestión ahora no es el proceso general de la evolución biológica, sino la competición por los recursos escasos en lugar de las redes simbióticas en las que la vida crea las condiciones que favorecen la vida, son los principales impulsores de la especiación y de la evolución de la vida como un proceso interconectado. Nuevas ideas en la biología, en la neurociencia y en la teoría evolutiva están ofreciendo una perspectiva que nos ayuda a volver a contar la historia de quienes somos como seres biofísicos.

Entendernos verdaderamente a nosotros mismos individual y colectivamente como "seres en y a través de relaciones" es el cambio conceptual/perceptivo de meta-diseño que es la base de la transformación cultural que está en marcha. Estamos transformando una humanidad globalizada, y sin embargo fragmentada, basada en la narrativa de separación y en la competición, en redes globalmente cooperativas de culturas adaptadas localmente que comparten una narrativa unificadora de interser.

P ¿Cómo podemos crear una cultura material y un sistema industrial regenerativos basados en la colaboración?

P ¿Cómo podemos cocrear una estrategia agrícola regenerativa que mantenga la seguridad alimentaria e hídrica, y que contribuya a la mitigación del cambio climático, a economías locales vivas, a ecosistemas locales sanos y a la diversidad de productos basados en biomateriales?

P ¿Cómo sería una economía regenerativa en la que predominen las relaciones de colaboración?

P Entendiendo que la ventaja colaborativa a largo plazo triunfa sobre la ventaja competitiva a corto plazo como estrategia de éxito en sistemas sanos, ¿cómo rediseñaríamos la manera en la que hacemos negocios?

P ¿Cómo rediseñaremos nuestro sistema económico para reflejar la idea de que la participación colaborativa en relaciones que sustentan la vida es el principio fundamental de la evolución?

Desde una perspectiva de procesos naturales de enlace de escalas, sistémica y a largo plazo, empezamos a darnos cuenta de que esas interacciones aisladas y competitivas que observamos desde una perspectiva a corto plazo, están realmente integradas en un contexto de colaboración sistémica a largo plazo. ¡Todos los sistemas regenerativos son fundamentalmente colaborativos! La optimización de la integridad basada en relaciones simbióticas a largo plazo es el distintivo de los sistemas regenerativos.

La visión sistémica de la vida (Capra & Luisi, 2014a), como un proceso fundamentalmente colaborativo e interconectado, nos invita a rediseñar la presencia humana en la Tierra basada en nuestra nueva comprensión de la manera en la que la vida genera abundancia mediante la colaboración. Las prácticas emergentes de la ecología industrial, del diseño integrado ecológico y de la agricultura regenerativa, además de los pasos que se están dando hacia economías circulares regenerativas basadas en recursos biológicos regenerados localmente, son una parte fundamental del rediseño que llevará al surgimiento de culturas regenerativas. Los sistemas regenerativos son fundamentalmente colaborativos y las culturas regenerativas son culturas de colaboración.

Rediseñar la agricultura para la soberanía alimentaria y para la subsidiariedad

> El mundo necesita un cambio de paradigma para el desarrollo agrícola: desde la "revolución verde" a una estrategia de "intensificación ecológica". Esto implica un cambio rápido y significativo de una producción industrial convencional, basada en los monocultivos y altamente dependiente de aportes externos, a mosaicos de sistemas de producción sostenibles y regenerativos que también mejoran considerablemente la productividad de pequeños agricultores. Necesitamos cambiar la gestión lineal por una holística, que reconozca que el agricultor no es solo un productor de bienes agrícolas sino también un gestor de un sistema agroecológico que provee distintos bienes y servicios públicos (p. ej. agua, suelo, paisaje, energía, biodiversidad, y recreo).
>
> Despierta antes de que sea demasiado tarde, Informe UNCTAD (2013: 2)

Sería negligente explorar la transformación hacia culturas regenerativas sin examinar más detenidamente cómo este profundo cambio social depende y se refleja en la manera en la que nos alimentamos. El sector primario, la agricultura, es la base de una cultura regenerativa próspera. Hay muchas personas comprometidas promoviendo el cambio hacia unas prácticas agrícolas más regenerativas, restauradoras y sostenibles.

La agricultura ecológica, la agricultura biodinámica, la agricultura sostenible, la agroforestería, la agroecología, la permacultura y la agricultura regenerativa son solo algunos de los nombres que describen metodologías relacionadas y a menudo complementarias. Ofrecen alternativas viables. Nuestras prácticas agrícolas industriales actuales no solo son profundamente derrochadoras (si se incluyen todos los costes de aportes de energía y de fertilizantes), también destruyen la calidad y disminuyen la cantidad de la capa superficial del suelo, de la que dependemos nosotros y muchas otras formas de vida.

A pesar de la gran cantidad de desinformación, en gran medida basada en investigaciones financiadas por empresas agroquímicas, la idea errónea de que la agricultura ecológica no puede alimentar al mundo por fin se está erradicando (Halweil, 2006; FAO, 2015). Desde la invención de la agricultura hasta hace muy poco, la humanidad se ha alimentado a través de pequeños agricultores locales que utilizaban técnicas ecológicas para mantener y mejorar las cosechas y la salud del suelo. Incluso con una población mundial en rápido crecimiento durante este último siglo, la mayor parte de los alimentos que dan de comer al mundo todavía provienen de pequeñas explotaciones agrícolas locales y están cultivados por mujeres (FAO, 2011).

Una evaluación realizada por la Conferencia de las Naciones Unidas sobre Comercio y Desarrollo (UNCTAD) en 2013 llegó a la conclusión de que la respuesta adecuada al cambio climático y al reto de alimentar una población humana futura de 9 mil millones incluye cambios transformadores en nuestros sistemas agrícolas, alimentarios y de comercio. Necesitamos aumentar la diversificación de explotaciones agrícolas, reducir el uso de fertilizantes y otros aportes externos, y apoyar a los agricultores locales a crear sistemas alimentarios locales dinámicos y resilientes (UNCTAD, 2013). Entre los retos fundamentales o las cuestiones destacadas en el informe están:

P ¿Cómo podemos aumentar el contenido de carbono en el suelo y conseguir una mejor integración entre la producción agrícola y ganadera, e incorporar la agroforestería y la vegetación silvestre en las prácticas agrícolas?

P ¿Cómo podemos reducir drásticamente las emisiones de gases de efecto invernadero (GEI) asociadas a la producción ganadera?

P ¿Cómo podemos reducir las emisiones GEI con la gestión sostenible de turberas, bosques y praderas?

P ¿Cómo podemos optimizar el uso de fertilizantes orgánicos e inorgánicos, a través de ciclos de nutrientes de bucle cerrado?

P ¿Cómo podemos reducir los residuos en toda la cadena alimentaria?

P ¿Cómo podemos influenciar un cambio en los hábitos alimentarios para un consumo de alimentos respetuoso con el clima?

P ¿Cómo podemos transformar el régimen de comercio internacional de alimentos y de agricultura?

"La Vía Campesina" es un movimiento internacional de agricultores, pueblos indígenas, mujeres agricultoras, inmigrantes agrícolas, y trabajadores de granjas que representa a más de 200 millones de pequeños y medianos productores del sector primario, en 164 organizaciones locales y nacionales de 73 países. El principal objetivo de este enorme movimiento global es "conseguir la soberanía alimentaria" y crear una resistencia organizada contra una globalización económica que favorece a las multinacionales depredadoras.

En sus propias palabras, el movimiento persigue asegurar que "los pequeños agricultores, incluyendo campesinos, pescadores, pastores y pueblos indígenas, que representan casi la mitad de la población mundial, sean capaces de producir alimentos para sus comunidades y alimentar al mundo de una manera sostenible y saludable" (Vía Campesina, 2011).

Sin soberanía alimentaria, las comunidades y las regiones pierden su resiliencia y su dinámica socio-económica. La soberanía alimentaria describe los derechos de los pueblos "a alimentos nutritivos y adecuados, producidos de forma sostenible" y el derecho a definir "su propio sistema alimentario y productivo". Fortalecer la soberanía alimentaria regional es una poderosa estrategia de triple beneficio como respuesta a las actuales crisis alimentaria, de desigualdad (pobreza) y climática. Implementar la soberanía alimentaria conduce a unos sistemas de cultivo más descentralizados y mucho más diversificados conectados en redes dentro de economías alimentarias regionales. Esto crea redundancias en escalas diferentes, y aumenta la adaptabilidad y la resiliencia.

> La Soberanía alimentaria prioriza la producción y el consumo local de alimentos. Dando a un país el derecho a proteger a sus productores locales de las importaciones baratas y a poder controlar su producción. Asegura que los derechos de uso y gestión de nuestra tierra, territorios, aguas, semillas, ganado y biodiversidad estén en manos de aquellos que producen los alimentos y no del sector empresarial. Por ello la implementación de una reforma agraria genuina es una de las prioridades principales del movimiento campesino.
>
> La Vía Campesina (2011)

Sin la soberanía alimentaria, hídrica y energética a nivel regional, la subsidiariedad seguirá siendo un ideal político. La subsidiariedad describe que cualquier autoridad (política) central debería tener una función subsidiaria de coordinación, ejecutando solo aquellas tareas que no se pueden ejecutar a nivel local, y que las decisiones se deben tomar lo más cerca posible, y con la implicación de los ciudadanos que estén afectados por ellas. Sin la subsidiariedad no seremos capaces de desplegar los niveles de innovación transformadora en el ámbito local ni la participación ciudadana necesaria para cocerar la transición a culturas regenerativas que fomenten la salud, la diversidad y la adaptación local. Los actuales tratados globales de comercio y políticas agrarias no tienen en cuenta la subsidiariedad y el derecho fundamental de las personas a la soberanía alimentaria.

El movimiento global Slow Food, fundado por el italiano Carlo Petrini, tiene como objetivo promocionar la producción de alimentos "buenos, limpios y justos" y fomentar las conexiones sanas entre los alimentos locales y la cultura, la política, la agricultura y el medioambiente. Una de las tareas de Slow Food fue catalizar la creación de Terra Madre, una red de redes que incluye organizaciones, cooperativas de producción y comunidades de alimentos en 160 países. Slow Food publicó un importante documento sobre El Papel Central de la Alimentación, que nos invita a reflexionar sobre las siguientes preguntas (Petrini *et al.*, 2012):

P ¿Cómo podemos fortalecer y recrear sistemas de alimentos que desarrollen la fertilidad del suelo?

P ¿Cuál es la conexión entre los alimentos sanos, el agua sana y el aire sano?

P ¿Cómo puede la promoción de alimentos buenos, limpios y justos actuar en defensa de la biodiversidad?

P ¿Qué papel juegan la alimentación y la agricultura en el mantenimiento de paisajes locales?

P ¿Cómo podemos utilizar la importancia de los alimentos buenos, limpios y justos para la salud de las personas como una manera de impulsar la participación en la producción y el consumo sostenible de alimentos?

P ¿Qué papel juega la comida y la producción local de alimentos en el mantenimiento de la diversidad biocultural, de conocimientos y de memoria?

P ¿Cuál es el papel cultural de la comida en la promoción del placer, de las relaciones sociales, de la convivencia y del reparto?

Existen pocas maneras mejores de implicar a una sección de la sociedad más generalizada y a las comunidades locales en un diálogo sobre la creación de una cultura regenerativa que empezar con el tema de los alimentos y sobre cómo están relacionados con la salud y el bienestar de los individuos, de las comunidades y de los ecosistemas. Los agricultores locales y los productores de alimentos y las relaciones que las comunidades locales desarrollan con ellos, son de vital importancia en la creación de culturas regenerativas.

El movimiento Slow Food ayuda de manera activa a la gente a quedarse en el campo, anima a los jóvenes a volver a la agricultura, fomentando las huertas urbanas y los proyectos agrícolas a la vez que crea redes de coproductores que ponen en contacto a consumidores urbanos con productores rurales. La organización también está trabajando en la reducción de desechos alimenticios, un resultado directo de un fallo estructural sistémico de los sistemas agrícolas industriales que convierten a los alimentos en un producto sujeto a la especulación.

La soberanía alimentaria local y la creación de una economía local viva es un prerrequisito para una democracia participativa y para una vida socio-económica comunitaria dinámica. La participación ciudadana generalizada en el fortalecimiento de las economías alimentarias locales requiere el intercambio abierto de información, y la educación y el aprendizaje continuo. Por ello, el movimiento Slow Food utiliza la educación como un medio para cambiar la cultura promoviendo y apoyando la "reciprocidad, la cordialidad, la pequeña escala y la protección del bien común" (ibidem: 22).

Muchas organizaciones inspiradoras han estado promocionando el rediseño regenerativo de la agricultura, la protección de variedades de semillas autóctonas frente a los monocultivos corporativos, y la creación de economías locales de alimentos basadas en la soberanía alimentaria, hídrica y de semillas, entre ellas están: la Sociedad Internacional para la Ecología y la Cultura, fundada por Helena Norberg-Hodge y la red Navdanya fundada por la física india Vandana Shiva. Las economías alimentarias locales dinámicas favorecen la producción local para el consumo local siempre que sea posible, sin embargo no se oponen categóricamente al comercio.

Agricultura regenerativa: respuestas eficaces al cambio climático

El Informe de Síntesis de la "Evaluación de los Ecosistemas del Milenio" de la ONU (2005) definió a la agricultura como "la mayor amenaza a la biodiversidad y a la función de los ecosistemas de cualquiera de las actividades humanas". Todo lo que hacemos depende de la agricultura y muchas de las prácticas agrícolas actuales son profundamente insostenibles. Al rediseñar la manera en la que "hacemos" la agricultura, podemos crear la base para el surgimiento de culturas regenerativas por todo el mundo.

La llamada "revolución verde" de la agricultura industrial a gran escala con su adicción a los recursos fósiles y su degradación sistemática de las comunidades agrícolas locales y de la diversidad cultural en favor de las corporaciones multinacionales depredadoras, ha sido un fracaso con efectos desastrosos. Existen alternativas. La Soil Association (Asociación del Suelo) en Gran Bretaña fue fundada en 1946 y el Instituto Rodale en EE. UU. en 1947; ambas instituciones promueven y desarrollan estrategias de agricultura ecológica. En 1972 se fundó la Federación Internacional de Movimientos por la Agricultura Ecológica (IFOAM). Ahora tiene organizaciones afiliadas en 120 países.

En abril de 2014, el Instituto Rodale publicó un libro blanco que resume cómo técnicas agrícolas disponibles hoy, podrían secuestrar cantidades suficientes de carbono atmosférico como para ralentizar el cambio climático y reducir las concentraciones de gases de efecto invernadero a largo plazo al fijar carbono en el suelo agrícola. Las prácticas agrícolas regenerativas pueden ayudar a desarrollar suelos fértiles, a mantener y a menudo mejorar las cosechas y a mantener la abundancia ecológica al fomentar el funcionamiento sano de los ecosistemas.

> En pocas palabras, los datos recientes de ensayos de sistemas agrícolas y de pastos en todo el mundo muestran que podríamos secuestrar *más del 100% de las emisiones anuales actuales de CO_2* con un cambio a prácticas de gestión ecológica fácilmente disponibles y baratas, denominadas "agricultura ecológica regenerativa". Estas prácticas funcionan para maximizar la fijación del carbono al tiempo que minimizan la pérdida de carbono una vez que ha vuelto al suelo, revirtiendo el efecto invernadero. [Cursiva original]
>
> Instituto Rodale (2014)

Robert Rodale acuñó el término "agricultura ecológica regenerativa" para indicar que estas prácticas son algo más que solo "sostenibles", que aprovechan las tendencias naturales de los ecosistemas a regenerarse cuando son perturbados. La agricultura ecológica regenerativa es "un enfoque sistémico holístico de la agricultura que incentiva la innovación continua en las fincas para el bienestar medioambiental, social, económico y espiritual". En general "la agricultura ecológica regenerativa está marcada por tendencias hacia bucles cerrados de nutrientes, una mayor diversidad de la comunidad biológica, menos cultivos anuales y más cultivos perennes, y una mayor dependencia en los recursos internos en lugar de en los externos" (Rodale Institute, 2014).

Las técnicas y las metodologías que se usan incluyen la reducción o la eliminación de la labranza combinada con la siembra de cultivos de cubierta en barbecho en ciclos de rotación de cultivos, manteniendo el residuo de esos cultivos sobre la tierra (acolchado verde). El compostaje, la descomposición aeróbica controlada de materiales orgánicos, y el aporte de estos nutrientes y del compost rico en carbono como fertilizante, es una práctica fundamental de la agricultura ecológica. Ayuda a acumular carbono en el suelo al mismo tiempo que aumenta la fertilidad y las cosechas. El uso de plantas perennes, el aumento de la diversidad de plantaciones, incluidos los cultivos arbóreos y el mantenimiento de una estructura de suelo rica a través de plantas con sistemas radiculares profundos y ramificados, mantiene una red sana de micorriza y estimula la fijación de carbono en el suelo a largo plazo.

El Banco Mundial ha emitido un informe detallado que analiza los "índices de reducción" de las distintas prácticas de gestión de tierras y su efectividad en distintas regiones del mundo. El informe subraya que "además de almacenar carbono del suelo, las tecnologías sostenibles de gestión de tierras pueden ser beneficiosas para los agricultores porque pueden aumentar las cosechas y reducir los costes de producción" (Banco Mundial, 2012: xvi). Una de las técnicas que consiguió la puntuación más alta por su índice de reducción de gases de efecto invernadero es la aplicación de biocarbón (ibid: XXIII).

El biocarbón se puede obtener de la carbonización de biomasa por medio de la pirolisis o de la gasificación. La Iniciativa Internacional Biochar afirma que si se aplica correctamente, "el carbono en el biocarbón resiste la degradación y puede mantener el carbono en el suelo entre cientos y miles de años". Necesita aplicarse junto con nutrientes orgánicos (p. ej. compost líquido) para tener un efecto positivo en las cosechas. "La co-producción de biocarbón y de bio-energía pueden ayudar a combatir el cambio climático al reemplazar el uso de combustibles fósiles y secuestrar carbono en reservas de carbono estables" (Biochar International, 2015).

La agricultura regenerativa y la amplia gama de metodologías de gestión de suelos asociadas a ella tienen el potencial de crear múltiples soluciones de triple beneficio. Además de ofrecer una respuesta a tiempo al fantasma del cambio climático descontrolado, estas técnicas ayudan a restaurar suelos, revitalizar comunidades locales, a desarrollar soberanía alimentaria, hídrica y energética, y a apoyar el proceso de re-localización de la producción y del consumo y de este modo, a desarrollar resiliencia sistémica como base para las culturas regenerativas.

A partir de los años 60, el biólogo de vida silvestre Alan Savory desarrolló una particular y prometedora metodología para la agricultura regenerativa que podría ser revolucionaria para la mitigación del cambio climático. La Gestión Holística y su técnica asociada de "pastoreo holístico planificado" están basadas en una estrategia de pensamiento sistémico que imita a la naturaleza. La "Gestión Holística" de Savory es "un Sistema de Planificación Integral de Granjas/Ranchos que ayuda a los agricultores, rancheros y a los gestores de tierras a gestionar mejor los recursos agrícolas para conseguir beneficios medioambientales, económicos y sociales sostenibles".

Las cuatro piedras angulares de esta práctica son la Planificación Financiera Holística para "conseguir buenos beneficios"; la Planificación Holística del Pastoreo para gestionar los efectos del barbecho combinados con perturbaciones periódicas de animales de pasto para mejorar "la salud de la tierra y la salud de los animales"; la Planificación Holística de la Tierra para ayudar a "diseñar el plan ideal de finca"; y el Seguimiento Holístico Biológico que utiliza técnicas simples para la evaluación de la salud y de la productividad de la tierra (Gestión Holística Internacional, 2015).

> La Gestión Holística enseña a la gente la relación entre las grandes manadas de herbívoros salvajes y las praderas y luego les ayuda a desarrollar estrategias de gestión para rebaños de ganado doméstico

> que imitan a las manadas salvajes para sanar la tierra. [...] La Gestión Holística abraza y honra la complejidad de la naturaleza, y usa el modelo natural para conseguir estrategias prácticas para la gestión y la restauración de suelos.
>
> El Instituto Savory (2015)

En los últimos 40 años más de 10.000 personas han recibido formación en "Gestión Holística" y en todo el mundo hay ahora más de 16 millones de hectáreas gestionadas usando este sistema (Instituto Savory, 2014). Con ensayos prácticos a largo plazo en cuatro continentes, algunos de ellos funcionando desde los años 70, la eficacia de la Gestión Holística está probada.

En un libro blanco en 2013 el instituto sugería que el pastoreo holístico planificado podría aplicarse a aproximadamente 5 mil millones de hectáreas en suelos degradados de las praderas del mundo para restaurarlos a su salud óptima y de esta manera secuestrar anualmente más de 10 giga toneladas de carbono atmosférico en la materia orgánica del suelo, "reduciendo de este modo las concentraciones de gases de efecto invernadero a niveles preindustriales en cuestión de décadas. También ofrece un camino para restaurar la productividad agrícola, creando empleo para miles de personas en comunidades locales, suministrando proteínas de alta calidad para millones de personas, y mejorando los hábitats para la vida salvaje y los recursos hídricos" (2013: 3). Estas afirmaciones todavía están sujetas a debate científico y ahora se están evaluando mediante investigaciones y ensayos de campo.

Considero que la Gestión Holística es un ejemplo excelente de biomímesis a nivel ecosistémico. Su práctica se adapta a la singularidad del lugar y está basada tanto en principios científicos como en conocimientos locales. Quienes la practican intervienen en la dinámica de los ecosistemas de praderas degradadas sustituyendo los animales de pasto naturales que ya no están (a menudo debido a prácticas agrícolas pasadas) con animales de pasto doméstico, como ganado vacuno, ovejas, cabras o bisontes, haciendo rotaciones en la finca con patrones que imitan las perturbaciones naturales y la fertilización causada por manadas itinerantes de herbívoros.

La Gestión Holística tiene influencia sobre los procesos que sustentan la conversión de energía solar por parte de las plantas (flujo de energía eficaz), mejora la intercepción y retención de las precipitaciones en el suelo (ciclo hídrico eficaz), optimiza el ciclo de nutrientes (ciclo mineral eficaz), y promueve "la biodiversidad del ecosistema con mezclas y combinaciones más complejas de especies de plantas deseables, también conocidas como dinámicas comunitarias" (2013: 9). Estamos empezando a (re)aprender cómo podemos actuar como especie clave responsable y cómo participar apropiadamente en el surgimiento de un incremento de la salud, de la bioproductividad y de la diversidad dinámica en los ecosistemas que habitamos. La figura 22 ilustra algunos de los

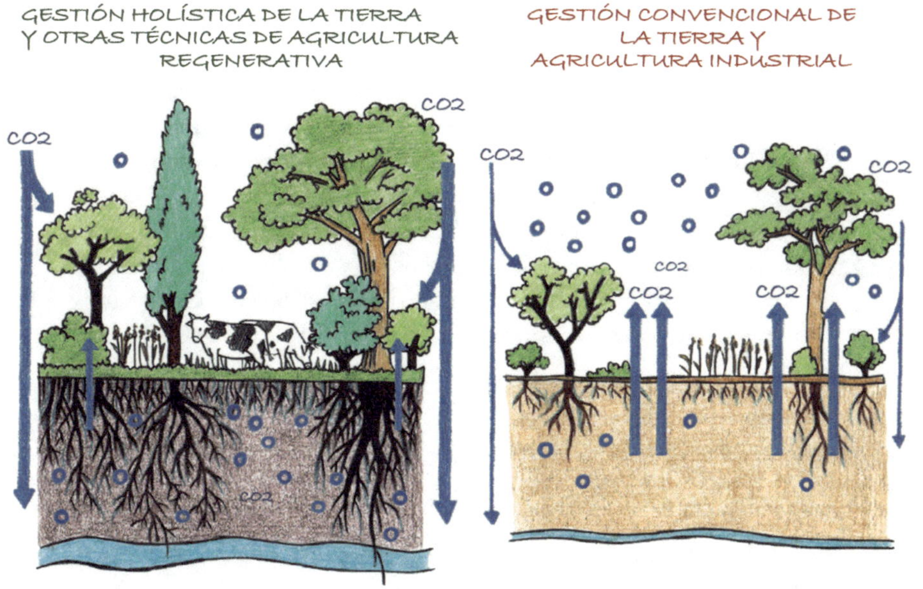

Suelo sano como sumidero de carbono

- Más cobertura vegetal
- Más raíces
- Más carbono almacenado en el suelo
- Mayor retención de agua en el mantillo
- Recuperación niveles de agua subterránea
- Menos erosión
- Más bioproductividad
- Más diversidad
- Más carbono en la atmósfera

Suelo agotado como fuente de carbono

- Menos cobertura vegetal
- Menos raíces
- Menos carbono almacenado en el suelo
- Menos retención de agua en el mantillo
- Agotamiento del agua subterránea
- Más erosión
- Menos bioproductividad
- Menos diversidad
- Más carbono en la atmósfera

Figura 22: Comparación de gestión de tierras holística y convencional.

múltiples beneficios sinérgicos de la Gestión Holística de la tierra y del pastoreo holístico planificado.

El sentido de la regeneración es promover la diversidad y la resiliencia encima y debajo del suelo, además de restaurar de manera activa cuencas hídricas y de reponer acuíferos. La agricultura regenerativa está basada en el fomento de las relaciones simbióticas inter e intra-especies para mantener la salud sistémica. Es también un ejemplo de diseño salutógeno (generador de salud). Las dinámicas de los ecosistemas sanos son la medida, el modelo y el maestro de la agricultura regenerativa. La promesa de la agricultura regenerativa es alimentar a la humanidad mientras restaura ecosistemas, regula el clima y cultiva la base de los recursos de bioeconomías regionales.

Aprendiendo e imitando ecosistemas sanos

> Dado que los componentes de los ecosistemas son interdependientes, degradando o mejorando un aspecto de la salud del ecosistema, el sistema entero puede, de la misma manera, degradarse o mejorarse. Reconstruir la materia orgánica del suelo bombea dióxido de carbono al suelo en forma de carbono del suelo y crea una espiral ascendente de salud ecosistémica. Hacer de la salud del suelo el objetivo principal de las políticas agrícolas de todo el mundo será esencial para conseguir la seguridad alimentaria e hídrica global y para mitigar el cambio climático.
>
> Centro para la Seguridad Alimentaria (2014: 19)

Desde los comienzos de la agricultura industrial a gran escala ha habido voces sabias de alerta y desacuerdo, junto a innovadores y pioneros que buscan alternativas más sanas. Después de la Segunda Guerra Mundial la industria petroquímica ha promovido insistentemente el uso de plaguicidas y de monocultivos a gran escala trabajados por maquinaria pesada. Durante la llamada "revolución verde" en los años 50 y 60 un puñado de corporaciones multinacionales se adueñaron de la mayor parte de la producción de cereal mundial. El suelo se convirtió en tan solo sustrato para cultivar, y el resultado fue la rápida degradación de las tierras de cultivo y de las praderas del mundo. Hay cientos de millones de agricultores en todo el mundo, muchos de ellos apasionados aprendices de los ecosistemas y de los lugares singulares en los que habitan. Veamos algunos de estos pioneros innovadores que han desarrollado y aplicado técnicas que ayudarán a la transición a un sistema agrícola regenerativo.

El botánico y agricultor Wes Jackson fue cofundador del Instituto de la Tierra en 1976 para trabajar en el "problema de la agricultura" y para ayudar a "desarrollar un sistema agrícola con la estabilidad ecológica de las praderas y con cosechas de cereal comparables a las de los cultivos anuales". Wes Jackson ha adoptado una estrategia biomimética desde el principio. La declaración de la misión del Instituto de la Tierra dice: "Cuando las personas, la tierra y la comunidad están unidos, los tres socios prosperan; cuando no se relacionan como socios sino como intereses que compiten, los tres son explotados. Al consultar a la Naturaleza como fuente y medida de esa asociación, el Instituto de la Tierra busca desarrollar una agricultura que evite que el suelo se pierda o se envenene, mientras promueve una vida comunitaria próspera a la vez que duradera" (Instituto de la Tierra, 2015a).

Durante los últimos 39 años el Instituto de la Tierra ha desarrollado una propuesta para una "Agricultura de Sistemas Naturales" y ha demostrado su viabilidad científica. El programa extensivo de cultivo de plantas tiene la visión de crear a largo plazo "una pradera para la producción de cereal doméstico con los cuatro grupos funcionales representados (las hierbas de estación cálida y de estación fría, las leguminosas y la familia del girasol) (Jackson, 2002: 7).Su trabajo se centra tanto en las especies domésticas como en las silvestres y en convertir plantas anuales domésticas en perennes.

El desarrollo de variedades perennes basado en el cultivo tradicional de plantas lleva generaciones. A Wes Jackson le encanta puntualizar: "Si el trabajo de tu vida se puede conseguir durante tu vida, no estás siendo lo suficientemente ambicioso" (Instituto de la Tierra, 2015b). ¡Una cultura regenerativa necesita este pensamiento a largo plazo! El Instituto de la Tierra ya ha tenido su primer éxito, por ejemplo, creando un nuevo cereal perenne que han llamado "Kernza". Su objetivo a largo plazo es "diseñar una agricultura que dependa de patrones y procesos ecológicos probados para conseguir la sostenibilidad, cambiar la agricultura para que en lugar de ser extractiva y dañina sea restauradora y enriquecedora" (Instituto de la Tierra, 2014). Desarrollar un sistema agrícola basado predominantemente en cereales perennes es una innovación transformadora de largo alcance del "Horizonte 3" y podemos aprender mucho a lo largo del camino.

> En el Instituto de la Tierra, los ecologistas están explorando maneras de cultivar cereales, oleaginosas y legumbres juntos para que la tierra de cultivo pueda de nuevo beneficiarse de las ventajas de la vegetación perenne diversa, Esta nueva [sic] disposición de cultivos será menos dependiente de fertilizantes nitrogenados y estará mejor equipada para retener el suelo, eliminando virtualmente la erosión y los vertidos químicos, y promete un coste energético mucho menor. Interactúan de forma complementaria para gestionar patógenos y plagas de manera natural, todo ello mientras suministran alimentos durante años sin necesidad de replantar. En muchas situaciones, las raíces profundas de los cereales perennes soportarán mejor las sequías o las inundaciones que acompañan al cambio climático. Secuestran carbono, lo que ayuda a reducir los gases de efecto invernadero, y albergan a microorganismos e invertebrados que contribuyen a la salud del suelo.
>
> Instituto de la Tierra (2014)

La agricultura regenerativa presta especial atención a la mejora de la calidad del suelo. La diversidad de microorganismos y el micelio de hongos en el suelo son la base para un sistema agrícola regenerativo. Las plantas necesitan microorganismos y hongos para absorber mejor los nutrientes. Las llamadas plantas fijadoras de nitrógeno, utilizadas como abono verde, no fijan el nitrógeno solas sino que lo hacen en simbiosis con bacterias (p. ej. *Rhizobium*) que viven en las raíces. La agricultura industrial moderna tiende a reducir a solo tres fertilizantes principales (fósforo, potasio y nitrógeno) la diversidad de nutrientes que sustentan plantas sanas y resilientes. Pueden mantener un crecimiento rápido y grandes cosechas (durante un tiempo), pero si se usan sin una amplia variedad de nutrientes complementarios dejan a las plantas más vulnerables frente a enfermedades y parásitos.

Otra práctica agrícola común cuestionada por la agricultura regenerativa es la roturación y el volteo del suelo por medio de maquinaria pesada (y por tanto compactadora del suelo). Dejar el suelo desnudo y voltearlo produce la desaparición masiva de microorganismos beneficiosos para el suelo y puede derivar en la pérdida de la capa superior del suelo, ya sea por la acción del viento (en condiciones secas) o del agua. La compactación del suelo destruye su capacidad para retener agua y hace que los cultivos sean más vulnerables a las sequías.

La técnica del arado de línea clave (key-line), desarrollado por Percival Yeomans en los años 50, se aplica ahora con un arado desarrollado por su hijo Allan. Implica labrar solo las líneas de contorno topográfico con un desnivel muy gradual (aproximadamente 1 metro en 400 metros) para crear un perfil de superficie que reduce la velocidad del agua dándole tiempo a introducirse en el suelo. La mayor parte de las estrategias de agricultura regenerativa no voltean el suelo y solo lo cortan usando su arado innovador (Yeomansplow, 2015). El arado solamente abre el suelo para que el agua se filtre dentro. Los estrechos canales se pueden realizar a distintas profundidades y se pueden usar para inocular microorganismos beneficiosos y micelios que ayuden en el proceso de reconstrucción del suelo. En los estrechos canales se puede introducir biocarbón con compost orgánico líquido para activar el carbono enterrado y la reconstrucción del suelo.

Mantener una flora y una fauna bacteriana y fúngica sana en el suelo aumenta su contenido en carbono. Las soluciones de triple beneficio de la restauración de las capas superficiales del suelo del mundo, que secuestran de manera activa el carbono atmosférico y crean un sistema agrícola local más resiliente y productivo están prácticamente suplicándonos que impliquemos a los agricultores locales de todo el mundo en este proceso. Aumentar el contenido de carbono orgánico en la capa superior de nuestros suelos también juega un papel importante en el aumento de la capacidad del suelo para retener agua (Rawls *et al.*, 2003) y las cosechas que crecen en ellos son por lo tanto más resilientes a patrones meteorológicos inestables y a las sequías. La agricultura regenerativa tiene como objetivo optimizar el ciclo hídrico local, que incluye recargar los acuíferos subterráneos y restaurar cuencas hídricas sanas. "¡Distribúyela! ¡Reduce su velocidad! ¡Infíltrala!" Es el mantra del director del Intituto del Agua, Brock Dolman, apasionado defensor y un profesional de la administración regenerativa de cuencas hídricas.

La práctica de la Gestión Holística mencionada en la sección anterior también ayuda a aumentar la retención de agua en el suelo y es un medio efectivo de regenerar tierras de secano degradadas e incluso desiertos. Aplicada a escala de una finca es también una estrategia excelente para crear explotaciones agrícolas resilientes, regenerativas y lucrativas. Joel Salatin en la Granja Polyface es un agricultor norteamericano que ha construido un modelo de granja que atrae atención internacional. Ha creado un ecosistema agrario altamente productivo y sano al plantar árboles, escavar estanques, acumular enormes pilas de compost y criar vacas alimentadas de hierba que se mueven por toda la finca con ayuda de vallado eléctrico portátil. Imita los patrones de pastoreo de los ecosistemas con distintos animales de pasto, a las vacas les siguen las gallinas y los cerdos usando refugios animales movibles innovadores. Cada especie cumple un papel específico en la fertilización y el enriquecimiento de la diversidad de policultivos perennes de pradera de los que se alimentan (Polyface, 2015a). La granja de 200 hectáreas da empleo a 10 personas y genera más de un millón de dólares en ventas directas a familias locales, restaurantes y minoristas. Joel Salatin describe su sistema de cría como "un modelo de producción simbiótico, con especies múltiples en densa relación sinérgica que produce más por hectárea que los modelos industriales" (Polyface, 2015b).

Los granjeros australianos Colin y Nicholas Seis han convertido una finca de 800 hectáreas, Winona, en Nueva Gales del Sur, en un ejemplo internacionalmente reconocido de una técnica llamada "cultivo en pastos". La cosecha de cereal se siembra directamente en los pastos nativos perennes, combinando el pastoreo y el cultivo dentro de un método de uso único de la tierra con beneficios económicos y medioambientales sinérgicos. Colin Seis empezó a desarrollar esta técnica en 1992 gestionando un rebaño de 4.000 ovejas merinas y cultivando avena, trigo y centeno en la misma finca. En los últimos años se ha hecho cada vez más popular, y más de 1.500 granjeros en Australia se han convertido al método y granjeros del hemisferio norte también lo han adoptado (Cultivo en Pastos, 2008).

Otro conjunto de técnicas necesarias para una agricultura regenerativa de éxito es la producción de BioFertilizantes hechos en la granja, para evitar los desastrosos efectos económicos y medioambientales de fertilizantes artificiales caros y de gran consumo energético. Entre las técnicas que se utilizan está el compostaje de residuos orgánicos de granja en combinación con microorganismos beneficiosos y micelio de hongos y harina de roca para la remineralización. Muchas de las nuevas técnicas para la producción de fertilizantes y para los ensayos de fertilidad del suelo fueron desarrollados por científicos latinoamericanos, entre ellos están el mexicano Eugenio Gras, el colombiano Jairo Rivera y el brasileño Sebastião Pinheiro. En los últimos años organizaciones como RegenAG, Agricultura Regenerativa Ibérica, Regenerative Agriculture UK, y MasHumus, han empezado a promover y a enseñar las distintas herramientas de la agricultura regenerativa a nivel internacional.

Existen muchas estrategias complementarias para ayudar a la agricultura a hacer posible la transición hacia culturas regenerativas. Muchas de las personas que ahora promueve la agricultura regenerativa son expertas y maestras experimentadas del diseño de permacultura. Bill Mollison y David Holmgren desarrollaron la permacultura en los años 70. Originalmente este método sistémico basado en el diseño tenía como objetivo una "agricultura permanente" y desde entonces se ha ampliado a una estrategia con facetas múltiples para crear una "cultura permanente" (o cultura regenerativa), con aplicaciones en la dinámica social, la toma de decisiones, la planificación comunitaria y la economía.

Por todo el mundo hay decenas de miles de personas formadas en permacultura y miles de fincas de permacultura ya establecidas. El libro Principios y Ética del Diseño de Permacultura (*Permaculture Design Principles and Ethics*, 2011) de Bill Mollison ofrece un conjunto de pautas útiles para la creación de culturas localmente adaptadas capaces de regeneración. La Esencia de la Permacultura puede descargarse en la página web de Holmgren en nueve idiomas diferentes (Holmgren, 2002).

La "Jardinería Forestal" es un método prehistórico de producción de alimentos en muchas zonas tropicales. Robert Hart fue el primero en hacerlo en climas templados y Patrick Whitefield y Martin Crawford, que dirigen la Agroforestry Research Trust, han seguido desarrollando su trabajo. El método relacionado de la "Silvicultura Análoga" utiliza "bosques naturales como referencia para crear paisajes ecológicamente estables y productivos socio-económicamente". Este planteamiento de sistemas vivos de la silvicultura minimiza los aportes externos, tales como agroquímicos y combustibles fósiles, y en su lugar fomenta la función ecológica para la resiliencia y la productividad". Ranil Senanayake desarrolló la "Silvicultura análoga" en Sri Lanka a principios de los años 80. Desde entonces se ha convertido en una red profesional a nivel mundial con un estándar de certificación para "Productos de Jardines Forestales" (IAFN, 2015).

La agroecología, promovida por Miguel Altieri (1995) está también en línea con el cambio hacia una agricultura regenerativa. Altieri ha realizado un importante trabajo en la conservación del conocimiento y de las técnicas agrícolas indígenas mientras trabaja para la Organización para la Alimentación y la Agricultura de la ONU (Koohafkan & Altieri, 2010). Su trabajo ha favorecido una "revolución agroecológica en Latinoamérica" para ayudar a sanar ecosistemas naturales, crear soberanía alimentaria y apoyar a los campesinos (Altieri & Toledo, 2011).

Un aspecto importante y de alguna manera todavía poco desarrollado de la restauración y de la agricultura regenerativa es la creación de relaciones de apoyo mutuo entre plantas-hongos-suelo basadas en la simbiosis micorriza (ver Smith y Read, 2008). Mantener los ecosistemas del suelo sanos, estimular el papel del micelio de hongos en el intercambio de nutrientes entre suelo-raíz-planta en particular, la descomposición de materia orgánica, y la recuperación del suelo después de contaminantes es un aspecto central de la agricultura regenerativa y de la restauración de ecosistemas.

El libro de Paul Stamets *Mycelium Running – How Mushrooms Can Help Save the World* (Mycelium Running, Como los Hongos Pueden Salvar el Mundo) es un valioso recurso para diseñadores de culturas regenerativas. Desde fuentes de sabrosa proteína de gran calidad, un amplio espectro de usos medicinales y filtración de agua, hasta aplicaciones en la agricultura, la forestería, la recuperación de suelos y la restauración de ecosistemas. Stamets explora la micomímesis y cómo podemos aplicar la micorestauración para beneficiar a los ecosistemas y a las personas. Tuve el placer de pasear por parajes boscosos de las Highlands escocesas con Paul. Él cree que hemos ignorado o temido a nuestros primos los hongos durante demasiado tiempo. Los hongos son los desmontadores moleculares de la naturaleza. El micelio de los hongos está presente en la mayor parte de los procesos cíclicos y regenerativos que se ocupan de la descomposición, de los ciclos de nutrientes, de la retención de agua y de la fertilidad y la salud del suelo.

Los hongos también han aprendido a defenderse de infecciones bacterianas y han mostrado que no solo tienen propiedades antibióticas sino también antivirales y anticancerígenas. Prácticamente "crearon el primer internet", interconectando ecosistemas forestales enteros en una red colectiva de inteligencia y simbiosis distribuida. A Paul le gusta resaltar que "después de cada gran evento de extinción fueron los hongos los que heredaron la Tierra" y ayudaron a la vida a reiniciarse.

Stamets ha convertido su empresa, Fungi Perfecti, en un negocio verde de éxito y ha registrado una larga lista de patentes (para proteger sus innovaciones de lo que él llama "los buitres capitalistas"). Su trabajo y colección de micelio de hongos será un recurso fundamental a medida que la regeneración de ecosistemas se convierte en la actividad central de la humanidad en el siglo XXI.*

> Sobre la tierra, toda vida brota del suelo. El suelo es nuestra moneda ecológica. Si lo malgastamos o lo agotamos, el medioambiente se va a la bancarrota. Ya sea previniendo o reconstruyendo después de la catástrofe medioambiental, los micólogos pueden convertirse en artistas medioambientales al diseñar paisajes tanto para el beneficio de los humanos como para el beneficio natural.
>
> Paul Stamets (2005: 55)

"Hay muchos profesionales de las prácticas de la agricultura regenerativa y de la restauración de ecosistemas comprometidos por todo el mundo. Podemos tener la esperanza de que la cocreación de culturas humanas regenerativas es ciertamente una posibilidad que podemos elegir. Ejemplos esperanzadores van desde la reforestación de las Highlands basada en un plan de negocio a 500 años de la entidad benéfica escocesa Trees for Life para recuperar el bosque Caledonio, a Treepeople en Los Ángeles que trabaja en cuencas hidrográficas urbanas y en restauración de bosques comunitarios, The Wild Foundation y los casi 30 años de la Society for Ecological Restoration. Las personas que componen todas estas organizaciones y muchas otras como ellas nos han proporcionado el saber y la experiencia para restaurar los ecosistemas y las cuencas hidrográficas del mundo. En 2002, participé en la Conferencia Restaurar la Tierra, en la que más de 200 personas de cuarenta países y seis continentes declararon oficialmente al siglo XXI el *Siglo de la Restauración de la Tierra*. Continuemos trabajando para esta visión por el bien de las generaciones futuras y de la nuestra.

El galardonado director de cine chino-estadounidense y miembro investigador en la Unión Internacional para la Conservación de la Naturaleza (IUCN por sus siglas en inglés) John D. Liu ha documentado varios proyectos de regeneración a gran escala de gran éxito en China (Meseta de Loes), en Etiopía, en Uganda y en Latinoamérica. Liu concluye: "Por lo que yo he visto, los factores determinantes para la supervivencia y la sostenibilidad en la Tierra son la biodiversidad, la biomasa y la acumulación de materia orgánica, cuanta más mejor". Sugiere que "las lecciones de la Meseta de Loes muestran que es posible restaurar a gran escala ecosistemas dañados y que esto mitiga los impactos del clima, hace que la tierra sea más resiliente y aumenta la productividad" (Liu, 2011, p.24). Siguiendo estos sencillos conocimientos de la restauración de ecosistemas podemos crear las bases para la regeneración.

Restaurar los ecosistemas del mundo y aumentar la bioproductividad, es una senda hacia un futuro regenerativo. Las fotografías de John Liu sobre el proyecto de restauración medioambiental a gran escala en la Meseta Loes en China (abajo) demuestran que, como seres humanos, no estamos condenados a tener un impacto negativo en la comunidad de la vida. Podemos ser una influencia regenerativa y restauradora. Podemos diseñar *como* naturaleza y generar abundancia compartida.

La agricultura regenerativa es una práctica de intensificación ecológica en expansión basada en sistemas integrados de producción de alimentos que imitan a los ecosistemas naturales y mantienen la diversidad y la resiliencia al combi-

Figura 23: El Proyecto de restauración medioambiental en la Meseta Loes en China – © The Environmental Media Project.

nar la cría de animales, el cultivo de cereales, las huertas, los frutales convertidos en jardines forestales, los estanques de acuicultura, y el cultivo de hongos en agro-ecosistemas enormemente productivos que no solo alimentan a la humanidad, sino que mantienen la salud y la diversidad de la comunidad biótica de la Tierra. En entornos urbanos estamos viendo la evolución de parques y aceras cultivados, muros verdes, agricultura vertical (Despommier, 2011), silvicultura urbana (Clark *et al.*, 1997) y huertas urbanas comunitarias entre muchas otras iniciativas de agricultura urbana. Las tierras salvajes, las ciudades, los ecosistemas cultivados pueden ser depósitos y también santuarios para la diversidad de flora y fauna silvestre y domesticada del mundo.

Rediseñar la agricultura en la forma en la que han explorado y demostrado los pioneros de la agricultura ecológica regenerativa nos ofrece una oportunidad para evitar el cambio climático descontrolado y trabajar para reducir las concentraciones de dióxido de carbono en la atmósfera y en los océanos. La agricultura regenerativa también nos ayudará a asegurarnos la soberanía alimentaria, la hídrica y la energética de una manera igualitaria a nivel global y local. Para el desafío de rediseñar nuestra cultura de materiales al completo y para desengancharnos de nuestra actual dependencia a los combustibles fósiles y a recursos de la corteza de la Tierra, la agricultura regenerativa nos proveerá con una fuente de flujos de recursos que serán la base de bio-economías circulares dinámicas a nivel local, regional y global.

Al imitar cuidadosamente a la naturaleza podemos crear agro-ecosistemas que nos suministren alimentos, agua, energía y las materias primas para nuestra nueva cultura de materiales basada en la fabricación distribuida dentro de economías regionales circulares e interconectadas en diferentes escalas. En una cultura regenerativa no haremos esto solo para cubrir las necesidades humanas de manera equitativa. Al regenerar las funciones de ecosistemas a escala local y a escala planetaria estamos aspirando a co-evolucionar con la vida como nuestra comunidad más extensa, reconociendo tanto la utilidad como el valor intrínseco de toda la vida. La humanidad está madurando y se está convirtiendo en un miembro consciente y responsable de la comunidad de la vida. *¡Como vida, podemos crear las condiciones que favorecen la vida!*

Rediseñar economías basadas en la ecología

> Para hacer que el mundo funcione para el 100% de la humanidad en el periodo de tiempo más corto posible, mediante la cooperación espontánea sin causar daños ecológicos o perjuicios a nadie.
>
> R. Buckminster Fuller

La mayor parte de nuestro comportamiento diario y de nuestra actividad cultural están determinados estructuralmente por la manera en la que hemos organizado nuestros sistemas monetarios y económicos. Su rediseño es un habilitador fundamental de la transición hacia culturas regenerativas. Transformar nuestro(s) sistema(s) a escala local, regional, nacional y global es ciertamente una intervención de diseño salutógeno atrevida, sin embargo es la única manera con la que seremos capaces de llevar a cabo cambios lo suficientemente profundos como para evitar el colapso de la civilización y más daños a los ecosistemas y a la biosfera.

P ¿Es posible crear un sistema económico regenerativo basado en la cooperación en lugar de en la competición?

P ¿Cómo pueden las lecciones de la ecología, como la simbiosis, los sistemas circulares sin residuos, la optimización de sistemas vivos, conformar el rediseño de nuestros sistemas económicos y monetarios?

En línea con la intención central de diseño de Buckminster Fuller, tenemos que preguntarnos: ¿nuestro actual sistema económico y monetario funciona para el 100% de la humanidad sin daños ecológicos y sin perjudicar a nadie? ¡Claramente no! Necesitamos nuevas reglas económicas y cambios estructurales fundamentales que incentiven las relaciones regenerativas y colaborativas. El sistema rediseñado necesita impedir la clase de patrones de comportamiento patológico que justifican y premian nuestra narrativa de separación culturalmente dominante, basada en la biología neo-darwinista y en la economía neoclásica.

Como seres humanos, somos compasivos y colaborativos por naturaleza, pero nuestros sistemas económicos y monetarios actuales están basados en la narrativa de separación que crea y fomenta la competición. Durante demasiado tiempo, hemos contado una historia de la naturaleza "competitiva y sin escrúpulos" y excusado el peor comportamiento humano como natural. ¡La escasez es fundamentalmente una mentalidad y una falta de colaboración, no una realidad biológica! La competición crea escasez, lo que a su vez se usa para justificar el comportamiento competitivo (un círculo vicioso). Los límites naturales de bioproductividad y de las funciones sanas de los ecosistemas no crean escasez en sí mismos. La colaboración puede transformar estos límites planetarios naturales en restricciones habilitadoras para crear abundancia para todos, dentro de ecosistemas sanos y de una biosfera sana. La colaboración crea abundancia compartida, lo que a su vez invita a colaborar más (un círculo virtuoso) ¡Nosotros elegimos qué mundo queremos crear juntos!

Nuestros sistemas económicos tienen que rediseñarse para permitir, en lugar de inhibir, cambios vitales para la salud mejorada de sistemas vivos. Cuanto más sano es un sistema vivo, más abundancia generan las funciones de ecosistemas sanos. Nuestro actual sistema monetario crea dinero de la nada basándose en la deuda (cada vez que alguien pide un préstamo). El interés diferencial por prestar y por pedir prestado, junto con el interés compuesto, alimenta aún más un sistema que no solo está establecido como un juego de ganadores y perdedores, sino que también requiere un crecimiento económico continuo para seguir funcionando. Además, este sistema depende de la extracción continua de recursos naturales, convirtiéndolos en activos económicos (privatizados) mientras se externalizan los costes ecológicos y sociales. Este es un sistema estructuralmente insostenible.

En lugar de crear una forma de intercambio y un depósito de valor que incentive la participación apropiada en los procesos de la biosfera que sustentan la vida, hemos creado un sistema económico y monetario que impulsa una explotación y una destrucción sistémica del funcionamiento de los ecosistemas sanos. Además, este sistema mal diseñado nos hace competir en lugar de colaborar entre nosotros. Nuestros sistemas monetarios y económicos insostenibles se encuentran en el origen de muchas de las crisis convergentes que nos rodean. Refuerzan la profecía auto-cumplida de competición y escasez. Una cultura regenerativa solo surgirá si abordamos estos cambios estructurales necesarios y fundamentales.

En su página web Peak Prosperity, Chris Martenson, un antiguo ejecutivo de Fortune 300, nos ofrece un curso intensivo usando una serie de presentaciones en videos cortos que analizan las fuerzas interconectadas de nuestro sistema económico estructuralmente disfuncional. La fase de crecimiento económico global se está acercando a su fin sistémico (estructural). Recomiendo este recurso para cualquiera que quiera invertir cuatro horas para conseguir una mejor comprensión del porqué una transformación económica cultural es inevitable y urgentemente necesaria. Como un ecosistema que alcanza la madurez, nuestros sistemas económicos necesitan cambiar de un crecimiento cuantitativo a uno cualitativo revitalizando las economías locales y regionales mediante la prosperidad que se genera con la colaboración y con la resiliencia comunitaria.

La palabra "regenerativa" en "cultura regenerativa" se refiere, en parte, a la capacidad de la cultura para regenerarse y transformarse a sí misma en respuesta al cambio. Y lo que es más importante, se refiere a la capacidad de una cultura para mantener y regenerar funciones de ecosistemas sanos como base para la riqueza y el bienestar. Si finalmente entendemos que nuestros sistemas monetarios y económicos actuales no son los adecuados para su propósito, podemos iniciar cambios estructurales que crearán las condiciones para que la vida en su integridad, incluida *toda* la humanidad, prospere.

El fundador del Foro Económico Mundial, Klaus Schwab, dijo en vísperas del foro de 2012 que "el capitalismo en su forma actual ya no le sirve al mundo que nos rodea [...] se necesita una transformación global urgentemente" (*Economic Times*, 2012). En el Capítulo 5 analizamos cómo el diseño sigue diseñando, cómo hay una retroalimentación que se auto-refuerza entre nuestra cosmovisión y el diseño que refuerza la manera en la que vemos el mundo. Necesitamos romper este círculo vicioso del mal diseño económico del pasado que continúa reforzando la perspectiva de la escasez, la separación y la competición que conduce a la degradación ecológica y social. Los seres humanos diseñaron este sistema y los seres humanos pueden rediseñarlo para servir a las personas y al planeta.

Ningún aspecto de nuestro sistema económico actual es inevitable o inmutable. Recuerda, en el mejor de los casos, la economía es un "sistema de gestión" y en el peor una ideología peligrosa. Al contrario que la biología y la ecología, la economía no es una ciencia. Nosotros creamos nuestro sistema económico actual y nosotros podemos rediseñarlo, basándonos en conocimientos ecológicos para servir mejor a nuestro propósito común de promover la salud y el bienestar de la humanidad y de la comunidad de la vida. Rediseñar la economía desde abajo nos reta a diseñar sistemas monetarios, políticas comerciales e instituciones financieras nuevas, además de economías locales vivas de enlace de escalas y bio-economías circulares basadas en la región y respaldadas por la colaboración y por el intercambio de recursos e información global.

El fracaso estructural de nuestro sistema actual ya no es una hipótesis provocadora de unos pocos líderes de pensamiento. El Banco Mundial, las Naciones Unidas, las instituciones financieras mundiales, muchos líderes políticos y lo que es más importante, una corriente de ciudadanos de todo el mundo cada vez más informados, han reconocido la disfuncionalidad del actual sistema económico y monetario. Nos encontramos ante el reto de rediseñar el avión mientras estamos en mitad del vuelo. La necesidad del "Horizonte 1" de mantener las luces encendidas y a las personas en sus trabajos y alimentadas, está provocando que muchos líderes reaccionen en ciclos electorales y económicos a corto plazo con poco espacio de maniobra, y que no inicien los cambios transformadores necesarios para el beneficio de la humanidad y de la vida a largo plazo. Este bloqueo estructural alimenta "lo mismo de siempre". Estos son algunos de los defectos más importantes del sistema económico y monetario actual:

- "El dinero como deuda que se crea de la nada" provoca desigualdad extrema y establece la "competición" como norma.
- Los intereses compuestos en préstamos y depósitos crean una bomba de relojería que impulsa la perversa necesidad de crecimiento exponencial y de consumo desenfrenado, estableciendo estructuralmente un "campo de juego" de ganadores-perdedores en lugar de uno de triple beneficio.

- Las medidas inapropiadas y equivocadas del éxito económico como es el PIB, desvían nuestra atención de la creación de salud y bienestar sistémico (preocuparse por las cualidades) al rendimiento económico (preocuparse por las cantidades).
- Las subvenciones anacrónicas y las políticas de comercio internacional establecidas bajo el dominio económico de grandes grupos de presión favorecen los tipos de industrias y las fuentes energéticas equivocadas.
- Las normas de comercio actuales favorecen las ganancias financieras de los accionistas de corporaciones multinacionales mientras que sabotean la producción y el consumo local y regional (en detrimento de la mayoría de los 5 mil millones de pobres de la humanidad y de las funciones de los ecosistemas).
- Los sistemas tributarios que están creados para gravar el trabajo, en lugar del uso de recursos, aumentan estructuralmente la desigualdad e impulsan la degradación medioambiental y social.
- La creación de valor está basada en un sistema de extracción, producción y consumo explotador que externaliza los costes sociales y ecológicos de (y los daños causados por) la degradación de nuestra base de recursos y que causan un cambio climático peligroso.
- Los flujos de inversión y las subvenciones no apoyan actividades y tecnologías salutógenas y regenerativas, como sería el caso si la creación de valor estuviese basada en las funciones de ecosistemas sanos y en la regeneración.

Los sistemas económicos y monetarios tal y como están ahora son estructuralmente disfuncionales y en el mejor de los casos sirven a unos pocos (durante un tiempo). Bajo ninguna circunstancia proporcionarán una vida sana, llena de sentido y feliz para todos. En un planeta superpoblado con ecosistemas en quiebra tenemos que aprender que creerse mejor que otros mientras destruimos los sistemas de soporte vital del planeta no es una estrategia evolutiva de éxito. Los juegos de ganadores-perdedores a largo plazo se convierten en juegos de perdedores-perdedores.

Comenzando con los puntos de referencia sistémicos mencionados arriba, podemos transformar nuestra economía global y fortalecer economías regionales y locales resilientes para que sean los cimientos de culturas regenerativas diversas y prósperas. Si queremos crear economías sanas que protejan y no destruyan los ecosistemas locales, necesitaremos reescribir las normas de comercio internacional en maneras que incluyan los costes sociales y ecológicos de producción y consumo, además de los de comercio.

Necesitamos proteger las economías locales de las importaciones "baratas" que se han hecho posibles debido a las subvenciones ocultas, a la externalización de costes verdaderos, y a la subcontratación de la producción (explotando la desigualdad internacional). Re-localizar y re-regionalizar la economía, mientras mantenemos la colaboración internacional y el comercio justo, crea empleos y resiliencia comunitaria. Sustenta una economía de impacto social y ecológico positivo.

El dogma de la economía neoclásica llamaría a esto "proteccionismo" y se opondría a ello porque "necesitamos la desregulación en lugar de la regulación para asegurar el libre mercado". ¡Qué mito más persistente está resultando ser este libre mercado! En una respuesta refleja condicionada, muchas personas inteligentes defenderán un ideal (el libre mercado) que simplemente no existe. Kenny Ausubel, fundador de Bioneers, puso el dedo en la llaga:

> El mundo está sufriendo los incentivos perversos del "capitalismo antinatural". Cuando la gente dice "libre mercado", pregunto si *libre* es un verbo. No tenemos un mercado libre, sino un mercado extremadamente controlado y con frecuencia monopolizado. [...] tenemos bancos y empresas que son "demasiado grandes para caer", pero en realidad son demasiado grandes para no caer. Las concentraciones extremas de riqueza y de poder resultantes son muy malas para los negocios y para la economía (sin mencionar al medioambiente, los derechos humanos, y la democracia). Un resultado es que las empresas pequeñas no pueden avanzar demasiado contra los grandes jugadores con sus legiones de abogados y grupos de presión en Capitol Hill, cuando en realidad son las empresas pequeñas y medianas las que aportan la mayoría de los empleos y de la innovación.
>
> Kenny Ausubel en Harman (2013: 77)

La transformación de nuestro sistema económico ya está en marcha. Los innovadores sociales, culturales y ecológicos de todo el mundo ya están ofreciendo y explorando una plétora de alternativas. Nuestros sistemas socio-económicos están siendo reinventados desde abajo. *En Money and Sustainability – The Missing Link* (El Dinero y la Sostenibilidad, el Eslabón Perdido), Bernard Lietaer y sus colaboradores (2012) exploran diversas maneras en las que se pueden diseñar monedas regionales complementarias para abordar los problemas creados por nuestro sistema monetario actual. Ya hemos empezado a plantear distintas preguntas sobre el propósito y los objetivos de la economía y del dinero:

P ¿Cómo podemos reinventar nuestro sistema económico y

curar su actual disfuncionalidad estructural para crear una economía que esté al servicio de todas las personas y del planeta?

P ¿Qué clase de sistema monetario nos serviría y a qué escala?

P ¿Podemos diseñar una moneda de reserva 100% basada en la capacidad bioproductiva, la biodiversidad y el funcionamiento sano de los ecosistemas?

P ¿Cómo serían las bio-economías circulares y cómo podemos crearlas de manera efectiva y a qué escala?

P ¿Qué clase de sistema económico nos ayudaría a optimizar el reparto de recursos y la creación de recursos (biológicamente regenerativos) a nivel local, regional y global?

P ¿Cómo sería una "economía para el bien común", una "economía de la felicidad" y una "economía sagrada" en nuestra comunidad y cómo las cocreamos?

P ¿Cómo pueden unas reglas nuevas para la economía facilitar el reparto justo del patrimonio natural de la humanidad, y una responsabilidad común para con él?

P ¿Cómo creamos sistemas monetarios y económicos en los que, en última instancia, el valor esté basado en el funcionamiento sano del ecosistema y en los que la regeneración ecológica y social esté estructuralmente incentivada?

P ¿Cómo puede la alfabetización ecológica y el aprendizaje del resto de la naturaleza ayudarnos a rediseñar un sistema económico más adecuado para una cultura regenerativa?

No puedo hacer justicia a estas importantes preguntas aquí. Pero seleccionaré algunos de los excelentes trabajos de personas que en mi opinión tienen una pieza del puzle. Todas estas estrategias están basadas en la importante perspectiva ecológica de que los sistemas regenerativos en la naturaleza son colaborativos. El intercambio efectivo de recursos en los sistemas naturales está basado en la colaboración dentro de patrones circulares de uso y regeneración de recursos. Crear un sistema económico sano requiere que cubramos las necesidades de la humanidad dentro de los límites anuales de bioproductividad planetaria y hacerlo mientras intentamos regenerar la capacidad bioproductiva de ecosistemas dañados en todo el mundo. Willem Ferwerda, miembro ejecutivo y docente en la Escuela de Gestión de Rotterdam y consejero especial de la IUCN, explica porqué la restauración de ecosistemas dañados es un imperativo económico:

> Los ecosistemas forman la base de toda la creación de riqueza. Los servicios de los ecosistemas derivan del capital natural y son los activos principales de un inversor. [...] Los ecosistemas suministran a la sociedad suelo fértil, alimentos, agua, vivienda, bienes y servicios, medicinas, estabilidad, placer, conocimiento y ocio. [...] En la actualidad el 60 por ciento de los servicios suministrados por los ecosistemas están amenazados. Las actividades económicas que buscan lograr riqueza a corto plazo están destruyendo ecosistemas por todo el mundo y por ello el principal activo de las economías. Restaurar ecosistemas dañados en todo el mundo es esencial si queremos asegurar el sustento de las futuras generaciones.
>
> Willem Ferwerda (2012: 13)

Crear economías circulares

> La economía circular se refiere a una economía industrial con intención restauradora; que tiene como objetivo depender de energía renovable; que minimiza, monitoriza y elimina el uso de productos químicos tóxicos y residuos por medio de un diseño meticuloso. El término va más allá de la mecánica de la producción y del consumo de bienes y servicios. [...] (entre los ejemplos están la reconstrucción de capital, incluido el social y el natural y el cambio de consumidor a usuario). El concepto de la economía circular se fundamenta en el estudio de sistemas vivos específicos no lineales. Una importante conclusión a la que se llega cuando se adopta la perspectiva de sistemas vivos es la noción de la optimización de sistemas en lugar de componentes.
>
> Fundación Ellen MacArthur (2013a)

Las preguntas sobre cómo crear una economía circular y regenerativa fundamentada en los patrones de flujo de recursos y de energía que podemos observar en los ecosistemas, han inspirado a líderes de pensamiento e innovadores en diseño ecológico y economía ecológica durante varias décadas; ahora estas preguntas se están planteando en instituciones financieras mundiales, en la Comisión Europea, en empresas líderes, y en consultorías convencionales como McKinsey. Prefiero tomarme esto como un signo positivo de que las conversaciones culturalmente creativas, que comenzaron los pioneros ecológicamente alfabetizados hace décadas, están empezando a alcanzar a la masa crítica para dar una respuesta cultural transformadora a las crisis convergentes.*

En los últimos años, el trabajo de la fundación Ellen MacArthur y su iniciativa CE100 ha llevado la conversación sobre la manera de facilitar la transición hacia una economía circular a los consejos de administración corporativos de todo el mundo. La CE100 reúne a empresas y a autoridades locales de diferentes regiones del mundo con innovadores en diseño ecológico para permitir un intercambio de información rápido y una inteligencia colectiva. Tiene como objetivo facilitar implementaciones rápidas de mejoras en procesos industriales que se han estimado en un valor de más de un billón de dólares en la economía global. El CE100 ofrece una base de datos de las mejores prácticas y procesos para que las empresas puedan aprender de las experiencias de otros. También ofrece un programa de educación ejecutiva para ayudar a los líderes industriales y a sus equipos de gestión a participar y a informarse.

La clase de transformación que se necesita para implementar la estrategia de economía circular a nivel local, regional y global solo puede ocurrir si está impulsada por una colaboración intersectorial generalizada. Los líderes empresariales están despertando a los múltiples beneficios de centrarse en la *ventaja colaborativa* en lugar de en la *ventaja competitiva*. Los sistemas regenerativos están definidos por la colaboración y las soluciones de triple beneficio en lugar de la competición y los juegos de suma cero que crean ganadores y perdedores.

Walter Stahel (2014) subraya una serie de características de la economía circular que la distinguen de una economía lineal basada en la extracción, la producción, el consumo y el deshecho (residuos):

1. "Cuanto más pequeño sea el bucle (en cuanto a la actividad y geogrfía) más beneficioso y más eficiente será en materia de recursos". El objetivo no es crear una economía circular globalizada, en su lugar, la estrategia más eficaz es enlazar adecuadamente economías circulares múltiples a escala local, regional y global.

2. "Los bucles no tienen principio ni fin", así que requieren colaboración continua a lo largo de toda la cadena de valor.

3. "La velocidad de los flujos circulares es fundamental: la eficacia de la gestión de stocks en una economía circular aumenta con una velocidad de flujo decreciente"; y por ello las empresas tendrán que repensar estrategias basadas en la "obsolescencia programada" y crear productos duraderos y de alta calidad.

4. "La propiedad continua es rentable: reusar, reparar y volver a fabricar sin un cambio de propiedad ahorra costes dobles de transacción". Esto crea un incentivo para que las empresas vendan (alquilen) el uso o servicio ofrecido por sus productos, en lugar de los productos en sí mismos.

5. "Una economía circular necesita mercados que funcionen".

El sistema económico actual, lejos de ser un libre mercado, está regulado de manera que privatiza beneficios y externaliza como daños colaterales los costes de los daños sociales y medioambientales que se producen durante la fabricación, la distribución y el deshecho del producto en lugar de incluirlos en el verdadero coste contable de un producto dado. Para crear mercados funcionales necesitamos una legislación que insista en que los costes sociales y medioambientes se incluyan en el precio del producto, y deje de cobrar impuestos sobre el trabajo para comenzar cobrarlos sobre el uso de recursos y de energía.

El cambio de una economía lineal a una circular tiene múltiples beneficios económicos, sociales y medioambientales. En febrero de 2014, personal de la McKinsey sugirieron que la economía circular ya está "empezando a ayudar a empresas a crear más valor a la vez que reducen su dependencia en recursos escasos". Su artículo concluía que "la era de prácticamente ignorar los costes de recursos ha terminado" y que los líderes empresariales están empezando a plantear esta importante pregunta: "¿Podría un sistema industrial que es intencionalmente regenerativo, de economía circular, que restaura aportes de material, energía y trabajo ser bueno para la sociedad y para las empresas?" (Nguyen *et al.*, 2014).

Renault ya ha creado una planta de refabricación en la que muchos componentes mecánicos de sus coches se refabrican. El diseño para el desmontaje, los bucles cerrados de reciclado de material y el trabajo sistemático a lo largo de toda la cadena de suministros han reportado un aumento de rentabilidad además de una amplia variedad de beneficios medioambientales. Renault está aplicando innovación del Horizonte 2 al tomar medidas beneficiosas hacia una economía circular. El equipo de la McKinsey subrayó que:

> Cada vez hay más pruebas que sugieren que las oportunidades empresariales en una economía circular son reales -y grandes [...]. De hecho, nuestras investigaciones sugieren que el ahorro solo en material, podría sobrepasar 1 billón de dólares al año para 2025 y que, bajo las condiciones apropiadas, una economía circular podría ser un impulsor tangible de la innovación industrial, de la creación de empleo y del crecimiento a nivel mundial en el siglo XXI.
>
> Hanh Nguyen *et al.* (2014)

El director ejecutivo de Philips, Frans van Houten, cree que estamos "en la cúspide de una nueva revolución económica" y que necesitaremos un replanteamiento fundamental para definir el "valor" y la "propiedad". En línea con la idea de Stahel sobre el funcionamiento óptimo de la economía circular, sugiere que: "Quizás en lugar de vender productos, las empresas como Philips deberían mantener la propiedad y vender el uso como un servicio, permitiéndonos optimizar el consumo de recursos" (van Houten, 2014). En una entrevista sobre el trabajo dentro de Philips dijo: "Es gratificante ver lo entusiastas que pueden ser las personas cuando entienden lo que pueden hacer desde el punto de vista del pensamiento circular" (Fleming y Zils, 2014). El entusiasmo se despierta por el sentido en lugar de únicamente por el dinero. Si se le da una oportunidad, la mayoría de la gente preferiría que su trabajo diario contribuyera a la creación de una cultura regenerativa en lugar de simplemente a pagar sus facturas en el Titanic.

Hasta qué punto este aumento del interés por la "economía circular" conducirá a una verdadera innovación del Horizonte 2+ en lugar de quedar capturado por "lo mismo de siempre" (H1) y terminar siendo innovación H2-, dependerá de la profundidad con la que esta estrategia transforme las empresas y las instituciones que se impliquen en ella. Si las grandes multinacionales retienen la propiedad de sus productos y solo venden el acceso a ellos, esto podría aumentar la desigualdad y crear dependencias injustas para los usuarios de los productos.

Para conseguir un tipo de transformación del H2+ y del H3, los múltiples beneficios sociales, económicos y medioambientales de la estrategia de la economía circular deben comunicarse y ser comprendidos por todos los trabajadores, no solo por los altos mandos. Los cambios técnicos en el diseño de productos, en los procesos de producción y en los ciclos de vida del producto necesitan contextualizarse dentro de un cambio cultural más amplio hacia comunidades locales y regionales prósperas y hacia una cultura regenerativa. Los cambios transformadores en la producción y el consumo no solo cambiarán el cómo, sino que también cambiaran el por qué, y como tal transformará la esencia de las grandes corporaciones. Creo que su futuro se encuentra en el papel de socios de conocimiento que apoyen la fabricación distribuida facilitando la colaboración global-local.

El diagrama esquemático en la Figura 24 fue creado por la Fundación Ellen MacArthur y hace un mapa de los distintos elementos en una economía circular.

He tenido la oportunidad de experimentar de primera mano cómo la visión de la creación de un proyecto de economía circular regional puede inspirar a las personas y crear una colaboración generalizada entre partes interesadas previamente aisladas. Aunque el "Proyecto-Glocal" en Mallorca para Ecover con la colaboración del Foro para el Futuro, mencionado en el Capítulo 5, quedó suspendido después de la prueba piloto inicial, ya ha creado un cambio de actitud entre muchos de los participantes de la isla. Nuestro trabajo ha sembrado la semilla de una nueva manera de pensar que es más sistémica, explora el potencial de cerrar bucles, y las colaboraciones necesarias para hacerlo de manera efectiva. Otras empresas están empezando a mostrar interés por este experimento de innovación de gran alcance sobre cómo crear bio-economías circulares en la escala de la isla.

ECONOMÍA CIRCULAR: Un sistema que es intencionadamente restaurador

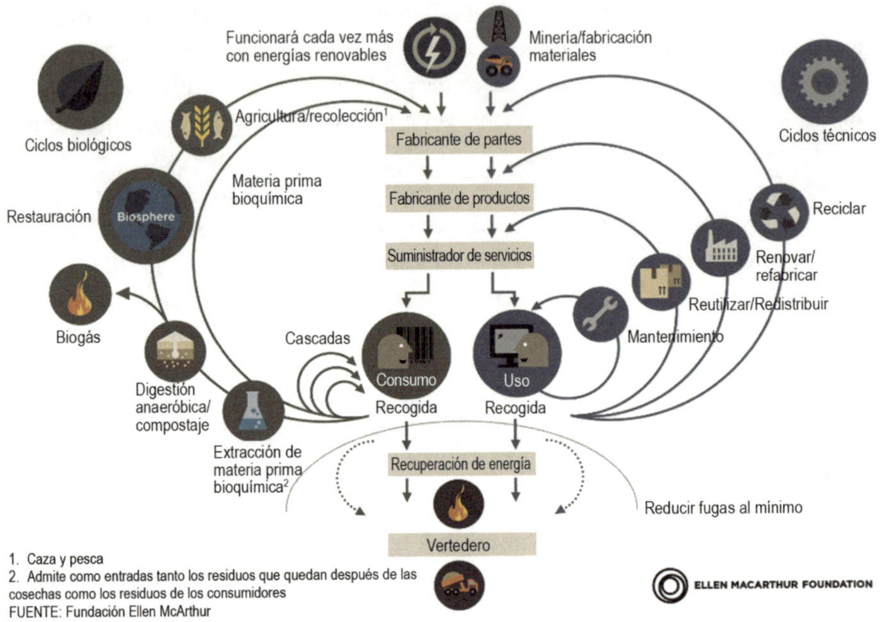

Figura 24: Economía Circular – Reproducido con el permiso de la Fundación Ellen MacArthur.

Otro proyecto del Foro para el Futuro con el especialista en reciclado de aluminio Novelis Inc. apoyó la creación de las instalaciones de reciclado de aluminio más grandes del mundo en Alemania. Las instalaciones esperan procesar 400.000 toneladas de restos de aluminio cada año con un proceso optimizado que reduce las emisiones de carbono y deja este valioso metal listo para su reutilización en la industria de las latas y en la del automóvil. Se ha cambiado de un "pensamiento de cadena de suministros" a un "pensamiento de red de valor". Esta estrategia crea e incentiva nuevas maneras de colaboración para la creación de soluciones de triple beneficio. John Gardner (2014), vicepresidente y oficial jefe para la sostenibilidad de Novelis, lo denomina "innovación disruptiva a través de la colaboración". Una vez que la idea de economía circular se une de manera más efectiva con la re-regionalización de la producción y del consumo, esta innovación disruptiva se convertirá en innovación transformadora para culturas regenerativas. A nivel regional, las bio-economías circulares crearán empleo y economías regionales dinámicas.

Hacia una economía regenerativa

> Básicamente, necesitamos transformar las finanzas y cambiar el flujo de inversión de capital para perpetuar una Economía Regenerativa que sirva a la humanidad y sea una administradora de los ecosistemas de la Tierra. [...] La transición a una Economía Regenerativa trata sobre ver el mundo de una manera diferente, un cambio hacia una cosmovisión ecológica para la que la naturaleza es el modelo. El proceso regenerativo que define a los sistemas vivos prósperos debe definir al sistema económico mismo.
>
> John Fullerton y Hunter Lovins (2013)

Rediseñar nuestro sistema industrial de producción y consumo en torno a los patrones circulares de uso de recursos y de energía que observamos en ecosistemas maduros es solo una parte del rediseño de nuestra economía usando los conocimientos de la ecología. Crear una verdadera economía regenerativa nos reta a plantear preguntas más profundas y a iniciar un cambio transformador de un alcance más amplio. La crisis bursátil de septiembre de 2008 provocó que muchos economistas convencionales se dieran cuenta de que el sistema actual es fundamentalmente disfuncional. Desde entonces, algunos de ellos se han convertido en eficaces agentes de cambio para la transición hacia una cultura regenerativa. En lugar de condenar a estas personas extremadamente inteligentes, bien conectadas, con muchos recursos y sumamente capaces por el papel que han jugado en crear parte del caos del Horizonte 1 (al que en alguna medida todos hemos contribuido), deberíamos celebrar el apoyo recién descubierto de aquellos que tienen acceso a personas importantes que toman las decisiones y que cuentan con su respeto.

John Fullerton, un director ejecutivo de J. P. Morgan hasta 2002 y ahora miembro del Club de Roma y presidente del Instituto Capital es uno de los facilitadores más activos del diálogo sobre la manera en la que podríamos crear una economía regenerativa. Ha publicado una lista de principios que se podrían usar para describir una economía regenerativa (Fullerton, 2015). Si convertimos la lista de cualidades propuestas para una economía regenerativa en preguntas de referencia, podrían ser algo así:

P ¿Cómo podemos crear una economía con sus operaciones basadas en las relaciones cooperativas (entre nosotros y dentro de la ecoesfera)?

P ¿Cómo una economía regenerativa favorecerá el espíritu emprendedor?

P ¿Cómo una economía regenerativa haría posible la participación empoderada?

P ¿Cómo podríamos asegurar que la economía promueve flujos circulares robustos?

P ¿Cómo diseñaríamos mecanismos correctores (bucles de retroalimentación) en la economía?

P ¿Cómo podemos enriquecer las interacciones en nuestra economía imitando "el efecto de borde" (el punto en el que dos ecosistemas y su diversidad se encuentran)?

P ¿Cómo podemos promover actividades económicas regenerativas que honren el lugar al expresar la cultura y la ecología local en sus relaciones?

P ¿Cómo sería una economía que tiene una visión holística de la riqueza?

Preguntas como estas pueden servir como activadoras de conversaciones importantes en tu comunidad local, en un consejo de administración, o en el diálogo político iniciado recientemente sobre el rediseño de la economía.

Una economía regenerativa tendría "intercambios fundamentales que añaden valor" que ocurren dentro de redes de relaciones recíprocas "a diferencia de las transacciones orientadas al mercado de materias primas" (ibidem). Un aspecto importante de la transición a un sistema así es animar a la gente a "descubrir su esencia, a innovar, y a crear de manera diferente en todos los sectores y actividades de la sociedad, no solo en el sector empresarial". Para estimular la participación, la gente necesita sentirse empoderada para contribuir a una economía humana sana "negociando dentro de su propio interés propio bien entendido a medida que promueven de manera natural la salud de la integridad" (ibidem). Si aprendemos a entender la riqueza de manera holística en lugar de solo en términos monetarios, entenderemos que al regenerar la salud y la riqueza de nuestras comunidades y ecosistemas estamos creando riqueza para todos.

Los flujos de materiales de una economía regenerativa imitarán "el proceso metabólico encontrado en sistemas vivos resilientes" en los que los residuos son reciclados o suprareciclados totalmente en un "flujo continuo, productivo, circulatorio y que mejoran el valor" (ver economía circular). El flujo de información y de dinero seguirá patrones similares. Los procesos que se auto-regulan y los bucles de retroalimentación mantienen el equilibrio dinámico de los ecosistemas; por analogía, "una economía y un sistema financiero regenerativos buscan el equilibrio entre la eficacia y la resiliencia, entre lo global y lo local, entre lo grande y lo pequeño, entre la diversidad y la uniformidad, entre la innovación y la conservación, entre la flexibilidad y la limitación" (ibidem).

El uso creativo del "efecto de borde" favorece el crecimiento cualitativo de todos los subsistemas en lugar de empujar el crecimiento cuantitativo desenfrenado de un subsistema aislado. Diseñar para incrementar el "efecto de borde" es biomímesis aplicada a la economía. La economía regenerativa en y entre distintas escalas tendrá como objetivo crear condiciones de "efecto de borde" con interacciones fértiles y una gran diversidad, que pueden manifestarse en "colaboraciones intensas a través de distintos sectores (sector público, sector privado, sector de las ONG), culturas y demografías, aumentando la posibilidad de creación de riqueza que añada valor a través de estos intercambios humanos que ocurren «en relación»" (ibidem).

Unir apropiadamente las escalas locales, regionales y globales de sistemas regenerativos anidados a través de la colaboración, será el principal logro de la economía regenerativa. Ese diseño de enlace de escalas fomentará "comunidades estables sanas, a nivel local, regional y global, tanto reales como virtuales, en un mosaico conectado, centrado en el lugar" (ibidem). La colaboración de enlace de escalas entre las diferentes "economías locales vivas" (BALLE, 2012) y las economías regionales dentro de un contexto global será un aspecto importante en la creación y el mantenimiento de una mayor igualdad a nivel local y global.

La riqueza entendida holísticamente se ve expresada principalmente en la salud de todo el sistema. Muchos aspectos de sistemas socio-ecológicos sanos y de una cultura regenerativa no se pueden reducir a valores monetarios y a números. Escapan a la cuantificación debido a que son cualidades basadas en verse favorecido por relaciones colaborativas y en favorecerlas.

Una economía regenerativa redefinirá la riqueza en términos de múltiples tipos de capital en lugar de únicamente el capital financiero. Ethan Roland y Gregory Landua propusieron un mapa de economías de sistemas vivos que concibe la riqueza como dependiente de ocho formas de capital: vivo, cultural, experimental, intelectual, espiritual, social, material y financiero (2011). Revisitaremos este modelo en más detalle cuando analicemos el papel de las iniciativas regenerativas.

El desvío del flujo del capital financiero de la economía especulativa a la economía real, y el de las iniciativas explotadoras y destructivas a las iniciativas sociales benéficas es también un paso fundamental hacia la creación de una economía regenerativa. La Ethical Markets Media, una iniciativa social establecida por Hazel Henderson, lleva diez años informando sobre historias de éxito en la transición hacia una economía verde. El "Marcador de Transición Verde" de la organización monitoriza la cantidad de inversiones privadas verdes a nivel mundial y ha mostrado un aumento constante durante los últimos diez años hasta 5,7 billones de dólares para septiembre del 2014, prediciendo que se llegará a los 10 billones de dólares para 2020. Junto a Biomimicry 3.8, Ethical Markets desarrolló un conjunto de "Principios de la Finanza Ética de Biomímesis" (Ethical Markets, 2012).

Henderson también dio un paso importante hacia formas más cualitativas y holísticas de medir el éxito económico con una alternativa práctica al indicador de éxito disfuncional, el PIB. Avalado por la firma de inversiones socialmente responsable Calvert, Henderson lideró el desarrollo de un nuevo conjunto de indicadores, ahora llamados Indicadores de Calidad de Vida de Mercados Éticos. Esta medida de actuación económica está basada en la educación, el empleo, la energía, el medioambiente, la salud, los derechos humanos, los ingresos, las infraestructuras, la seguridad nacional, la seguridad pública, el ocio y la vivienda.

Una economía regenerativa requerirá además que rediseñemos el papel que juega el sistema bancario. La Global Alliance for Banking on Values (La Alianza Global para la Banca en Valores) es una red independiente de bancos que usan las finanzas para proporcionar un desarrollo sostenible para "personas desatendidas, comunidades y el medioambiente". La alianza incluye a bancos pioneros e innovadores de los seis continentes que están comprometidos en i) "proveer productos financieros sociales", ii) "financiar iniciativas de desarrollo y emprendimiento social basadas en la comunidad", iii) "promover iniciativas sostenibles y medioambientalmente sensatas y satisfacer el potencial de desarrollo humano incluida la reducción de la pobreza" mientras, iv) "generan un triple resultado social, ambiental y económico" (GABV, 2014). No estamos empezando la transición hacia una economía regenerativa de cero. Ya tenemos a nuestra disposición muchas herramientas, procesos e innovaciones importantes y la transición ya está en marcha.

En todo el mundo hay individuos, organizaciones y empresas que están preguntando cómo podríamos transformar nuestro sistema económico disfuncional. En EE. UU. la New Economy Coalition (NEC) reúne a muchos de estos buscadores de caminos que tienen como objetivo cocrear "una economía que es restauradora para las personas, el lugar y el planeta, y que opera según los principios de la democracia, la justica y la escala apropiada" (New Economy Coalition, 2015). En Gran Bretaña la New Economics Foundation está igualmente decidida "a transformar la economía para que funcione para las personas y para el planeta" (New Economic Foundation, 2015). Puede que todavía no hayamos encontrado todas las respuestas y las soluciones, pero estamos planteando preguntas que nos permitirán dar pasos importantes hacia una economía regenerativa.

Comunidades prósperas y la economía solidaria

> Una economía verde no es un fin en sí mismo. En su lugar, [...] es el medio para una prosperidad compartida y duradera. ¿Pero qué significa exactamente prosperidad? Proponemos una definición para

> prosperidad desde el punto de vista de las capacidades que tienen las personas para prosperar en un planeta finito. Está claro que una parte de nuestra prosperidad depende de los bienes materiales y de los servicios. Claramente, vivir bien significa conseguir niveles básicos de seguridad material. Pero la prosperidad también tiene importantes componentes sociales y psicológicos. Nuestra capacidad de participar en la vida de la sociedad es vital. Un empleo de calidad, un ocio satisfactorio y un entorno sano también importan. [...] Las comunidades prósperas son la base de la prosperidad compartida.
>
> Tim Jackson y Peter A. Victor (2013: 6)

En 2009, el profesor Tim Jackson catalizó un cambio de dirección en la conversación sobre el "imperativo del crecimiento" que está estructuralmente integrado en nuestro sistema económico. En un informe para la Comisión de Desarrollo Sostenible de Gran Bretaña, Jackson se atrevió a mencionar el verdadero problema al preguntar si "la prosperidad sin crecimiento" era una posibilidad, manifestando claramente la razón por la que "lo mismo de siempre" ya no era una opción (Jackson, 2009a).

El informe mostraba que mientras la economía mundial ha doblado su tamaño en los últimos 25 años, ha degradado gravemente más del 60% de los ecosistemas del mundo sin ofrecer una manera más igualitaria de compartir la riqueza. Al contrario, la desigualdad ha crecido tanto dentro como entre las naciones. Vivimos en un mundo con 5 mil millones de pobres y la quinta parte más pobre de la población mundial se las tiene que arreglar con solo el 2% de la renta mundial. Según un informe del Credit Suisse, el 1% más rico posee ahora más de la mitad de la riqueza financiera del mundo (Treanor, 2014). La desigualdad extrema conduce a una serie de reacciones en cadena devastadoras, que afectan a la salud, a la cohesión comunitaria, a la seguridad nacional e internacional y al medioambiente.

Sin embargo la prosperidad y el bienestar no son solamente resultado de la riqueza (financiera) que posee una persona. Necesitamos algo más que dinero para sentirnos bien. La participación en comunidades prósperas hace que los individuos prosperen, y colaborando en la comunidad podemos crear prosperidad para todos. El informe de Tim Jackson y Peter Victor sobre la Economía Verde a Escala Comunitaria (2013) llegaba a la conclusión de que las comunidades pueden tomar medidas positivas independientes para crear una economía verde local y mejorar la prosperidad para todos.

"En el mejor de los casos, la economía verde ofrece un plan positivo para una economía nueva, una firmemente anclada en los principios de los límites ecológicos, en la justica social, y en la prosperidad duradera" (pág. 6). Adoptar una perspectiva sistémica de la verdadera prosperidad significa no conformarse solamente con cubrir las necesidades materiales y dar igual importancia al establecimiento de las condiciones sociales y psicológicas en las que los individuos y las comunidades puedan prosperar. "Los límites materiales en sí mismos no limitan la prosperidad; [...] poniendo la atención apropiada a los límites materiales, podría ser posible mejorar la calidad de vida para todos incluso a medida que reducimos nuestro impacto conjunto en el medioambiente" (págs. 17-18).

A escala de comunidades locales, la abundancia y la prosperidad humana no están basadas exclusivamente en la disponibilidad de recursos materiales y de energía sino en la creatividad humana y en las relaciones. La prosperidad comunitaria e individual depende de la manera en la que colaboramos para crear soluciones de triple beneficio para todos. Jackson y Victor identificaron cuatro facilitadores de comunidades prósperas: "el papel de la iniciativa, la calidad del trabajo, la estructura de la inversión y la naturaleza de la economía monetaria" (pág. 6). Las actividades de emprendimiento y las empresariales en una comunidad, necesitan ofrecer a las personas la oportunidad de prosperar. Más allá de suministrar necesidades básicas como los alimentos, el vestido y la vivienda, "la prosperidad depende de los 'servicios humanos' que mejoran la calidad de nuestras vidas: la salud, el cuidado social, la educación, el ocio, el recreo, y el mantenimiento, renovación y protección de los activos físicos y naturales" (pág. 7).

Casi todos nosotros pasamos la mayor parte de nuestras vidas trabajando. Al hacerlo participamos en relaciones importantes que dan forma a nuestra cultura. Estas relaciones forman parte del "pegamento" de nuestra sociedad. "Un trabajo digno ofrece respeto, motivación, sensación de plenitud, implicación en la comunidad y, en el mejor de los casos, una sensación de sentido y propósito en la vida" (pág. 7) Enfrentados a las múltiples crisis convergentes que están desafiando a la humanidad, participar en la cocreación de comunidades locales prósperas como expresiones de una cultura humana regenerativa puede ofrecer esta sensación de sentido y propósito en la vida. Como se mencionó antes, la reestructuración de las inversiones y el rediseño de nuestros sistemas monetarios son dos importantes facilitadores de esta colaboración a escala comunitaria.

Muchos ejemplos inspiradores e instructivos de todo el mundo muestran cómo las comunidades y las regiones pueden empezar a crear estructuras económicas que facilitan el surgimiento de culturas regenerativas. La página web Global Transition to a New Economy (Transición Global hacia una Nueva Economía) hace un mapa de muchas de estas iniciativas. Todas tienen un común denominador: La senda hacia la prosperidad para todos se cocrea mediante la colaboración. ¡Los sistemas regenerativos son colaborativos! La estrategia de "economía solidaria" ilustra esto. SolidarityNYC, por ejemplo, intenta dar visibilidad y crear sinergias entre iniciativas que forman parte de la comunidad de colaboración dentro la economía solidaria de Nueva York.

> La economía solidaria incluye una amplia variedad de prácticas e iniciativas económicas, aunque todas comparten valores comunes que

> están en claro contraste con los valores de la economía dominante. En lugar de reforzar una cultura de competición despiadada, estas construyen culturas y comunidades de cooperación. En lugar de aislarnos entre nosotros, fomentan las relaciones de apoyo mutuo y de solidaridad. En lugar de ser estructuras centralizadas de control, se dirigen hacia la responsabilidad compartida y a la toma de decisiones democrática. En lugar de imponer una sola mono-cultura global, refuerzan la diversidad de culturas y de entornos locales. En lugar de dar prioridad a los beneficios sobre todo lo demás, incentivan un compromiso de humanidad compartida mejor expresada en la justicia social, económica y medioambiental.
>
> SolidarityNYC (2015)

La Red de Economía Solidaria de EE. UU. apoya este impulso transformador en EE. UU. Internacionalmente, en Asia y Brasil la Alianza para una

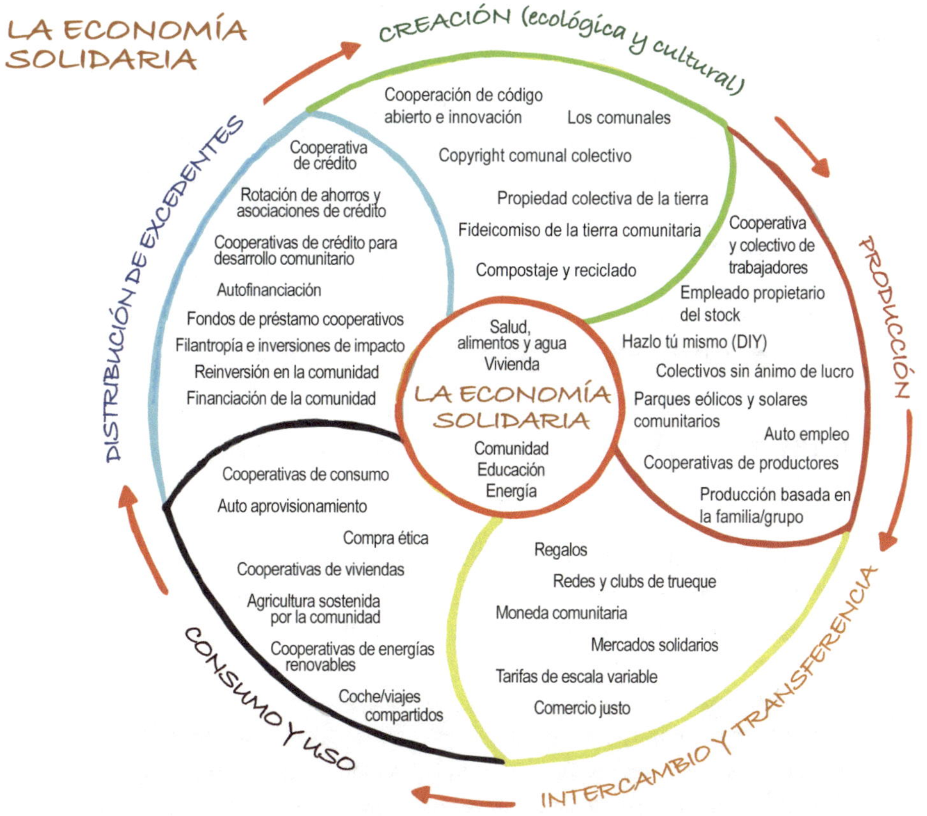

Figura 25: La Economía Solidaria– Redibujado con el contenido original con permiso de Ethan Miller.

Economía Responsable Plural y Solidaria ha estimulado el diálogo sobre la manera en la que podemos cocrear un modelo de economía colaborativa que construya comunidad en lugar de dividir, y www.socioeco.org ofrece un recurso excelente en este área. Un informe del Instituto de Investigación de las Naciones Unidas para el Desarrollo Social concluye que: "los políticos y la comunidad internacional de desarrollo en general necesitan prestar mucha más atención a los métodos y a los medios que posibiliten una ESS (Economía Social Solidaria). Esto es particularmente aparente en el actual contexto de un aumento del riesgo y la vulnerabilidad asociados con las crisis económica y alimentaria y con el cambio climático" (UNRISD, 2014: v). Ethan Miller (2010) ha intentado hacer un mapa de las distintas estrategias económicas, formas de organización y herramientas que pueden contribuir a la creación de una economía solidaria (Figura 25).

De nuevo, el mensaje importante es que no estamos intentando reinventar la economía teniendo en cuenta la ecología y la comunidad desde cero. Existen muchas estrategias y herramientas probadas en el tiempo, disponibles en la actualidad. Han sido desarrolladas en la periferia, llena de innovación, de lo convencional. Algunas de ellas bien pueden ser "islas del futuro en el presente" del H3, esperando extenderse, no necesariamente creciendo sino empleándose y adaptándose por todo el mundo a escala de comunidades locales y de economías regionales. Incluso si la transformación del contexto macro-económico más amplio sigue poniendo nuestra paciencia a prueba durante un tiempo, ya estamos empezando a suplir el sistema económico globalizado descendente con la innovación ascendente del H2+. Aplicar el diseño de enlace de escalas que genera salud para la economía significa crear diversidad y resiliencia fortaleciendo la economía solidaria a escala local y regional.

Cambiar el crecimiento cuantitativo por el cualitativo

> Demasiado y durante demasiado tiempo, parece que hemos rebajado la excelencia personal y los valores comunitarios a la mera acumulación de cosas materiales. En nuestro producto interior bruto, [...] si juzgamos a los Estados Unidos de América en base a esto, cuenta la contaminación del aire y los anuncios de cigarrillos, y las ambulancias para limpiar las carnicerías en nuestras autopistas. Cuentan las cerraduras especiales en nuestras puertas y las cárceles para las personas que las rompen. Cuenta la destrucción de las secuoyas y la pérdida de nuestras maravillas naturales por una expansión caótica. Cuenta el napalm y cuentan las cabezas nucleares y los coches blindados de la policía para luchar contra

> las revueltas en nuestras ciudades y los programas de televisión que glorifican la violencia para vender juguetes a nuestros hijos. Sin embargo el producto interior bruto no tiene sitio para la salud de nuestros hijos, la calidad de su educación o la alegría de sus juegos. No incluye la belleza de nuestra poesía o la fortaleza de nuestros matrimonios, la inteligencia de nuestro debate público o la integridad de nuestros funcionarios públicos. Ni mide nuestro ingenio ni nuestra valentía, ni nuestra sabiduría ni nuestro aprendizaje, ni nuestra compasión ni la devoción por nuestro país, en resumen, mide todo excepto lo que hace que la vida merezca la pena.
>
> Senador Robert Kennedy, 1968 en Capra y Henderson (2013:2)

Sabemos desde hace mucho tiempo que juzgar el progreso y el éxito de una economía en términos cuantitativos (financieros) conduce a distorsiones peligrosas y a prioridades equivocadas. En 1972, Limits to Growth (Los límites del crecimiento) alertó sobre los efectos potencialmente devastadores para el medioambiente de un crecimiento desenfrenado y del agotamiento de recursos en un planeta finito. Mientras que algunas predicciones que se hicieron se han retrasado por la extraordinaria resiliencia del sistema planetario, investigaciones recientes sugieren que ahora estamos muy cerca de ser testigos del escenario de colapso de "lo mismo de siempre" sobre el que alertaron los autores. En la actualización de los *Límites del Crecimiento* 30 años después, los autores pusieron el énfasis en que:

> La sostenibilidad no significa crecimiento cero. En su lugar, una sociedad sostenible estaría interesada en el desarrollo cualitativo y no en la expansión física. Consideraría el crecimiento material como una herramienta a considerar, no como un mandato perpetuo. [...] empezaría a discriminar entre clases de crecimiento y objetivos para el crecimiento. Preguntaría para qué es el crecimiento, a quién beneficiaría, y cuál sería el coste, y si el crecimiento se podría acomodar a los recursos y a los sumideros de la tierra.
>
> Meadows, Randers y Meadows (2005: 22)

Los llamamientos para el "decrecimiento" (Assadourian, 2012), la economía post-crecimiento (Post Growth Institute, 2015), la prosperidad sin crecimiento (Jackson, 2011), y una "economía de estado en equilibrio" (Daly, 2009) son cada vez más fuertes y han encontrado una audiencia más amplia en los últimos años. Todas estas perspectivas más o menos anti-crecimiento hacen contribuciones importantes a nuestro replanteamiento de la economía pensando en las personas y en el planeta, pero podrían balancear demasiado el péndulo. Como biólogo consciente de cómo el crecimiento de sistemas vivos tiende a tener aspectos cualitativos y cuantitativos, me siento incomodo con la demonización total del "crecimiento". Lo que necesitamos es una comprensión más matizada de la manera en la que los sistemas vivos maduran y cambian de un estado temprano (juvenil) que favorece el crecimiento cuantitativo a un estado tardío (madurez) de crecimiento (transformación) cualitativo en lugar de cuantitativo.

> Parece que nuestro desafío más importante es cómo cambiar de un sistema económico basado en la noción de un crecimiento ilimitado a uno que es ecológicamente sostenible y también socialmente justo. El "decrecimiento" no es la respuesta. El crecimiento es una característica esencial de toda forma de vida, sociedad o economía, que si no crece morirá tarde o temprano. Sin embargo, el crecimiento en la naturaleza no es lineal ni ilimitado. Mientras que ciertas partes de los organismos, o los ecosistemas, crecen, otras se degradan, emitiendo y reciclando sus componentes que se convierten en recursos para un nuevo crecimiento.
>
> Fritjof Capra y Hazel Henderson (2013: 4)

Capra y Henderson sostienen que "no podemos entender la naturaleza de sistemas complejos como organismos, ecosistemas, sociedades y economías si los describimos en términos puramente cuantitativos". Dado que "las cualidades surgen de los procesos y de los patrones de relaciones" necesitan cartografiarse en lugar de medirse (pág.7). Existen estrechos paralelismos de la diferencia entre cómo los economistas y los ecologistas entienden los conceptos de crecimiento y desarrollo. Mientras que los economistas tienden a adoptar un enfoque puramente cuantitativo, los ecologistas y los biólogos saben cómo diferenciar entre los aspectos cualitativos y cuantitativos tanto del crecimiento como del desarrollo.

> Parece que la visión lineal del desarrollo económico, adoptada por la mayoría de los economistas corporativos convencionales y de los políticos, se corresponde con el concepto limitado de crecimiento económico cuantitativo, mientras que el sentido de desarrollo biológico y ecológico se corresponde con la noción de crecimiento cualitativo. De hecho, el concepto biológico de crecimiento incluye tanto el crecimiento cuantitativo como el cualitativo.
>
> (ibidem: 9)

Los patrones de crecimiento de la vida siguen la curva logística en lugar de la curva exponencial. Un ejemplo del crecimiento cuantitativo aberrante en sistemas vivos es el de las células cancerígenas que, al final, matan a su huésped. El crecimiento cuantitativo ilimitado es fatal para los sistemas vivos y para las economías. El crecimiento cualitativo de organismos vivos, ecosistemas y economías, "por el contrario, puede ser sostenible si implica un equilibrio dinámico entre el crecimiento, el declive y el reciclaje, y si también incluye el desarrollo en términos de aprendizaje y de maduración" (pág.9). Capra y Henderson sostienen que:

> En lugar de evaluar el estado de la economía en términos de la medida puramente cuantitativa del PIB, necesitamos distinguir entre el crecimiento "bueno" y el crecimiento "malo" y entonces aumentar el primero a expensas del segundo, para que los recursos naturales y humanos atrapados en procesos de producción derrochadores y poco sólidos puedan ser liberados y reciclados como recursos para procesos eficientes y sostenibles.
>
> (ibidem: 10)

La distinción entre crecimiento bueno y crecimiento malo puede conformarse por una comprensión socio-ecológica más profunda de su impacto. Mientras que el crecimiento malo externaliza los costes sociales y ecológicos de la degradación de los sistemas eco-sociales de la Tierra, el crecimiento bueno "es el crecimiento de procesos de producción y servicios más eficientes que internalizan completamente los costes que incluyen las energías renovables, las emisiones cero, el reciclado continuo de recursos naturales, y la restauración de los ecosistemas de la Tierra" (pág. 10). Capra y Henderson concluyen que: "cambiar de un crecimiento cuantitativo a uno cualitativo [...] puede llevar a países de la destrucción ecológica a la sostenibilidad ecológica, y del desempleo, la pobreza y los residuos a la creación de empleo digno de calidad" (pág.13). Fomentar el crecimiento cualitativo a través de la integración de la diversidad y de redes colaborativas interconectadas en y a través de escalas locales, regionales y globales facilitan el surgimiento de culturas regenerativas.

Valorar lo común compartiendo de manera cooperativa los dones de la vida

> Un creciente número de personas están tomando medidas que gradualmente nos están dirigiendo hacia una sociedad basada en lo común, un mundo en el que el foco en la competición que caracteriza la vida en la actualidad estaría equilibrado con nuevas actitudes y estructuras sociales que fomentan la cooperación.
>
> Jay Walljasper (2011)

La práctica de "comunar", poseer colaborativamente un recurso natural o cultural como "comunal", es una manera de colaborar para salvaguardar los dones de la naturaleza y de la cultura que comparten las personas de un lugar en particular y que la humanidad comparte colectivamente. Una cultura regenerativa valorará y administrará de forma responsable los comunales bioculturales de los que todos dependemos: por una parte aire limpio, agua limpia, funciones de ecosistemas sanos, bioproductividad abundante, y por otra los frutos de culturas diversas (como epifenómeno de la naturaleza). Este patrimonio cultural incluye la música, el arte, la ciencia, la danza, la literatura, los idiomas, las tecnologías liberadoras como internet libre, y las historias y las preguntas sabias que han guiado a la humanidad en su viaje hasta ahora.

En la mayoría de las culturas indígenas los recursos naturales generados en un lugar en particular junto con las tradiciones y los conocimientos no son "propiedad privada" de nadie sino que son considerados como un legado "comunal" y son administrados por todos, para el beneficio de todos. Lo que alberga un "comunal" no es para ser poseído sino para ser cuidado y regenerado para que pueda pasar a la siguiente generación en las mismas o mejores condiciones de las que la generación actual lo recibió.

Como tales, los comunales de una localidad o de una cultura en particular son un derecho de nacimiento de esa comunidad. Los comunales tratan sobre relaciones y posesiones, sobre el interser en lugar de sobre la separación. Poseer cosas en "común" invita a la gente a colaborar y a compartir la abundancia que provee un lugar y una cultura en particular, mientras que la propiedad privada (o corporativa) crea escasez artificial y separación, que nos empuja a competir.

En 1968, el artículo de Gareth Hardin "La Tragedia de los Comunales" ofreció una justificación conveniente para la rápida privatización (acotado) de los dones de la vida durante el periodo de rápido crecimiento económico que vio el nacimiento de las grandes multinacionales corporativas. Hardin argumentaba que, con el aumento de la población, la gente inevitablemente sobreexplotaría y destruiría los comunales, y sugería que regular el crecimiento de la población era la principal manera de terminar con la tragedia de los comunales. Puso el énfasis en que "cada acotado de los comunales implica la violación de la libertad personal de alguien" (1968: 1248), sin embargo su trabajo se ha utilizado desde entonces para justificar más acotados de comunales por medio de privatizaciones y de estrictas normativas gubernamentales. Este proceso continúa en la actualidad.

Elinor Ostrom, la primera mujer galardonada con el Premio Nobel de Economía, pasó su vida trabajando en una economía de colaboración en lugar de competición. Demostró que "las comunidades de individuos han confiado en instituciones que no se parecían ni al estado ni al mercado, para gobernar algunos sistemas de recursos con grados razonables de éxito durante largos periodos de tiempo" (1990: 1). Revisó varios casos de comunidades que gobernaban un recurso común, algunas con éxito y otras sin éxito; e identificó un conjunto de "principios de diseño" que conducen a una buena gestión colectiva de los comunales:

1. Definir la comunidad de personas que comparten el comunal.
2. Adaptar las normas de uso al tipo de comunales y a sus usuarios.

3. Los mismos usuarios de los bienes comunes deben establecer las normas.
4. El estado de los comunales debe ser supervisado de una manera responsable.
5. El abuso por parte de individuos necesita ser contenido de manera gradual.

Elinor Ostrom (1990: 185-186)

Básicamente, estos principios promueven la colaboración y disuaden de la competición al crear una comunidad con un interés común.

En los últimos años ha aumentado el interés en explorar cómo sería una economía colaborativa basada en los comunales. Los recursos online incluyen On the Commons (Sobre Comunales), News and Perspectives on the Commons (Noticias y Perspectivas sobre Comunales) de David Bollier, y la Fundación P2P. David Bollier explica que efectivamente "un comunal surge cuando una comunidad decide gestionar un recurso de forma colectiva, poniendo especial atención en el acceso equitativo, en el uso y en la sostenibilidad". Lo que es más importante, los comunales no son solo un recurso sino "un recurso más una comunidad definida y los protocolos, los valores y las normas establecidas por la comunidad para gestionar su recurso" (Bollier, 2011). Crear culturas regenerativas dependerá fundamentalmente de nuestra capacidad de colaborar en la gestión colectiva de recursos locales, regionales y globales. Necesitamos aprender el *arte de comunar*.

Los sistemas tradicionales de comunales se han dado a pequeña escala y normalmente han estado centrados en la administración colectiva de recursos naturales. Aproximadamente dos mil millones de personas en todo el mundo todavía dependen para su sustento de bosques, pesquerías, agua y otros recursos naturales gestionados en común. Al extender la práctica de la gestión colectiva de recursos comunes a escala local y regional, también necesitamos conectar los comuneros locales y regionales en redes de colaboración nacional y global.

¡El acotado es un robo! Por medio de este proceso, individuos o instituciones reclaman los dones de la vida como propiedad privada. Hubo una gran ola de acotamientos con la institucionalización de estados nación y con la colonización. Durante los últimos 50 años, la agresiva globalización económica y la expansión del capitalismo corporativo explotador fueron de la mano con una nueva ola de acotamientos de los comunales. Por todo el mundo hemos sido testigos de la "expropiación y la comercialización de recursos compartidos, normalmente para el beneficio mercantil privado". Ejemplos de esta práctica son "las patentes de genes y de formas de vida, el uso de derechos de autor para monopolizar la creatividad y la cultura, la privatización del agua y de la tierra, y los intentos de transformar internet libre en un mercado privado cerrado" (Bollier, 2011).

A medida que intentamos crear culturas regenerativas a nivel local, regional, nacional y global tenemos que salvaguardar los comunales que quedan y restablecer la gestión de recursos basada en comunales a distintas escalas. De manera colectiva tenemos que "vivir en" la importante pregunta:

> P ¿Cómo puede la práctica de "comunar" ofrecer una forma de enlace de escalas para gestionar colectivamente los dones de la naturaleza y de la cultura?

David Bollier sugiere que: "para actualizar los comunales e impedir los acotamientos del mercado, necesitamos innovaciones en las leyes, en las políticas públicas, en la gobernanza basadas en los comunales, en la práctica social y en la cultura. Todo esto expresará una cosmovisión muy diferente a la que ahora prevalece en los sistemas de gobierno establecidos, particularmente los del Estado y del Mercado" (ibidem). Crear una economía colaborativa requiere un cambio de cosmovisión y de narrativa cultural, de la separación al interser. Los seres humanos son capaces de empatía y de colaboración tanto como pueden ser egoístas y competitivos. ¿No crearíamos una cultura más sana si nuestro sistema económico estuviese estructuralmente diseñado de tal manera que incentivase el comportamiento colaborativo y crease las condiciones que hiciesen innecesaria la competición?

Vasilis Kostakis y Michel Bauwens (2014) han analizado cómo sería una producción madura entre iguales basada en los comunales dentro de un modelo económico colaborativo. Distinguen dos escenarios que podrían ayudar: el escenario del comunal global (CG) en el que los usuarios de bienes comunes crean infraestructuras para el reparto global; y el escenario de comunidades resilientes (CR) en el que los usuarios de bienes comunes diseñan para un aumento de la auto-resiliencia local a través del reparto y del control de recursos a nivel local. Kostakis y Bauwens no pretenden tener respuestas definitivas, en su lugar analizan distintas cuestiones y caminos que podrían ayudarnos a construir una economía colaborativa.

El espíritu de "vivir las preguntas" para que un día podamos "vivir en las respuestas" que promueve este libro también puede encontrarse en el trabajo de la Fundación P2P y en la experimentación radical y en la innovación disruptiva de la "Cooperativa Integral Catalana" (CIC) establecida en 2010. La CIC se entiende a sí misma como una "iniciativa de transición para una transformación social desde abajo, a través de la autogestión, la auto-organización y el trabajo en red" (CIC, 2015). Recientemente la CIC lanzó la "Fair Coop" como "la cooperativa de la Tierra para una economía justa" e introdujo una nueva criptomoneda llamada "Faircoin", "piratear los mercados monetarios para introducir el virus de la cooperación" (Fair Coop, 2014). Estos experimentos culturalmente creativos del H2+ y del H3 son ejemplos de diseño (salutógeno) para la salud infecciosa, permitiéndonos compartir los dones de la naturaleza y de la cultura de manera colaborativa.

La Ley de la Tierra: las restricciones habilitadoras de la vida colectiva

> Algo es correcto cuando tiende a preservar la integridad, la estabilidad y la belleza de una comunidad biótica; es erróneo cuando hace lo contrario.
>
> Aldo Leopold (1949)

Para compartir los dones de la vida de manera cooperativa también necesitamos una innovación transformadora en las leyes nacionales e internacionales. Las leyes proveen restricciones habilitadoras y atribuyen derechos y responsabilidades. Preferiblemente, necesitan incentivar la cooperación como comportamiento apropiado y limitar el comportamiento competitivo que pone en peligro la salud sistémica. ¿Qué clase de leyes y políticas facilitarían la transición a culturas regenerativas?

> ¿Qué pasaría si hubiera otros sistemas y otra jurisprudencia, basados en el concepto de que el planeta y todas sus especies tienen derechos, y que tienen esos derechos en virtud de su existencia como miembros componentes de una única comunidad de la Tierra?
>
> Thomas Berry (2001)

Al plantear esta importante pregunta y al invitar a otros a explorarla con él, Thomas Berry catalizó una conversación global-local que está alcanzando a cada vez más personas e instituciones. Berry entendió que para que la "historia del universo" (Swimme y Berry, 1992) continuara de manera que permitiese a nuestra joven e inmadura especie llegar a crecer como miembro maduro de la comunidad de la vida, tendríamos que aceptar la responsabilidad que viene con el don de la consciencia auto-reflexiva y salvaguardar los derechos de todos los participantes en esa comunidad. Para permitir la creación de culturas regenerativas en todo el mundo "se necesita una jurisprudencia que reconozca que el bienestar de la comunidad mundial en su integridad es fundamental y que el bienestar humano deriva de ello" (Berry, 2001).

La "participación original" expresada en la cosmovisión de las culturas indígenas significa que sus miembros nacen dentro de esa comunidad mundial integral. Se les ha animado a hablar en nombre de los seres de cuatro patas, de los seres con alas, de los seres con aletas, del bosque, de la montaña, del río o de la Tierra. Etiquetamos esta práctica como "cultura primitiva" en nuestro perjuicio. Es de hecho un signo de una conciencia ecológica evolucionada que será tan vital para nuestro futuro como lo ha sido para nuestro pasado, antes de que la narrativa de separación nos nublase el juicio.

La Gran Tarea (Berry, 1999) de cocrear la transición humana hacia la *Era Ecozóica* (Swimme & Berry, 1992) requiere que creemos la base legal para defender y hablar en nombre de la comunidad de la vida. Nuestras leyes actuales están basadas en la narrativa de la separación y todavía permiten a las corporaciones y a los gobiernos criminalizar la oposición a los crímenes contra la naturaleza. La visión de Berry de una Jurisprudencia de la Tierra ha inspirado a muchos otros que están trabajando en esa misma dirección.*

Desde el *Manifesto for Earth Justice* (Manifiesto por la Justica de la Tierra) (2011) de Cormac Cullinan, al trabajo de Vandana Shiva (2005) y Polly Higgins (2010), y gracias a organizaciones como la Fundación Gaia, la Alianza Pachamama, Navdanya, y EnAct, la conversación sobre la Ley de la Tierra se ha profundizado y extendido. La Alianza Global para los Derechos de la Naturaleza está ahora trabajando para "la adopción y la implementación universal de sistemas legales que reconozcan, respeten y hagan cumplir los *Derechos de la Naturaleza*" (GARN, 2010).

Al igual que, en la actualidad, la mayoría de la gente consideraría que no conceder derechos a alguien sobre la base de su sexo, sexualidad, etnia o el color de su piel es un acto de segregación fundamentalmente ilegal e injusto, las culturas regenerativas de un futuro no tan lejano cuestionarán cómo fue posible creer que la naturaleza no tuviera derechos.

En *Making Peace with the Earth* (Hacer las Paces con la Tierra) Vandana Shiva explora cómo la narrativa de la separación es un tipo de "eco-segregación" que causa que los seres humanos estén en guerra con la Tierra y entre sí. Revisa las causas originales de esta guerra contra la naturaleza y muestra que un "Antropoceno destructivo" no es el único futuro posible, si abordamos las condiciones estructurales del sistema que están provocando las guerras del agua, las guerras del clima, las guerras del bosque y otras guerras por recursos.

Analizando la situación en la India y en el resto del mundo, la Dra. Shiva argumenta que hemos diseñado el hambre dentro del sistema mediante acuerdos mercantiles internacionales formulados bajo el control de corporaciones multinacionales. Shiva alerta de los numerosos problemas asociados al uso de transgénicos y de ciertos tipos de biología sintética. Debemos plantear preguntas importantes para asegurar que nuestras estrategias para crear una "bio-economía" no son simplemente una "industrialización de la vida" sino que mantienen y crean "economías de biodiversidad" reales (Shiva, 2012: 143). La proliferación de la agricultura industrial petroquímica y de los monocultivos transgénicos es una "guerra a la biodiversidad" y la represión contra pequeños agricultores y la erradicación de variedades locales es una "guerra a las semillas" (pág. 148)

Para crear "culturas vivas" regenerativas, la paz duradera dentro de la familia humana y la paz con la Tierra, necesitamos leyes y políticas basadas en una deliberación cuidadosa de las siguientes preguntas (basadas en Shiva, 2012):

P ¿Cómo transformamos un sistema basado en la privatización de la Tierra a uno que respeta la integridad de los ecosistemas y de los procesos ecológicos de la Tierra?

P ¿Cómo frustramos y revertimos el "acotado de comunales" y apoyaremos su recuperación?

P ¿Cómo aseguramos que los costos ecológicos están internalizados y se prohíbe la externalización de la destrucción medioambiental?

P ¿Cómo desmantelamos "las economías corporativas de muerte y destrucción" para crear "economías vivas"?

P ¿Cómo revertimos la erosión de la democracia y creamos "democracias vivas"?

P ¿Cómo podemos detener la destrucción de la diversidad cultural y crear "culturas vivas"?

La Ley de la Tierra, bien formulada y ejecutada a nivel local y global, formará parte de vivir en las respuestas a estas preguntas, dando a las comunidades los medios legales para defender el funcionamiento sano de los ecosistemas de los que depende su bienestar.

Las lecciones de la vida sobre colaboración transforman empresas

> Las organizaciones tienen tres opciones:
>
> 1. Chocarse contra el muro.
> 2. Optimizarse y retrasar chocarse contra el muro.
> 3. Rediseñarse para la resiliencia, optimizando las redes existentes mientras se adopta una innovación disruptiva y se trabaja en colaboración con socios.
>
> Dawn Vance, Director de la Cadena de Suministros Global de Nike, en Hutchins (2011)

Vivir las preguntas que inician la transición hacia una economía colaborativa basada en los comunales describe una innovación transformadora desde dentro del tercer horizonte. Es un ejemplo de cómo el H3 ya está presente en la actualidad aunque esté desigualmente distribuido. Una transformación fundamental de nuestros sistemas económicos y monetarios se está convirtiendo en una necesidad, por no decir en una inevitabilidad. Así que, ¿cómo pueden las empresas actuar en las condiciones actuales al tiempo que se implican en su propia transformación y en la transformación del entorno económico en el que operan? Las empresas transformadoramente innovadoras (H2+) tienen que ser viables en la economía actual *y* a la vez transformar los ecosistemas económicos en los que participan.

Existe una variada oferta de soluciones tecnológicas disruptivas verdes. ¿Cómo evitamos las trayectorias e innovaciones del H2- que finalmente acabarán capturadas por el primer horizonte para mantener "lo mismo de siempre"? Hay oportunidades económicas inmediatas y diversas para empresas regenerativas, incluso bajo las condiciones económicas actuales. ¿Cómo elegimos innovaciones que sean verdaderamente transformadoras y que nos conduzcan hacia el tercer horizonte y hacia culturas regenerativas? El objetivo es crear empresas que apoyen las soluciones de triple beneficio, la salud sistémica y las redes de colaboración que sirven a las personas y al planeta.

Un patrón fundamental que define a los sistemas vivos regenerativos es el surgimiento de la salud general del sistema basada en relaciones predominantemente colaborativas entre sus distintos participantes. La competición en dicho sistema trata sobre servir al sistema en su integridad con más eficacia, en lugar de sobre quien obtiene ganancias a corto plazo a expensas de lo colectivo y por lo tanto en detrimento de todos a largo plazo.

En *Holonomics: Business where People and Planet Matter* (Holonomics: Empresas para las que las personas y el planeta importan), los autores sostienen que "con frecuencia hemos confundido la idea de competición, asociando la palabra y su significado con rivalidad, la supervivencia de uno a costa del otro". Y continúan: "Ciertamente, un proceso competitivo podría resultar en el fracaso de uno de los participantes, pero, cuando se mira desde la perspectiva del sistema, es parte del proceso evolutivo completo" (Robinson y Moares Robinson, 2014: 214).

No todas las interacciones competitivas tienen un efecto perjudicial en la salud del sistema vivo, al igual que no toda colaboración lleva a sistemas regenerativos. Reflexionando sobre nuestras propias vidas, ¿con qué frecuencia el fracaso en el logro de cierto objetivo causó desilusión a corto plazo y una compresión más profunda de nuestros verdaderos dones y de su uso más eficaz a largo plazo? La competición sana enseña a los participantes individuales la intervención apropiada y cómo aplicar mejor sus habilidades y conocimientos únicos para optimizar todo el sistema. Algunas formas de competición dentro de sistemas predominantemente colaborativos pueden ser beneficiosos para todos los participantes.

En términos generales, dentro de un sistema socio-económico regenerativo, las empresas y los individuos consiguen sus objetivos con más eficacia promoviendo la ventaja colaborativa que surge al conectar de manera sinérgica a participantes que previamente estaban separados o compitiendo, conectando necesidades sin cubrir con capacidades adicionales o nuevas para que todos ganen. La vida evoluciona hacia una mayor complejidad favoreciendo las relaciones de suma no cero (triple beneficio) en lugar de las de suma cero (unos ganan y otros pierden) (ver Wright, 2001). La colaboración es la principal estrategia evolutiva de la vida para la integración de la diversidad.

Fortalecer las redes colaborativas (de triple beneficio) optimiza el sistema y desarrolla capital social, ecológico y económico. Prepara al sistema para sucesos perturbadores. A medida que se intensifica la "tormenta perfecta" del cambio económico, político, cultural y ecológico, las redes de colaboración fuertes están mejor situadas para capear el cambio futuro que los individuos o las empresas aisladas.

Resistir el turbulento futuro que tenemos ante nosotros trata sobre estar integrados en amplias redes de intercambio de información abierta con un sentido establecido para mantener una competencia "sana", que apoye la optimización de los sistemas en su integridad. Dichas redes se basan en relaciones colaborativas que valoran la sinergia y la simbiosis, asegurando que la información y el apoyo mutuo fluyen con rapidez, permitiéndonos responder con resiliencia, adaptarnos apropiadamente y transformarnos juntos cuando sea necesario.

Está en juego la salud y el futuro del sistema de soporte vital planetario y con él, el futuro de la humanidad. Las estrategias competitivas que se basan en el pensamiento de "ellos contra nosotros" solo retrasarán nuestra respuesta colectiva y resultarán ser perjudiciales para todos. En este momento del juego, o la vida en su integridad gana y estabilizamos y revertimos la subida de la temperatura media global y detenemos pronto la rápida pérdida de biodiversidad o nadie gana. Todos los triunfos competitivos serán breves. Las empresas actuales tienen que servir a toda la humanidad y vivir como una integridad, de lo contrario no se servirán a sí mismas de manera efectiva (a medio o a largo plazo). Las empresas transformadoras se basan en la visión ecológica de que la optimización del todo produce beneficios a largo plazo mientras que la maximización de partes aisladas solo conduce al "éxito" efímero y cuestionable.

Las empresas colaborativas y los ecosistemas de empresas regenerativos se convertirán en la corriente principal del tercer horizonte. Las empresas colaborativas inspiradas en la ecología son capaces de transformar ecosistemas de empresas enteros y al sistema económico en el que operan. ¿Cómo creamos estas empresas? ¿Qué puede enseñarnos la vida sobre empresas que crean condiciones que favorecen la vida? Giles Hutchins, uno de los cofundadores de "Biomímesis para la Innovación Creativa" (BCI), explica:

> [Los Principios Empresariales de la Naturaleza] tienen el objetivo de crear las condiciones empresariales que favorezcan la

> colaboración, la adaptabilidad, la creatividad, la armonía con lo local, la multifuncionalidad y la capacidad de respuesta; mejorando de esta manera la evolución de organizaciones desde jerarquías rígidas fuertemente gestionadas a organizaciones vivas dinámicas que prosperan y florecen dentro de condiciones empresariales, socio-económicas y medioambientales en continuo cambio. Las organizaciones que entienden que introducir estos principios de la naturaleza en sus productos, procesos, políticas y prácticas crea una mayor abundancia para ellos mismos y para sus ecosistemas empresariales en condiciones de rápidos cambios, prosperan en lugar de desaparecer en condiciones empresariales volátiles. Las organizaciones inspiradas por la naturaleza son resilientes, optimizadoras, adaptativas, basadas en sistemas, motivadas por valores y favorecedoras de la vida.
>
> Giles Hutchins (2012: 80-83)

Los colaboradores en la red BCI han usado la lista de los "Principios de la Vida" desarrollados por el Instituto de Biomímesis (ver Capítulo 6) y los han convertido en "un conjunto de principios empresariales para las empresas del futuro" con el objetivo de "facilitar un marco de referencia para la transformación con éxito hacia [...] empresas inspiradas en la naturaleza" (ibidem: 81). Estas son solo algunas de las preguntas que la Naturaleza de las Empresas (2013) y Hutchins nos invitan a explorar, a medida que buscamos transformar las empresas para promover el surgimiento de una cultura regenerativa con un sistema económico regenerativo:

P ¿Cómo pueden nuestras empresas aprender a usar el cambio y las perturbaciones como oportunidades en lugar de verlos como amenazas?

P ¿Cómo podemos reestructurar para la descentralización, distribución y diversificación de conocimientos y recursos, de la toma de decisiones y de la forma de actuar en todas las empresas?

P ¿Cómo podemos crear una cultura empresarial que favorezca la diversidad en las personas, las relaciones, las ideas y las estrategias?

P ¿Cómo podemos optimizar lo que hacemos adaptando la forma a la función, introduciendo multiplicidad en funciones y respuestas, y desarrollando productos y servicios complejos y diversos desde componentes y patrones simples?

P ¿Cómo podríamos desarrollar empresas más adaptables usando bucles de retroalimentación de información apropiados, procesos cíclicos integrados y respuestas flexibles a cambios en la disponibilidad de recursos?

P ¿Cómo podemos apoyar la resiliencia de nuestras empresas y de su contexto socio-ecológico promoviendo sinergias entre comunidades, entre redes de energía, información y comunicación, permitiendo el uso cíclico de recursos?

P ¿Cómo pueden nuestras empresas contribuir a un sistema socio-ecológico más amplio usando los valores como principales impulsores de resultados positivos, respetando y midiendo lo que se valora en lugar de valorando lo que se mide?

P ¿Cómo pueden nuestras empresas llegar a ser verdaderamente restauradoras estimulando las actividades que crean vida, aprovechando la información y la innovación en lugar de la energía y los materiales, creando relaciones de apoyo mutuo que generen salud entre individuos y ecosistemas, y haciendo productos que sean medioambientalmente benignos y socialmente beneficiosos?

La primera vez que tuve el privilegio de encontrarme en un entorno en el que se formulaban y exploraban esta clase de preguntas fue durante mi estancia de 18 meses en el Schumacher College. Desde 2001, he visto el meme culturalmente transformador del diseño y la innovación inspirada en la ecología, extenderse desde los márgenes al corazón de las empresas, de los gobiernos, del ámbito académico y, lo que es más importante, de las comunidades en todo el mundo. Los conocimientos sistémicos ecológicos y biológicos pueden conformar el diseño y la creación de empresas más sostenibles y regenerativas. Esta no es una idea nueva, sino una que finalmente estamos aplicando. Durante más de dos décadas, los líderes empresariales que necesitaban inspiración han podido recurrir a libros* esclarecedores que exploran preguntas sobre el *qué* y el *cómo* de empresas sostenibles. La mayoría ofrecen perspectivas del Horizonte 2 y sugieren una variedad de visiones del Horizonte 3. Sin embargo, estamos en las primeras fases de nuestro viaje de aprendizaje sobre la manera de crear empresas regenerativas que crean condiciones que favorecen la vida.

Las empresas pueden ser un poderoso catalizador en la transición hacia una cultura regenerativa, y necesitamos tanto el tipo de innovación disruptiva del H2+ como la innovación transformadora del H3. Los líderes empresariales están reconociendo que en un mundo de recursos limitados, crear residuos es un lujo que ya no se pueden permitir. A medida que más gente es consciente de los daños colaterales asociados a "lo mismo de siempre", consumidores de todo el mundo están eligiendo empresas que se están alejando gradualmente del modelo de "maximización del beneficio del accionista" y que en su lugar están creando nuevos modelos empresariales "para el beneficio social y ecológico".

En un mundo que cambia rápidamente, nadie tiene respuestas definitivas, pero al menos los líderes empresariales están ahora empezando a "vivir las preguntas", dando pasos hacia un futuro regenerativo. Las señales de un cambio esperanzador del segundo horizonte en la "corriente principal" incluyen: una nueva generación de parámetros de sostenibilidad que informan sobre la "dependencia del capital natural" y no solo sobre la huella de carbono, iniciados por el líder del mercado Trucost; herramientas de gestión como la "Cuenta de Pérdidas Y Ganancias Medioambientales" de PUMA (codesarrollada con Trucost); la Red de Economía Circular 100; el llamamiento de la McKinsey para una *Revolución de Recursos* (Heck & Rogers, 2014); muchas de las soluciones mostradas por *La Economía Azul* (Pauli, 2010), AskNature y EthicalMarkets; modelos de empresas sociales (Plan C, 2014 y Bocken *et al.*, 2014), la *Visión 2050* del WBCSD (WBCSD, 2010), el trabajo de CDP con empresas e inversores de Fortune 500 (CDP, 2015), y el "equipo-B" iniciado por Richard Branson (B-Team, 2015).

Para enero 2016, 1.577 empresas de 42 países y 130 sectores habían obtenido el certificado de la B-Corporation por ser una fuerza comprometida para el bien en el mundo (B-Corporation, 2015). Para buscar cómo convertir tu empresa en una B-Corp. y aprender de muchos buenos ejemplos échale un vistazo al último libro de Ryan Honeyman (2014).

El mundo empresarial está cambiando rápidamente en respuesta a los acelerados cambios medioambientales, tecnológicos, sociales y económicos que están ocurriendo a nuestro alrededor. El cambio no solo responde a fuerzas externas; un impulso psicológico esencial es una transformación más profunda que alimenta el deseo de las personas de tener un trabajo digno y de cambiar las cosas en el mundo. Un trabajo gratificante implica obtener satisfacción por el impacto significativo de tu propia labor y no solo por ganar más dinero. Juntos, podemos encontrar sentido al preguntar:

P ¿Cómo sería una empresa verdaderamente regenerativa?

P ¿Cómo podemos crear empresas que restauren las funciones de los sistemas, regeneren la bioproductividad, mejoren la solidaridad y la colaboración social y aumenten la salud y el bienestar de nuestras comunidades y de nuestros ecosistemas?

La Empresa del Futuro analiza las grandes transformaciones que empresas y organizaciones llevarán a cabo para adaptarse a un mundo cambiante y para actuar en mejor sintonía con los procesos naturales. La Figura 26 (abajo) ilustra la naturaleza de este cambio desde jerarquías lineales de control a redes más flexibles de colaboración.

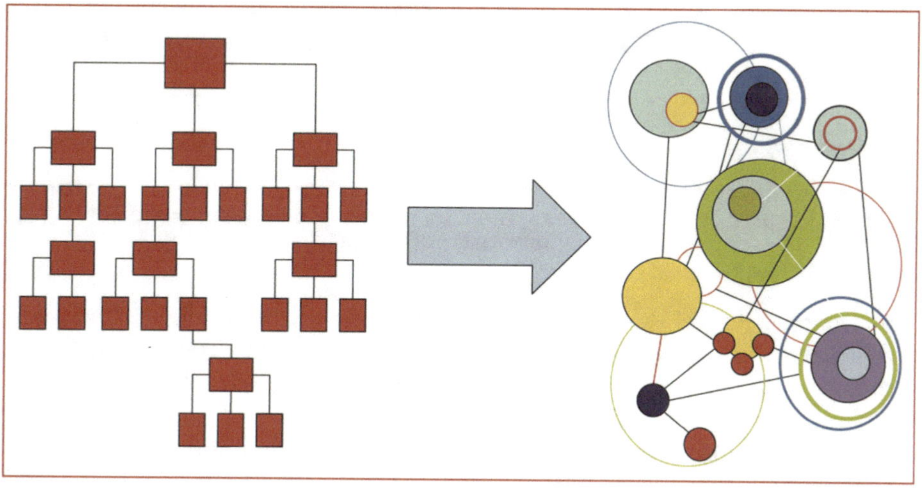

Figura 26: Transformando la gestión de empresas y las estructuras de organización (Reproducido de DeLuca *et al.*, 2010).

La siguiente tabla que pertenece al mismo informe compara y contrasta las empresas del pasado (una empresa clásica del Horizonte 1) con las empresas del futuro (una empresa H2+ o incluso H3 integrada en ecologías de empresas adaptables y regenerativas).

Compañía del Pasado	Compañía del Futuro
Independiente	Sinérgica
Competitiva	Colaborativa
Controlada	Conductiva
Código cerrado	Código abierto
Estable	Dinámica
Maximiza/Minimiza	Optimiza
Resiste al cambio	Aprovecha la diversidad
Lineal	En red
Corto plazo	Largo plazo
La función se adapta a la forma	La forma se adapta a la función
Proactiva, planificada	Receptiva, emergente
Centrada en sí misma	Centrada en el sistema
Explotación	Mutualismo
Evita perturbaciones	Aprovecha perturbaciones

Compañía del Pasado	Compañía del Futuro
Gestiona riesgos	Fomenta la resiliencia
Protege	Adapta
Fuerza	Encaja

Tabla 2: Características de una empresa del Pasado y de una empresa del Futuro (DeLuca *et al.*, 2010: 12).

Las empresas del H1 del pasado se crearon desde una mentalidad dominada por la narrativa de separación, mientras que las empresas del H3 del futuro serán expresiones de la narrativa del interser, que reconocen la necesidad de la colaboración y de la regeneración como estrategias eficaces para trazar sus trayectorias hacia un futuro desconocido dentro de un mundo complejo y turbulento.

Cocrear iniciativas regenerativas

> Si el objetivo es regenerar la salud y la vitalidad de los sistemas vivos, entonces una iniciativa será más eficaz si se diseña: 1. Para imitar los sistemas vivos, siguiendo principios claramente definidos de los ecosistemas, 2. para ser una parte integral de sistemas vivos, desarrollando capital vivo a través de todos sus procesos, y 3. de manera colaborativa con otras iniciativas, para formar ecologías de iniciativas conscientes.
>
> Ethan Roland y Gregory Landua (2013: 35)

El libro de Roland y Landua, *Regenerative Enterprise* (Iniciativa Regenerativa, 2013), nos ofrece un análisis lúcido y práctico de la pregunta "¿Qué haría una empresa regenerativa?" Ethan es un emprendedor múltiple y un inversor con experiencia en la permacultura y en la agricultura sostenible. Su trabajo combina la educación, la restauración de tierras de cultivo degradadas y el desarrollo internacional. Gregory también trabaja en educación y en desarrollo internacional y ayudó a establecer una empresa de venta directa de chocolate que apoya la reforestación en el trópico latinoamericano. Definen la "iniciativa regenerativa" como "un emprendimiento que cultiva y fomenta proactivamente las reservas fundacionales del capital social, cultural, espiritual y vivo suministrando bienes y servicios de manera que creen beneficios netos positivos para el sistema en su integridad" (ibidem: 22).
Estas empresas "no cosechan las raíces del árbol de la producción, solamente sus frutos". Trabajando con sistemas ecosociales sanos y apoyándolos, estas empresas son capaces de "recoger los productos y servicios excedentes y úni-

cos del lugar" que se generan en sistemas regenerativos sanos y en iniciativas ecológicas. Una "iniciativa regenerativa ayuda a que las raíces crezcan más profunda y densamente, sanando los daños que se han causado y finalmente creando la posibilidad de nuevos y mayores frutos" (ibidem: 24-25).
En general, los sistemas regenerativos crean las condiciones que favorecen la vida, fomentando la diversidad y la complejidad caracterizadas por relaciones de apoyo mutuo que desarrollan la resiliencia y la capacidad adaptativa y de transformación en el sistema en su integridad. En la creación de una iniciativa regenerativa, deberíamos preguntar (pág.17):

> ¿Cómo puede nuestra conexión con el sistema del que estamos recogiendo los frutos aumentar la integridad, la resiliencia y la viabilidad a largo plazo de estas gentes y de este lugar?

Explican su teoría sobre cómo debería diseñarse y funcionar una iniciativa regenerativa en el contexto de un modelo de economía holística basado en ocho formas de capital:

> El capital social: la influencia, las relaciones y las redes a las que puede recurrir un individuo, una empresa o una comunidad.
>
> El capital material: los recursos físicos, las infraestructuras y las tecnologías.
>
> El capital financiero: el dinero, las divisas, los títulos e instrumentos financieros similares que actualmente facilitan el intercambio de bienes y servicios.
>
> El capital vivo: el suelo, el agua, la biodiversidad, la salud humana, la salud de otros organismos y las funciones de ecosistemas sanos.
>
> El capital intelectual: las ideas, los conceptos y los conocimientos.
>
> El capital empírico: el conocimiento actual incorporado, adquirido desde la experiencia personal.
>
> El capital espiritual: la conexión interna de una entidad con una integridad mayor y su consciencia de ella.
>
> El capital cultural: que surge de "la experiencia interna y externa compartida por un grupo de personas. El capital cultural es una propiedad emergente de un complejo sistema de intercambios de este capital que tienen lugar en una comunidad, un pueblo, una ciudad, una bioregión o una nación [...]".
>
> Ethan Roland y Gregory Landua (2013: 12)

En este modelo sistémico, "las entidades múltiples pueden conservar y desarrollar las reservas de capital y pueden darse distintos flujos dentro y entre cada forma de capital". La economía se entiende como "la suma total de los intercambios inter e intra capital". Roland y Landua sostienen que la actual "tendencia internacional es agotar las reservas de la mayoría de las otras formas de capital mientras aumentan exponencialmente la cantidad de capital financiero". Alertan de que "esta trayectoria mono-capital tiene importantes impactos en la sostenibilidad de las generaciones actuales y futuras" (pág. 13).

Dicen que después de valorar el capital financiero por encima de todo durante demasiado tiempo, hemos degradado y desestabilizado gravemente las dinámicas sanas de toda la economía (*oikos*). Hemos puesto en peligro los sistemas planetarios de soporte vital al degradar ecosistemas en todo el mundo, junto con la diversidad cultural humana y la resiliencia comunitaria. [Nuestra actual] "trayectoria limita de manera fundamental la viabilidad a largo plazo de los seres humanos y de otras especies en este planeta, en lugar de hacer prosperar la vida, la está degenerando" (pág. 15). Por ello, necesitamos una estrategia de diseño de sistemas regenerativos.

Una economía extractiva agota distintas formas de capital en el sistema y daña la viabilidad, la vitalidad y la salud de todo el sistema a largo plazo. Por otra parte, una economía regenerativa hace algo más que simplemente sustentar el *statu quo* evitando una mayor destrucción. Optimiza todo el sistema en lugar de maximizar partes privilegiadas. Roland y Landua sugieren que el crecimiento tiene que reformularse, de nuestra actual obsesión con el aumento de tamaño a un aumento del área de superficie y de las conexiones. "Fomentar el capital de manera regenerativa significa aumentar la cantidad y la complejidad de los márgenes, no solo aumentar el tamaño del sistema" (pág.19). Al conectar distintas redes de colaboración dentro y entre regiones en relaciones simbióticas, la economía crece cualitativamente (optimizando las ocho formas de capital) en lugar de cuantitativamente (maximizando el capital financiero en manos de unos pocos).

En general, el capital vivo solo debería comercializarse entre regiones si existe un excedente (en términos de bioproductividad anual de esa área) y no agota "la esencia viva de cada área, impidiendo la regeneración y la salud continuada del sistema". Ponen el énfasis en que "las reservas de capital fundacionales deben mantenerse intactas, las empresas nunca deben extraer más valor del que pueden regenerar dentro de la capacidad del mismo sistema vivo"; y proponen que "al cultivar el capital en lugar de extraerlo, al crecer los márgenes de un sistema y al aumentar su conectividad interna y externa, las iniciativas desarrollan de forma proactiva mayores excedentes que recoger e intercambiar" (pág. 21).

El desarrollo regenerativo a cualquier escala requerirá que revirtamos la tendencia sistémica actual de aumentar el capital financiero mientras degradamos y agotamos gravemente los sistemas ecológicos, sociales y culturales.

Los inversores juegan un papel importante en la desviación de capital financiero a la regeneración y al fortalecimiento de los "cuatro capitales enriquecedores" (social, vivo, espiritual y cultural). Una inversión de impacto puede reforzar el circulo virtuoso de regeneración al "optimizar para la abundancia de multi-capitales".

Roland y Landua tienen en cuenta las dimensiones de regeneración internas y externas, las personales y las colectivas. El éxito de las iniciativas, comunidades o culturas regenerativas depende fundamentalmente del nivel de desarrollo personal de las personas que cocrean estos colectivos. Nuestro progreso colectivo depende de nuestra "habilidad individual de articular y conseguir objetivos", "nuestra capacidad para la comunicación clara", "nuestra integridad al crear y mantener compromisos", "nuestra flexibilidad intelectual y emocional", además de nuestra auto-aceptación y de una comprensión y una compasión más profunda hacia personas y situaciones diferentes. Roland y Landua sugieren que "las personas con mente clara, espiritualmente seguras y resilientes son más eficaces para reparar el capital vivo y cultural del mundo" (pág.32). Crear una cultura regenerativa nos pide que revisemos nuestras fortalezas y nuestras debilidades personales, nuestras cicatrices emocionales y los patrones que no sirven y que los transformemos para el beneficio de nuestra comunidad y de nosotros mismos.

Los sistemas económicos regenerativos surgen de los siguientes tres "imperativos globales" que están estrechamente relacionados y que se autorefuerzan (pág. 48): i) el imperativo personal de que el cambio comienza con nuestras intenciones y acciones individuales; ii) el imperativo del comercio que nos invita a "dejar de comprar, vender e intercambiar bienes y servicios degenerativos"; y iii) el *imperativo capital* que requiere que la humanidad en todo el mundo "revierta el flujo dominante de capital y detenga los procesos destructivos del capital financiero para que el capital vivo pueda repararse, crecer y prosperar" (págs. 45-46). La Figura 27 describe una iniciativa regenerativa como un sistema anidado de transformación personal, empresarial y cultural:

En resumen, una iniciativa regenerativa tiene como objetivo revertir las tendencias degenerativas de nuestra economía actual (obsesionada con el crecimiento financiero) apoyando las reservas sanas de los capitales de enriquecimiento (capitales social, cultural, espiritual y vivo) a escala local y regional. Lo hace transformando de manera efectiva el capital financiero en capital vivo para que sea la base del mantenimiento de todas las otras formas de capital. Al apoyar el desarrollo personal de todas las personas implicadas en una iniciativa regenerativa, una empresa aumenta su efectividad y sus oportunidades de éxito. El éxito general depende principalmente de la manera en la que la empresa optimiza múltiples formas de capital al colaborar dentro de la ecología de iniciativas regenerativas en la que participa. Dichos ecosistemas

Figura 27: Principios de la Iniciativa Regenerativa (rediseñado y reproducido con permiso).

de empresas son culturalmente transformadores ya que ofrecen "nuevas rutas para que el capital financiero fluya hacia proyectos regenerativos" (pág. 57).

Muchas empresas y emprendedores pioneros ya están explorando el vasto potencial de la creación de iniciativas al servicio de la regeneración a través del diseño regenerativo,* y ya están viviendo las preguntas sobre cómo pueden cocrear iniciativas que regeneren la salud y la productividad de nuestras comunidades y de nuestros ecosistemas. Al preocuparnos y trabajar por la salud y el bienestar de nuestras comunidades y ecosistemas podemos colaborar para convertirnos en catalizadores de una cultura de regeneración.

La colaboración y la empatía como historias de éxito evolutivo

> Este mundo, en el que nacemos y en el que somos, está vivo. No es nuestro proveedor de suministros ni nuestra cloaca; es la extensión de nuestro cuerpo. La inteligencia que nos evolucionó desde el polvo de estrellas y que nos interconecta con todos los demás seres, es suficiente para la sanación de nuestra comunidad de la Tierra solo si nos alineamos con ese propósito. Nuestra verdadera naturaleza es

> mucho más antigua e inclusiva que el ego separado definido por los hábitos y por la sociedad. Somos tan intrínsecos a nuestro mundo vivo como los ríos y los árboles, tejidos por los mismos intrincados flujos de materia/energía y mente. Habiendo evolucionado en una consciencia auto-reflexiva, el mundo puede ahora conocerse a través de nosotros, observar su propia majestuosidad, contar sus propias historias, y también responder a su propio sufrimiento.
>
> Joanna Macy y Chris Johnstone (2012)

Somos vida. Somos naturaleza. Somos universo. La consciencia auto-reflexiva nos permite tener distintas perspectivas de esta integridad en constante transformación y evolución de la que participamos, este *todo* del que somos un reflejo. Creamos un mundo juntos, como manifestaciones encarnadas del Universo cocreando el mundo en base a *cómo* participamos y *a qué* prestamos atención e interés. Difundir la historia de *porqué* nos importa la vida y la salud de la integridad y compartir la narrativa del interser es metadiseño culturalmente creativo. Al compartir la historia nueva y antigua del interser facilitamos el surgimiento de culturas regenerativas diversas enlazadas en escalas por la empatía y la cooperación.

Como vida, como naturaleza, como universo tenemos acceso a la inteligencia colectiva inherente a la integridad. De manera colectiva, podemos elegir cooperar entre nosotros y con la comunidad de la vida para fomentar sistemas regenerativos a nivel local, regional y global. Vivir las preguntas juntos trata sobre cómo aplicar la inteligencia colectiva a la transformación cultural, cocreando una historia nueva sobre el porqué merece la pena mantener a la humanidad y una visión poderosamente infecciosa de un futuro próspero para todas las formas de vida. El "por qué" guiará al "qué" y al "cómo".

En un artículo reciente de la revista *BioSystems*, John Stewart (2014) revisa los indicios de la tendencia general al aumento de complejidad que podemos observar a lo largo de la evolución de la vida en la Tierra. Subraya otras dos tendencias generales fuertemente relacionadas con este aumento de complejidad. La vida parece que tiene una tendencia general a diversificarse a medida que se adapta a las condiciones cambiantes y a la singularidad del lugar. La manera que tiene la vida de acomodar esta diversidad de forma que optimice el sistema en su integridad es una tendencia general hacia un aumento de la integración, formando redes de enlace de escalas de relaciones de soporte vital. En general, la vida coopera para crear las condiciones que favorecen la vida a través de la creación de procesos regenerativos que benefician redes de vida diversas y localmente adaptadas, aumentando de esta manera la salud y la resiliencia de la integridad. "La integración ha avanzado a través de un proceso gradual en el que los entes vivos en un nivel se integran en grupos cooperativos que se convierten en entidades de mayor escala en el siguiente nivel, y así sucesivamente, produciendo organizaciones cooperativas en escalas cada vez mayores" (ibidem).

La ventaja cooperativa ha conducido a importantes inventos a lo largo de la evolución: la endosimbiosis, el avance evolutivo hacia células nucleadas (células eucariotas); organismos multicelulares que integran de manera cooperativa muchas de estas células; y "grupos cooperativos de estos organismos que producen sociedades animales". La tendencia hacia un aumento de la complejidad de redes vivas mediante la diversificación y la integración es un patrón esencial en la evolución de la vida, desde las moléculas a las células, los órganos, los organismos, las comunidades y los ecosistemas, a los biomas y la biosfera.

John Stewart sostiene que esta "tendencia hacia un aumento de la integración ha continuado durante la evolución humana con el aumento progresivo en la escala de los grupos humanos y de las sociedades". Postula que el aumento de diversificación y de integración "es posible que culmine en el surgimiento de una entidad global. [...] Esta entidad surgiría de la integración de los procesos vitales, la materia, la energía y la tecnología del planeta en una organización cooperativa global" (ibidem). La palabra "entidad" podría ser engañosa aquí, dado que nos invita a pensar en una superestructura material o en un super-organismo. Creo que a lo que realmente se está refiriendo Stewart es a un patrón de organización cooperativa a nivel global que integra a toda la diversidad humana a través de relaciones predominantemente colaborativas que administran y regeneran el patrimonio común global. Desde una manada de lobos o un grupo de delfines, a una familia humana, una comunidad local, una ciudad, región, nación o las Naciones Unidas, estas "entidades" se entienden mejor como procesos definidos por patrones de colaboración.

Las negociaciones y los acuerdos multilaterales facilitados por la ONU, con todos sus defectos *y* sus éxitos, son expresiones de la humanidad viviendo las preguntas juntos con un compromiso de solidaridad y cooperación global. Los Objetivos de Desarrollo Sostenible recientemente ratificados que ponen el énfasis en los "medios de implementación", son un claro signo de que a pesar de todos nuestros conflictos y desacuerdos, la humanidad está evolucionando su capacidad para la colaboración global. El patrón emergente de colaboración consciente también se puede observar en la enorme variedad de organizaciones de la sociedad civil y de redes de agentes de cambio cultural implicados en la transición hacia una presencia humana más sostenible en la Tierra. La única manera de salvaguardar el privilegio de la abundancia es compartirlo de manera colaborativa con toda la humanidad y con todo lo vivo. El éxito evolutivo de la vida en su integridad ha seguido las tendencias de diversificación e integración de la vida. Este proceso está ahora encontrando expresión en la integración de la diversidad humana en la conciencia y la solidaridad global. Nuestro éxito individual y colectivo depende de esta integración a través de la colaboración y la empatía.

Stewart observa que "cualesquiera que sean los retos evolutivos, los procesos vivos pueden responder a ellos con más eficacia si son organizaciones cooperativas y sus acciones están coordinadas". La vida como un proceso planetario de enlace de escalas prospera a través de la integración de la diversidad en flujos circulares de energía, materia e información que facilitan el surgimiento de procesos colaborativos y regenerativos a escala local, regional y global. Esto crea abundancia compartida en escalas múltiples como base para el éxito evolutivo individual y colectivo. La integración a través de la colaboración ofrece numerosas ventajas:

- La oportunidad de distribuir tareas esenciales en ecologías de colaboración descentralizadas.
- La oportunidad de crear abundancia dentro de los límites planetarios compartiendo las reservas de recursos comunes.
- Un aumento de la capacidad para la inteligencia colectiva que conforme nuestra resiliencia colectiva, y nuestra capacidad adaptativa y de transformación.
- El aumento de la eficacia de los recursos debido a que se desaprovecha menos energía y recursos en interacciones competitivas que dañan la salud sistémica.
- La oportunidad de crear redes de apoyo mutuo caracterizadas por relaciones de suma no cero o de triple beneficio.

El biólogo Peter Corning, antiguo presidente de la Sociedad Internacional de Ciencias de Sistemas y director del Instituto para el Estudio de Sistemas Complejos, sugiere que en la evolución de nuestra especie, la cooperación ha jugado un papel particularmente importante. La "hipótesis del sinergismo" de Corning sostiene "que fueron los beneficios bioeconómicos (las sinergias) asociadas con distintas formas de cooperación social, las que produjeron, en combinación, la principal tendencia direccional durante un periodo de varios millones de años, desde los homínidos bípedos más antiguos hasta el *Homo sapiens* moderno. [...] nos inventamos a nosotros mismos (en efecto) en respuesta a distintas presiones y oportunidades ecológicas" (Corning, 2005: 40). Corning explica: "una consecuencia de esta visión más compleja de la evolución es que tanto la competición como la cooperación pueden coexistir en distintos niveles de organización, o en relación a distintos aspectos de la aventura de la supervivencia. Podría haber una interacción delicadamente equilibrada entre estas relaciones supuestamente opuestas." (pág. 38). Desarrollar el lenguaje y con él la capacidad de dar forma a la cultura a través de la narrativa ha permitido a los humanos desarrollar patrones de colaboración complejos.

Corning hace hincapié en que: "Si una sociedad se ve simplemente como un conjunto de individuos que no tienen intereses comunes, y tampoco una participación en la estructura social, entonces ¿por qué debería importarles? Pero si una sociedad se ve [...] como "una empresa de supervivencia colectiva" interdependiente, entonces cada uno de nosotros tiene una participación vital, de vida o muerte, en su viabilidad y en su funcionamiento efectivo, lo reconozcamos o no" (pág. 392). En lugar de perdernos en desacuerdos y episodios competitivos que son parte de la negociación de la integración de nuestra diversidad humana, estamos llamados a recordar que "la cooperación mutuamente beneficiosa es el principio organizativo fundamental subyacente en toda sociedad humana" (pág. 393). El futuro de la humanidad depende de la cooperación mutualmente beneficiosa a escala planetaria.

La bióloga evolutiva y futuróloga Elisabet Sathouris describe cómo en la evolución de comunidades complejas de diversos organismos se alcanza un "punto de maduración" en el que el sistema se da cuenta de que "es más barato alimentar a tus 'enemigos' que matarlos" (comentario personal). Después de haber poblado con éxito seis continentes y de habernos diversificado en un mosaico de sistemas de valores, cosmovisiones, identidades (nacionales, culturales, éticas, profesionales, políticas, etc.) y en modos de vida que forman la humanidad, ahora tenemos el desafío de integrar esta valiosa diversidad en una civilización global, localmente colaborativa, que actúe con sabiduría para crear las condiciones que favorecen la vida.

> Ya hemos alcanzado un nuevo punto de inflexión en el que las enemistades son más caras en todos los aspectos que la colaboración cordial; en el que se han alcanzado los límites planetarios de explotación de la naturaleza. Ya es hora de que crucemos este nuevo punto de inflexión hacia nuestra madurez comunitaria global, una integración de la economía y de la ecología a las que hemos enfrentado entre sí, para desarrollar una ecosofía.
>
> Elisabet Sathouris (2014)

Si el *Homo sapiens sapiens* quiere continuar su fascinante, aunque relativamente corta, historia de éxito evolutivo tenemos que desarrollar sociedades sabias caracterizadas por la empatía, la solidaridad y la colaboración. Las culturas y las sociedades sabias y una civilización sabia "gestionarán el hogar" con sabiduría (*oikos* + *sophia*) y con amor por todas las formas de vida (*biofilia*). El desafío de la humanidad en un mundo complejo y en constante cambio, es establecer un conjunto de preguntas de referencia que centren nuestra inteligencia colectiva para responder con sabiduría a cambios a menudo impredecibles e inesperados.

Estas preguntas guiarán nuestra actividad cultural para crear comunidades regenerativas y prósperas, y economías circulares en elegante armonía con las condiciones singulares de sistemas ecosociales locales y regionales. Necesitamos responder a los desafíos globales con medidas locales y regionales eficaces hechas posible gracias a la colaboración y al intercambio global. Para hacer esto de manera efectiva necesitamos algo más que un cambio de políticas y una democracia participativa; necesitamos una transformación en nuestra manera de pensar, desde mentalidades rígidas a saber valorar perspectivas múltiples y reconocer nuestra interdependencia y nuestra humanidad común.

La meta-narrativa de interser conforma una comprensión de sistemas vivos participativa de la vida y de la consciencia. Nos permite valorar una amplia variedad de perspectivas mientras nos une a nuestra identidad superior como humanidad y como vida. La innovación transformadora y el diseño regenerativo apoyan la creación de comunidades prósperas, la abundancia natural compartida y la salud sistémica al fomentar la regeneración de forma colaborativa en todo el mundo. Son maneras creativas de dar forma a la narrativa del interser, maneras que refuerzan nuestra experiencia de parentesco y de unión entre nosotros y con los ecosistemas que habitamos. Esta colaboración se hace posible con una nueva comprensión sobre quiénes y qué somos.

> Ya no necesitamos estar fragmentados y enjaulados; tenemos la opción de vernos a nosotros mismos dentro de una Unidad cósmica que elimina toda fragmentación; que une nuestra experiencia interior con nuestra experiencia exterior al tiempo que nos une entre nosotros, con nuestro planeta y con nuestro Cosmos. Sea cual sea la Nueva Historia, da igual cuantas versiones de ella escribamos o relatemos, reflejará esta nueva visión de nosotros mismos.
>
> Elisabet Sathouris (2014)

Jeremy Rifkin (2009) sugiere que la naturaleza humana es fundamentalmente empática y cooperativa en lugar de egoísta y competitiva. Revisa datos recientes de la ciencia del cerebro y de estudios sobre el desarrollo infantil que muestran cómo el egoísmo, la competición y la agresión no son aspectos innatos del comportamiento humano, sino respuestas aprendidas y condicionadas por la cultura. Nuestra verdadera naturaleza es mucho más cariñosa, amorosa y empática de lo que nos han enseñado a creer. Mientras que en un principio la empatía podría haberse reducido principalmente a nuestra familia y a nuestra tribu, nuestra capacidad de sentir empatía ha continuado extendiéndose para incluir a toda la familia humana, a otras especies y a la vida en su integridad. Rifkin sugiere que estamos siendo testigos del surgimiento evolutivo del *Homo empático*:

> Creo que estamos a las puertas de un cambio épico hacia un clímax de la economía global y a un reposicionamiento fundamental de la vida humana en el planeta. La "Era de la Empatía" está eclipsando a la "Era de la Razón". La cuestión más importante a la que se enfrenta la

> humanidad es esta: ¿Podemos alcanzar la empatía global a tiempo de evitar el colapso de la civilización y salvar la Tierra?
>
> Jeremy Rifkin (2009: 3)

La narrativa del *interser* conforma y promueve la empatía global, ya que nos hace conscientes de nuestra interdependencia como seres relacionales con la prosperidad de la vida en la Tierra y con la evolución de la consciencia dentro de un universo en constante transformación. La sana evolución de la consciencia no es la sustitución de la razón por la empatía, sino más bien la integración de nuestra capacidad de razonar con formas múltiples de conocer y con una mayor capacidad para la empatía, lo que Albert Einstein describía como "ampliar nuestro circulo de compasión".

Los mapas evolutivos de la consciencia, como el entramado de niveles y de estados de consciencia de Wilber-Combs (Combs, 2009), los "sistemas bio-psicosociales" de Clare Graves (Graves, 2004 y 2005) o el mapa de cosmovisiones y de sistemas de valores de "dinámica espiral" de Christopher Cowan (1996), sugieren que el desarrollo sano se produce por un proceso de superación *e inclusión* (en lugar de oposición y exclusión) de perspectivas previas.

La tendencia evolutiva de *aumentar la integración de la diversidad* no es una senda hacia un aumento de la homogeneidad y una mono-cultura dominante, sino que es una senda hacia la participación apropiada en la complejidad. Evitar "monoculturas de la mente", valorar y fomentar la diversidad e integrar de manera cooperativa esta diversidad al vivir las preguntas juntos, permitirá a la humanidad actuar con sabiduría, instruidos por la inteligencia colectiva y por perspectivas múltiples, frente a cambios impredecibles.

Concentrarse en encontrar soluciones milagrosas y respuestas universales o permanentes nos predispone a enmarcar el progreso como la sustitución de una perspectiva o "paradigma" por otra. Tendemos a balancear el péndulo excesivamente de un extremo al otro. Normalmente pasamos de la tesis a la antítesis, en lugar de buscar el terreno abonado de la síntesis que trasciende e incluye varias perspectivas en un intento de conformar una actuación sabia.

Vivir las preguntas juntos de manera cooperativa y empática, en humilde reconocimiento de los límites de nuestro conocimiento y de nuestra capacidad individual y colectiva, es un sistema de referencia cultural capaz de conformar una actuación sabia frente al cambio y la imprevisibilidad. Vivir las preguntas juntos crea culturas regenerativas al fomentar la resiliencia y la capacidad de adaptación y de transformación. Al explorar y valorar de manera colectiva las perspectivas que cada uno de los tres horizontes tiene del futuro potencial del momento presente, facilitamos el surgimiento de consciencia futura que puede ayudarnos a actuar con previsión frente al cambio impredecible.

El 12 de septiembre de 2001, el día después de los traumáticos sucesos en el World Trade Centre de Nueva York, el filósofo catalán Jordi Pigem dirigió a un pequeño grupo de estudiantes del Master en Ciencia Holística del Schumacher College a través de una exploración colectiva sobre la importancia de

Figura 28: Los ciclos del Amor y del Miedo

este trágico, aunque catalítico, golpe a la consciencia colectiva de la humanidad. Jordi comenzó la sesión encendiendo una vela y leyendo dos poemas del monje vietnamita Thích Nhất Hạnh: *Interser* y *Llámame por mi nombre verdadero*. Durante el diálogo posterior cocreamos una visión inicial del diagrama de la Figura 28, haciendo un mapa de la principal elección que tenemos, tanto individual como colectivamente, de crear un mundo que sea posible gracias al amor o uno que esté dirigido por el miedo.

El activismo revisado: la participación consciente y la inteligencia colectiva

> Si el éxito o el fracaso de este planeta y de los seres humanos dependieran de como soy y de lo que hago [...] ¿CÓMO SERÍA? ¿QUÉ HARÍA?
>
> R. Buckminster Fuller

> Individualmente no podemos comprender el alcance, la profundidad y el detalle de las consecuencias que colectivamente estamos generando para nosotros mismos.
>
> Tom Atlee (2002)

Durante el tiempo que viví y trabajé en la ecoaldea de la Fundación Findhorn, tuve la oportunidad de colaborar con May East en una gran variedad de proyectos. May es brasileña y ha sido una activista desde finales de los años 80. Es la cofundadora de la Red Global de Ecoaldeas y de Educación Gaia, y dirige el centro de formación CIFAL Escocia de las Naciones Unidas. En numerosas ocasiones ha sido reconocida como uno de los 100 líderes mundiales de la sostenibilidad (ABC Carbon, 2012). Más que muchas de las personas que conozco, May encarna el papel de un agente de cambio global y de una constructora de puentes entre los mundos a menudo separados de la sociedad civil, las empresas y el gobierno.

Su trabajo va desde impartir cursos de desarrollo de capacidades para el diseño de comunidades y de ciudades de transición a activistas de todo el mundo, a trabajar con gobiernos locales y nacionales en una amplia gama de temas sobre sostenibilidad, y al trabajo de desarrollo internacional y formación en sostenibilidad con UNITAR y la UNESCO. May ha contribuido de manera activa a desarrollar los nuevos Objetivos para el Desarrollo Sostenible de la ONU. May y yo compartimos la pasión por ayudar a distintas comunidades y partes interesadas a explorar soluciones de diseño de sistemas vivos que utilizan la inteligencia colectiva, integrando perspectivas y necesidades diversas. Vivimos de construir puentes de colaboración entre activistas y líderes corporativos, entre el mundo académico y organizaciones de la sociedad civil y entre gobiernos locales y regionales y el sistema de la ONU.

Existe una tendencia generalizada entre activistas a "luchar contra" algo, en lugar de extender las manos y abrir el corazón a aquellos cuyas prácticas y actitudes insostenibles esperamos transformar. Todos somos parte del problema y todos tendremos que ser parte de la solución. May una vez compartió su definición de activismo conmigo: "La primera cosa que hago después de mi meditación matutina es elegir conscientemente en lo que pondré mi atención ese día, qué conversaciones y proyectos *activaré* mediante el poder de mi atención".

Todos somos activistas, activando una historia u otra a través del poder de nuestra atención y de la manera en la que participamos en nuestras comunidades. Podemos elegir activar y encarnar la historia de la separación o la historia del interser. Podemos elegir qué clase de mundo queremos crear junto con la gente con la que estamos en contacto. Podemos preguntarnos a nosotros mismos: ¿Qué estoy eligiendo activar a través del poder de mi atención? ¿Cómo contribuye mi participación al mundo en el que me gustaría vivir?

¡Todos somos diseñadores! ¡Todos somos activistas! Las culturas regenerativas están creadas por personas que se han hecho conscientes de la forma en que su participación activa ciertas posibilidades, personas que comparten una visión de un mundo mejor, colaborando para cocrear un futuro próspero para toda la Vida. Profesionales y activistas conscientes viven una pregunta sencilla todos los días: *¿Cómo puedo ser el cambio que quiero ver en el mundo?* Son conscientes del "potencial futuro del momento presente" y tienen como objetivo actuar de manera sabia para facilitar el surgimiento positivo en un mundo imprevisible.

El primer paso es ser *conscientes* de lo que estamos activando en el mundo con el poder de nuestra atención y con la historia que divulgamos a través de nuestros pensamientos, de nuestras palabras y de nuestras acciones. Cuando nos acercamos a nuestras comunidades (familias, vecinos, colegas y amigos) y les invitamos a vivir las preguntas juntos, estamos invitando a perspectivas múltiples y a distintas maneras de conocer a formar parte de nuestra cooperación en la cocreación de culturas regenerativas.

Esta clase de intercambio y consulta abierta puede facilitar el surgimiento de la inteligencia colectiva y de la consciencia futura para conformar actuaciones sabias frente al aumento de complejidad en humilde reconocimiento de los límites de nuestro propio conocimiento. Tú también te puedes convertir en un activista consciente, en un agente de cambio y en un constructor de puentes comenzando una consulta así en tu comunidad. El hecho de que hayas leído hasta aquí significa que posiblemente ya lo seas. Al explorar las preguntas de este libro con otros y al redefinirlas, o al aportar más, podemos continuar nuestro peregrinaje y nuestro aprendizaje en la transición hacia el tercer horizonte de una presencia humana regenerativa en la Tierra.

En *Reflections on Evolutionary Activism* (Reflexiones sobre el Activismo Evolutivo), Tom Atlee subraya tres dinámicas evolutivas: i) la integración de la diversidad, ii) el constante alineamiento con la realidad, y iii) el egoísmo basado en el bienestar de la integridad. Estas son características esenciales de las culturas regenerativas en línea con la evolución de la vida. También son pautas para ayudarnos como individuos a seguir aprendiendo y contribuyendo a la creación de empresas, comunidades y culturas regenerativas.

Atlee empieza su libro recordándonos el largo viaje evolutivo desde el principio del universo hasta nuestros días. Nuestros cuerpos contienen literalmente átomos formados durante la muerte de estrellas gigantes. Como participantes en esta integridad siempre en transformación y evolución, somos expresiones de lo que Atlee llama el Poder Creativo del Universo. Y envía una invitación para todos nosotros:

> Como activistas evolutivos podemos salir de la [separación] y entrar en la consciencia de que somos parte de la permanente creación del universo, que nuestro poder es el Poder Creativo del Universo que trabaja a través de nosotros, y que tenemos una tarea creativa que hacer, una tarea realmente importante de la que formar parte. Somos los ojos, los oídos y las manos y los pies y el corazón y la mente del Poder Creativo del Universo que trabaja en este momento formando

> la primera civilización sabia, sostenible, que auto-evoluciona como nunca se ha visto en este planeta. Cada decisión que tomamos, también el cómo pasar este valioso momento y dónde emplear nuestra valiosa energía y con qué gente valiosa trabajar y cómo vamos a ser con ellos, son decisiones que forman la Gran CPU que busca a tientas qué hacer aquí después, qué es posible hacer ahora. [...] Tú y yo somos ese Poder, pertenecemos a ese Poder y estamos en ese Poder. Bienvenido a casa. Todos estamos en esta tarea juntos, respaldados por la mayor fuerza creativa de la Tierra, y más allá. Empecemos a trabajar, tan conscientemente, tan en armonía y tan juntos como podamos gestionar.
>
> Tom Atlee (2009: 33-34)

El trabajo de Atlee ofrece una gran inspiración y un apoyo práctico para quienes quieran vivir las preguntas juntos con el objetivo de rediseñar la presencia humana en la Tierra. Describe cómo una serie de preguntas han guiado su propio viaje como activista de larga trayectoria (págs. 43-47):

P ¿Cómo puedo ayudar a hacer un mundo mejor?

P ¿Cuál es el significado de inteligencia colectiva auto-organizada?

P ¿Cómo pueden los grupos activistas llegar a ser más eficaces de manera colaborativa?

P ¿Cómo pueden las comunidades y los países llegar a ser más eficaces de manera colaborativa?

P ¿Cómo puede la humanidad trabajar con más sabiduría y creatividad frente a las crisis de nuestro tiempo?

P ¿Cómo podemos ayudar a nuestros sistemas sociales y a nuestras culturas a evolucionar conscientemente?

P ¿Cómo podemos madurar para ser evolución, y responsabilizarnos de nuestro papel en la cada vez más consciente co-inteligencia del universo?

P ¿Cómo nosotros, los activistas, nos convertimos humildemente en el mundo que conscientemente evoluciona en direcciones que sustentan plenamente todas las formas de vida?

Las dos últimas preguntas nos invitan a adoptar una perspectiva participativa y evolutiva, *en la que* participamos y *de la que* somos manifestaciones, con el objetivo de llegar a ser más plenamente conscientes de cómo nuestro *ser y hacer* crea las condiciones que favorecen la vida.

La práctica de Vivir las Preguntas Juntos y de codiseñar la transición hacia culturas regenerativas es una práctica de activismo evolutivo. La estrategia que he analizado en este libro va exactamente en la misma línea que los principios del activismo evolutivo de Atlee:

> i. Fomentar una auto-organización sana y la capacidad evolutiva consciente de los sistemas vivos.
> ii. Utilizar preguntas estratégicas y conversaciones estratégicas como principales herramientas de transformación.
> iii. Implicar a la diversidad y a la disonancia de manera creativa en servicio de una vida superior.
> iv. Subrayar, utilizar y promover la energía de la posibilidad positiva.
> v. buscar conscientemente y utilizar referencias de la dinámica evolutiva.
> vi. Considerar la cocreatividad como la esencia y el poder sagrado de nuestro trabajo.
> vii. Ver al activismo evolutivo como parte de la gran historia de la evolución siendo conscientes de ello, e invitando a otros a formar parte de esa historia.
>
> (Atlee, 2009: 54-63)

En *Thoughts on Wisdom and Collective Intelligence* (Reflexiones sobre la Sabiduría y la Inteligencia Colectiva) Atlee dice que "si los individuos cooperan pueden generar inteligencia colectiva". El mundo es ahora tan complejo, las nuevas tecnologías se desarrollan tan rápidamente, la información y los conocimientos se están extendiendo a tal velocidad, y estamos enfrentados a tantas crisis convergentes en escalas múltiples que necesitamos el poder de muchas mentes para conformar una actuación sabia. Para que surja la inteligencia colectiva necesitamos prestar atención a "la presencia de 'la integridad' en la vida y en el funcionamiento de 'las partes'".

Atlee enumera una serie de condiciones que facilitan el surgimiento fructífero de la inteligencia colectiva: una visión compartida, una comprensión del objetivo colectivo, creer en el trabajo compartido, tratar con perspectivas diferentes de forma creativa, integrar las perspectivas de múltiples partes interesadas dentro del "panorama completo de una realidad más compleja", la capacidad compartida de "conocer más de la integridad" y un sentimiento de que la integridad está trabajando *a través* de todos nosotros y *como* todos nosotros. Ofrece una idea sobre la participación sabia proponiendo que "la sabiduría caracteriza cualquier factor que facilite una mayor implicación con más de la integridad". En este contexto, los "factores" pueden ser tan diversos como una cosmovisión; una idea, una información, un conocimiento o comprensión; una manera de pensar, sentimientos o comportamientos; una narrativa o un diseño. "Cualquiera de ellos puede dar forma a nuestra implicación con el mundo de maneras holísticas y de esta manera ser sabios". Atlee explica que "la implicación aquí puede ser activa o pasiva. Incluye percibir, reflexionar y entender, además de estar con la realidad, responder a ella, influenciarla y cambiarla, y también ser influenciado o cambiado por ella. La implicación aquí supone el interser y la interactividad. [...] la "integridad" aquí se refiere a la realidad más profunda, más plena, más completa de algo, de una persona, de un grupo o de una comunidad, de una situación, de una idea, del mundo, o de cualquier otra cosa" (2004).

La narrativa del interser y una cosmovisión de sistemas vivos participativa son importantes factores habilitantes para el surgimiento de la inteligencia mediante la cooperación. A nivel individual y colectivo tenemos que explorar de forma consciente la participación apropiada. Para hacerlo necesitamos hacer uso de todas nuestras maneras de conocer: pensar, sentir, intuir y percibir. La actuación sabia solo puede ser guiada por la síntesis y la cooperación. Cada vez se reconoce más el papel de liderazgo que todos nosotros podemos asumir y que este no solo se personifica en individuos que ejercen "poder sobre" a través de una inteligencia secreta y de la propiedad de conocimientos y tecnología. El liderazgo sabio del siglo XXI tiene que estar basado en el "poder con", la inteligencia colectiva pública, y en el intercambio abierto de conocimientos y tecnología. Tom Atlee escribe:

> El poder-con se está convirtiendo rápidamente en una ciencia tan estratégica y hábil como el poder-sobre. Incluso las escuelas militares y de comercio están enseñando el poder de la cooperación. El poder-con también se está convirtiendo en una fuente de poder en prácticas de sostenibilidad al trabajar con insectos y bacterias para compostar basura y reciclar residuos o al trabajar con el viento y el agua para generar energía. Todos los campos y prácticas que ponen el acento en la colaboración están ejerciendo el poder-con.
>
> Tom Atlee (2012)

Altee pone el énfasis en que "solo porque nuestros actuales sistemas políticos, de gobierno, económicos y tantos otros, están diseñados para hacernos competir, no significa que siempre tengamos que hacerlo. Podemos crear nuevos sistemas que nos ayuden a trabajar juntos con más fuerza". Si practicamos la colaboración y vivimos las preguntas juntos podemos tener acceso al "poder y a la sabiduría que surge *dentro* y *entre* los miembros del grupo. Este poder y sabiduría no viene tanto de los individuos mismos como de sus interacciones, de una clase de energía o inteligencia que aparece porque estas personas están juntas" (2012). Una vez que has vivido directamente lo que dice Atlee aquí, la inteligencia colectiva y la sabiduría dejan de ser nociones abstractas y se convierten en una realidad vivida y una experiencia encarnada que puede alcanzarse. Sentarme en círculos de consejo me ha proporcionado esta experiencia transformadora.

En el otoño de 2014 asistí a una extraordinaria reunión de activistas y creativos culturales de 52 países de los 6 continentes. Dos años antes, había ayudado a concebir y planificar la Cumbre de la Nueva Historia en la Fundación Findhorn. Entre las muchas personas inspiradoras que conocí estaba el antiguo espía de la CIA convertido en denunciante y activista que en 1988, después de años de operaciones encubiertas, comprendió que su "vida como espía especializado en secretos no era solo improductiva sino que era completamente opuesta a lo que él realmente necesitaba: acceso total a información verdadera, a la completa diversidad de visiones sobre cualquier tema, y por consiguiente a la capacidad para crear Inteligencia-de-Código-Abierto (OSINT)". Robert Steele es un pionero de la estrategia OSINT y hace una defensa convincente de que en realidad es una base necesaria "para la democracia directa; la inteligencia participativa (apoyo para la toma de decisiones), la formulación de políticas de código abierto, y los presupuestos participativos" (Steele, 2012: xiii). La Figura 29 muestra la "ecología más amplia" de la estrategia de Todo en Código Abierto:

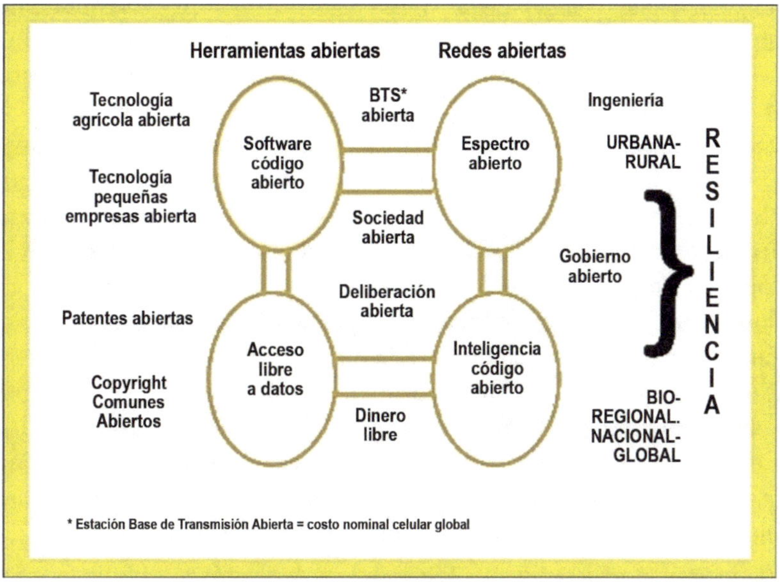

Figura 29: Todo en Código Abierto.

Recomiendo especialmente el *Open Source Everything Manifesto* (Manifiesto de Todo en Código Abierto) de Steele publicado en 2012. En la Cumbre de la Nueva Historia, se le invitó a que presentara un documento de investigación ante el grupo de expertos de alto nivel de la ONU sobre la agenda de desarrollo post 2015. El documento está ahora en internet (Steele, 2014a). Además de ofrecer a la ONU "una estrategia de desarrollo alternativa para el siglo XXI" el documento defiende que los 17 Objetivos de Desarrollo Sostenible se podrían conseguir con éxito para 2050 con un coste estimado de 230 mil millones de dólares al año, una fracción de los 1,3 billones de dólares que los gobiernos del mundo gastan anualmente en sus ejércitos. En un artículo reciente Steele escribió:

> [La Inteligencia Colectiva] del siglo XXI (un empeño humano), debe centrarse en el verdadero significado de la inteligencia como prueba-decisión fundamentada-apoyo, que se origina en el análisis holístico, en la economía que internaliza costos, y en el todo en código abierto que permita la ingeniería de código abierto. [...] Mi esperanza es que podamos reinventar la inteligencia para rediseñar y reabrir el mundo académico, la economía, la gobernanza y la sociedad de tal manera que los cinco mil millones más pobres se empoderen para crear riqueza sostenible infinita a la vez que detenemos, de una manera pacífica, las patologías del capitalismo, del colonialismo y del militarismo occidental.
>
> Robert David Steele (2014b)

La inteligencia colectiva aplicada, basada en la colaboración multinacional, multilateral, multidisciplinar y de ámbitos múltiples para el intercambio de información y para la búsqueda de significado, puede ayudarnos a cocrear un mundo que funcione para todos. En línea con lo que hemos explorado en este libro, Steele hace un llamamiento para el rediseño del mundo académico, de la economía, de la gobernanza y de nuestras sociedades "para incluir la inteligencia en lo que construimos, en cómo lo construimos y en cómo lo usamos". Por ejemplo, necesitamos ir más allá de la clase de estrategia de inteligencia integrada promovida por las "Ciudades Inteligentes" de IBM y la moda actual del "todo inteligente". En lugar de hacer "lo equivocado más correcto" necesitamos rediseñar con el apoyo apropiado para la toma de decisiones (ibidem).

La inteligencia y la sabiduría colectiva son una propiedad emergente de sistemas eco-sociales de dinámica compleja en los que predominan las relaciones cooperativas en lugar de las competitivas. Si cooperamos de manera eficaz compartiendo conocimientos, información y tecnología y aprendemos a distinguir entre educación y adoctrinamiento, casi con toda seguridad podremos encontrar respuestas adecuadas a las crisis convergentes a las que se enfrenta la humanidad. Si aprendemos a compartir el patrimonio biocultural de manera más equitativa a escala local, regional y global y creamos oportunidades de aprendizaje permanente para toda la humanidad, podremos liberar la enorme abundancia e ingenuidad que se encuentra en la capacidad creativa e innovadora de los miles de millones de personas desfavorecidas en el mundo.

No podemos crear culturas regenerativas sin crear culturas más equitativas. Para que esta transición tenga éxito, necesitamos la participación generalizada de ciudadanos informados que colaboren en la creación de comunidades regenerativas a todas las escalas, empoderados y capacitados por la colaboración global. Cuando toda tu capacidad creativa queda absorbida por la exigencia desesperada de cubrir tus necesidades de supervivencia y las de tu familia y sin educación básica ni acceso a una educación superior, es difícil colaborar en proyectos comunitarios a largo plazo ni en una iniciativa colaborativa a nivel global para la creación de una civilización humana regenerativa.

Necesitamos posibilitar que toda la humanidad participe activamente en la gran transición hacia una presencia humana regenerativa en la Tierra. Como dice David Orr: "¡Es hora de ponernos manos a la obra! La esperanza es un verbo con las mangas arremangadas" (comentario personal). Necesitamos compartir todos nuestros recursos abiertamente. Hasta cierto punto, cambiar de una economía competitiva, derrochadora y de ganadores y perdedores a una economía colaborativa, regenerativa y de triple beneficio, es un acto de fe. Necesitamos confiar en que compartiendo de forma efectiva lo que tenemos (dinero, conocimientos, habilidades, tecnología, ecosistemas productivos, una biosfera que sustenta la vida y otros recursos) podemos cocrear una abundancia genuina y una vida con más significado y alegría para todos, también para nosotros, nuestras familias y nuestras comunidades.

El compartir y cooperar puede extenderse por todo el sistema como si fuera una infección de salud. Cuanto más se encuentre la gente con actitudes cooperativas, empáticas y solidarias, más se encontrarán con la alegría de cooperar, de cuidar y de compartir con otros. En estos tiempos de transición, tenemos que preguntarnos: ¿Qué clase de mundo estoy activando mediante el poder de mi atención? *Cocrear culturas regenerativas es un activismo evolutivo,* y cada día es una nueva oportunidad para adentrarse en nuestro papel de activistas evolutivos en esta transición.

Estamos volviendo a la vida y esto lo cambia todo

El activismo evolutivo es una innovación socio-ecológica que impulsa el cambio transformador de la cultura. En *kairos*, este momento de transformación que Joanna Macy llama el "Gran Giro", lo personal, lo colectivo y lo planetario están entrelazados más que nunca. Habla de nuestro doble papel, de la necesidad de ser tanto trabajadores de un hospital de enfermos terminales para la vieja "Sociedad Industrial de Crecimiento" (con sus hábitos, estructuras e historias que ya no sirven), como comadronas de la nueva y emergente "sociedad que sustenta la vida".

Macy identifica tres dimensiones de implicación con este proceso de transformación cultural. En el mundo entero *nosotros*, el pueblo, nos estamos implicando en: i) "actuaciones para reducir la velocidad de los daños a la Tierra y a sus seres", ii) "el análisis de causas estructurales y la creación de alternativas estructurales" y iii) "un cambio fundamental de cosmovisión y valores" (Macy y Young Brown, 1998: 17).

> Muchos de nosotros estamos implicados en los tres, cada uno de ellos es necesario para la creación de una sociedad que sustente la vida. La gente que trabaja en silencio entre bastidores puede que no se consideren a sí mismos activistas, pero nosotros si lo hacemos. Consideramos que cualquiera que actúe con un objetivo superior a su propia ganancia o ventaja personal es un activista.
>
> Joanna Macy y Molly Young Brown (2014: 6)

En *This Changes Everything* (Esto lo Cambia Todo, 2014) Naomi Klein analiza la razón por la que nuestro sistema actual, y en particular nuestro actual modelo económico, están provocando que estemos en guerra contra la vida en la Tierra. Unidos por nuestro amor por la vida, *todos* tenemos el poder, y la obligación, de actuar para cambiarlo. El tráiler del vídeo que anuncia su libro termina con las palabras: "cambiar, o ser cambiados, pero no te equivoques: ¡Esto lo Cambia Todo!"

Por todo el mundo la gente se está organizando para actuar, oponerse a más crímenes y violencia contra la naturaleza y demandar una respuesta inmediata y transformadora al cambio climático y a la economía estructuralmente insostenible de explotación, derroche y desigualdad. Silenciados de manera violenta, ridiculizados y privados de derechos, los pueblos indígenas están uniendo su fuerza en un movimiento en red global de agentes del cambio.

> A medida que los pueblos indígenas han adquirido posiciones de liderazgo en este movimiento, [sus] formas de ver, protegidas durante largo tiempo, se están extendiendo como nunca lo habían hecho en siglos. De hecho, lo que está surgiendo es una clase de movimiento por los derechos reproductivos, uno que no solo lucha por los derechos reproductivos de las mujeres, sino por los derechos reproductivos del planeta en su integridad, de las montañas mutiladas, los valles inundados, los bosques talados, los acuíferos contaminados por el fracking, las colinas destrozadas por la minería, los ríos envenenados, los "pueblos del cáncer". Todas las formas de vida tienen el derecho a renovarse, a regenerarse, y a sanarse a sí mismas.
>
> Naomi Klein (2014)

Hay muchas señales que nos dicen que estamos en medio de un enorme cambio súbito en nuestra capacidad y motivación para actuar en la protección del planeta vivo y para cocrear un futuro próspero para todos. Las campañas para la acción directa no violenta están ganando fuerza, proliferando y uniéndose. Más de una vez he llorado de alegría celebrando las respuestas generalizadas a las acciones globales-locales impulsadas por 350.org y Avaaz reuniendo a seres humanos de todo el mundo en defensa de nuestro "Hogar" vivo y de la justicia social. ¡Los tiempos están cambiando! ¡A la gente le importa!

Cada vez se están "desinvirtiendo" mayores sumas de dinero de las industrias que destruyen el planeta como las petroquímicas, las de combustibles fósiles y los gigantes agroindustriales. Las instituciones y las fundaciones filantrópicas se están desentendiendo de sus inversiones en el Horizonte 1 o en el Horizonte 2- y están poniendo su dinero en la transformación sistémica, en inversiones restauradoras, renovables y en alternativas regenerativas del Horizonte 2+ y del Horizonte 3. Naomi Klein ha llegado a la conclusión con la que yo y muchos otros, cada vez más, estamos de acuerdo:

> Solo los movimientos sociales en masa pueden salvarnos ahora. Esto significa presentar una visión del mundo que compita directamente con la visión actual, una que cale en la mayoría de las personas del planeta porque es verdadera: que no estamos separados de la naturaleza sino que somos parte de ella. Que actuar de manera colectiva para el bien común no es sospechoso y que esos proyectos comunes de ayuda mutua son responsables de los grandes logros de nuestra especie. El egoísmo debe ser castigado y atemperado tanto con normas como con el ejemplo. Esta pobreza entre la abundancia es inadmisible.
>
> Naomi Klein (2014)

Necesitamos intensificar el movimiento emergente global-local de terrícolas preocupados, *en línea con la vida* en lugar de con ideologías peligrosas (como el dogmatismo económico destructivo y el fundamentalismo religioso). Para hacerlo necesitamos una historia nueva, "una historia que sirva". O mejor aún, muchas historias que den voz a una cosmovisión y a una narrativa subyacentes que inspiren lo suficiente como para galvanizar a la humanidad hacia la acción, a que despierte a las promesas y oportunidades de *prosperar juntos*.

Esta narrativa necesita combinar la amplitud intelectual con la profundidad espiritual de significado y de sentido que trascienda e incluya a todas las religiones y paradigmas. Necesita dirigir su poder transformador desde el idealismo infeccioso y el pragmatismo enraizado, la innovación tecnológica y la sabiduría antigua, para ayudar a la humanidad a actuar con sabiduría, con poder y con amor. Debe incluir la inmanencia de nuestra experiencia como seres biológicos encarnados en intimidad con toda la vida, y la trascendencia de la consciencia pura más allá del dualismo mente-cuerpo, energía-materia; la inmanencia de ser en la Tierra y de la Tierra y la trascendencia de ser consciencia auto-reflexiva.

John D. Liu observa que entre activistas y científicos del clima hay una creciente demanda de una nueva consciencia colectiva:

> Teniendo en más alta estima la vida que las cosas materiales, nos acercamos a las enseñanzas espirituales de todas las grandes religiones del mundo. Esta comprensión es el siguiente nivel de evolución de la consciencia humana. Pero no es solo una comprensión filosófica profunda, es un camino práctico para reequilibrar el clima, para crear empleo digno, para distribuir la riqueza con justicia y crear una civilización de abundancia y sostenible.
>
> John D. Liu (2014)

La publicación del *Laudato Si* del Papa Francisco en 2015 marca un histórico avance, no solo para los católicos de todo el mundo, sino lo que es incluso más importante, para una alianza de todos los líderes religiosos que respalde la creación de una civilización globalmente regenerativa en la que la humanidad pueda prosperar dentro de los límites planetarios. El Papa hace un llamamiento para "un nuevo diálogo sobre la manera en la que estamos dando forma al futuro de nuestro planeta" y pone el acento en que "necesitamos una conversación que incluya a todos, ya que los retos medioambientales que estamos padeciendo, y sus orígenes humanos, nos conciernen y nos afectan a todos" (El Vaticano, 2015).

Como se expuso en el Capítulo 1, necesitamos reconocer que la ecología y la espiritualidad son las dos maneras de conectarse y de entender mejor la integridad y nuestra participación en ella. Una vez que los líderes religiosos faciliten un diálogo entre sus congregaciones que destaque su sabiduría espiritual y sus valores compartidos por encima de las diferencias entre religiones, podrían convertirse en catalizadores de la transición hacia una presencia humana regenerativa en la Tierra.

Las historias que contamos como expresiones de la meta-narrativa del interser necesitan educar nuestra comprensión sistémica de las crisis convergentes y de sus causas originales, abriendo así perspectivas sobre cómo hacer las cosas de manera diferente. Y más importante aún, necesitan fomentar nuestra capacidad colectiva para diseñar conversaciones que creen visiones y ejemplos prácticos de una presencia humana regenerativa y próspera en la Tierra. Estas visiones y "áreas del futuro en el presente" fortalecerán la creatividad individual y colectiva, inspirarán nuestra imaginación estética y moral y ofrecerán a todo el mundo una oportunidad para encontrar trabajo digno inspirado por la participación activa en el proyecto del siglo: crear culturas regenerativas por todo el mundo.

A medida que prestemos nuestras voces, nuestros corazones, nuestras mentes y nuestra creatividad a vivir la narrativa del interser, cambiaremos la conversación sobre diseño de la humanidad para las intenciones que guían la salutogénesis, la sanación del sistema en su integridad y para la cocreación de soluciones de triple beneficio en un mundo que funcione para todos. Cuando nos unamos a otros en el proceso y aprendamos juntos cómo volver a casa, cómo diseñar *como* naturaleza, y cómo cooperar para una adaptación elegante a la singularidad del lugar, la narrativa del interser se desplegará en esta diversidad fractal plena. Ya nunca más será una historia, sino un tapiz de historias en muchos idiomas, portadoras de la sabiduría de la diversidad cultural unidas por las hebras del interser fundamental de la vida, de la diversidad en la unidad, del patrón que conecta.

Vivir las preguntas juntos es activismo. Lo cambia todo. A medida que nos convertimos en practicantes conscientes del arte de vivir desde nuestro amor por otros, por la humanidad y por la vida, y que los otros que nos rodean comienzan a hacer lo mismo, nos animamos entre nosotros a vivir con esperanza activa y a crear juntos un mundo mejor.

> La Esperanza Activa no es una ilusión.
> La Esperanza Activa no es querer ser rescatado
> por el Llanero Solitario o por algún salvador.
> La Esperanza Activa es despertar a la belleza de la vida
> en cuyo nombre podemos actuar.
> Pertenecemos a este mundo.
> La red de la vida nos convoca ahora.
> Hemos recorrido un largo camino y estamos aquí para participar.
> Con la Esperanza Activa nos damos cuenta de que hay aventuras aguardando,
> fortalezas por descubrir,
> y camaradas con quienes establecer lazos.
> La Esperanza Activa es una disposición a participar.
> La Esperanza Activa es una disposición a descubrir las fortalezas
> dentro de nosotros y dentro de otros;
> una disposición a descubrir las razones para la esperanza
> y las ocasiones para el amor.
> Una disposición para descubrir el tamaño y la fuerza de nuestros corazones,
> de nuestra agudeza mental, de nuestra firme resolución,
> de nuestra propia autoridad, de nuestro amor por la vida,

de la vivacidad de nuestra curiosidad,
del profundo e inesperado pozo de paciencia y diligencia,
del interés de nuestros sentidos, y de nuestra capacidad para dirigir.
Nada de esto puede descubrirse en un sillón o sin arriesgar nada.

Joanna Macy y Chris Johnstone (2012: 35)
Del libro Active Hope (Esperanza Activa), © 2012 por
Joanna Macy y Chris Johnstone. Reproducido con el permiso
de New World Library, Novato, CA. www.newworldlibrary.com

Aprender a escuchar profundamente

Hacen falta dos para decir la verdad, uno que hable y otro que escuche.

Henry David Thoreau

Lo que más necesitamos hacer ahora es escuchar dentro de nosotros el sonido de la Tierra llorando.

Thích Nhất Hạnh

Cuando exploramos la inteligencia y la sabiduría colectiva, no deberíamos cometer el error de asumir que solo los humanos pueden conformar conocimientos, facilitar pruebas y apoyar decisiones. También la comunidad más amplia de la vida, la inteligencia integrada "del patrón que conecta", la práctica de preguntar a la naturaleza (como naturaleza) puede conformar la inteligencia colectiva y también las acciones sabias. Analicé brevemente la importancia y la relevancia de la sabiduría y del conocimiento tradicional indígena en el Capítulo 6. Cuando hablamos de la toma de decisiones participativa, del acceso a la sabiduría colectiva y de sintonizar con la inteligencia inherente en la vida, muchas culturas tradicionales ofrecen poderosas tecnologías de lo sagrado, rituales y prácticas que no deberían desestimarse por "irrelevantes" para nuestras sociedades modernas.

Al contrario, necesitamos recuperar esas formas profundas de escuchar y de comprender para recuperar la sabiduría que hemos perdido en una avalancha de información y conocimientos. Nuestras metodologías tienden a estar centradas solo en el pensamiento (racional), pero los conocimientos profundos se pueden adquirir a través de procesos que incluyen y valoran las sensaciones, los sentimientos y la intuición como parte del apoyo a la toma de decisiones.

Tres de estas prácticas me han ayudado personalmente a experimentar la inteligencia colectiva en acción y a comprender mejor dentro y a través de mi relación con la vida. Las tres han conformado y apoyado profundamente mi trabajo como educador, facilitador y consejero; y han afectado fundamentalmente a la calidad de mi propio interser con todas mis relaciones. Para mí personalmente, las prácticas de la *atención plena* (conectar con la sabiduría interior), el *consejo* (conectar con la sabiduría del grupo), y el tiempo *a solas en la naturaleza* (conectar con la sabiduría de la naturaleza) ofrecen sendas importantes hacia culturas regenerativas, ya que son experiencias directas de nuestro interser. Estas tecnologías de lo sagrado son algo más que simples prácticas, son maneras de entrar en un linaje antiguo de vivir las preguntas. Pueden guiar nuestra participación sana en la integridad.

El consejo

El consejo es un proceder antiguo y una práctica moderna, que abarca muchas culturas y religiones. En el consejo escuchamos a la integridad: a las personas, al lugar, a la tierra, al agua, al fuego, al aire, al planeta vivo. La práctica provoca una experiencia de verdadera comunidad, un reconocimiento de que cada voz necesita ser escuchada, de que cada persona tiene un don, una historia que compartir, una perspectiva de la integridad. Nos permite compartir nuestra humanidad común. Cada vez que alguien se abre y comparte lo que realmente le conmueve en una escucha plenamente sincera, se nos da la oportunidad de sentir que más allá de todas nuestras diferencias nos preocupan cosas similares.

El consejo crea un espacio para nuevas ideas y entendimientos, para la sabiduría en la toma de decisiones y para sanar diferencias. Más que ser simplemente otra herramienta de comunicación, la práctica profunda del consejo nos permite acceder y sentir la inteligencia colectiva y la sabiduría del grupo, ofreciéndonos una manera nueva y a la vez antigua de guiar procesos colaborativos.

El consejo es una forma de comunicación profunda sin jerarquías en el que cada persona está empoderada para hablar. Su intención principal, escuchar y hablar desde el corazón, incentiva la auto-revelación genuina y la escucha empática atenta. La calidad de la escucha profunda que todos en el círculo ofrecen a la persona que sujeta la "pieza de diálogo" contribuye a crear un depósito de confianza y de sinceridad.

Una vez cocreado este depósito, también con la ayuda de una actitud de ritual, este nos permite compartir profundamente desde el corazón. Con frecuencia, las personas se encuentran a sí mismas expresando una calidad de perspectivas y de sabiduría que no sabían que tenían. En esos momentos mágicos, la gente habla desde un lugar que está profundamente nutrido por la inteligencia colectiva y por la sabiduría de todo el grupo y más allá, debido a que al inicio del consejo se invita a entrar a la sabiduría de los ancestros, de las generaciones futuras y de toda la naturaleza.

El consejo anima a los participantes a hablar desde su propia experiencia, haciendo afirmaciones personales en lugar de hablar de generalidades a los demás. A medida que la práctica se profundiza, los participantes consiguen una mayor tolerancia hacia las distintas perspectivas y una compresión más profunda por los sentimientos de los otros. El consejo puede ayudarnos a desarrollar nuestra capacidad para mediar en conflictos de manera no violenta. Ofrece una contribución sencilla, a la vez que poderosa, para la creación de una cultura de paz y comprensión. El consejo nos permite sentir la empatía y la compasión como el fundamento de nuestra propia humanidad. Existen muchas formas y linajes para la práctica del consejo. En particular el trabajo de la Fundación Ojai en EE.UU., el libro *The Way of Council* (Las formas del Consejo) de Jack Zimmerman y Virginia Coyle y la Red Europea de Consejos han extendido esta práctica internacionalmente.*

Tiempo a solas en la naturaleza

Pasar tiempo a solas en la naturaleza, con el corazón/mente abierto, quizá con una pregunta o quizá simplemente dejando que surja una, es también un valioso aliado para los activistas evolutivos. El tiempo a solas en la naturaleza puede generar ideas poderosas. Sirve como una manera eficaz de dejar atrás lo viejo e invitar a que la nueva (historia) entre en nuestras vidas.

Las ceremonias de ritos de paso existen en todas las culturas indígenas del mundo. Son importantes marcadores de transición, de transformación y de cambio en las vidas de los miembros de estas culturas. La transición de la niñez a la edad adulta, de la edad adulta a la vejez, la transición a la paternidad, la confirmación de un nuevo papel en la comunidad, el dejar atrás de manera intencionada y ceremonial modos de pensar y de actuar que ya no nos sirven, estos importantes momentos de cambio y transformación se pueden impulsar y celebrar mediante ceremonias de ritos de paso. Sirven para apoyar a los individuos y ayudarles a reconocer sus dones únicos y su potencial para su propio beneficio, para el beneficio de su comunidad y para el beneficio del mundo.

En la sociedad industrial de crecimiento hemos dejado de lado los ritos de paso tradicionales o los hemos convertido en vestigios ineficaces de sus equivalentes antiguos. La búsqueda de la visión, o el ayuno visionario, es un ritual poderoso que puede ayudar a las personas de una manera significativa y útil a marcar estas importantes etapas y transiciones de la vida.

Para la mayoría de las personas, llega un momento en la vida en el que tomar parte en un ritual así podría ser un importante acto de innovación transformadora de nuestra propia manera de estar en el mundo a nivel personal. Las ceremonias de los ritos de paso permiten a los hombres y a las mujeres de todas las edades, aunque especialmente a los adultos jóvenes, a formar parte de un patrón ceremonial inmemorial: el término de una vida pretérita, el movimiento a través del umbral de lo desconocido y la vuelta al mundo renacido. Las personas en transición de una etapa de la vida a otra con frecuencia encuentran un profundo significado y una guía en este proceso. Es la senda que los seres humanos han seguido durante miles de años. Cuando llega el momento de considerar un ritual así, nos llaman estas preguntas:

P ¿Quién soy?

P ¿Qué tengo que ofrecer?

P ¿Cómo puedo sanar mis heridas y dejar atrás hábitos que ya no sirven?

P ¿Cómo puedo convertirme en un agente eficaz de cambio positivo?

P ¿Cómo puedo amar este mundo, cada día un poco más?

P ¿Cuál es mi verdadera llamada?

P ¿Cómo puedo servir?

Al igual que la meditación nos conecta con nuestra sabiduría e intuición interior, y la práctica del consejo nos conecta con la sabiduría colectiva de nuestra gente y de nuestra comunidad, los rituales basados en la naturaleza de los ritos de paso, o simplemente pasando tiempo a solas conscientemente en la naturaleza, nos conectan con la naturaleza como una profunda fuente de conocimiento, de guía, de visión y de fuerza.

La School of Lost Borders en California, El Sacred Passages en Colorado, y el Instituto Eschwege en Alemania están entre los muchos lugares en los que puedes empezar a explorar el poder de los ritos de paso modernos por ti mismo y sentir cómo estos rituales pueden ayudarte a entrar dentro de tu propio poder pleno como un agente de cambio positivo en este mundo. Para mí, el tiempo a solas en la naturaleza es una fuente importante de conocimiento, de creatividad, de significado y de vitalidad. He visto en talleres que he co-facilitado cómo esta inmersión en la naturaleza salvaje, junto con el consejo y otras prácticas, pueden tener un efecto profundamente transformador en las personas.

Poco después de mi primer ayuno visionario en 2008, leí el libro *Presence* (Presencia, 2005) de Peter Senge, Otto Scharmer, Joe Jaworski, y Betty Sue Flowers, y estuve encantado de conocer el trabajo sobre el ayuno visionario de John P. Milton con líderes empresariales mundiales. El programa de John parecía tener un efecto profundo en muchos de ellos. Conocí a John solo unas pocas semanas después, cuando visité por sorpresa Findhorn. Me dio una copia de *Sky Above, Earth Below* (El Cielo Encima, la Tierra Debajo, 2006). El libro describe muchas técnicas útiles de meditación, de movimiento consciente, y de visualización para extraer fuerza y conocimiento de nuestra participación consciente en la naturaleza. Ha sido una compañía valiosa.

La práctica de la atención plena, del consejo y del tiempo a solas en la naturaleza puede ayudarnos en nuestro camino de vivir las preguntas, individual y colectivamente. Nosotros *estamos* cambiando las cosas, no solo por lo que hacemos, sino también por lo que decimos, las preguntas que planteamos, la manera en la que pensamos e invitamos a otros a pensar, pero más que nada, por cómo "nos hacemos ver". La calidad de nuestro ser *en* las relaciones y *a través* de ellas y cómo ayudamos a otros a relacionarse con el futuro potencial del momento presente, cambia resultados. Establecer la intención de quiénes queremos ser, cómo queremos comportarnos, y qué queremos activar en el mundo y afirmar esta intención cada día en nuestros pensamientos, nuestras palabras y nuestros actos es una práctica de transformación personal que cataliza la transformación cultural. La manera más eficaz de escribir la narrativa del interser en la consciencia colectiva de la humanidad es vivirla con compasión por otros y por nuestros fracasos durante el camino. Si suficientes de nosotros nos convertimos en activistas evolutivos culturalmente creativos contribuiremos al surgimiento de comunidades regenerativas diversas y de un futuro próspero. Escuchar más profundamente es una fuente inestimable de conocimiento y de guía para todo aquel que tenga la voluntad de seguir esa llamada.

> Mi Vida es un don
> de la integridad de la Vida
> para la integridad de la Vida ¨[…]
>
> Tom Atlee

Resiliencia interior y exterior

> El secreto para vivir una vida satisfactoria y llena de significado es estar preparado en todo momento para abandonar lo que eres por lo que podrías llegar a ser.
>
> Brian Goodwin (comentario personal)

Las definiciones de la "resiliencia" varían según la disciplina en la que se usa la palabra. En la ingeniería, la resiliencia de un material se refiere a la tendencia del material a volver a su estado original después de ser estirado, doblado o comprimido. En psicología podemos hablar de la resiliencia emocional como la capacidad de resistir bien a los cambios y de recuperarse después de la enfermedad, la desgracia o experiencias traumáticas. Como vimos en el Capítulo 3, en sistemas socio-ecológicos la resiliencia, como la persistencia de patrones existentes, no es necesariamente siempre algo bueno, dependiendo de lo apropiado de los patrones de organización y de comportamiento a los que "regresamos". La resiliencia de algunos de los sistemas caducos que hemos creado puede en realidad, resistirse a la innovación transformadora y prolongar patrones que son destructivos. Esto también es así para la resiliencia interior.

Por una parte necesitamos la capacidad de mantener nuestra identidad individual y recuperarnos de contratiempos en un entorno que cambia rápidamente; por otra parte tenemos que saber diferenciar entre nuestros propios hábitos y conceptos mentales. Muchos han llegado hasta nosotros a través de la transmisión cultural y de una educación que podría no reflejar los valores más profundos según los cuales nos gustaría vivir. Nos criaron y nos educaron dentro de la narrativa cultural de la separación. Por lo tanto tenemos el hábito de ver el mundo a través de la lente de la escasez y de la competición. La resiliencia interna trata sobre hacernos conscientes de cómo nuestra cosmovisión influencia nuestro juicio y nuestro comportamiento. Si estamos dispuestos a probar otras cosmovisiones y perspectivas para ver si nos convienen, con frecuencia vemos conexiones y oportunidades que no podíamos ver desde un punto de vista fijo.

Otro aspecto importante de la resiliencia interior es saber afrontar perturbaciones en tu propia vida de manera creativa y superar contratiempos, convirtiendo las lecciones del fracaso en la oportunidad de desarrollar una estrategia más exitosa y adaptarse a los cambios en nuestras condiciones de vida. La salud mental y psicológica, además de un entorno familiar comprensivo y de la integración en una comunidad con alta cohesión social, contribuyen en gran medida a una alta resiliencia interior.

Puede ser desalentador estar sujeto al flujo de negatividad y aparente desesperanza al que nos enfrentamos simplemente cuando vemos en las noticias cómo las múltiples crisis convergentes globales y locales se manifiestan en el sufrimiento humano y en la profanación de la naturaleza. Los hábitos de la mente, aprendidos por osmosis cultural, pueden encerrarnos en la perspectiva de la separación que nos hace sentir impotentes para cambiar las cosas ante tanta miseria. Toda esa negatividad y desesperanza nos absorbe de tal manera que olvidamos que miles de millones de personas están enamoradas, crían a sus hijos, ayudan a sus vecinos, rescatan a extraños, cuidan de animales, cultivan plantas y restauran ecosistemas, salvan vidas, hacen disfrutar a sus comunidades con el arte, la danza y la poesía, celebran la belleza de la vida y contribuyen a la prosperidad de sus comunidades.

La resiliencia interior se refiere a la capacidad de hacer frente a los horrores y a la miseria del mundo, en lugar de intentar ignorarlos, y es también ver la belleza, la colaboración, la compasión, el cariño y el amor que nos rodea. Encontrar la fuerza para tener esperanza frente a la calamidad; vivir desde la convicción de que la abundancia nos rodea si cambiamos nuestra narrativa y vivimos en consonancia; estar dispuesto a plantar un manzano hoy incluso si otros te intentan decir que el mundo terminará mañana (como sugería Martin Luther), todas estas capacidades son expresiones de la resiliencia interior.

Mientras escribía este capítulo me enteré de la muerte del actor de Hollywood Robin Williams, quien inspiró a millones con su humor y su profundo amor por los demás que plasmó en los muchos papeles que interpretó. Cometió suicido al verse incapaz de encontrar una salida a la espiral de depresión y adicción que mantuvo escondida al mundo. En conversaciones con un compañero escritor, Jonathan Leighton (ver Leighton, 2011), intentando encontrar sentido a estas noticias, me vi sugiriendo: "Parece que esa depresión no es una enfermedad sino un síntoma de la narrativa patológica de la separación y una reacción a ella".

La mayoría de los enfoques psicológicos para el tratamiento de la depresión se centran en tener un dialogo con la persona deprimida sobre su propia perspectiva de la situación. Estos enfoques tienden a hacer que la persona se centre de nuevo en su ego separado. Quizá existe un punto, en las primeras etapas de la espiral de la depresión, en el que el simple acto de animar a la persona a usar sus habilidades, de la manera que puedan, para cuidar y ayudar a otros sería suficiente para que las personas dejasen de sentirse bloqueadas en la perspectiva de separación y tener una experiencia directa del interser. Esta experiencia de ser capaz de ayudar a otros y de ver el efecto positivo que podemos tener en sus vidas inspira una nueva esperanza y puede desencadenar una respuesta transformadora a la depresión. Al vivir desde la narrativa del interser somos capaces de propagar salud positiva en nuestros sistemas eco-sociales, ayudándonos a nosotros mismos mientras ayudamos a otros y a la comunidad de la vida más amplia.

Conectar con nuestra biofilia innata, nuestro amor por la vida, y los conocimientos y la fuerza que podemos obtener estando en comunión con la naturaleza *como naturaleza* son fuentes poderosas de resiliencia interior. Como me dijo una vez Joanna Macy: "Las cosas cambian cuando te adentras en tu autoridad plena como ser vivo, hablando como vida y en nombre de la vida". Conectar con nuestro "ego ecológico" es una poderosa fuente de resiliencia interior.

La resiliencia transformadora *interior* trata sobre el desarrollo y la transformación personal, aunque no con el objetivo de convertirse en otra persona, sino para ser más plenamente quienes somos y para compartir todos nuestros dones únicos y nuestras pasiones creativas con nuestra comunidad. En la senda del crecimiento personal se nos reta repetidamente a dejar de ser quienes somos para ser quienes podríamos ser. Si queremos vivir en culturas regenerativas y en comunidades prósperas necesitamos preguntarnos a nosotros mismos:

P ¿Cómo puedo vivir mejor de acuerdo con la idea de que al servir a otros y a la comunidad de la vida me estoy sirviendo a mí mismo en un sentido más profundo y más elevado?

P ¿Cuáles son mis dones únicos y mi papel en la cocreación de comunidades prósperas y de una cultura regenerativa?

La relación dinámica entre el interior y el exterior es un tema recurrente que este libro nos invita a explorar. Esta dinámica describe cómo nuestra narrativa cultural da forma a nuestra cosmovisión y viceversa, y cómo ambas afectan a nuestras necesidades e intenciones percibidas, y por tanto a los diseños que creamos y a las soluciones que proponemos. Trabajar conscientemente con nuestra resiliencia interior nos dirige hacia dinámicas más profundas de innovación transformadora, al cambio de cultura y de comportamiento.

Todos somos microcosmos cocreativos y corresponsables de nuestra cultura, y por eso cambiarnos a nosotros mismos es cambiar nuestra cultura. La resiliencia transformadora también trata sobre nuestra disposición a dejar atrás el *statu quo*, cuestionando quiénes somos individual y colectivamente, y abandonando patrones, sistemas y actitudes (narrativas) que ya no nos sirven, para así poder transformarnos en agentes de cambio cocreativos de culturas regenerativas diversas al servicio de toda forma de vida. Este proceso continuo de aprendizaje y de transformación nunca termina, dado que es, en su esencia misma, un reflejo del universo en continua transformación y de la vida en exploración continua de novedad.

> Cuida tus pensamientos; se convierten en palabras. Cuida tus palabras; se convierten en actos. Cuida tus actos; se convierten en hábitos. Cuida tus hábitos; se convierten en carácter. Cuida tu carácter; se convierte en tu destino.
>
> Lao Tse

El consejo del sabio Taoísta Lao Tse parafrasea el cuarto libro del *Brihadaranyaka Upanishads* (IV, 4.5) que a menudo se traduce como “Eres lo que es tu deseo profundo e impulsor. Como tu deseo es, así es tu voluntad. Como es tu voluntad, son tus actos. Como son tus actos, es tu destino”. Ambas versiones expresan la misma sabiduría profunda. Ambas son un buen consejo para cualquiera genuinamente comprometido a cocrear culturas regenerativas. Nunca viviremos, actuaremos y contribuiremos al mundo en ningún otro momento más que en el momento presente. Esto no quiere decir que nuestros actos no puedan estar conformados por conocimientos pasados o que puedan tener efectos formativos sobre el futuro que está ante nosotros. Al reconocer el futuro potencial del momento presente llegamos a entender que la manera en la que nos relacionamos con el “otro” y la manera de comportarnos en todo momento es como contribuimos a crear un mundo.

Los espacios culturalmente más creativos en los que participamos son las conversaciones que mantenemos acerca de hacia dónde nos dirigimos y sobre la adaptación de la narrativa de quiénes somos y qué hacemos aquí. Estas conversaciones crean conciencia futura. Las visiones dinámicas y llenas de significado de las diversas culturas regenerativas que podemos cocrear inspirarán un cambio de cosmovisión y comportamiento, y afectarán a la clase de futuro que surja. Nuestras ideas, pensamientos y visiones de futuro tienen una influencia creativa y contribuyen a crear el mundo en el que viviremos.

Cuida tus intenciones, se convierten en la manera en la que contribuyes al diseño del mundo en el que vives. Cuida cómo y qué diseñas, dará forma a la cultura en la que vives. Cuida la cultura en la que vives; dará forma a cómo ves el mundo. Cuida cómo ves el mundo, dará forma a tus intenciones. *El ciclo continua*. Estamos dando vida al mundo. Cometeremos errores. Aprendamos de nuestros errores. Nos ayudan a cambiar nuestras actitudes y nuestras respuestas. Perdonarnos a nosotros mismos, para así poder perdonar a otros, es también una buena práctica para desarrollar la resiliencia interior.

> Ven, ven, quienquiera que seas
> – errante, adorador, amante de la partida,
> no importa.
> La nuestra no es una caravana de desesperanza,
> Ven,
> incluso si has roto tus votos mil veces antes.
> Ven, otra vez, ven, ven.
>
> Jalaluddin Rumi (1207 - 1273)

Esta invitación de Rumi, el sabio y poeta Sufí, me recuerda que no debo ser demasiado duro con mis propios defectos y falibilidad; que debo dejar atrás y perdonarme una y otra vez si no he cumplido mi intención más elevada para contribuir, no solo a una vida más plena, más alegre y más llena de sentido para mí y las comunidades en las que vivo y trabajo, sino también hacerlo mientras cuido de todo lo vivo. Rumi me recuerda que: *ahora* es el momento de actuar con esas intenciones, en cada nueva *oportunidad en el momento presente*. ¿De qué sirve si pierdo una oportunidad así porque estoy preocupado por mis defectos pasados?

Mi fuente personal de resiliencia interior está en el profundo conocimiento de que mis actos y mi manera de ser pueden ayudar a crear el mundo en el que me gustaría vivir, un mundo en el que toda forma de vida prospera y crea las condiciones que favorecen la vida. En un mundo así, la resiliencia interior y exterior son expresiones de la salud de sistemas vivos. Al prestar atención a mi propio interser puedo vivir la conexión de lo interior con lo exterior, de la mente con el cuerpo, del ego con el mundo. En esos momentos siento a la humanidad como naturaleza.

CONCLUSIÓN

Las culturas regenerativas tratan sobre prosperar juntos

> Nunca cambiarás las cosas luchando contra la realidad existente. Para cambiar algo, construye un nuevo modelo que haga que el modelo existente quede obsoleto.
>
> R. Buckminster Fuller

> [...] los que están lo suficientemente locos para creer que pueden cambiar el mundo, son los que lo cambian.
>
> Steve Jobs

Al final se reduce a preguntarnos a nosotros mismos: ¿Continuaremos luchando por competir entre nosotros y en el proceso desenmarañar el hilo del que depende toda la vida? ¿O aprenderemos a colaborar en la sanación de la integridad por medio de la innovación transformadora y del diseño regenerativo, creando culturas dinámicas y comunidades prosperas para todos?

A principios de 2010, mi amiga Samantha Sweetwater, una activista evolutiva del Área de la Bahía de San Francisco, me invitó a contribuir en un experimento de cocreación. Jean Russell tuvo la inspiración de empezar una investigación colectiva sobre el significado de una palabra con voluntad transformadora: *Prosperar*. "¿Qué significa para ti la capacidad de prosperar? En torno a esta pregunta Jean supervisó la cocreación de *Capacidad de Prosperar-Una escena colaborativa*. Invitó a setenta de nosotros, de todos los ámbitos de la vida y de diferentes lugares, a que escribiéramos una corta reflexión de 60 palabras y frases sobre su significado, conectadas como un extenso mapa con esta noción magnética. "En la danza entre el individuo y la humanidad en su integridad, existe un reconocimiento. En el reconocimiento, hay un anhelo de prosperar" escribe Jean en la introducción. "Todos los seres vivos buscan ir más allá de la supervivencia para florecer verdaderamente". Una idea sencilla, aunque magnética, estimuló nuestro entusiasmo y nuestras contribuciones: "que el objetivo de hacer evolucionar nuestro comportamiento debería ser prosperar" (Russell, 2010: 6), tanto individual *como* colectivamente.

Te animo a que veas el collage caleidoscópico de significado que surgió. Como Jean había pretendido, fue un punto de partida para una conversación y una investigación más amplia. En su siguiente libro Th*rivability – Breaking Through to a World that Works* (Prosperabilidad. Abrirse Camino hacia un Mundo que

Funciona), Jean plantea la pregunta: ¿Cómo serían nuestras vidas y la suma de nuestra sociedad si dijéramos que están prosperando? Describe cómo podemos avanzar del "pensamiento de la quiebra" al "pensamiento del avance" cuestionando la manera en la que vemos (percibimos el mundo), nos entendemos a nosotros mismos y podemos tomar medidas transformadoras eficaces para cocrear un mundo próspero (Russell, 2013). Mi contribución a la "escena colaborativa" trató sobre la "coherencia". Me encontré inspirado a escribir

> La coherencia trata de la integridad. [...] La coherencia se refiere a vivir de acuerdo a la idea de que como participantes cocreativos en el mundo en el que vivimos, todos podemos contribuir a la transición hacia una cultura sostenible, resiliente y próspera, avanzando desde el enredo en el que nos encontramos, y yendo más allá de la sostenibilidad; a la prosperabilidad de la comunidad de la vida en su integridad.
>
> Daniel Wahl en Russell (2010: 15)

La respuesta corta al porqué deberíamos buscar el crear culturas regenerativas juntos es sencilla: elegir la senda de la regeneración y de la cooperación creará un nivel mayor de bienestar, de salud, de felicidad y de igualdad para todos y para todo lo vivo; *y* en el proceso de cocrear un futuro mejor juntos, nuestras vidas estarán más llenas de sentido, serán más gratificantes, creativas y divertidas.

Durante demasiado tiempo la narrativa de la separación nos ha condicionado a la respuesta refleja de la competición ante la escasez percibida. La colaboración local y global en la cocreación de comunidades, iniciativas, economías y culturas regenerativas puede desencadenar un futuro muy diferente para la humanidad. La colaboración en prácticas regenerativas puede cambiar nuestra experiencia de la realidad: convertir un planeta con recursos restringidos que va camino del colapso ecológico en un tapiz de sistemas socio-ecológicos prósperos que generan una abundancia de recursos renovables, que restaura las funciones vitales de los ecosistemas, que fomenta la solidaridad, la cohesión comunitaria y la resiliencia, mientras mitiga, y se adapta eficazmente al cambio climático.

La creación de culturas regenerativas también tiene su base en un cambio en la manera en la que nos vemos a nosotros mismos como individuos, comunidades, naciones y especie separados, en comprender nuestro profundo interser como expresiones fundamentalmente interconectadas de la vida misma. Al cambiar a una perspectiva relacional y al prestar atención a las maneras en las que la vida crea condiciones que favorecen la vida, se hacen evidentes *tanto* la necesidad *como* la promesa de las culturas regenerativas.

Al reconocernos como participantes en la evolución de la vida y de la conciencia, llegamos a entendernos como expresiones creativas del proceso natural. La senda de la explotación por medio de un aumento de la separación, de la desintegración y de la competición conduce a la desaparición de nuestra relativamente joven especie.

La senda de la regeneración a través del interser consciente, de la integración y de la colaboración abre la posibilidad a un futuro próspero para la humanidad como miembro maduro de la comunidad de la vida. Si queremos, podemos generar abundancia para todos al crear de manera intencionada las condiciones que favorecen la vida. Preguntemos:

P ¿Qué pasaría si eligiésemos la regeneración en lugar de la explotación?

P ¿Qué pasaría si eligiésemos prosperar juntos en lugar de competir entre nosotros?

El potencial futuro de estos tiempos de transición nos invita a explorar en comunidad como podemos cocrear culturas regenerativas diversas con sensibilidad al lugar y a la escala. La colaboración global-local, basada en el intercambio de conocimientos y de tecnología, puede ayudarnos a valorar la diversidad en el proceso de creación de un aumento de auto-resiliencia y de redundancias a escalas múltiples. La innovación transformadora aplicada a rediseñar la presencia humana en la Tierra requiere de la cooperación global para el desarrollo de economías circulares, centradas en la región, que apoyen a comunidades resilientes y la regeneración de sus ecosistemas. Las economías regionales prósperas, respaldadas por una colaboración de enlace de escalas y una solidaridad global, son las bases para la abundancia colaborativa para todos.

Todos podemos empezar la transformación cultural y sembrar patrones regenerativos, simplemente planteando la clase de preguntas que se exploran en este libro e invitando a otros a nuestro entorno a explorarlas con nosotros. Las preguntas pueden iniciar conversaciones que nos conducirán a reexaminar la relación entre la naturaleza y la cultura. En estas conversaciones, podemos aprender a valorar la importancia de la salud de los sistemas vivos y a ayudarnos entre nosotros para entender nuestra interdependencia. Una perspectiva relacional del interser hace que los objetivos futuros parezcan bastante claros: crear las condiciones en las que la vida pueda prosperar fomentando la salud de las comunidades y de las funciones de los ecosistemas en todo el mundo. La sostenibilidad no es suficiente. Necesitamos hacer algo más que solo sostener. Necesitamos fomentar y regenerar el patrón de interdependencias socio-ecológicas que mantienen la salud humana y planetaria. Es este patrón de salud el que nos permite ser receptivos, adaptables y resilientes frente al cambio (ver Capítulo 4).

Para mejorar la capacidad regenerativa de las comunidades y de los ecosistemas necesitamos prestar especial atención al efecto de nuestros actos a escalas múltiples interconectadas, desarrollando una perspectiva participativa de sistemas vivos. También necesitamos desarrollar una conciencia futura que pueda guiar actuaciones sabias frente a un futuro impredecible, y un reconocimiento humilde de los límites de nuestro conocimiento y de nuestras capacidades (ver Capítulo 2).

Esto incluye procesos que nos ayuden a decidir con más sabiduría qué tecnologías empleamos a qué escala y en qué lugar. No todo lo que es tecnológicamente posible crea condiciones que favorecen la vida.

La transición socio-cultural futura requerirá que avancemos hacia una democracia participativa que dependa de una cultura de aprendizaje generalizado y de una responsabilidad extrema. La coproducción de servicios comunitarios esenciales puede ayudar a asegurar que el aprendizaje constante, hecho posible por medio de continuas conversaciones de diseño centradas en la comunidad, conforme también el gobierno participativo. Una estrategia de "todo en código abierto" permitiría que el aprendizaje tuviera lugar en todo el sistema (rápidamente) y ofrecería un apoyo esencial para la toma de decisiones, educación y capacidad tecnológica a toda la humanidad.

La educación para la alfabetización ecológica y social jugará un papel importante para extender la idea de que somos participantes de un proceso físico, químico, biológico, ecológico, social y psicológico fundamentalmente interconectado. Al vivir las preguntas juntos podemos empezar a educarnos entre nosotros en nuestras comunidades y empresas sobre como participar en este proceso de manera apropiada, y fomentar nuestra capacidad de acceso a la inteligencia y a la sabiduría colectivas. Ya que no podemos predecir con certeza qué clase de perturbaciones y consecuencias imprevistas de nuestros actos nos retarán en el futuro, la medida preparatoria es crear comunidades resilientes a escalas múltiples conectadas en red para un apoyo mutuo. Esto creará la base para que la colaboración generalizada sea el camino hacia un aumento de bienestar y de significado, de solidaridad y de cohesión social, hacia unos ecosistemas más sanos, unas economías locales más dinámicas y, de esta manera hacia comunidades prósperas.

Tenemos que reinventar la educación como un proceso que inspire a todos, sin importar la edad, a seguir explorando la clase de preguntas planteadas en este libro y a adaptarlas a las condiciones únicas de una cultura y un lugar en particular. En la "edad de la información", la educación trata sobre aprender a plantear las preguntas correctas en lugar de a memorizar respuestas formuladas anteriormente y soluciones temporales. Al plantear las preguntas correctas podemos conseguir una comprensión más profunda de las estructuras y las dinámicas de los sistemas, y podemos avanzar hacia la síntesis y la integración, aprendiendo a optimizar el sistema en su integridad.

Estamos ahogados en información y asfixiados por los "macro datos". Nuestro conocimiento está compartimentado y encerrado en almacenes protegidos por la jerga y las comunidades aisladas de conocimiento especializado. Deseamos la síntesis y la integración. Estamos hambrientos de sabiduría y sedientos de significado. El papel de la educación en culturas con tecnologías avanzadas de telecomunicación y de proceso de datos no trata tanto sobre la memorización de información y la acumulación de conocimientos. La educación del siglo XXI trata sobre fomentar la alfabetización social y ecológica general junto con la capacidad de colaborar en el proceso de plantear las preguntas correctas que guiarán actos sabios, conformados por la conciencia futura y los macro datos y el conocimiento factual fácilmente disponible.

Trabajar juntos para encontrar las preguntas apropiadas es un sistema de referencia cultural más eficaz para un futuro regenerativo que forzar soluciones iguales para todos. Podemos desencadenar el poder culturalmente transformador de la inteligencia colectiva formando comunidades de prácticas locales, regionales y globales que vivan las preguntas juntas. Estas comunidades ofrecen un contexto para el aprendizaje continuo y para la educación formal e informal. Para mejorar la transición necesitamos que el pensamiento de diseño, la conciencia futura y la comprensión de la cosmovisión de sistemas vivos estén entretejidos en el plan de estudios, desde preescolar hasta la universidad y después en oportunidades de aprendizaje continuo para todos.

El diseño regenerativo, incluyendo la educación como meta-diseño regenerativo que impulse el cambio de cosmovisión y de cultura, puede reducir y revertir drásticamente el impacto humano negativo en el sistema de soporte vital planetario. La resiliencia y la salud eco-social se pueden restaurar a escala local, regional y global. La colaboración global, basada en los conocimientos abiertos y el intercambio de tecnología, puede unir proyectos locales y regionales de regeneración en una respuesta sistémica al cambio climático y a las crisis convergentes a las que nos enfrentamos a nivel mundial.

El diseño y la innovación inspirados en la biología y en la ecología ofrecen una oportunidad de fundamentar las culturas regenerativas en los 3.800 millones de años de inteligencia e ingenuidad de la vida. El desafío creativo de rediseñar nuestra cultura material, nuestros sistemas de producción y consumo, nuestros modos de vida y nuestros sistemas económicos ofrecen innumerables oportunidades para la innovación transformadora y el diseño de culturas regenerativas. Al entrelazar las múltiples oportunidades para la sinergia y la simbiosis en mosaicos de sistemas eco-sociales diversos y regenerativos integrados de manera cooperativa estamos diseñando como naturaleza.

Como analizamos en el Capítulo 6, los pioneros en energía verde y ciencias de materiales, en tecnologías inspiradas en la biología, diseño de productos, arquitectura, ecología industrial, comunidades, y planificación urbanística y regional ya están viviendo las preguntas de diseño regenerativo inspirado por los principios de la vida. Se están implicando de manera activa en los desafíos más importantes y más significativos del siglo XXI.

P ¿Cómo diseñamos para el surgimiento de culturas regenerativas en todo el mundo?

P ¿Cómo cocreamos salud, bienestar y felicidad en comunidades prósperas?

P ¿Cómo favorecemos la salud humana y la planetaria rediseñando la presencia humana en la Tierra?

Los exploradores de nuestro peregrinaje colectivo ya están aplicando la imitación de ecosistemas a la creación de ecologías de empresas regenerativas, de sistemas financieros y económicos nuevos, además de a la restauración de ecosistemas y a la agricultura regenerativa. Todas estas comunidades de prácticas están ahora formando redes de agentes de cambio activos (activistas evolutivos) que están empezando a unirse a través de escalas y disciplinas (ver Capítulo 7).

La innovación social, la colaboración entre iguales, los conocimientos y la tecnología en abierto, el despliegue de la cultura maker, la fabricación aditiva, las iniciativas de economía circular y las redes comunitarias diversas online y off-line son todos posibilitadores y catalizadores para la creación de las estructuras de sistemas colaborativos y regenerativos que fomentarán las culturas regenerativas. En muchos lugares y culturas, la gente ya está viviendo las preguntas juntos y transformando el mundo paso a paso. Otro mundo es posible. Si prestamos atención, ya podemos ver este mundo tomando forma a nuestro alrededor.

Visualizar de manera colectiva un futuro regenerativo y diseñar conversaciones a escala comunitaria sobre la manera de implementar estas visiones son procesos poderosos de transformación cultural. Conversaciones como estas están empezando a tener lugar por todo el mundo, en grupos comunitarios, en salas de juntas, en ayuntamientos, en universidades, en comités de expertos gubernamentales y dentro del sistema de la ONU. Juntos, como una humanidad, somos capaces de responder a las crisis convergentes y ofrecer respuestas culturalmente transformadoras frente a ellas. Al formar redes de colaboración podemos empezar a sanar ideologías divisorias y viejos hábitos de competición impulsados por la caduca narrativa de separación.

Ver solo la separación y por ello la competición, en lugar de ver también la integridad subyacente de nuestro interser con toda la vida, ha causado una miopía cultural que ha sido el origen de muchas de estas crisis. Ahora, estamos empezando a ver las relaciones de nuestro "pertenecer-juntos" en lugar de ver solo a individuos y objetos aislados. Estamos superando la "crisis de percepción" de la modernidad. La posibilidad futura de comunidades y de ecosistemas prósperos proporcionando una vida mejor para toda la humanidad está a nuestro alcance si los suficientes de nosotros nos comprometemos a crear ese futuro juntos.

Los nuevos modelos que dejen obsoletos a los existentes ya están tomando forma. La innovación transformadora y el diseño regenerativo actúan como un virus de salud infecciosa, fomentando las culturas regenerativas por todo el mundo. Nuestra especie puede elegir convertirse en una presencia restauradora y regenerativa en la Tierra. Cuidar de la Tierra es cuidar de nosotros y de nuestra comunidad. Podemos crear abundancia de manera colaborativa en comunidades prósperas adaptadas de manera íntima y elegante a la singularidad del lugar.

El arte, la música, la poesía, la danza, las historias y las ciencias celebran el proceso de la vida. Por medio de ellos podemos celebrar nuestra diversidad en la unidad de la interconexión y de la cooperación gozosa.

Al plantear las preguntas adecuadas podemos responder al cambio de manera sabia, sabiendo cuándo insistir, cuándo adaptarnos y cuándo transformarnos de manera fundamental. Podemos aprender a apreciar las perturbaciones y las quiebras como restricciones habilitadoras y oportunidades de diseño para la transformación sistémica y el avance.

Cada acto de vivir las preguntas juntos es una "presencia" del futuro en el presente. Cultiva la práctica de preguntar "qué pasaría si" para liberar oportunidades creativas y para conformar la conciencia futura. La investigación colectiva profunda y las conversaciones sobre diseño facilitan la innovación transformadora en el segundo horizonte (la innovación H+2) que siembra las culturas regenerativas futuras del H3 en el momento presente y, si tiene éxito, crea áreas de futuro en el presente con efecto culturalmente transformador.

Juntos podemos diseñar para la emergencia positiva y para la salud de los sistemas vivos. El pensamiento sistémico y el fomento de la conciencia futura por medio del marco de los Tres Horizontes puede ayudarnos a hacer elecciones más inteligentes a medida que valoramos la innovación disruptiva e identificamos la clase de innovación transformadora y de diseño que nos ayudará a cocrear culturas regenerativas. El tercer horizonte ya está aquí, solo que está distribuido de manera desigual.

Propaguemos un mayor bienestar, una vida comunitaria prospera, un significado más profundo, la cooperación y la solidaridad desde los "brotes de salud infecciosa" ya existentes en empresas, gobiernos y en la sociedad civil por todo el mundo. Continuemos reconectándonos a nuestro interser profundo entre nosotros y con la comunidad de la vida. Continuemos regenerando las funciones de ecosistemas sanos y la salud planetaria. Continuemos cocreando las comunidades, las iniciativas, las economías y las culturas regenerativas que queremos ver en el mundo. Continuemos viviendo las preguntas juntos.

Somos seres relacionales que venimos de la cooperación, somos cooperación, y podemos elegir cocrear un futuro próspero y regenerativo por medio de la cooperación. Como seres que estamos bendecidos con el don milagroso de la conciencia auto-reflexiva, nuestro desafío más grande y nuestra mayor oportunidad no es conocer el sentido de la vida, sino vivir una vida con sentido.

Como vida, como naturaleza, como conciencia, como universo podemos crear un mundo en el que la humanidad, como el resto de la vida, cree las condiciones que favorecen la vida. Vivir las preguntas juntos es la práctica para hacerlo de manera receptiva y responsable, usando nuestra capacidad humana para la inteligencia colectiva, la previsión y la visión, para dejar claras nuestras intenciones colectivas y para diseñar y cocrear las comunidades regenerativas en las que queremos vivir.

Vivir las preguntas es una oportunidad de conectar, contigo mismo, con tu comunidad y con todo el mundo. Al vivir las preguntas juntos, en lugar de obsesionarnos con las respuestas definitivas y con las soluciones permanentes, podemos abandonar el fútil intento de conocer nuestro camino al futuro. Podemos alejarnos de la predicción y del control para buscar la participación apropiada. Como humildes peregrinos y aprendices de la vida, podemos empezar a vivir nuestro camino hacia un futuro incierto y potencialmente próspero. Tengo la confianza de que una creciente colaboración desencadenará una nueva creatividad y una innovación que dará forma a la transición hacia culturas regenerativas y comunidades prósperas.

Desde un punto de vista intelectual, esto parece ser el único camino viable a través del ojo de la aguja. Desde el punto de vista emocional, me da sentido y me alimenta. Desde el punto de vista intuitivo, se siente correcto y ha abierto una senda llena de sincronía. Desde el punto de vista somático, me da una experiencia encarnada de pertenecer a muchas comunidades, a la vida, y a una Tierra animada e íntima. Desde el punto de vista espiritual, mi interser con la continua exploración de la novedad de la vida y la evolución de la conciencia, se ha llevado mi miedo a la muerte y a la vez ha aumentado mi amor por la vida. La intención de actuar como un creativo cultural, un diseñador de transición y un activista evolutivo en la cocreación de culturas regenerativas es algo que conforma de manera profunda mi ser y mi hacer. Estoy emocionado por los tiempos futuros. A pesar de todo lo que todavía está "mal" en el mundo, tengo la confianza de que seremos capaces de cocrear culturas regenerativas por todo el mundo. ¿Y tú?

> ¿Qué hiciste una vez que lo supiste?
> ¿Qué hiciste una vez que lo supiste?
> Son las 3:23 de la mañana
> Y estoy despierto...porque mis tataranietos no me dejan dormir.
> Mis tataranietos me preguntan en mis sueños,
> ¿qué hiciste mientras estaban expoliando el planeta?
> ¿Qué hiciste cuando estaban destrozando la Tierra?
> ¿Seguro que hiciste algo,
> cuándo las estaciones comenzaron a fallar?
> ¿Seguro que hiciste algo,
> a medida que los mamíferos, los reptiles y los pájaros estaban muriendo?
> ¿Seguro que hiciste algo?
> ¿Llenaste las calles con protestas cuando estaban robando la democracia?
> ¿Qué hiciste una vez que lo supiste?
>
> (Extracto de "La Escalera Jeroglífica", un poema de Drew Dellinger)

Agradecimientos

¡Con profunda gratitud!

En 2002, mientras estudiaba para mi Máster en Ciencias Holísticas, tuve una conversación con el físico y ahora director del Mind & Life Institute Arthur Zajonc en la que dijo que "El próximo cambio importante en los asuntos humanos será iniciado por las artes". Profundamente entusiasmado por la revolución holística en las ciencias de vanguardia que Brian Goodwin y Stephan Harding nos estaban exponiendo, me tomó un tiempo comprender lo que Arthur podría haber querido decir. Más tarde, John y Nancy Todd, junto con David Orr, me hicieron ver el diseño como el arte de la participación consciente. Henri Bortoft me introdujo en la noción de "una obra que funciona". Este alto ideal me ha fascinado desde entonces. Después de que Joanna Macy me animara a aceptar la oferta de una beca para un doctorado y "poner otra cuerda en mi arpa", quería escribir un trabajo que funciona, que deja al lector pensando y sintiendo de manera diferente sobre sí mismo y el mundo. Esta noción me condujo a lo largo de mi investigación de doctorado, hábilmente guiado por Seaton Baxter. La tesis resultante tenía más de 700 páginas, no muy viable para un trabajo que funciona, tengo que admitir. En 2006, David Orr me desafió a escribir *ese* libro que solo yo podía escribir, pero después del doctorado necesitaba algo de tiempo para descomprimirme de la academia y profundizar en todas las dimensiones de mi ser. Necesitaba experiencia laboral con las diversas agrupaciones integrantes. Trabajando con Gaia Education, CIFAL Escocia (UNITAR), Findhorn College, Bioneers, el State of the World Forum, el International Futures Forum y como consultor de grandes empresas, organizaciones de la sociedad civil, universidades y gobiernos locales y nacionales se me brindó esta oportunidad. La Findhorn Foundation Community siempre será un hogar lejos del hogar y estoy profundamente agradecido con todos.

En 2009, Rick Tarnas, Brian Swimme, Allan Combs y Sean Kelly me animaron a seguir adelante (con el libro); y en 2013 mi amigo Goeff Oelsner me enseñó la profunda lección de confiar en el universo y seguir mi conocimiento interior. ¡Me hizo escribir de nuevo! El "libro que solo yo podía escribir" se siente menos escrito por mí que escrito a través de mí. Tanta gente, experiencias, conversaciones, circunstancias fortuitas y restricciones habilitadoras, tantos paseos por la belleza nutritiva de Mallorca con Alice y en soledad, tantas horas pasadas junto al mar Mediterráneo, todas estas personas y lugares han contribuido al libro que estás sosteniendo. Como la hoja de papel en un poema de Thich Nhat Han, este libro *inter-es*.

En mi propio viaje de transformación personal, aspirando a una evolución eficaz del activismo, y en mi propio peregrinaje de aprendizaje sobre el *porqué*, el *cómo*, el *qué* y el *y si* del diseño y la cultura regenerativa, he sido bendecido con una plétora de mentores, profesores y amigos que me han apoyado a muchos niveles. He encontrado una visión interior, un significado profundo y mi propia voz en el alimento que me proporcionaron. Orientación invaluable y apoyo de influencia duradera fueron ofrecidos por Seaton Baxter, Brian Goodwin, John Todd, Joanna Macy, David Orr, Tony Hodgson, May East, Gigi Coyle, Satish Kumar, Stephan Harding, Henri Bortoft, John Clausen, Peter Harper, Pracha Huanwatr, Sybilla Sorondo y Geoffrey Oelsner.

Incluso si la lista es larga, siento que necesito mencionar a muchas personas a las que estoy profundamente agradecido por brindarme la oportunidad de vivir las preguntas junto con ellos. He adquirido conocimiento interior, inspiración y aliento de mis conversaciones con:

Fritjof Capra, James Lovelock, Brian Swimme, Rick Tarnas, Allan Combs, Sean Kelly, John P. Milton, Kenny Ausubel, Nina Simmons, Paul Stamets, John Seed, Rupert Sheldrake, Christopher Cooke, Paul Hawken, Frances Moore Lappé, Helena Norberg-Hodge, Jane Goodall, Roger Collis, Albert Bates, David Abram, Arthur Zajonc, Lady Angelika Cawdor, Bill y Lynne Twist, Ann Pettifor, Vera Kleinhammer, David Lorimer, Aubrey Manning, Ulrich Loening, Michael Shaw, Galen Fulford, Gill Emslie, Alberto Fraile, Tomeu Serra, Jordi Pigem, Jonathan Dawson, Declan Kennedy, Herbert Girardet, Ross y Hildur Jackson, Max Lindegger, Maddy y Tim Harland, Achim Ecker, Michel Daniek, Richard Heinberg, Win Phelps, Kosha Joubert, Giovanni Ciarlo, Peter Merry, Morel Foreman, Jim Garrison, Amory Lovins, Martin Blake, Jonathon Porritt, Jakob von Uexküll, Thomas Ermacora, Richard Douthwaite, Marcello Palazzi, Cornelius Pietzner, Toni Marín, José Luis Escorihuela, Juan del Rio, Julio Cantos, Miquel Ramis, Chris Mare, Polly Higgins, Gonzalo Salazar, Chris Garvin, David Loy, Jeff Clearwater, Terry Irwin, Gideon Kossoff, Bryony Schwan, Teresa Millard, Taryn Mead, Paul Allen, Paul Hughs, Naresh Giangrande, Sophy Banks, Rob Hopkins, Stephen Sterling, Bryce Taylor, John Prewer, Edgar Gouveia Jùnior, Kimberley Hunn, John Dennis Liu, Louis Schwartzberg, Daniel Greenberg, Clinton y Marion Callahan, Greg Watson, Hazel Henderson, Sim Van der Ryn, David Ehrenfeld, Thomas Hübel, Ken Wilber, Barrett Brown, Frank Cook, Patricia y Reinhard Hübner, Ana Digon, John Ehrenfeld, Michel Bauwens, Xavi Villanueva, Patricia Reglero, Hanna Bonner, Mandy Merklein, Bruce Robson, Larry Hobbs, Toni Font, Miguel Payeras, Miquel Riera, Biel Torrens, Jaume Miralles Isern, Martin Stengel, Iris Kunze, Jan Martin Bang, Lara Cifre, Irene Carbó, Georgina Follett, Tom Inns, Stuart Walker, Wolfgang Jonas, John Wood, Andrew White, Aubrey Meyer, Sulak Sivaraksa, Liz Walker, Anna Warrington, Hugh Knowles, Rodrigo Bautista, Tom Domen, Paul Dickinson, Robin Alfred, Grant Abert, Stephen Busby, Paul Ray, Jean Houston, Ervin László, Lester Brown, Samantha Sweetwater, Andy Lipkis,

Neil Meiklehan, Scott Spann, Wolfgang Sachs, Michael Braungart, Janine Benyus, Sean Esbjörn Hargens, Lisette Schuitemaker, Mary-Alice Arthur, Sylke Iacone, Martin Cadee, John Croft. Michael Hann, Martin Stengel, David McNamara, Craig Holdrege, Margaret Colquhoun, Jasper Sky, Graham Meltzer, Liora Adler, Brock Dolman, Mari Hollander, Karl-Henrik Robèrt, Rupert Hutchinson, Yvan Rytz, Holger Heiten, Katrin Lüth, Hartwig Spitzer, Werner Pilz, Gavin Morgan, Ruby Worth, Ana Rhodes, Rafa Giménez, Eugenia Cusi, Alexis Urusof, Heloise Buckland, Craig Gibson, Roger Doudna, Samantha Graham, John Talbott, Vance Martin, Alan Heeks, Giles Chitty, Mathis Wackernagel, Robert Costanza, Alice Jay, David Hodgeson, Christian Marx, Iris Kunze, Richard Olivier, Ed Gillespie, Robert Steele, Elisabet Sathouris, Gunter Pauli, Jane Hera, Guillem Ferrer, Pedro Barbadillo, David Suzuki, Ian Skelly, Robert Gilman, Bob Horn, Bill Sharpe, Ian Page, Napier Collyns, Noah Rafford, and Graham Leicester. También quiero agradecer a Nancy Roof por su aliento en un punto crítico del proceso de escritura.

Comunidades de aprendizaje que han afectado profundamente mi práctica y mi forma de pensar son el Schumacher College, el Centre for the Study of Natural Design (Universidad de Dundee), la Findhorn Foundation y Findhorn Fellows,, el Centre for Alternative Technology, de Gaia Education, la "Learning Partnership for Creative Sustainability" (Asociación de aprendizaje para la sostenibilidad creativa, LPCS), Bioneers, State of the World Forum, RSA y por último, pero no menos importante, el International Futures Forum. El tiempo en la naturaleza salvaje me ha proporcionado alimento a muchos niveles. La isla de Mallorca ha sido mi musa. Un agradecimiento especial al personal de "El Xorri", mi café de barrio donde podía escribir y mirar hacia el horizonte lejano del Mar de la Tierra Media. Este libro en su forma final no hubiera sido posible sin la ayuda de Andrew Carey, mi editor en Triarchy Press, y Flavia Gargiulo Rosa, mi ilustradora. También agradecer a todos los editores, autores y diseñadores gráficos que han concedido permisos para reproducir imágenes o citar pasajes más largos.

Desde que salió la versión Inglesa de este libro han pasado 4 años y quiero agradecer también, a unas cuantas personas más que considero "amigos en el trabajo" y catalizadores de la transformación hacia un futuro de diversas culturas regenerativas. Gracias a Isabel Valle, Taisa Mattos, Flavia Vivacqua y Tatjana Lorenz y el equipo de Editora Bambual por la magia de editar y publicar la edición en Brasil y Portugal y la gira de presentaciones y cursos que se realizaron en 2019. Gracias a Massimo Mercati y Cristina Cucchiarini de Aboca Edizioni que van a sacar el libro en Italiano, y a Michal Margus y Vladimír Lobotka por su ayuda con la edición y la traducción del libro al eslovaco. Y mucha gratitud a Toni Marín y Miracles Delgado por tantos años de creer en mí y por el amor que han puesto en esta edición a través de EcoHabitar Coop. Y a Eva Calleja, traductora al castellano. Y aprovecho la oportunidad de añadir unos cuantos colaboradores, cocreadores y amigos con los cuales tuve la suerte de impulsar la agenda regenerativa en los últimos 4 años: Rola Khoury, David McConville, Bill Reed, Ben Haggard, Pamela Mang, Stuart Cowan, Jason Twill, David Hodgson, Joe Brewer, Eduard Mueller, Kate Raworth, Jenny Andersson, Anna Pollock, Bill Baue, Ralph Thurm, Anneloes Schmitsman, John Fullerton, Federico Bellone, Freya Yost, Ruth Andrade, Simon Constantine, Alex Pryor, Pedro Tarak, Ronald Sistek, Christian Tiscornia, Martín Haas, Toni Balserio, Willem Ferwerda, Rosa Sommer, Ross Hall, Nora Bateson, Michelle Holliday, John Elkington, Louise Kjellerup Roper, Laura Storm y Luis Camargo.

Los buenos amigos son una fuente de fortaleza, confianza y recuerdos alegres, pero también ofrecen un espejo para la autorreflexión cuando es necesario. Gracias Andreas Rotheimer, Bernhard Schmidt, Enrique Buchner y Ulrich Masch por décadas de nutritiva amistad. ¡Que podamos compartir mucho más! Finalmente, quiero agradecer a mis padres, Adalbert y Brigitte y a mi hermano Constantin por su amor, paciencia y apoyo,a mi abuela de 99 años por enseñarme sobre la curiosidad incansable y el aprecio por la belleza de las cosas pequeñas (o verdaderamente grandes) de la vida, y a mi pareja y compañera de viaje Alice que ha escuchado pacientemente mis pruebas y tribulaciones como autor. Enseñando con el ejemplo, Alice me llevó a ser un mejor ser humano. Todos ellos me han hecho quien soy hoy y por lo tanto contribuyeron a este libro de manera importante. !En profunda gratitud, a *todas* mis relaciones! ¡Que sirva!

Referencias

ABC Carbon (2012) "Profile: 100 Global Sustain Ability Leaders", bit.ly/DRC01

Abram, David (1996) *The Spell of the Sensuous*, Vintage Books

AEIDL (2013) *Europe in Transition – Local Communities Leading the Way to a Low-Carbon Society*, European Association for Information on Local Development (AEIDL), bit.ly/DRC02

Aldersey-Williams, Hugh (2003) *Zoomorphic: New Animal Architecture*, Laurence King Publishing

Alliance for Regeneration (2015) "Inspiring Communities to Reclaim their Identities and Destinies", bit.ly/DRC03

Altieri, Miguel A. (1995) *Agroecology: The Science of Sustainable Agriculture* 2nd ed., Westview Press

Altieri, Miguel A. & Toledo, Victor M. (2011) "The agroecological revolution in Latin America", *The Journal of Peasant Studies*, Vo.38, No.3, pp.587-612, bit.ly/DRC04

AMSilk (2015) "Biosteel Spidersilk Fibers", bit.ly/DRC05

Anastas, Paul T. and Warner, John C. (1998) *Green Chemistry Theory and Practice*, Oxford University Press

Anbumozhi, Venkatachalam *et al.* (2013) *Eco-Industrial Clusters – A Prototype Training Manual*, Asian Development Bank Institute: bit.ly/DRC06

ARUP (2013) "The Smart City Market: Opportunities for the UK", DBIS Research Paper No. 136, bit.ly/DRC239

Ashby (1962) bit.ly/DRC007

Ashoka (2012) "Social Entrepreneurship, Empathy at the Heart of Rio+20 and the New Economy", bit.ly/DRC008

Ask Nature (2015a) "Morphotex Structural Colored Fibers", The Biomimicry Institute, bit.ly/DRC178

_____ (2015b) "Surface Allows Self-Cleaning: Sacred Lotus", The Biomimicry Institute, bit.ly/DRC123

_____ (2015c) "Beak Provides Streamlining: Common Kingfisher", The Biomimicry Institute", bit.ly/DRC122

_____ (2015d) "Zeri Coffe Farm System", bit.ly/DRC121

Assadourian, Erik (2012) "The Path to Degrowth in Overdeveloped Countries", *State of the World 2012*, Island Press

Atlee, Tom (2012) *Empowering Public Wisdom – A Practical Vision of Citizen-Led Politics*, Evolver Editions

_____ (2010) *The Tao of Democracy*, The Writers Collective, Revised Edition

_____ (2009) *Reflections on Evolutionary Activism*, CreateSpace

_____ (2004) "Thoughts on Wisdom and Collective Intelligence", Blog of Collective Intelligence, bit.ly/DRC09

_____ (2002) Introduction to *The Tao of Democracy*, bit.ly/DRC274

Ausubel, Kenny (2012) *Dreaming the Future*, Chelsea Green Publishing

Avaaz.org (2015) bit.ly/TPliving215

BALLE (2012) Business Alliance for Local Living Economies Local Economies, bit.ly/DRC214

Barfield, Owen (1988/1965) *Saving Appearances – A Study in Idolatry*, 2nd ed., Wesleyan Paperback

Bass, Leo (2010) "Planning and Unfolding Eco-Industrial Parks: Reflections on Synergy", Linköping University, Department of Management & Engineering, bit.ly/DRC027

Bateson, Gregory (1972) *Steps to an Ecology of Mind*, new edition, The University of Chicago Press

Bateson, Nora (2010) "An Ecology of Mind – A Daughter"s Portrait of Gregory Bateson", bit.ly/DRC213

B-Corporation (2015) "The B Corp Declaration", bit.ly/DRC028

Beck, Don & Cowan Chris (1996) *Spiral Dynamics: Mastering Values, Leadership and Change*, Blackwell Business

Benyus, Janine M. (2002/1997) *Biomimicry – Innovation Inspired by Nature*, 2nd ed., Perennial Publications

Berger, Warren (2014) *A More Beautiful Question: The Power of Inquiry to Spark Breakthrough Ideas*, Bloomsbury

Berry, Thomas (2006) *Evening Thoughts – Reflecting on Earth as Sacred Community*, ed. Mary Tucker, Counterpoint

_____ (2001) "Airlie Principles" approved at the 1st Earth Jurisprudence meeting, Washington, bit.ly/DRC010

_____ (1999) *The Great Work – Our Way into the Future*, Harmony

Beyond Benign (2015) Beyond Benign Green Chemistry Education, bit.ly/DRC230

Biggs, Reinette et al. (2012) "Towards Principles for Enhancing the Resilience of Ecosystem Services, *Annual Review of Environment and Resources*, Vol. 37, pp.421-448, bit.ly/DRC177

Biochar International (2015) "What is Biochar?", bit.ly/DRC211

Biomimicry 3.8 (2014a) "Biomimcry – A conversation with Janine", Biomimcry Group, bit.ly/DRC212

_____ (2014b) "Architecture – Learning from Termites How to Create…", Biomimicry Group, bit.ly/DRC124

Biomimicry Group (2014) "Life"s Principles", bit.ly/DRC125

Blake, William (1802) "Letter to Thomas Butt, 22 Nov. 1802" in Keynes, G. (ed.), *The Letters of William Blake* (1956) OUP

Bocken, N.M.P., Short, S.W., Rana, P. & Evans, S (2014) "A literature and practice review to develop sustainable

business model archetypes", *Journal of Cleaner Production*, Vol.65, pp.42-56, bit.ly/DRC012

Bollier, David (2011) "The Commons, Short and Sweet", bit.ly/DRC210

Borgen Project (2015) "Poverty and Overpopulation", bit.ly/DRC13

Bortoft, Henri (2012) Taking Appearances Seriously, Floris Books

_____ (1996) *The Wholeness of Nature – Goethe´s Way of Science*, Floris Books

_____ (1971) *The Whole: Counterfeit and Authentic*, Systematics, Vol.9, No.2, (September 1971), pp.43-73

Botsman, Rachel & Rogers, Roo (2011) *What´s Mine is Yours*, Harper Collins Business

Boulding, Kenneth (1966) "The Economics of the Coming Spaceship Earth", in H. Jarrett ed., *Environmental Quality in a Growing Economy*, pp.3-14, Johns Hopkins University Press, bit.ly/DRC176

Bourriaud, Nicolas (1998) *Relational Aesthetics*, reprinted in Prigann, H. (2004) *Ecological Aesthetics: Art In*

Environmental Design: Theory And Practice, Birkhäuser

Boyle, David & Harris, Michael (2009) *The Challenge of Co-Production – How equal partnerships between professionals and the public are crucial to improve public services*, New Economics Foundation & Nesta, bit.ly/DRC014

Brown, Juanita, Isaacs, David & World Café Community (2005) *The World Café*, Berrett-Koehler

Brown, Lester R. (2009) *Plan B 4.0: Mobilizing to Save Civilization (Sustainability Revised)*, W.W. Norton

Brown, Tim (2009) *Change by Design*, Harper Business

Brown, Valerie A., Grootjans, John, Ritchie, Jan, Townsend, Mardie & Verrinder, Glenda (2005) *Sustainability and Health – Supporting Global Ecological Integrity in Public Health*, Earthscan Publications

Brunckhorst, David (2002) *Bioregional Planning: Resource Management beyond the New Millennium*, Routledge

B-Team (2015) "We, the undersigned believe that the world is at a critical crossroads", bit.ly/DRC197

Buckland, Heloise & Murillo, David (2013) *Vías hacia el cambio sistémico – Ejemplos y variables para la innovación social*, Antenna de innovación social, ESADE, Universidad Ramon Llull

Cahn, Edgar S. (2008), Foreword to *Co-production*, new economics foundation, bit.ly/DRC015

_____ (2004) *No More Throw-Away People: The Co-Production Imperative*, 2nd Edition, Essential Books

Cajete, Gregory ed. (1999) *A People"s Ecology – Exploration in Sustainable Living*, Clear Light Publishers

Capra, Fritjof & Luisi, Pier Luigi (2014a) *The Systems View of Life – A Unifying Vision*, Cambridge University Press

_____ (2014b) "The Systems View of Life", Transition Consciousness, 19th April, bit.ly/DRC127

Capra, Fritjof & Henderson Hazel (2013) "Qualitative Growth", Outside Insights, ICAEW

Capra, Fritjof (1995) "Deep Ecology", in Sessions, George (ed.) *Deep Ecology for the 21st Century*, Shambhala

Carbon Tracker (2013) *Unburnable Carbon 2013 – Wasted capital and stranded assets*, bit.ly/DRC129

Carnegie Mellon Design (2015) "About our Research", Carnegie Mellon University, bit.ly/DRC30

Capital Institute (2015) "Regenerative Capitalism White Paper", bit.ly/DRC031

Casey, Tina (2011) "Growing the Business with Biomimcry", *Triple Pundit – people, planet, profit*, bit.ly/DRC130

CDP (2015) "CDP – Driving Sustainable Economies, Catalyzing business and government action", bit.ly/DRC033

Center for Ecoliteracy (2015) "Ecological Principles", bit.ly/DRC035

Center for Food Safety (2014) *Food & Climate – Connecting the dots, choosing the way forward*, bit.ly/DRC016

Checkland, Peter B. (1981) *Systems Thinking, Systems Practice*, John Wiley

Chertow, Marian R. (2007) "Uncovering Industrial Symbiosis", *Journal of Industrial Symbiosis*, bit.ly/DRC017

Christensen, Clayton M. (1997) *The Innovator´s Dilemma*, Harvard Business School Press

CIC (2015) "Cooperativa Integral Catalana – General Principles", bit.ly/DRC131

Clark, J. R. *et al.* (1997) "A model of Urban Forest Sustainability", *Journal of Arboriculture*, Vo. 23, #1, bit.ly/DRC126

Clear Village (2015) Creative Regeneration Specialists, bit.ly/DRC196

Cohen, David (2007) "Earth"s natural wealth: an audit", in *New Scientist*, Issue 2605, bit.ly/DRC132

Collins, Katherine (2014) *The Nature of Investing: resilient Investment Strategies through Biomimicry*, Bibliomotion

Collins, Timothy (2004) "Towards an aesthetics of diversity" in *Ecological Aesthetics – Art in Environmental Design:*

Theory and Practice, Prigann & Strelow (eds.), Birkhäuser, pp.170-180

Columbia Forest Products (2014) "Pure Bond – Formaldehyde-free Hardwood Plywood", bit.ly/DRC120

Combs, Allan (2009) *Consciousness Explained Better*, Omega Books

_____ (2002) *Radiance of Being: Understanding the Grand Integral Vision*, Omega Books

Community Planning (2015) "Planning for Real", bit.ly/DRC119

Connor, Steve (2008) "Educate girls to stop population soaring", *The Independent*, 4 Dec., bit.ly/DRC133

Cooper, Arnie (2009) "A Material based on Sharkskin stops…", *Popular Science*, 29th Oct., bit.ly/DRC134

Corning, Peter (2005) *Holistic Darwinism*, University of Chicago Press

Costanza, Robert et al. (2013) "The Future We Really Want", *Solutions Journal*, July/August 2013, bit.ly/DRC209

Costanza, Robert (1992) "Towards an Optimal Definition of Ecosystem Health", in Costanza, Norton and Hackell

eds., *Ecosystem Health*, Island Press, pp.239-256

_____ (1991) *Ecological Economics: The Science and Management of Sustainability*, Columbia University Press

Cullinan, Cormac (2011) *Wild Law: A Manifesto for Earth Justice*, 2nd ed., Chelsea Green Publishing

Curry, Andrew & Hodgson, Anthony (2008) "Seeing in Multiple Horizons: Connecting Futures to Strategy", in *Journal of Futures Studies*, 13(1): pp.1-20

Cyclifier (2015) "Tunweni Beer Brewery", bit.ly/DRC135

Daimler (2015) "Taking its clues from nature – Mercedes-Benz bionic car", bit.ly/DRC036

Daimler Chrysler AG (2004) "Examining the great potential of bionics", Daimler Crysler AG, bit.ly/DRC037

Daly, H. (2009) "From a Failed Growth Economy to a Steady-State…", *The Encyclopaedia of Earth*, bit.ly/DRC194

_____ (1991) *Steady-State Economics*, 2nd ed., Island Press

Datschefski, Edwin (2001) *The Total Beauty of Sustainable Products*, Design Fundamentals, Rotovision

David Suzuki Foundation (1992) *The Declaration of Interdependence*, (for the UN Earth Summit, Rio) bit.ly/DRC195

Davies, Emma (2011) "Critical Thinking – As our supply of some essential…", *Chemistry World*, Jan. 2011, pp.50-54

Dawson, Jonathan, Norberg-Hodge, Helena & Jackson, Ross (2010) *Gaian Economics – Living Well within Planetary Limits*, The Economic Key of the EDE by Gaia Education, Permanent Publications

Dawson, Jonathan (2006) *Ecovillages: New Frontiers for Sustainability*, Schumacher Briefing No.12, Green Books

Dawkins, Richard (1976) *The Selfish Gene*, Oxford University Press

DCFR (2012) "Bright Green Fossa Region", The Development Centre of Fossa Region, bit.ly/DRC18

DeKay, Mark (2011) *Integral Sustainable Design: Transformative Perspectives*, Routledge

Dellinger, Drew (2007) "Hieroglyphic Stairway", poem, bit.ly/DRC273

DeLuca, Denise *et al.* (2010) *The Firm of the Future - A Business Inspired by Nature*, BCI & Atos Origin, bit.ly/DRC275

Desai, Pooran & Riddlestone, Sue (2002) *Bioregional Solutions*, Schumacher Briefing No.8, Green Books

Design Futures (2015) *The Design Futures Program*, Griffith University, Australia, bit.ly/DRC191

DESIS (2015) *Design for Social Innovation and Sustainability Network*, Vision, bit.ly/DRC192

Despommier, Dickson (2011) *The Vertical Farm: Feeding the World in the 21st Century*, Picador

Dickinson, Tim (2015) "The Logic of Divestment", *Rolling Stone*, 14th Jan, 2015, bit.ly/DRC136

Dragon Dreaming (2015) "Dragon Dreaming International E-Book", bit.ly/DRC193

Economic Times (2012) "WEF Davos meet", bit.ly/DRC038

Einstein, Albert (1950) "Letter to a Rabbi quoted" in *The New York Times* (29th March, 1972)

Eisenstein, Charles (2013) *The More Beautiful World Our Hearts Know is Possible*, North Atlantic Books

Eliot, T.S. (1943) *Four Quartets*, Harcourt

_____ (1934) "Choruses from the Rock" in *Collected Poems* 1909-62, Faber & Faber

Ellen MacArthur Foundation eds. (2014) *A New Dynamic – Effective Business in a Circular Economy*, Ellen MacArthur Foundation

Ellen MacArthur Foundation (2013a) "The circular model – an overview", bit.ly/DRC039

_____ (2014b) *Towards a Circular Economy Vol.3*, bit.ly/DRC065

_____ (2013b) *Towards the Circular Economy Vol.2*, bit.ly/DRC231

_____ (2012) *Towards the Circular Economy Vol.1*, bit.ly/DRC064

Equator Initiative (2012) *Equator Initiative*, UN Development Programme, bit.ly/DRC020

Erle, C. Ellis, et al. (2012) "Used planet: A global history", *Proceedings of the National Academy of Sciences of the United States of America* (PNAS), Vol.110, No.20, pp.7978-7085, bit.ly/DRC066

Erzen, Jale (2004) "Ecology, art, ecological aesthetics", in Prigann & Strelow edits. *Ecological Aesthetic – Art in*

Environmental Design: Theory and Practice, Birkhäuser, pp.22-50

Esbjörn-Hargens, Sean (2005) "Integral Ecology", in *World Futures*, Vol.61, No.1-2, pp.5-49

Esty, Daniel C. & Winston, Andrew (2009) *Green to Gold*, John Wiley

Ethical Markets (2012) "Statement on Transforming Finance Based on Ethics and Life"s Principles", Ethical Markets & Biomimcry 3.8, bit.ly/DRC019

Ewing Duncan, David (2014) "Chemicals Within Us", republished from *National Geographic Magazine*, bit.ly/DRC67

FAO (2015) "Can organic farming produce enough food for everybody?", FAO of the United Nations, bit.ly/DRC059

_____ (2011) *The State of Food and Agriculture 2010*, bit.ly/DRC216

Fair Coop (2014) "Fair Coop. Target: Earth", Enric Duran´s Statement, bit.ly/DRC068

Ferwerda, William (2012) *Nature Resilience, Rotterdam School of Management*, Erasmus Univ., bit.ly/DRC175

Fischer, Hermann (2012) *Stoffwechsel – Auf dem Weg zu einer solaren Chemie für das 21. Jahrhundert*, Verlag Antje Kunstmann GmbH

Fischer-Kowalski, Marina (2003) "On the History of Industrial Metabolism", in Bourg & Erkman eds., *Perspectives on Industrial Ecology*, Greenleaf Publishing, pp.35-45

Fleming, Rob (2013) *Design Education for a Sustainable Future*, Earthscan from Routledge

Fleming, Thomas & Zils, Markus (2014) "Toward a circular economy: Philips CEO Frans van Houten", McKinsey & Company, bit.ly/DRC040

Folke, Carl *et al.* (2011) "Reconnecting to the Biosphere", AMBIO, 0044-7447, bit.ly/DRC041

_____ (2010) "Resilience Thinking", *Ecology and Society*, 15(4):20, bit.ly/DRC021

Forum for the Future & Novelis (2014) "Circular Futures – Accelerating a new economy", Booklet on Novelis new Nachtersedt aluminium recycling centre, Forum for the Future & Novelis

Fromm, Erich (1956) *The Art of Loving*, Harper & Brothers

Fry, Tony (2004) "The Voice of Sustainment: The Dialectic" in *Design Philosophy Papers*, #01/2005

Fuller, R. Buckminster (1970) *I Seem to Be a Verb – Environment and Man´s Future*, Bantam Books

Fullerton, John (2015) *Regenerative Capitalism – How Universal Principles and Patterns will shape our New Economy*, Capital Institute, bit.ly/DRC218

Fullerton, John & Lovins, Hunter (2013) "Creating A "Regenerative Economy" to Transform Global Finance Into a Force for Good, What if the economy protected people and the planet?", bit.ly/DRC118

GABV (2014) Global Alliance for Banking on Values – website, bit.ly/DRC190

Gardner, John (2014) "Disruptive innovation through collaboration", Forum for the Future Blog, bit.ly/DRC189

GARN (2010) "Global Alliance for the Rights of Nature – Founding Principles", bit.ly/DRC042

Geddes, Patrick (1915) *Cities in Evolution*, Williams & Norgate

GEN (2015) The Global Ecovillage Network – A few words about us, bit.ly/DRC022

Gilman, Robert (1991) "The Eco-village Challenge", *Context Institute*, bit.ly/DRC137

Girardet, Herbert (2010) "Regenerative Cities", World Future Council, bit.ly/DRC023

_____ (2015) *Creating Regenerative Cities*, Routledge

GIZ (2012) *Pathways to Eco Industrial Development in India – Concepts and Cases*, Deutsche GIZ, bit.ly/DRC043

Global Footprint Network (2013) Earth Overshoot Day 2013, bit.ly/DRC138

_____ (2008) Earth Overshoot Day 2008, bit.ly/DRC139

Glocal (2015) "Glocal – A local circular economy experiment", Ecover and Forum for the Future, glocal.ecover.com/

Goldstein, Jeffrey (1999) "Emergence as a Construct: History and Issues", in *Emergence*, Vol.1, No.1, pp.49-72

Goodwin, Brian (2001) "Holistic Education in Science", *Society of Effective and Affective Learning Conference Proceedings*, pp.40-43

_____ (1999a) "From Control to Participation via a Science of Qualities", *Revision*, Vol.21, No.4, pp.2-10

_____ (1999b) "Reclaiming a Life of Quality", *Journal of Consciousness Studies*, Vol.6, No. 11-12, pp.229-235

Goodwin, Brian, Mills, Stephanie & Spretnak, Charlene (2001) "Participation in a Living World", *Revision*, Vol.23, No.3, pp.26-32

Graedel, T.E. & Allenby, B.R. (1995) *Industrial Ecology*, Prentice Hall

Graves, Clare (2005) *The Never Ending Quest: Dr. Clare W. Graves Explores Human Nature*, Cowan & Todorovic (*eds.*), ECELT Publishing, 2nd ed.

_____ (2004) *Levels of Human Existence*, ECELT Publishing

_____ (1974) "Human Nature Prepares for a Momentous Leap", *The Futurist*, pp.72-87, bit.ly/DRC188

Gunderson, Lance H. & Holling, C.S. (2001) *Panarchy*, Island Press

Hadlington, Simon (2014) "3D printing reveals shark skin secrets", *Chemistry World*, May 14th, bit.ly/DRC061

Halweil, Brian (2006) "Can Organic Food Feed Us All?", *World Watch Magazine*, Vol.19, No.3, bit.ly/DRC062

Hanh, Thich Nhat (2013) *Love Letter to the Earth*, Parallax Press

_____ (1988) *The Heart of Understanding*, ed. Peter Levitt, Parallax Press

_____ (1987) *Being Peace*, Rider

Hardin, G. (1968) "The Tragedy of the Commons", *Science, New Series*, Vol.162, #3859, 13 Dec, pp.1243-48, bit.ly/DRC232

Hartman, Thom (1999) *Last Hours of Ancient Sunlight*, Three Rivers Press

Harding, Stephan ed. (2001) *Grow Small, Think Beautiful*, Floris Books

Harding, Stephan (2009) *Animate Earth: Science, Intuition and Gaia*, Green Books

Harland, Maddy & Keepin, William *eds*. (2012) *The Song of the Earth – A Synthesis of the Scientific & Spiritual*

Worldviews, The Worldview Key of the EDE by Gaia Education, Permanent Publications

Harman, Jay (2013) *The Shark's Paintbrush*, White Cloud Press

Harman, Willis (1998) *Global Mind Change*, 2nd ed., Institute of Noetic Sciences, Berret-Koehler

Havel, Václav et al. (1985) *The Power of the Powerless*, Hutchinson

Hawken, Paul (2007) *Blessed Unrest*, Viking

_____ (1993) *The Ecology of Commerce – How Business can Save the Planet*, Weidenfeld & Nicolson

Hawken, Paul, Lovins, Amory B. & Lovins, L. Hunter (2000) *Natural Capitalism*, Earthscan Publications

Heck, Stefan & Rogers, Matt (2014) *Resource Revolution*, New Harvest

Henderson, Hazel (2014) "Mapping the global transition to the solar age – From "economism" to earth systems

science", ICAEW & The Centre for Tomorrow"s Company, bit.ly/DRC140

Higgins, Polly (2010) *Eradicating Ecocide*, Shepheard-Walwyn

Hodgson, Anthony (2012) *A Transdisciplinary World Model*, Proceedings of the 55th conf. of the ISSS, bit.ly/DRC045

_____ (2011) *Ready for Anything – Designing Resilience for a Transforming World*, Triarchy Press

Hodgson, Anthony & Sharpe, Bill (2007) "Deepening Futures with System Structure", in *Scenarios for Success: Turing Insights Into Action*, von der Heijden & Sharpe *eds*. Wiley

HOK (2015a) "Fully Integrated Thinking [FIT]", bit.ly/DRC46

_____ (2015b) "Genius of Biome – Temperate Broadleaf Forest", bit.ly/DRC47

_____ (2015c) "A New Community Rooted in Nature – Lavasa Hill Station Master Plan", bit.ly/DRC198

Holdrege, Craig (2000) "Where do organisms end?", *Context Magazine*, Spring 2000, pp.14-16

Holistic Management International (2015) "Holistic Management", bit.ly/DRC199

Holling, C.C. & Meffe, G.K. (1996) "Command and Control and the Pathology of Natural Resource Management", *Conservation Biology*, Vol. 10, No. 2, pp.329-337

Holling, C.S. (1973) "Resilience and Stability of Ecological Systems", in *Annual Review of Ecology and Systematics*, Volume 4, pp.1-23, Annual Reviews Inc.

Holmgren, David (2011) *Permaculture Principles & Pathways Beyond Sustainability*, Permanent Publications

_____ (2002) *Essence of Permaculture*, Holmgren Design, bit.ly/DRC116

Homer-Dixon, Thomas (2006) *The Upside of Down*, Island Press

Honeyman, Ryan (2014) *The B Corp Handbook*, bit.ly/DRC276

Hopkins, Rob (2014) *The Transition Handbook: From Oil Dependency to Local Resilience*, UIT Cambridge

_____ (2011) *The Transition Companion*, Chelsea Green Publishing

_____ (2009) "Resilience Thinking", *Resurgence*, No.257, Nov/Dec 2009, pp.12-15

Hosey, Lance (2012) *The Shape of Green: Aesthetics, Ecology, and Design*, Island Press

Hutchins, Giles (2014) *The Illusion of Separation – Exploring the Cause of our Current Crises*, Floris Books

_____ (2012) *The Nature of Business – Redesigning for Resilience*, Green Books

_____ (2011) "Transformational times call for transformational change", *The Guardian*, 28th July, bit.ly/DRC117

Huxley, T.H. (1869) *Goethe: Aphorisms on Nature*, Introduction to the 1st edition of Nature, bit.ly/DRC187

IAFN (2015) "What is Analog Forestry?", International Analog Forestry Network, bit.ly/DRC186

International Futures Forum (2009) *Transformative Resilience*, bit.ly/DRC71

International Living Future Institute (2014) *Living Building Challenge 3.0*, bit.ly/DRC072

IPRN (2015) "Society for Ecological Restoration – Indigenous Peoples" Restoration Network, bit.ly/DRC200

Irwin, Terry (2012) "Transforming the Design process to Create Better Solutions", *Solutions Journal*, April 2012, bit.ly/DRC201

_____ (2011) "Wicked Problems and the Relationship Triad", in *Grow Small, Think Beautiful*, Floris Books, bit.ly/DRC202

Jackson, Ross (2012) *Occupy World Street*, Green Books

Jackson, Tim & Victor, Peter A. (2013) *Green Economy at Community Scale*, Metcalf Foundation, bit.ly/DRC203

Jackson, Tim (2009a) *Prosperity Without Growth?*, UK Sustainable Development Commission, bit.ly/DRC073

_____ (2009b) *Prosperity Without Growth – Economics for a Finite Planet*, Earthscan

Jackson, Wes (2002) "Natural Systems Agriculture: A radical alternative", *Agriculture, Ecosystems and Environment*, Vol.88, pp.111-117, bit.ly/DRC074

Janisch, Claire (2015) "Abalone Inspires a Materials Revolution for Lightweight & Strong Materials", Two Oceans Aquarium & GeniusLab, South Africa, bit.ly/DRC234

Jonas, Wolfgang (2001) "Design – Es gibt nichts theoretischeres als eine gute Praxis", *Symposium IFG Ulm*, 21-23 Sept.

Joubert, Kosha Anja & Dregger, Leila (2015) *Ecovillage: 1001 Ways to Heal the Planet*, Triarchy Press

Joubert, Kosha Anja & Alfred, Robin (2007) *Beyond You and Me – Inspiration and Wisdom for Building Community*, The Social Key of the EDE by Gaia Education, Permanent Publications

Jung, Carl (1921) *Psychologische Typen*, Rascher Verlag

Kahane, Adam (2012) *Transformative Scenario Planning*, Berrett-Koehler

_____ (2010) *Power and Love: A Theory and Practice of Social Change*, Berrett-Koehler

_____ (2004) *Solving Tough Problems*, Berrett-Koehler

Kauffman, Stuart A. (1995) *At Home in the Universe*, Oxford University Press

Kelly, Sean M. (2010) *Coming Home – The Birth & Transformation of the Planetary Era*, Lindisfarne Books

Kennedy, Margit & Kennedy, Declan *eds.* (1997) *Designing Ecological Settlements*, Dietrich Reimer Verlag

Klein, Naomi (2014) *This Changes Everything – Capitalism vs The Climate*, Simon & Schuster

Knapp, Clifford E. & Smith, Thomas E. (2005) *Exploring the Power of Solo, Silence and Solitude*, Association for Experiential Education

Koestler, Arthur (1989) *The Ghost in the Machine*, Arkana Books (first published in 1967)

Koestler, Arthur & Smythies, John R. (1969) *Beyond Reductionism – New Perspectives in the Life Sciences*, Proceedings of the Alpbach Symposium in 1968, Hutchinson

Koohafkan, Parviz & Altieri, Miguel A. (2010) *Conserving Our World"s Agricultural Heritage*, Food and Agriculture Organization of the United Nations (FAO), bit.ly/DRC049

Kossoff, Gideon (2011a) *Holism and the Reconstruction of Everyday Life*, PhD Thesis, Univ. of Dundee, bit.ly/DRC050

_____ (2011b) "Holism and the Reconstruction of Everyday Life", in *Grow Small, Think Beautiful*, Harding, Stephan *ed.*, Floris Books, bit.ly/DRC051

Kostakis, Vasilis & Bauwens, Michel (2014) N*etwork Society and Future Scenarios for a Collaborative Economy*, Palgrave MacMillan

Kricher, John (2009) T*he Balance of Nature: Ecology´s Enduring Myth*, Princeton University Press

Kumar, Satish (2002) *You Are Therefore I Am – Impressions and Inspirations*, Green Books

Land Institute (2015a) "Vision & Mission – Transforming Agriculture, Perennially", bit.ly/DRC185

_____ (2015b) "History & Timeline of the Land Institute", bit.ly/DRC075

_____ (2014) "Transforming Agriculture with Perennial Polycultures", bit.ly/DRC115

László, Ervin (2006) *The Chaos Point – The World at the Crossroads*, Piatkus Books

Lawrence, D.H. (1930) "A Propos of Lady Chatterley´s Lover" in Roberts, W. & Moore, H. T. (eds), *Phoenix II:*

Uncollected, Unpublished, and other prose works by D.H. Lawrence, (1968) The Viking Press

Leicester, Graham & O"Hara, Maureen (2009) *Ten Things to Do in a Conceptual Emergency*, Triarchy Press

Leighton, Jonathan (2011) *The Battle for Compassion – Ethics in an Apathetic Universe*, Algora Publishing

Leopold, Aldo (1949) *A Sand County Almanac*, Oxford University Press

Lewis, Michael & Conaty, Pat (2012) *The Resilience Imperative*, New Society Publishers

Lietaer, Bernard, Arnsperger, Christian, Goerner, Sally & Brunnhuber, Stefan (2012) *Money and Sustainability – The Missing Link*, Triarchy Press

Living Future Institute Australia (2014) "Living Futures Challenge", bit.ly/DRC114

Liu, John D. (2014) "Embracing Inevitable Transformational Change",17 Dec., Cusco, Perú, bit.ly/DRC204

_____ (2011) "Finding Sustainability in Ecosystem Restoration", in *Kosmos Journal*, Fall/Winter 2011, pp.17-24, bit.ly/DRC025

Lovelock, James (2000) *Gaia: The Practical Science of Planetary Medicine*, Gaia Books

Lovins, Amory (2011) *Reinventing Fire – Bold Business Solutions for the New Energy Era*, Chelsea Green

Lovins, L. Hunter & Lovins, Amory B. (1995) "How Not To Parachute More Cats", The Rocky Mountain Institute

Lushwala, Arkan (2012) *The Time of the Black Jaguar*, Hernan Quinones

Macy, Joanna & Young Brown, Molly (2014) *Coming Back to Life*, New Society Publishers

Macy, Joanna & Johnstone, Chris (2012) *Active Hope*, New World Library

Macy, Joanna & Young Brown, Molly (1998) *Coming Back to Life*, New Society Publishers

Macy, Joanna (1994) "Towards a Healing of the Self and the World", in *Key Concepts in Critical Theory: Ecology*, Carolyn Merchant ed., Humanity Books

Madron, Roy & Jopling, John (2003) Gai*an Democracies – Redefining Globalisation and People Power*, Schumacher Briefing No.9, Green Books

Manzini, Ezio & Francois Jégou (2004) *Sustainable Everyday – scenarios of urban life*, Edizioni Ambiente

Marin, Colin (2004) "Watch the Animals – Review of Zoomorphic", *ArchitectureAU*, bit.ly/DRC183

Martinez, Dennis (2010) "The Value of Indigenous Ways of Knowing to Western Science and Environmental Sustainability", *Journal of Sustainability Education*, May 2010, bit.ly/DRC076

Mascaró, Juan (1961) *Lamps of Fire – The Spirit of Religions*, Methuen

Maturana, Humberto, Verden-Zoller, Gerda (1996) "Biology of Love", bit.ly/DRC184

Maturana, Humberto R. & Varela, Francisco J. (1987) *The Tree of Knowledge*, New Science Library, Shambhala

Maturana, H.R., Varela, F.J., & Uribe, R. (1974). "Autopoiesis", *Biosystems*, 5, 187-196

Mare, Christopher & Lindegger, Max eds. (2011) *Designing Ecological Habitats – Creating a Sense of Place*, The

Ecological Key of the EDE by Gaia Education, Permanent Publications

Marks, Paul (2014) "Vertical farms sprouting all over the world", *New Scientist*, 2952, Jan 2014, bit.ly/DRC052

McDonough, William & Braungart, Michael (2013) *The Upcycle – Beyond Sustainability*, North Point Press

_____ (2002) *Cradle to Cradle – Remaking the Way we Make Things*, North Point Press

McHarg, Ian L. & Steiner, Frederick R. (1998) *To Heal the Earth – Selected Writings of Ian L. McHarg*, Island Press

McHarg, Ian L. (1996) *A Quest for Life – An Autobiography*, John Wiley

_____ (1970) "Architecture in an Ecological View of the World", in McHarg & Steiner (1998) pp.175-185

_____ (1969) *Design With Nature*, The American Museum of Natural History & Doubleday

_____ (1964) "The Place of Nature in the City of Man", in *McHarg & Steiner* (1998) pp.24-38

_____ (1963) "Man and the Environment", in *McHarg & Steiner* (1998) pp.10-23

Meadows, Donella (2008) *Thinking in Systems – A Primer*, Diana Wright *ed.*, Chelsea Green

Meadows, Donella, Randers, Jorgen & Meadows, Dennis (2005) *Limits to Growth – The 30 Year Update*, Earthscan

_____ (1992) *Beyond the Limits – Global Collapse or a Sustainable Future*, Earthscan

Mehta, Nipun (2012) "Designing for Generosity", TEDxBerkeley, bit.ly/DRC219

Millennium Ecosystem Assessment (2005) *Ecosystems and Human Well-being: Synthesis*, Island Press

Miller, Ethan (2010) "Solidarity Economy: Key Concepts and Issues", in Kawano, Emily, Masterson, Tom Teller-Ellsber *eds.*, *Solidarity Economy I: Building Alternatives for People and Planet*, Center for Popular Economics

Milton, John P. (2006) Sk*y Above Earth Below – Spiritual Practice in Nature*, Sentient Publications

Mollison, Bill (1988) *Permaculture – A Designer´s Manual*, Tagari Publications

Mulgan, Goeff & Leadbeater, Charlie (2013) *Systems Innovation*, Discussion Paper, Nesta, bit.ly/DRC182

Mulgan, Goeff (2007) *Social Innovation – What it is, Why it matters, and How it can be accelerated*, Saïd Business School Oxford, Skoll Centre for Social Entrepreneurship, The Young Foundation

Murray, Robin, Caulier-Grice, Julie, Mulgan, Geoff (2010) *The Open Book of Social Innovation*, Nesta & The Young Foundation, bit.ly/DRC141

Naess, Arne (1988) "Self-Realization", in Seed, John *et al.*, *Thinking Like a Mountain*, New Society Publishers, pp.19-30

Nature of Business (2013) "Biomimicry for Business? Nature´s Business Principles", bit.ly/DRC174

Nelson, Melissa K. (2011) "Red & Green", bit.ly/DRC181

Nelson, Melissa K. ed. (2008) *Original Instructions – Indigenous Teachings for a Sustainable Future*, Bear & Co

New Economics Foundation (2015) "About NEF: What we do", bit.ly/DRC026

New Economy Coalition (2015) "New Economy Coalition", bit.ly/DRC173

Newman, Peter & Jennings, Isabella (2008) *Cities as Sustainable Ecosystems*, Island Press

Nguyen, H., Stuchtey, M. & Zils, M. (2014) "Remaking the industrial economy", *McKinsey Quarterly*, bit.ly/DRC53

Norton, Brian G. (1992) "A New Paradigm for Environmental Management" in Costanza, Norton & Haskell, *eds.*, *Ecosystem Health*, Island Press

Oppenheimer, Leonora (2010) "Can we use Biomimcry to Design Cities?", *Treehugger*, 3rd June, 2010, bit.ly/DRC078

Orr, David W. (2002) *The Nature of Design – Ecology, Culture, and Human Intention*, Oxford University Press

_____ (1994) *Earth in Mind – On Education, Environment, and the Human Prospect*, Island Press

_____ (1992) *Ecological Literacy*, State University of New York Press

Ostrom, Elinor (1990) *Governing the Commons*, Cambridge University Press

P2P Foundation (2014) "Part Three: The Hypothetical Model of Mature Peer Production", in *Network Society and Future Scenarios for a Collaborative Economy*, Kostakis & Bauwens, bit.ly/DRC254

Palmer, Parker J. (2004) *A Hidden Wholeness: The Journey Toward an Undivided Life*, Jossey-Bass

Pasture Cropping (2008) "Pasture Cropping and No Hill Cropping", bit.ly/DRC079

Pauli, Gunter (2010) *The Blue Economy – 10 Years, 100 Innovations, 100 Million Jobs*, Paradigm Publications

Pawlyn, Michael (2014) Exploration Architecture website, bit.ly/DRC278

_____ (2011) *Biomimicry in Architecture*, Paperback reprinted edition, RIBA Publishing PAX Scientific (2015a) "Capturing the Force of Nature", company website: bit.ly/DRC170

_____ (2015b) "Using Biomimicry in Tank Mixing", company website: bit.ly/DRC171

_____ (2015c) "Capturing the Force of Nature – Pax Fan", bit.ly/DRC113

PAX Pure (2012) "Pax Pure – The Future of Desalination", company website, bit.ly/DRC172

Pearce, Fred (2013) *True Nature: Revising Ideas on What is Pristine and Wild*, Yale Environment 360, 13 May 2013, bit.ly/DRC241

Philips, April (2013) *Designing Urban Agriculture*, Wiley

Petrini, Carlo *et al.* (2012) "The Central Role of Food", Slow Food World Congress Paper, bit.ly/DRC142

Pigem, Jordi (2009) *Buena crisis: Hacia un mundo postmaterialista*, Editorial Kairós

Plan C (2014) "The Business Model Innovation Grid", bit.ly/DRC169

Plotkin, Bill (2008) *Nature and the Human Soul*, New World Library

Polyface (2015a) "The Polyface Story", Joel Salatin Polyface Farm, bit.ly/DRC143

_____ (2015b) "Polyface Guiding Principles", bit.ly/DRC220

Post Growth Institute (2015) "About Post Growth", bit.ly/DRC056

Prigann, Hermann (2004) *Ecological Aesthetics: Art In Environmental Design: Theory And Practice*, Birkhäuser

Rawls, W.J. et al. (2003) "Effects of solid organic carbon on soil water retention", *Geoderma*, Vol.116, pp.61-76

Ray, Paul & Anderson, Sherry Ruth (2000) *The Cultural Creatives*, Harmony Books

Reed, Bill (2007) "Shifting from "Sustainability" to Regeneration", *Building Research & Information*, 35(6), pp.674-680, Routledge, Taylor & Francis Group, bit.ly/DRC080

_____ (2006) "Shifting our Mental Model", Integrative Design Collaborative, bit.ly/DRC280

Resilience Alliance (2015a) "Resilience", bit.ly/DRC168

_____ (2015b) "Key Concepts", bit.ly/DRC242

_____ (2015c) "Panarchy", bit.ly/DRC221

Rifkin, Jeremy (2013) *The Third Industrial Revolution*, Palgrave Macmillan Trade

_____ (2009) *The Empathic Civilization – The Race to Global Consciousness in a World in Crisis*, Tarcher

Rilke, Rainer Maria (1903) *Letters to a Young Poet*, Letter number 4, bit.ly/DRC279

Robert, Karl-Henrik (2008) *The Natural Step Story*, New Catalyst Books

Robinson, Simon & Moares Robinson, Maria (2014) *Holonomics*, Floris Books

Rockefeller Foundation (2015a) 100 Resilient Cities website, bit.ly/DRC166

_____ (2015b) *100 Resilient Cities – Selected Cities*, bit.ly/DRC167

Rockström, Johannes *et al.* (2009) "A Safe Operating Space for Humanity, Nature, No.461, 472-475, bit.ly/DRC207

Rodale Institute (2014) "Regenerative Organic Agriculture and Climate Change", bit.ly/DRC112

Rogers, John (2013) *Local Money - What difference does it make?*, Triarchy Press

Roland, Ethan & Landua, Gregory (2013) *Regenerative Enterprise*, Version 1.0, bit.ly/DRC206

_____ (2011) *Eight Forms of Capital – A Whole System of Economic Understanding*, bit.ly/DRC208

Rowson, Jonathan (2014) *Spiritualise – Revitalizing spirituality to address 21st century challenges*, The RSA, Dec. 2014

Russell, Jean M. (2013) *Thrivability*, Triarchy Press

Russell, Jean M. ed. (2010) *Thrivability – A Collective Sketch*, bit.ly/DRC057

Sahara Forest Project (2015) "Restorative Growth", bit.ly/DRC222

Saikku, Laura (2006) *Eco-Industrial Parks*, Regional Council of Etelä-Davo, Finland

Salazar-Preece, Gonzalo (2011) *Co-Designing in Love*, PhD Thesis, University of Dundee, bit.ly/DRC058

Sale, Kirkpatrick (1982) *Human Scale*, Putnam Publishers

San Diego Zoo (2010) *Global Biomimcry Efforts*, San Diego Zoological Society, bit.ly/DRC145

Sathouris, Elisabet (2014) "The Brink of Disaster… or The Brink of Maturity?", *World Future Review*, Fall 2014

Savory, Allan (2013) "Response to request for information on the "science" and "methodology" underpinning Holistic Management and holistic planned grazing", bit.ly/DRC164

Savory Institute (2015) "Empowering Caretakers of the Land", bit.ly/DRC146

_____ (2014) "Holistic Management: Portfolio of Scientific Findings", bit.ly/DRC146

_____ (2013) "Restoring the Climate through Capture and Storage of Soil Carbon through Holistic Planned Grazing", bit.ly/DRC59

Scharmer, C. Otto (2009) *Theory U – Leading from the future as it emerges*, Berrett Koehler

Schmidheiny, Stephan (1992) *Changing Course – A Global Business Perspective on Development and the Environment*, Business Council for Sustainable Development, MIT Press

Schmidt, Michele C. *et al.* (2011) "Increasing farm income and local food access", *Journal of Agriculture, Food Systems, and Community Development*, Vol.1, Issue 4, pp.157-175

Schmidt-Bleek, Friedrich (1997) *Wieviel Umwelt braucht der Mensch? Faktor 10 – das Maß für ökologisches Wirtschaften*, Deutscher Taschenbuch Verlag (first edit. with Birkhäuser in 1994)

Schrödinger, Erwin (1944) *What is Life? - Mind and Matter*, Cambridge University Press

Schumacher, E. Fritz (1973) *Small is Beautiful*, Harper Perennial, bit.ly/DRC165

Schwartz, Peter (1996) *The Art of the Long View*, Currency Doubleday, reprinted edition

Science Daily (2008) "Humans Have Ten Times More Bacteria Than Human Cells", bit.ly/DRC147

Seed, John (2002) "Ecopsychology", bit.ly/DRC110

Senge, Peter (2008) *The Necessary Revolution – How Indiviuals and Organizations Are Working Together to Create a Sustainable World*, with Brian Smit, Nina Kruschwitz, Joe Laur, and Sara Schley, Nicholas Brealey

Senge, Peter, Scharmer, C. Otto, Jaworski, Joseph & Flowers, Betty Sue (2005) *Presence*, Nicholas Brealey

Senosiain, Javier (2003) *Bio-Architecture*, Architectural Press

Sharklet Technologies Inc (2015) "Sharklet Products", bit.ly/DRC179

Sharpe, Bill (2013) *Three Horizons*, Triarchy Press

Shiva, Vandana (2012) *Making Peace with the Earth*, Pluto Press

_____ (2005) *Earth Democracy – Justice, Sustainability, and Peace*, South End Press

Sinek, Simon (2011) *Start with Why: How Great Leaders Inspire Everyone to Take Action*, Portfolio Trade

Smith, Sally E. & Read, David J. (2008) *Mycorrhizal Symbiosis*, 3rd edition, Academic Press

Smuts, Jan Christiaan (1927) *Holism and Evolution*, Macmillan, bit.ly/DRC148

SolidarityNYC (2015) "The Basics", bit.ly/DRC111

Soubbotina, Tatyana P. (2000) *Beyond Economic Growth*, The IBRD / World Bank

Stahel, Walter (2014) "The Business Angle of a Circular Economy", in Ellen MacArthur Foundation *eds.*, *A New Dynamic – Effective Business in a Circular Economy*, Ellen MacArthur Foundation

Stamets, Paul (2005) *Mycelium Running – How Mushrooms Can Help Save the World*, Ten Speed Press

Steele, Robert David (2014a) "UN Paper: Beyond Data Monitoring, Public Intelligence Blog, bit.ly/DRC160

_____ (2014b) "Applied Collective Intelligence", Public Intelligence Blog, bit.ly/DRC161

_____ (2012) *The Open-Source Everything Manifesto: Transparency, Truth, and Trust*, Evolver Editions

Steffen, Will et al. (20015) "Planetary boundaries: Guiding human development on a changing planet" in *Science*, Vol. 347, Issue 6223, bit.ly/DRC277

Steffen, Will *et al.* (2011) "The Anthropocene", Ambio 0044-7447, bit.ly/DRC105

Stewart, John E. (2014) "The Direction of Evolution", *Biosystems*, Vol.123, pp.27-36, Elsevier, bit.ly/DRC83

Stiglitz, Joseph E. (2013) *The Price of Inequality*, WW Norton & Company

Swimme, Brian & Berry, Thomas (1992) *The Universe Story*, Harper Collins

Tarnas, Richard (2007) *Cosmos and Psyche – Intimations of a New World View*, Plume Books

_____ (1996) *The Passion of the Western Mind*, Pimlico & Random House

The Work that Reconnects (2012) "Foundations of the Work", bit.ly/DRC060

Time Banking UK, (2015) bit.ly/DRC245

Todd, John, Brown, Erica J.G. & Wells, Eric (2003) "Ecological design applied", *Ecological Engineering*, Vol.20, pp.421-440, bit.ly/DRC149

Treanor, Jill (2014) "Richest 1% of people own nearly half of global wealth…", *The Guardian*, 14th Oct. bit.ly/DRC84

Tullio Lieberg, Albert (2010) *The Systems Change – The Doctrine of the Commons and Demonetarisation – The Globally Renewed Society for Planet Earth*, Berlin – Barcelona

UK Government Office for Science (2011) *Foresight International Dimension of Climate Change*, Final Project Report, The Government Office for Science, UK

UNCTAD (2013) *Trade and Environment Review – Wake Up Before it is too Late*, United Nations Conference on Trade and Development, bit.ly/DRC085

UNGSP (2012) *Resilient People, Resilient Planet: A future worth choosing*, United Nations Secretary-General"s Highlevel Panel on Global Sustainability, bit.ly/DRC107

UNISDR (2015) Making Cities Resilient Campaign, United Nations Office for Disaster Risk Reduction, bit.ly/DRC223

UNITAR (2012) "Leading international thinkers call for a new social contract", bit.ly/DRC162

UNRISD (2014) *Social and Solidarity Economy – Is There a New Economy in the Making?*, Authors: Utting, Peter van Dijk, Nadine & Matheï, Marie-Adélaïde, United Nations Research Institute for Social Development

Vanderbilt, Tom (2012) "How Biomimcry is Inspiring Human Innovation", Smithsonian, Sept. 2012, bit.ly/DRC108

Van der Ryn, Sim & Cowan, Stuart (1996) *Ecological Design*, Island Press

van Houten, Frans (2014) "Are we on the cusp of the new economic revolution?", Philips, bit.ly/DRC109

Vatican (2015) "Encyclical letter Laudato Si", bit.ly/DRC205

Vester, Frederic (2004) *Die Kunst vernetzt zu Denken*, Der Neue Bericht an den Club of Rome, Deutscher Taschenbuch

Via Campesina (2011) "What is La Via Campesina? The International peasant´s voice", bit.ly/DRC90

Victor, Peter (2010) "Questioning economic growth", *Nature*, Vol. 468, pp.370-371

Village Lab (2015) "Vision & Mission", bit.ly/DRC091

Von Weizsäcker, Ernst U., Lovins, Amory B. & Lovins, L. Hunter (1997) *Factor Four: Doubling Wealth, Halving Resource Use*, Earthscan Publications

Wahl, Daniel C. (2011) "Transformative Resilience", in *Designing Ecological Habitats*, Mare & Lindegger eds., Permanent Publications

_____ (2010) "Integrity", in *Thrivability – A Collective Sketch* (Russell, 2010) p.16

_____ (2007) "Scale-linking Design for Systemic Health", *Int. Jnl. of Ecodynamics*, Vol.2 No.1, pp.1-16, bit.ly/DRC93

_____ (2006a) "Design for human and planetary health: a transdisciplinary approach to sustainability", in *Management of Natural Resources, Sustainable Development and Ecological Hazards*, Brebbia *et.al eds.*, WIT Transactions on Ecology and the Environment, Vol.99, pp.285-296, bit.ly/DRC094

_____ (2006b) *Design for Human and Planetary Health*, PhD Thesis, University of Dundee, bit.ly/DRC095

_____ (2005) "Eco-literacy, Ethics and Aesthetics in Natural Design", *Design System Evolution*, European Academy of Design Conference 2005, bit.ly/DRC96

_____ (2002) *Exploring Participation – Holistic Science, Sustainability and the Emergence of a Healthy Whole through Appropriate Participation*, Master"s Thesis, Schumacher College & Plymouth University, bit.ly/DRC97

Wahl, Daniel C. & Baxter, Seaton (2008) "The Designer"s Role in Facilitating Sustainable Solutions", *Design Issues*, Vol.24, No.2, pp.72-83, bit.ly/DRC92

Waller, Tom (2012) "Stretching the Boundaries", *Nature Materials*, Vol.11, August 2012, bit.ly/DRC98

Walljasper, Jay (2011) "What, Really, is the Commons?", *Terrain*, No.27, Spring/Summer, bit.ly/DRC99

Waltner-Toews, David (2004) *Ecosystem Sustainability and Health*, Cambridge University Press

Warner Babcock (2015) Warner Babcock Institute for Green Chemistry, bit.ly/DRC224

WBCSD (2010) *Vision 2050*, World Business Council for Sustainable Development, bit.ly/DRC159

WBGU (2011) *World in Transition*, German Advisory Council on Global Change, bit.ly/DRC100

Weber, Andreas (2013) *Enlivenment*, Heinrich Böll Stiftung, bit.ly/DRC158

Wenner, M. (2007) "Humans Carry More Bacterial Cells than…", *Scientific American*, 30th Nov, bit.ly/DRC255

Westley, Frances *et.al.* (2011) "Tipping Towards Sustainability", *Ambio* 40(7) pp.762-780, bit.ly/DRC240

Wheatley, Margaret (1999) *Leadership and the New Sciences - Discovering Order in a Chaotic World*, Berrett-Koehler

Whitman, Steve & Ferguson, Sharon (2014) "Taking the Permaculture Path to Community Resilience", bit.ly/DRC101

Wilber, Ken & Combs, Allan (2010) "Consciousness Explained Better", Ken Wilber"s Blog, bit.ly/DRC153

Wilber, Ken (2007) *The Integral Vision*, Shambhala Publications

_____ (2001) *A Theory of Everything*, Gateway, Gill & Macmillan

Wilkinson, Richard & Pickett, Kate (2011) *The Spirit Level*, Bloomsbury Press

Wilkinson, Richard G. (2005) *The Impact of Inequality – How to make sick societies healthier*, Routledge

_____ (1996) *Unhealthy Societies – The Afflictions of Inequality*, Routledge

Wilson, Edward O. (1986) *Biophilia – The human bond with other species*, Harvard University Press

_____ (1999) *Consilience – The Unity of Knowledge*, Vintage, reprint edition

Wilson, Monte (2013) "Bio-inspired Planning and Design", *American Architectural Foundation*, July, 2013

Wines, James (2000) *Green Architecture*, Taschen Verlag

Wingspread Statement (1998) "The Wingspread Consensus Statement on the Precautionary Principle", Wingspread Conference, bit.ly/DRC102

Wolfe, Josh (2012) "The Father of Green Chemistry" (Interview with Paul Anastas), *Forbes*, bit.ly/DRC154

Wonder, Stevie (1979) *Journey Through the Secret Life of Plants*, bit.ly/DRC155

World Bank (2013) *Building Resilience*, bit.ly/DRC156X

_____ (2012) *Carbon Sequestration in Agricultural Soils*, bit.ly/DRC103

World Economic Forum (2014) *Towards the Circular Economy*, WEF (with Ellen McArthur Foundation and McKinsey & Co), bit.ly/DRC157

_____ (2012) *Well-being and Global Success*, Global Agenda Council on Health & Wellbeing, bit.ly/DRC104

World Health Organization (1992) *Our planet, our health*, WHO

Worldwatch Institute (2012) *State of the World 2012*, Island Press, bit.ly/DRC86

Wright, Robert (2001) *Nonzero – The Logic of Human Destiny*, reprint edition, Vintage

Yeomansplow (2015) "Yeomans Plows", bit.ly/DRC87

YSI (2014) "YSI Advancing Social Innovation", Young Social Innovators Ireland

ZERI (2013) "Beer: Making Bread and Mushrooms", bit.ly/DRC089

Zimmerman, Jack & Coyle, Virginia (2009) *The Way of Council* (Second Edition), Bramble Books

Zimmerman, Michael E. (2005) "Integral Ecology: A Perspectival, Developmental, and Coordinating Approach to Environmental Problems", in *World Futures*, Vol.61, No.1-2, Special Issue on Integral Ecology, pp.50-62

Sobre el autor

Daniel Christian Wahl se formó originalmente como biólogo y tiene títulos en Biología (BSc. Hons., Univ. De Edimburgo), Ciencias Holísticas (MSc., Schumacher College) y Diseño Natural (PhD., Univ. De Dundee). Fue director de Findhorn College entre 2007 y 2010. Es miembro del International Futures Forum, de H3Uni, de los consejos asesores de "Ecosystems Restoration Camps", Commonland, de la Fundación Ojai, de la "Systems Change Alliance" y del Overview Institute of Australia.

Desde 2010 Daniel vive en Mallorca, donde ayudó a crear SMART UIB y trabaja a nivel local e internacional como consultor, educador y activista. Entre sus clientes se encuentran Ecover, Forum for the Future, Camper, Balears.t, Save the Med, Lush, UNITAR, UK Foresight, Future Stewards y muchas universidades y O.N.G.s.

Daniel ha estado vinculado la Red Global de Ecoaldeas durante casi 20 años y trabaja en estrecha colaboración con Gaia Education desde 2007. Contribuyó al desarrollo del curso en línea "Diseño para la Sostenibilidad" y es coautor del plan de estudios y del contenido de este curso. Escribió el contenido y desarrolló el concepto de las Fichas Objetivos Desarrollo Sostenible de Gaia Education. Esta herramienta didáctica para la participación ciudadana en la implementación de las ODS, con el apoyo de la UNESCO se ha traducido a 7 idiomas y aplicado en cinco continentes.

Daniel enseña regularmente en la Maestría en Pensamiento de Diseño Ecológico y la Maestría en Economía Regenerativa del Schumacher College en Inglaterra. Su Blog en Medium es seguido por más de 21 mil personas y su trabajo divulgativo sobre culturas regenerativas a través de las redes sociales tiene una audiencia combinada de más de 500 mil personas en todo el mundo.

Made in the USA
Las Vegas, NV
03 November 2026

57423618R00195